21世纪全国高职高专机电系列技能型规划教材·电气自动化类

低压电器控制技术

编　著　肖朋生　张　文
　　　　戴曰梅
主　审　张　伟

内容简介

本书以基于工作过程的形式，详细介绍了各种常用低压电器和由低压电器组成的鼠笼式三相异步电动机正转、正反转、顺序、延时、减压启动、制动等控制线路，单相异步电动机电气控制线路、绕线式三相异步电动机启动与调速控制线路，以及典型机床电气控制线路。这些控制线路均取自实际设备，并用工厂实用的标准画法画出。最后一个情景内容——电控柜的设计与组装既是全书内容的高度概括，又是电控柜基本设计思路的详细总结，有利于读者了解实际设备的电气安装和维修。

本书可作为高职高专电子信息类和机电类相关专业的教学用书，也适合自学和从事电工电子和机电工作的工程技术人员参考。

图书在版编目(CIP)数据

低压电器控制技术/肖朋生，张文，戴曰梅编著．—北京：北京大学出版社，2014.7

(21世纪全国高职高专机电系列技能型规划教材·电气自动化类)

ISBN 978-7-301-24433-3

Ⅰ.①低… Ⅱ.①肖…②张…③戴… Ⅲ.①低压电器—电气控制—高等职业教育—教材 Ⅳ.①TM52

中国版本图书馆CIP数据核字（2014）第137797号

书　　名：低压电器控制技术

著作责任者：肖朋生　张　文　戴曰梅　编著

策 划 编 辑：邢　琛

责 任 编 辑：邢　琛

标 准 书 号：ISBN 978-7-301-24433-3/TP·1339

出 版 发 行：北京大学出版社

地　　址：北京市海淀区成府路205号　100871

网　　址：http://www.pup.cn　新浪官方微博:@北京大学出版社

电 子 信 箱：pup_6@163.com

电　　话：邮购部62752015　发行部62750672　编辑部62750667　出版部62754962

印　刷　者：北京虎彩文化传播有限公司

经　销　者：新华书店

787毫米×1092毫米　16开本　16.5印张　379千字

2014年7月第1版　2020年1月第4次印刷

定　　价：34.00元

前　　言

低压电器控制技术是电子信息类和机电类相关专业的专业基础课。本书根据高职高专的培养目标，结合基于工作过程的教学改革编写，已经在山东信息职业技术学院试用。

全书共分 11 个情景：①简易配电；②鼠笼式三相异步电动机正转控制线路；③鼠笼式三相异步电动机正反转控制线路；④鼠笼式三相异步电动机顺序与延时控制线路；⑤鼠笼式三相异步电动机减压启动控制线路；⑥鼠笼式三相异步电动机制动控制线路；⑦感应式双速异步电动机变速控制线路；⑧绕线式异步电动机电气控制线路；⑨单相异步电动机电气控制线路；⑩典型机床电气控制线路；⑪电控柜的设计与组装。每个情景又设计了多个任务和实训。

本书以基于工作过程的形式编写，所有控制线路均取自实际设备，并用工厂实用的标准画法画出，按工厂的实际接线方式安装接线，用通俗易懂的语言阐述相关概念和方法，突出设计思路和处理实际问题的技巧，培养学生分析和解决实际问题的能力，真正做到了学生实训与将来就业零距离结合。

本书各情景、各任务基本独立，各教学单位可根据教学要求和实训条件进行调整。

本书由山东信息职业技术学院肖朋生、张文、戴曰梅共同编著完成，山东信息职业技术学院的刘家勋、李茂松、崔玉祥参与了本书的编写工作，山东信息职业技术学院的张伟担任本书主审。山东开元电气有限责任公司的李增先工程师和王爱民工程师提供了部分图样和资料，并对本书的编写提出了合理化建议，在此致以诚挚的谢意。

由于编者水平有限，书中难免存在错误和不妥之处，欢迎广大读者批评指正。

编　者

2013 年 10 月

前　言

低压电器控制技术是电子信息类和机电类相关专业的专业基础课。本书根据高职高专的培养目标，结合基于工作过程的教学改革编写，已经在山东信息职业技术学院试用。

全书共分 11 个情景：①简易配电；②鼠笼式三相异步电动机正转控制线路；③鼠笼式三相异步电动机正反转控制线路；④鼠笼式三相异步电动机顺序与延时控制线路；⑤鼠笼式三相异步电动机减压启动控制线路；⑥鼠笼式三相异步电动机制动控制线路；⑦感应式双速异步电动机变速控制线路；⑧绕线式异步电动机电气控制线路；⑨单相异步电动机电气控制线路；⑩典型机床电气控制线路；⑪电控柜的设计与组装。每个情景又设计了多个任务和实训。

本书以基于工作过程的形式编写，所有控制线路均取自实际设备，并用工厂实用的标准画法画出，按工厂的实际接线方式安装接线，用通俗易懂的语言阐述相关概念和方法，突出设计思路和处理实际问题的技巧，培养学生分析和解决实际问题的能力，真正做到了学生实训与将来就业零距离结合。

本书各情景、各任务基本独立，各教学单位可根据教学要求和实训条件进行调整。

本书由山东信息职业技术学院肖朋生、张文、戴曰梅共同编著完成，山东信息职业技术学院的刘家勋、李茂松、崔玉祥参与了本书的编写工作，山东信息职业技术学院的张伟担任本书主审。山东开元电气有限责任公司的李增先工程师和王爱民工程师提供了部分图样和资料，并对本书的编写提出了合理化建议，在此致以诚挚的谢意。

由于编者水平有限，书中难免存在错误和不妥之处，欢迎广大读者批评指正。

编　者

2013 年 10 月

目　　录

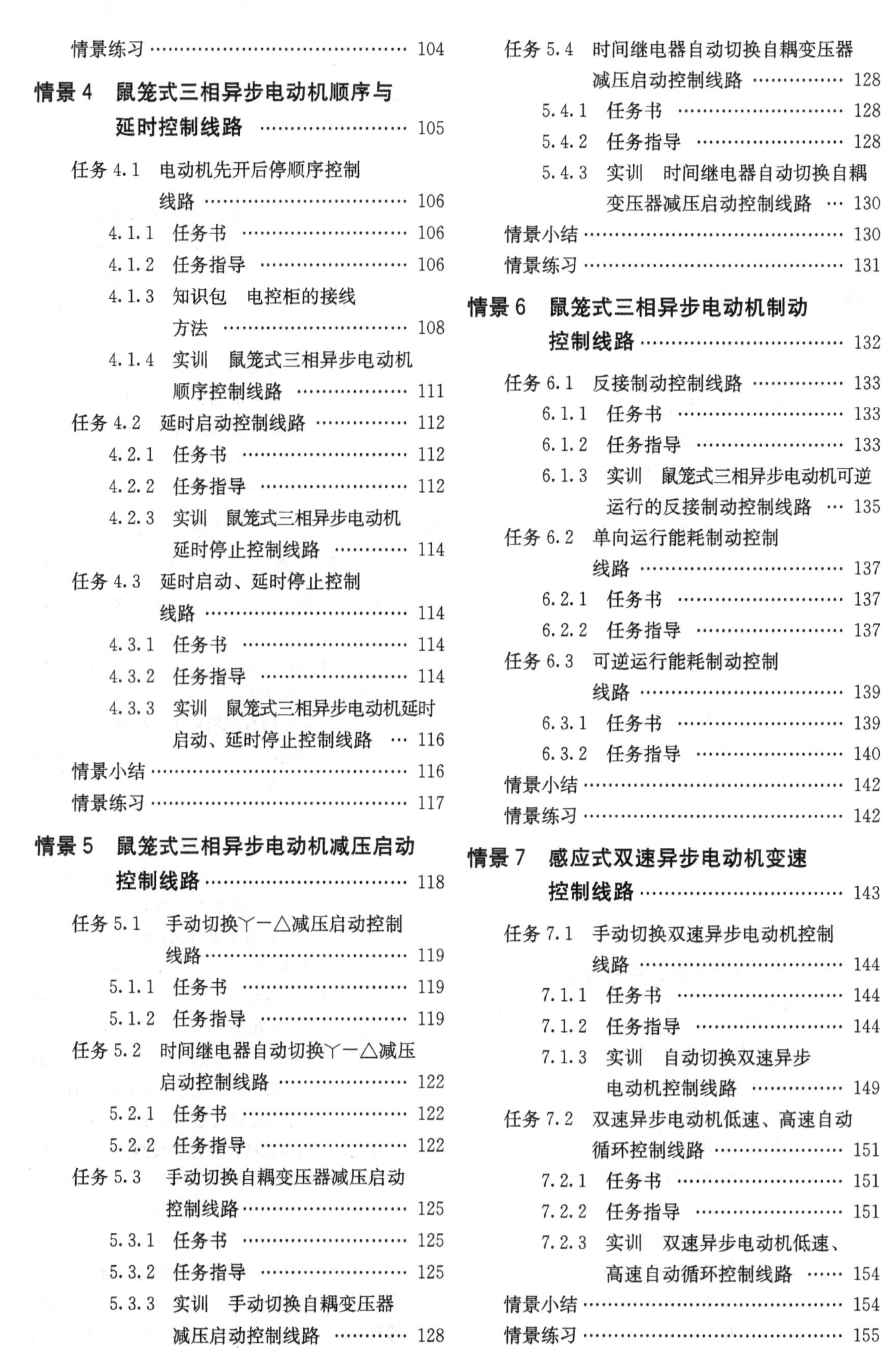

绪言

凡是用来接通和断开电路，以达到控制、调节、转换和保护目的的电气设备都称为电器。工作在交流1200V以下或直流1500V以下电路中的电器称为低压电器。低压电器作为基本元器件广泛应用于发电厂、变电所、工矿企业、交通运输和国防工业等的电力输配电系统和电力拖动控制系统中。随着工农业生产的不断发展，供电系统的容量不断扩大，低压电器的额定电压等级范围有相应提高的趋势。同时，电子技术也将日益广泛地应用于低压电器中。

低压电器种类繁多，按它在电气线路中所处的地位和作用可分为低压配电电器和低压控制电器两大类。低压配电电器包括熔断器、刀开关、转换开关和自动开关等。低压控制电器包括接触器、继电器、启动器、主令电器、控制器、电阻器、变阻器和电磁铁等。

低压电器按它的动作方式可分为自动切换电器和非自动切换电器。前者主要是依靠本身参数的变化或外来信号的作用，自动完成接通或分断等动作；后者主要是通过直接操作来进行切换。低压电器按结构中有无触点又可分为有触点电器和无触点电器两大类。目前有触点的电器仍占多数，随着电子技术的发展，无触点控制电器的应用也日趋广泛。

我国的低压电器产品是按四级制规定编号的，其各级代表的意义如下。

1. 类组代号

类组代号是型号中的第一级，它代表低压电器的类别，用汉语拼音表示。通常，类组代号所用字母是它所代表产品种类的第一个音节中的第一个字母，如R代表熔断器，Q代表启动器等。如遇到重复，则以第二个音节中的第一个字母或其他字母表示，以免因字母重复而混淆不清，如L代表主令电器，M代表电磁铁等。

类组代号可以表示电器的用途、性能和特征。

属于同一类别的产品还要按其工作原理、结构特征、使用条件等划分为若干组。组别代号就是表示产品组别的汉语拼音字母。其选取原则同类组代号一样，例如，CJ代表交流接触器，CZ代表直流接触器，BQ代表启动变阻器，BP代表频敏变阻器等。

低压电器产品的类组代号见表0-1。

2. 设计代号

设计代号表示同一类组产品的设计序列。产品的系列是按照不同的设计原理、性能参数以及防护种类，并根据优先数系设计出来的。设计代号用数字表示。

表 0-1　低压电器产品的类组代号

代号	名称	A	B	C	D	G	H	J	K	L	M	P	Q	R	S	T	U	W	X	Y	Z
H	刀开关和转换开关				刀开关		封闭式刀开关							熔断器式刀开关	刀形转换开关					其他	组合开关
R	熔断器			插入式			汇流排式			螺旋式	封闭				快速	有填料管式			限流	其他	
D	自动开关										灭磁				快速			框架式	限流	其他	塑料外壳式
K	控制器					鼓形						平面				凸轮				其他	
C	接触器					高压		交流				中频			时间	通用				其他	直流
Q	启动器	按钮式		磁力				减压							手动		油浸		星三角	其他	综合
J	控制继电器									电流				热	时间	通用		温度		其他	中间
L	主令电器	按钮						接近开关	主令控制器						主令开关	足踏开关	按钮	万能转换开关	行程开关	其他	
Z	电阻器		板形元件	冲片元件	带形元件	管形元件									烧结元件	铸铁元件			电阻器	其他	
B	变阻器			旋臂式						励磁		频敏	启动		石墨	启动调速	油浸启动	液体启动	滑线式	其他	
T	调整管																				
M	电磁铁												牵引					起重			制动
A	其他		触电保护器	插销	灯		接线盒			铃											

3. 基本规格代号

基本规格代号表示产品的品种。通常，同一系列的产品又按其某一参数或优先数系再分为若干基本品种。基本规格代号亦用数字表示。

这样，产品的全型号如图 0-1 所示。

另有部分仿进口产品的型号编制方法与图 0-1 中所示不同，如 B 系列交流接触器、C45 线系列自动开关等。

低压电器的图形符号应符合国家标准规定，常用新旧图形符号对照见表 0-4。

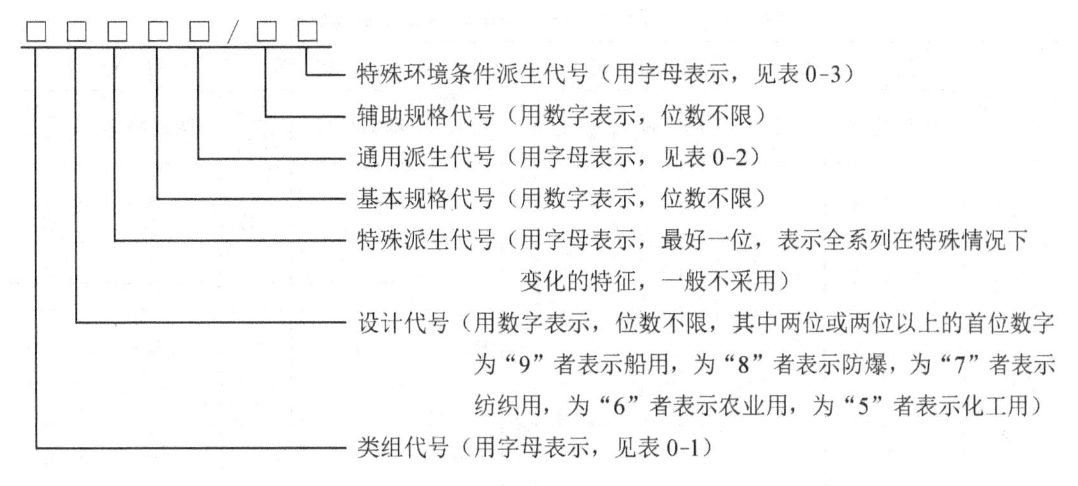

图0.1　低压电器产品的全型号

表0-2　通用派生代号

派生代号	代表意义
A、B、C、D…	结构设计稍有改进变化
C	插入式
J	交流、防溅式
Z	直流、自动复位、防振、重任务
W	无灭弧装置
N	可逆
S	有锁住机构、手动复位、防水式、三相、三个电源、双线圈
P	电磁复位、防滴式、单相、两个电源、电压
K	开启
H	保护、带缓冲装置
M	封闭、灭弧
Q	防尘、手车
L	电流的
F	高返回、带分励脱扣

表0-3　特殊环境条件派生代号

派生字母	说　明	备　注
T	按(湿热带)临时措施制造	此项派生代号加注在产品全系列后
TH	湿热带	
TA	干热带	
G	高原	
H	船用	
Y	化工防腐用	

表 0－4　电气原理图中常用新旧图形符号对照表

名称		新标准 图形符号	新标准 文字符号	旧标准 图形符号	旧标准 文字符号
一般三极电源开关			QS		K
组合开关			SA		HK
自动开关		I>	QS		ZK
限位开关	常开触点		SQ		XK
	常闭触点		SQ		XK
	复合触点		SQ		XK
接触器	线圈		KM		C
	主触点		KM	或	C
	辅助常开触点		KM		C
	辅助常闭触点		KM		C

名称		新标准 图形符号	新标准 文字符号	旧标准 图形符号	旧标准 文字符号
按钮	启动		SB		QA
	停止		SB		TA
	急停		SB		JA
	复合		SB		根据用途
	旋钮开关		SA		K
继电器	中间继电器线圈		KA		ZJ
	欠电压继电器线圈	U<	KA	U<	QY
	过电流继电器线圈	I>	KI	I>	GL
	欠电流继电器线圈	>I	KI	>I	QL
	常开触点		相应继电器符号		相应继电器符号
	常闭触点				

续表

名称		新标准 图形符号	新标准 文字符号	旧标准 图形符号	旧标准 文字符号
时间继电器	线圈		KT		SJ
	通电延时线圈		KT		SJ
	断电延时线圈		KT		SJ
	延时闭合常开触点[①]		KT		SJ
	延时打开常闭触点[②]		KT		SJ
	延时闭合常闭触点[③]		KT		SJ
	延时打开常开触点[④]		KT		SJ
速度继电器	常开触点		KA		SDJ
	常闭触点		KA		SDJ
热继电器	热元件		FR		RJ
	常开触点		FR		RJ
	常闭触点		FR		RJ

名称	新标准 图形符号	新标准 文字符号	旧标准 图形符号	旧标准 文字符号
压力继电器常开触点		KA		YJ
熔断器		FU		RD
转换开关		SA		HK
电位器		RP		W
电磁铁		YA		DT
制动电磁铁		YB		DT
电磁离合器		YC		CH
整流桥		VC		ZL
电磁吸盘		YH		DX
电抗器		L		DK
电铃		HA		DL
蜂鸣器		HA		FM

续表

名　称	新　标　准		旧　标　准	
	图形符号	文字符号	图形符号	文字符号
照明灯		EL		ZD
信号灯		HL		XD
电阻器	或	R		R
接插器	或	X		CZ
换向绕组	B1 B2	W	H1 H2	HQ
补偿绕组	C1 C2	W	BC1 BC2	LCQ
串励绕组	D1 D2	W	C1 C2	CQ
并励绕组	E1 E2	W	B1 B2	BQ
他励绕组	F1 F2	W	T1 T2	TQ
串励直流电动机	M	M	M	ZD
并励直流电动机	M	M	M	ZD
他励直流电动机	M	M	M	ZD
复励直流电动机	M	M	M	ZD
直流发电机	G	G	F	ZF

名　称	新　标　准		旧　标　准	
	图形符号	文字符号	图形符号	文字符号
三相鼠笼式异步电动机	M 3～	M		D
三相绕线式异步电动机		M		D
单相变压器		T		B
整流变压器		T		ZLB
照明变压器		T		ZB
控制电路电源用变压器		T		B
三相自耦变压器		T		ZOB
二极管		V		D
稳压管		V		Dz
PNP 型晶体管		V		T
NPN 晶体管		V		T
N 型单结晶体管		V		T
晶闸管（可控硅）		V		SCR

注：①延时闭合常开触点——通电延时常开触点；②延时打开常闭触点——通电延时常闭触点；
③延时闭合常闭触点——断电延时常闭触点；④延时打开常开触点——断电延时常开触点。

情景1

简易配电

情景描述

在现代社会中，各行各业都离不开电。对于用电单位来说，将电分配到各用电电器，就需要低压配电。低压配电设备需要根据国家相应标准进行设计、制作。本情景通过简易的照明、配电线路的设计与制作，使学生对于低压电器有一个初步了解，并学会插座、简易照明线路的安装与接线。

名人名言

通过实践而发现真理，又通过实践而证实真理和发展真理。从感性认识而能动地发展到理性认识，又从理性认识而能动地指导革命实践，改造主观世界和客观世界。实践、认识、再实践、再认识，这种形式，循环往复以至无穷，而实践和认识之每一循环的内容，都比较地进到了高一级的程度。这就是辩证唯物论的全部认识论，这就是辩证唯物论的知行统一观。

——毛泽东

任务 1.1　照明灯的安装

1.1.1　任务书

（1）任务名称：照明灯的安装。

（2）功能要求：安装两个照明灯，分别用开关控制。

（3）任务提交：现场功能演示。

1.1.2　任务指导

照明灯的线路如图 1.1 所示。

交流电源通常为 220V，即 L 接相线，N 接中性线，QS 为漏电保护开关，不管接几个照明灯，漏电保护开关 QS 通常只用一个。开关 QS1 控制相线，相线和中性线不能区分时，应用测电笔测试。

用于机床或机械装置上的照明灯一般使用 36V 或 24V 安全电压，需要变压器降压。

多个照明灯同时使用时，只需要将照明灯并联即可，也可单独加开关控制，如图 1.2 所示。

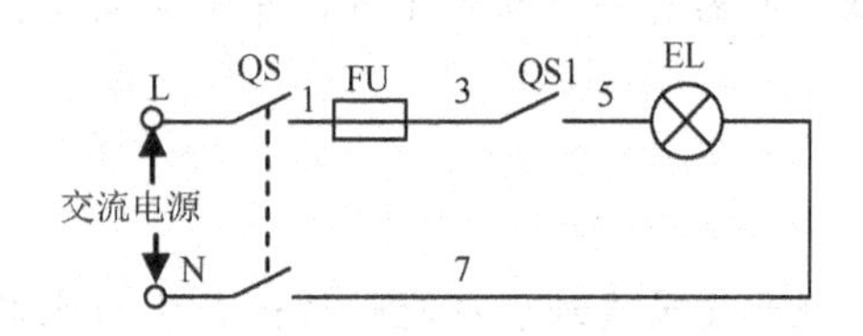

图 1.1　照明灯接线图

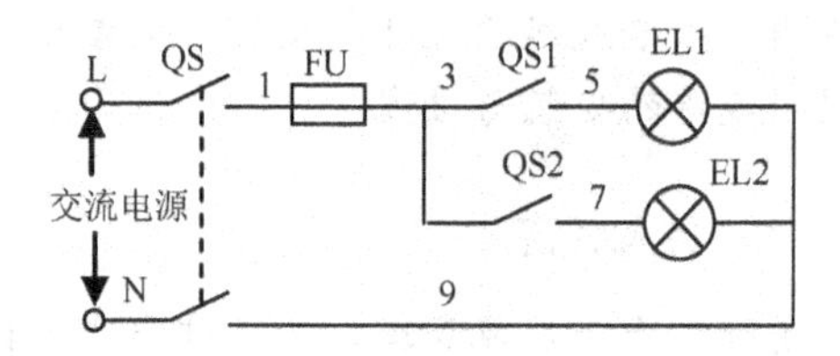

图 1.2　多个照明灯接线图

图 1.2 中的熔断器 FU 作短路和过载保护，在实际家庭照明电路中，一般不用熔断器，因为漏电保护开关具有短路和过载保护功能。

有时需要两个开关同时控制一个照明灯，如楼道照明灯和家庭卧室照明灯。这时，需要使用两个单刀双掷开关，其接线图如图 1.3 所示。

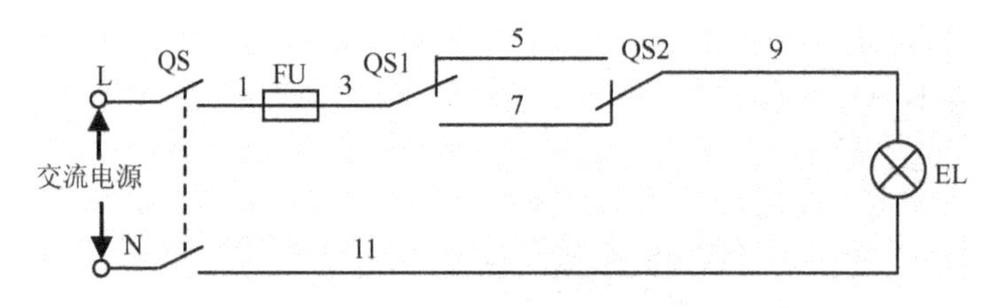

图 1.3　双开关控制照明灯接线图

图 1.1 所示线路的安装接线图如图 1.4 所示，图 1.3 所示线路的安装接线图如图 1.5 所示，图 1.2 所示线路的安装接线图读者可根据图 1.4 和图 1.5 自行画出。

按图 1.4 接线实验，看照明灯工作是否正常。

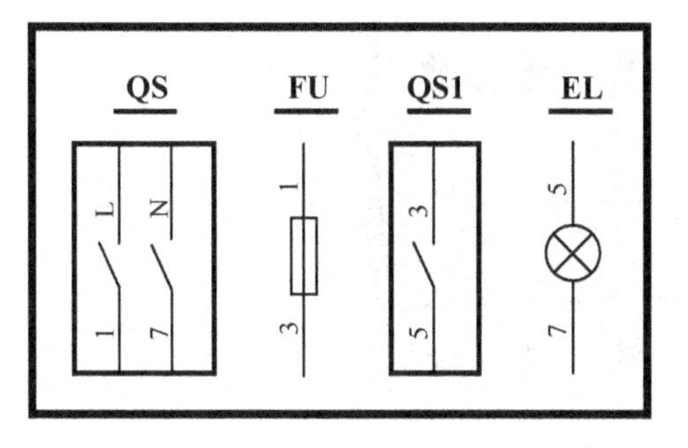

图 1.4 图 1.1 所示线路的安装接线图

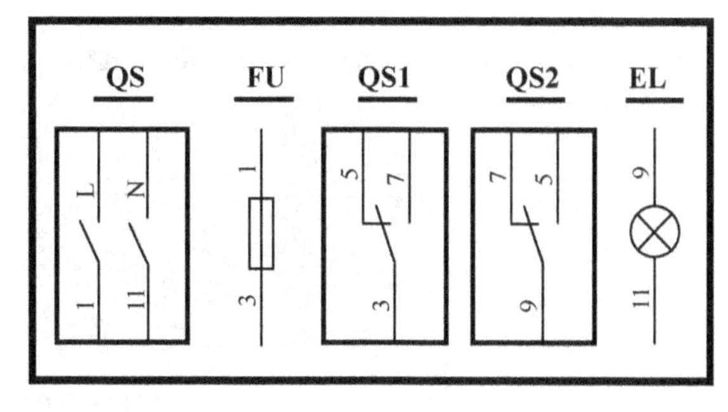

图 1.5 图 1.3 所示线路的安装接线图

按图 1.5 接线实验，看照明灯工作是否正常。

虽然熔断器和照明灯属于无极性器件，进线和出线反接对于电气性能无影响，但进线和出线不能反接。

若熔断器反接，在更换熔断器的熔体时，熔体带电，容易造成人体触电事故。

若照明灯反接，灯口带电，在更换灯泡时，容易造成人体触电事故。

1.1.3 知识包 熔断器

熔断器是电网和用电设备的安全保护电器之一，其主体是用低熔点金属丝或金属薄片制成的熔体，串联在被保护的电路中。它是根据电流的热效应原理工作的。在正常情况下，熔体相当于导线，当发生短路或过载时，电流很大，熔体因过热熔化而切断电路。熔断器作为保护电器，具有结构简单、价格低廉、使用方便等优点，应用极为广泛。

1. 熔断器的作用

熔断器的负载分为电阻性负载、电容性负载、电感性负载。常用的负载多为电阻性负载和电感性负载两类。电阻性负载包括白炽灯、各种电炉、电加热器等。电感性负载主要是电动机。

对于电阻性负载，熔断器具有短路和过载保护功能。

而对于电动机，熔断器仅具有短路保护功能。对于电动机，熔断器之所以没有过载保护功能，是因为不可能按电动机的额定电流选择熔断器；否则，在电动机启动时会烧断熔体。

2. 熔断器的结构与外形

熔断器由熔体和安装熔体的绝缘管或绝缘底座组成，熔体一般为丝状、片状或管状。有的熔断器内部还填有石英砂或使用产生阻燃气体的纤维管，目的是加速电弧的熄灭。熔体材料通常有两种：一种由铅锡合金或锌等低熔点金属制成，因不易灭弧，多用于小电流的电路；另一种由银、铜等较高熔点的金属制成，易于灭弧，多用于大电流的电路。部分常用熔断器的外形如图 1.6 所示。

3. 熔断器的符号

熔断器的文字符号为 FU，图形符号为—▭—。

熔断器的旧文字符号为 RD，是取“熔断”二字汉语拼音的第一个字母。

RT18 系列熔断器

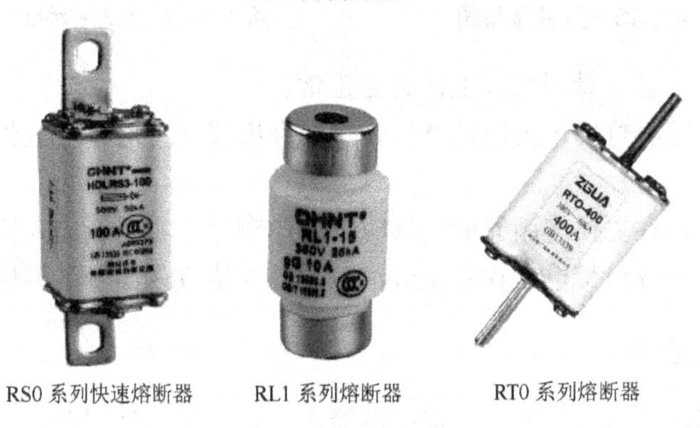

RS0 系列快速熔断器　　RL1 系列熔断器　　RT0 系列熔断器

图 1.6　熔断器外形图

4. 熔断器的型号

熔断器的型号含义如下。

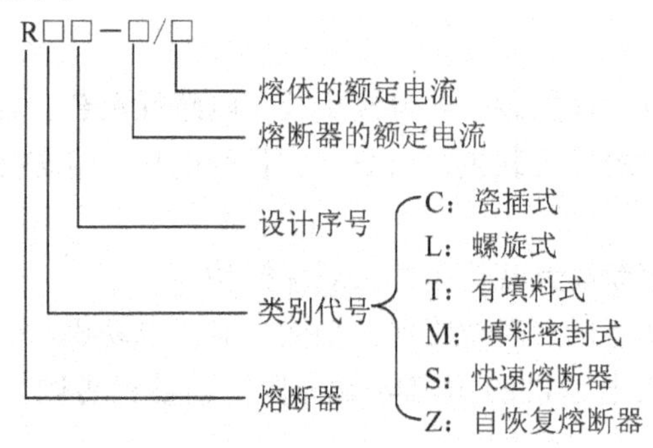

5. 熔断器的主要技术参数

1) 保护特性曲线

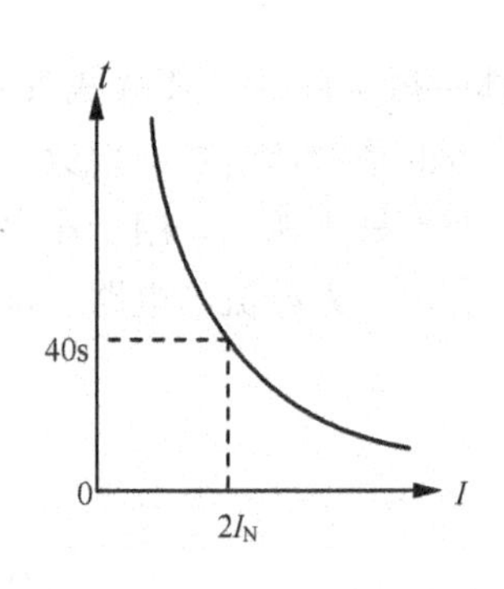

图 1.7　熔断器的安秒特性曲线

熔断器的保护特性曲线也称安秒特性曲线，它表征流过熔体的电流与熔体的熔断时间的关系。当正常工作时，流过熔体的电流小于或等于它的额定电流，由于熔体发热的温度尚未到达熔体的熔点，所以熔体不会熔断；电路仍然保持接通。当流过熔体的电流达到额定电流 I_N 的 1.3～2 倍时，熔体缓慢熔断；当流过熔体的电流达到额定电流 I_N 的 8～10 倍时，熔体迅速熔断。电流越大，熔断越快，对应的安秒特性曲线如图 1.7 所示。

熔体的熔断时间并非越快越好，而应根据被保护负载性质确定。对于一般负载，若熔断时间过快，在电压波动时就可能使熔体熔断，而熔断时间太慢又起不到保护作用；半导体元器件承受过电流的能力比较差，所以保护半导体元器件的熔断器的熔体必须快速熔断，通常使用快速熔断器。

2）额定电压

额定电压是指保证熔断器长期正常工作的电压。用于380V以下电路中的熔断器的额定电压一般为500V。

熔断器的额定电压不是加在熔断器两端的实际电压，因为熔断器就是导体，实际电压降很小。

3）额定电流

额定电流又分为熔断器的额定电流和熔体的额定电流，熔体的额定电流是指保证熔断器熔体长期正常工作的电流。它的等级划分随熔断器型号而异。熔断器的额定电流应大于或等于所装熔体的额定电流。例如，RL1－60熔断器的额定电流为60A，内装熔体的额定电流可为20A、30A、40A、50A或60A等。

4）极限分断电流

极限分断电流是指熔断器在额定电压下所能断开的最大短路电流。从发生短路开始到短路电流达到最大值需要一定的时间，这段时间的长短取决于电路的参数。如果熔断器的熔断时间小于这段时间，电路中的短路电流在它还未来得及达到最大值之前就已被切断。这时，熔断器起到了限流的作用。

用于380V以下电路中的熔断器的最主要参数是熔体的额定电流，通常选择熔断器时主要选择熔体的额定电流。

6. 常用低压熔断器

1）RM10系列无填料封闭管式熔断器

RM10系列无填料封闭管式熔断器(M表示无填料封闭管式，10表示设计序号)可在交流500V或直流440V额定电压下长期工作，它的技术参数见表1-1。

表1-1　RM10系列无填料封闭管式熔断器技术参数

<table>
<tr><th>熔断器额定电流/A</th><th>熔体额定电流/A</th><th>极限分断能力/A</th></tr>
<tr><td>15</td><td>6、10、15</td><td>1200</td></tr>
<tr><td>60</td><td>15、20、25、35、45、60</td><td>3500</td></tr>
<tr><td>100</td><td>60、80、100</td><td rowspan="3">10 000</td></tr>
<tr><td>200</td><td>100、125、160、200</td></tr>
<tr><td>350</td><td>200、225、260、300、350</td></tr>
<tr><td>600</td><td>350、430、500、600</td><td rowspan="2">12 000</td></tr>
<tr><td>1000</td><td>600、700、850、1000</td></tr>
</table>

2）RL1系列有填料螺旋式熔断器

RL1系列有填料螺旋式熔断器(L表示螺旋式，1表示设计序号)，它由底座、瓷帽、瓷套、熔断管(熔芯)和上、下接线端等组成。熔断管内装有熔体(丝或片)、石英填料和熔

断指示器(上有色点)。当熔体熔断时，指示器跳出，可透过瓷帽的玻璃窗口进行观察。在熔体周围所充填的石英砂，导热性能好，热容量大，能大量吸收电弧能量，通过灭弧，提高了熔断器的分断能力。它的熔体更换方法是更换整个熔断管(熔芯)。表 1-2 所列为 RL1 系列有填料螺旋式熔断器的技术参数。

表 1-2 RL1 系列有填料螺旋式熔断器技术参数

型号	熔断器额定电流/A	熔体额定电流/A	极限分断能力/A	
			380V	500V
RL1—15	15	2、4、6、10、15	2000	2000
RL1—60	60	20、25、30、35、40、50、60	5000	3500
RL1—100	100	60、80、100	—	20 000
RL1—200	200	100、125、150、200	—	50 000

RL1 系列有填料螺旋式熔断器一般用于配电线路中作过载及短路保护。同时，由于其具有较大的热惯性，安装面积又比较小，也常用于机床控制线路以保护电动机。

3) RT0 系列有填料封闭管式熔断器

RT0 系列有填料封闭管式熔断器(T 表示有填料封闭管式，0 表示设计序号)是由熔管和底座两部分组成的。熔管包括管体、熔体、信号灯、触刀、盖板和石英砂等部分。熔体由高频滑石陶瓷制成，外方内圆，两端各有 4 个螺孔，供固定盖板用。这种管体具有耐热性好、机械强度高、几何形状规则及外表光洁等优点。特别是其波浪形的外表轮廓，既有助于散热，又能增加美观。熔体上的指示器是个机械信号装置，指示器上有一根与熔体并联的康铜丝。在正常情况下，由于康铜丝电阻很大，电流基本上都由熔体流过，只有在熔体熔断之后，电流才转移到康铜丝上，使它立即熔断，而指示器便在弹簧的作用下立即向外弹出，显出醒目的红色信号。这种熔断器既具有良好的短路保护性能，又具有良好的安秒特性，能同网络中其他保护电器匹配，形成一定程度的选择性保护。这种熔断器还附有一个绝缘操作手柄，利用这个特殊的手柄可在带电(不能带负载)的情况下更换熔管。操作手柄上设有锁扣机构以保证操作安全可靠。RT0 系列有填料封闭管式熔断器的技术参数见表 1-3。

表 1-3 RT0 系列有填料封闭管式熔断器技术参数

型号	熔断器额定电流/A	熔体额定电流/A	极限分断能力/A	
			380V	500V
RT0—50	50	5、10、15、20、30、40、50	50 000	25 000
RT0—100	100	30、40、50、60、80、100		
RT0—200	200	80、100、120、150、200		
RT0—400	400	150、200、250、300、350、400		
RT0—600	600	350、400、450、500、550、600		
RT0—1000	1000	700、800、900、1000		—

RT0 系列有填料封闭管式熔断器具有分断能力高、使用安全、安秒特性稳定、有熔断

指示器、便于识别故障电路等优点，被广泛地用于短路电流很大的电力网络或配电装置中，作为电缆、导线、电机、变压器及其他电气设备的短路保护和电缆、导线的过载保护。但是，RT0系列有填料封闭管式熔断器一旦熔体烧断，熔管就全部报废，很不经济。因此，在短路电流不是很大的场合，一般不采用这种熔断器。

4）快速熔断器

选择合适的熔体材料，使熔断器具有很陡的安秒特性，在短路时快速动作切断电路，在过载时也能快速动作，这样的熔断器称为快速熔断器。

快速熔断器主要用于半导体功率器件或变流装置作短路及过载保护。由于半导体器件的过载能力很低，在过载或短路条件下，其PN结的温度将急剧上升，半导体器件迅速被烧毁。半导体器件只能在极短时间内承受较大的过载电流，如100A的晶闸管器件能承受4.5倍额定电流的时间仅为一个周波(20ms)，因此用于短路及过载保护的熔断器要具有快速熔断的特性。

常用快速熔断器有RLS、RS0和RS3三个系列(L表示螺旋式，S表示快速，0、3表示设计序号)。RLS快速熔断器的外形结构与RL1系列有填料螺旋式熔断器相同，只是熔体的材料不同。RS0和RS3系列快速熔断器的外形基本相同，前者用于大容量硅整流器件，后者用于可控硅器件的短路保护和某些适当的过载保护。

应当注意，快速熔断器的熔体不能用普通的熔体代替，因为普通的熔体不具有快速熔断的特性。表1-4和表1-5为RLS和RS0系列快速熔断器的技术参数。

表1-4　RLS系列快速熔断器技术参数

<table>
<tr><th>型号</th><th>额定电压/V</th><th>额定电流/A</th><th>熔体额定电流/A</th><th>极限分断能力/A</th></tr>
<tr><td>RLS—10</td><td rowspan="3">500</td><td>10</td><td>3、5、10</td><td rowspan="3">40 000</td></tr>
<tr><td>RLS—50</td><td>50</td><td>15、20、25、30、40、50</td></tr>
<tr><td>RLS—100</td><td>100</td><td>60、80、100</td></tr>
</table>

表1-5　RS0系列快速熔断器技术参数

<table>
<tr><th>额定电压/V</th><th>额定电流/A</th><th>熔体额定电流/A</th><th>极限分断能力/A</th><th>熔断时间</th></tr>
<tr><td rowspan="5">250</td><td>50</td><td>30、50</td><td rowspan="5">50 000</td><td rowspan="11">1.1I_e(熔体额定电流)时，4h内不熔断；
4I_e时，在0.05～0.3s内熔断；
6I_e时，100～500A产品在0.02s内熔断；
7I_e时，10～80A产品在0.02s内熔断</td></tr>
<tr><td>100</td><td>50、80</td></tr>
<tr><td>200</td><td>150</td></tr>
<tr><td>350</td><td>320</td></tr>
<tr><td>500</td><td>400、480</td></tr>
<tr><td rowspan="5">500</td><td>50</td><td>30、50</td><td rowspan="5">40 000</td></tr>
<tr><td>100</td><td>50、80</td></tr>
<tr><td>200</td><td>150</td></tr>
<tr><td>350</td><td>320</td></tr>
<tr><td>500</td><td>400、480</td></tr>
<tr><td>750</td><td></td><td>320</td><td>30 000</td></tr>
</table>

5）RT18 系列熔断器

RT18 系列熔断器也是填料封闭管式熔断器，是由熔体和底座两部分组成的。熔断器采用导轨安装，可带熔断信号灯，熔体熔断时信号灯亮。

RT18 系列熔断器的全型号为 RT18－□X/□，其中 X 为信号灯代号，其他含义同上。

RT18 系列熔断器的底座有 32A 和 63A 两种规格，与 32A 底座对应的熔体有 2A、4A、6A、8A、10A、12A、16A、20A、25A、32A，与 63A 底座对应的熔体有 2A、4A、6A、8A、10A、12A、16A、20A、25A、32A、40A、50A、63A。

7. 熔断器的选择

根据被保护电路的需要，首先选择熔体的规格，再根据熔体去确定熔断器的类型。

(1) 电炉和照明灯等电阻性负载，负载电流比较平稳，熔断器可用作过载和短路保护，熔体的额定电流应稍大于或等于负载的额定电流。

(2) 用熔断器保护电动机时，电动机的启动电流约为额定电流的 7 倍，熔体的额定电流因考虑启动时熔芯不能断而选得较大，因此对电动机，熔断器只宜作短路保护而不能作过载保护。

对于单台电动机，熔体的额定电流应不小于电动机额定电流的 1.5～2.5 倍。轻载启动或启动时间较短时，系数可取近 1.5，带负载启动、启动时间较长或启动较频繁时，系数可取 2.5。

对于不同时起停的多台电动机的短路保护，熔体的额定电流应不小于最大一台电动机的额定电流的 1.5～2.5 倍，加上同时使用的其他电动机额定电流之和。

(3) 保护半导体器件用的快速熔断器一般和半导体器件串联使用，要根据半导体器件的额定电流和电路形式选择熔断器。

由于各种熔体都有各自的额定电流系列，实际选用时可能比上述要求略大些。

8. 熔断器的使用与维护

熔断器在使用过程中应当注意下列几点。

(1) 熔断器的插座与插片的接触要保持良好。如果发现插口处过热或触点变色，则说明插口处接触不良，应及时修复。

(2) 熔体烧断后，应首先查明原因，排除故障。熔断器是在一般的过载电流下熔断，还是在分断极限电流时熔断，可凭经验判断。一般在过载电流下熔断时，响声不大，熔芯仅在一两处熔断，管子内壁没有烧焦的现象，也没有大量的熔体蒸发物附在管壁上。如果是在分断极限电流时熔断的，则情况与上述的相反。更换熔体时，应使新熔体的规格与换下来的一致。

(3) 更换熔体或熔管时，必须把电源断开，以防止触电。尤其不允许在负载未断开时带电换熔芯，以免发生电弧烧伤。

(4) 安装熔芯时不要把它碰伤，也不要将螺钉拧得太紧，使熔芯轧伤。

(5) 如果连接处的螺钉损坏而拧不紧，则应更换新的螺钉。

(6) 对于有指示器的熔断器，应经常检查。若发现熔体已烧断，应及时更换。

(7) 安装螺旋式熔断器时，熔断器下方的接线端应装在上方，并与电源线连接；连接金属螺纹壳体的接线端应装于下方，并与用电设备的导线相连。这样就能保证在更换熔芯

时螺纹壳体上不会带电，保证了人身安全。

1.1.4　实训　照明灯及插座的安装

1.1.4.1　实训任务 1　照明灯的安装

（1）任务名称：照明灯的安装。

（2）功能要求：安装三个照明灯，分别用开关控制。

（3）任务提交：现场功能演示，实训报告。

1.1.4.2　实训任务 2　插座的安装

（1）任务名称：插座的安装。

（2）功能要求：安装一个单相三线插座和一个单相两线插座，用一个开关控制。

（3）任务提交：现场功能演示，实训报告。

任务 1.2　电流表与电压表的使用

1.2.1　任务书

（1）任务名称：电流表与电压表的使用。

（2）功能要求：用三相异步电动机作负载，用自动开关控制电动机的运行，将 3 只电流表和 1 只电压表接入，用换相开关切换。

（3）任务提交：现场功能演示。

1.2.2　任务指导

电压表和电流表是常用的测试仪表，广泛用于各种高低压电屏和配电装置中。

电压表内阻大，通常并接于被测电路中；电流表内阻小，通常串接于被测电路中，如图 1.8 所示。

电流表和电压表都有交流和直流之分，交流电路使用交流电压表和交流电流表，直流电路使用直流电压表和直流电流表。直流电压表和直流电流表有极性，使用时不能接错，否则表针会反打。

当被测交流电压太大时，可以使用电压互感器。由于电流表与被测电路串联，因此所用导线截面较大，当电路的电流较大时，不宜用直接式电流表。交流电流应使用电流互感器，直流电流应使用分流器，如图 1.9 和图 1.10 所示。

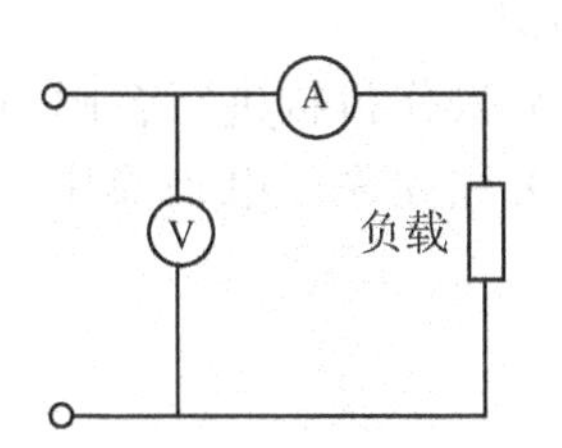

图 1.8　电流表、电压表接线图

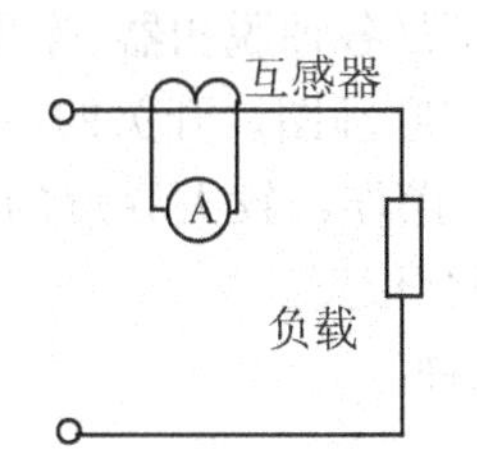

图 1.9　交流电流表接线图

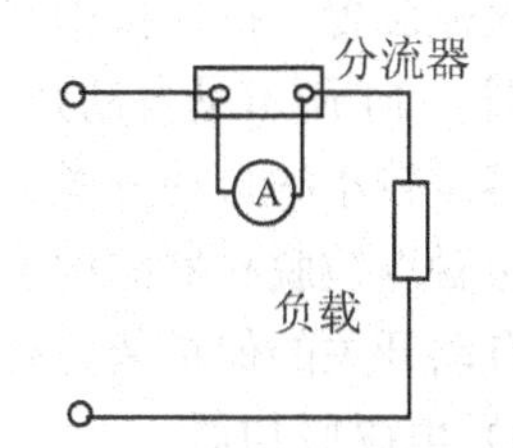

图 1.10　直流电流表接线图

交流三相负载电流表与电压表的接线如图 1.11 所示。此外，也可以只用一只电压表配合换相开关使用，如图 1.12 所示。换相开关以前多使用专用开关，现在多使用万能转换开关。电流较大时，应使用电流互感器，如图 1.13 所示。

以电动机为负载，按图 1.12 接线，合上自动开关 QS，电动机旋转，观察电流表指示；旋动换相开关，观察线电压指示，看线电压是否平衡。

通过实验发现，电流表指示的电流远小于电动机的额定电流，这是因为电动机的负载太轻所致。

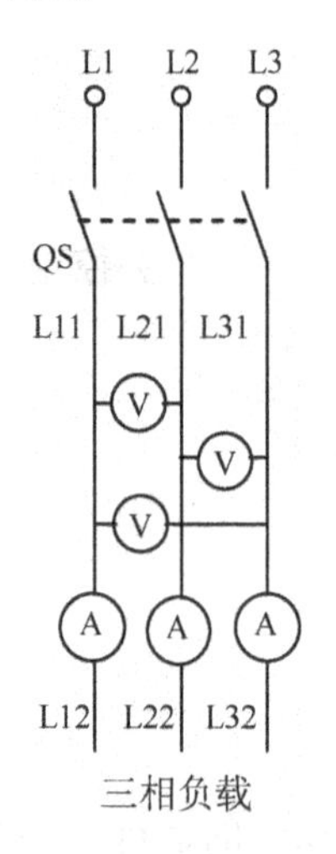

图 1.11 电流表、电压表接线图

L1 L2 L3
QS
L11 L21 L31
换相开关
V1
V2
V
A A A
L12 L22 L32
三相负载

图 1.12 一只电压表配合换向开关接线图

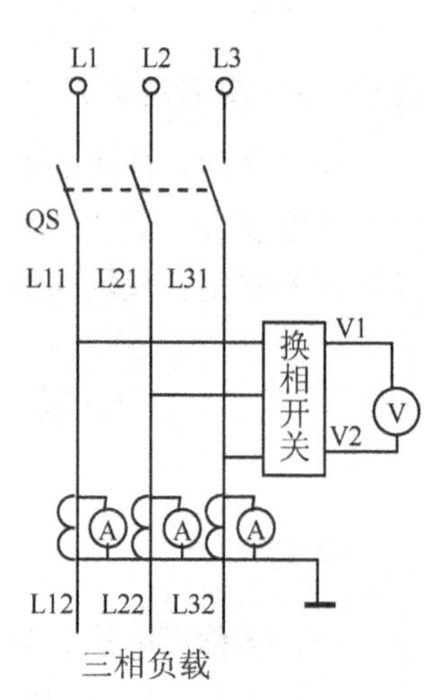

图 1.13 使用电流互感器接线图

1.2.3 知识包

1.2.3.1 自动开关

自动开关又名空气开关或自动空气断路器，是低压电路中重要的保护电器之一。它主要用于保护交、直流电路内的电气设备，使之免受短路、严重过载或欠电压等不正常情况的危害。同时，也可以用于不频繁地起停电动机等。

自动开关的特点：可以有多种保护功能，动作后不需要更换元件，动作电流可按需要整定，工作可靠、安装方便和分断能力较高等。因此，在各种动力线路和机床设备中应用较广泛。

1. 自动开关的工作原理

尽管各种自动开关形式各异，但其基本结构和动作原理却基本相同。它主要由触点系统、灭弧装置、操作机构和保护装置(各种脱扣器)等几部分组成。

图 1.14 所示是自动开关的工作原理图。开关的主触点是靠操作机构进行合闸与分闸的。容量较小的自动开关采用手动操作，较大容量的自动开关往往采用电动操作。合闸后，主触点被脱扣器的钩子锁在闭合位置。

自动开关的保护装置有以下几种。

1）电磁脱扣器

当流过开关的电流在整定值以内时，电磁脱扣器 3 的线圈所产生的吸力不足以吸动衔

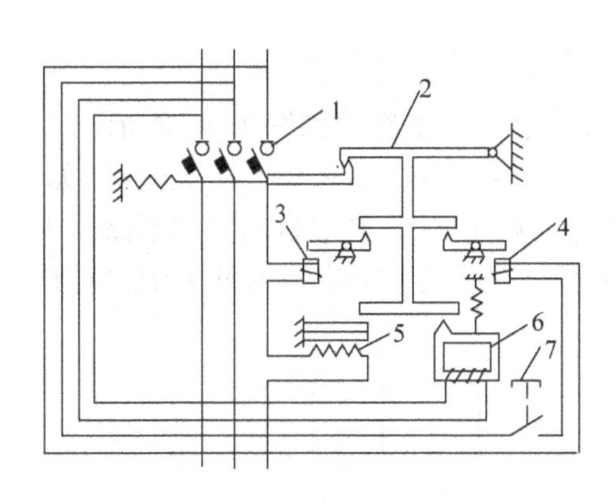

图 1.14　自动开关的工作原理图

1—主触点；2—自由脱扣器；3—电磁脱扣器；4—分励脱扣器；5—热脱扣器；
6—失电压脱扣器；7—外接脱扣按钮

铁。当发生短路故障时，短路电流超过整定值，强磁场的吸力克服弹簧的拉力吸动衔铁，顶开钩子，使开关跳闸。

具有电磁脱扣器的自动开关具有短路保护功能。

2）失电压脱扣器

失电压脱扣器 6 的工作过程与电磁脱扣器的恰恰相反。当电源电压在额定值时，失电压脱扣器线圈产生的磁力足以将衔铁吸合，使开关保持合闸状态。当电源电压下降到低于整定值或降为零时，在弹簧作用下衔铁被释放，顶开钩子而切断电源。

具有失电压脱扣器的自动开关具有失电压保护功能。

3）热脱扣器

热脱扣器 5 由双金属片及围绕在外面的电阻丝组成。双金属片由两种膨胀系数不同的金属片(如铁镍铬合金和铁镍合金)复合而成。电阻丝一般用康铜、镍铬合金等材料做成。电阻丝与主触点串联。当电路过载时，过载电流使电阻丝发热过量，引起双金属片受热弯曲。推动自由脱扣器 2 向上移动，使开关跳闸。

具有热脱扣器的自动开关具有过载保护功能。

4）分励脱扣器

分励脱扣器 4 用于远距离操作。在正常工作时，其线圈是断电的。在需要远方操作时，按下外接脱扣按钮 7 使线圈通电，电磁铁带动机械机构动作，使开关跳闸。

具有分励脱扣器的自动开关可以远程控制。

5）复式脱扣器

同时具有电磁脱扣器和热脱扣器的，称为复式脱扣器。通常自动开关多为复式脱扣器，具有短路和过载保护功能。

需要说明的是，并不是所有的自动开关都具有上述脱扣器，不同型号的自动开关脱扣方式不同，用户应根据要求选用合适的脱扣形式。有的自动开关除了主触点外，还有辅助触点。

常用的自动开关具有复式脱扣器，在购买自动开关时，若不特别说明，则商家一般提供具有复式脱扣器的自动开关。

2. 自动开关的符号

自动开关的文字符号为 QS，图形符号如图 1.15 所示，通常画成一般开关符号，如图 1.16 所示。在电力系统中，多极开关通常画成单极画法，如图 1.17 所示。

自动开关的旧文字符号一般用 ZD，是取自动空气断路器中“自断”二字汉语拼音的第一个字母。此外，也有的用 ZK，是取自动空气开关中“自开”二字汉语拼音的第一个字母。

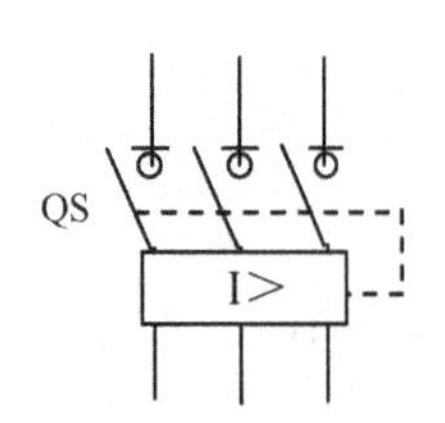

图 1.15　自动开关符号

QS　QS　QS

三极　两极　单极

图 1.16　一般开关符号

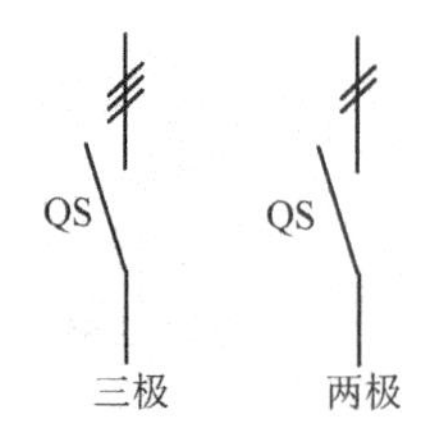

图 1.17　多极开关的单极画法

3. 常用自动开关的类别

1）塑壳式自动开关

塑壳式(又名装置式)自动开关把所有的部件都装在一个塑料外壳内。它具有良好的保护性能，安全可靠和轻巧美观，适用于交流 50Hz 且交流电压为 500V 以内或直流电压为 220V 的电路，作不频繁地接通与分断电路之用；在工矿企业中被广泛地用于配电装置和电气控制设备中。

常用的塑壳式自动开关有 DZ5、DZ10、DZ12、DZ15、DZ20 和 C45 等多种系列。

DZ5、DZ12、DZ15、C45 等系列为小电流系列。DZ5 的额定电流为 10～50A，结构为立体布置，操作机构居中，有红色分闸按钮和绿色合闸按钮伸出壳外，上、下分别装有电磁脱扣器，主触点系统在后部。该产品内还有一对常开和一对常闭辅助触点，可作为信号指示或控制电路用。DZ10 和 DZ20 系列为大电流系列，其额定电流等级有 100A、250A 和 600A 这 3 种，分断能力为 7～50kA。它的结构特点是具有封闭的塑料外壳，绝缘底座及盖采用热固性塑料压制而成，具有良好的绝缘性能。触点采用银基粉末冶金，在通过大电流时一般不会产生熔焊现象。机床电气系统中常用 250A 以下的等级，作为电气控制柜的电源总开关，通常将它装在电气控制柜的内侧，将操作手柄伸出外面，露出“分”与“合”的字样。

图 1.18 所示是常见塑壳式自动开关外形，塑壳式自动开关种类很多，外形差异较大。

2）框架式自动开关

框架式(又名万能式)自动开关有一个钢制的或压塑的底座框架，所有部件都装在框架内，导电部分加以绝缘。它具有过电流脱扣器(作用与电磁脱扣器基本相同)和欠电压脱扣器，脱扣动作有瞬时动作和延时动作之分。它的操作方式有手柄直接传动、杠杆传动、电磁铁传动和电动机传动 4 种。DW5 和 DW10 系列自动开关为其代表产品。这种开关一般用于交流 380V 或直流 440V 的配电系统中。DW5 系列是我国自行设计的产品，其特点为尺寸小、质量轻、断流容量高、保护性能完善及操作省力可靠等。

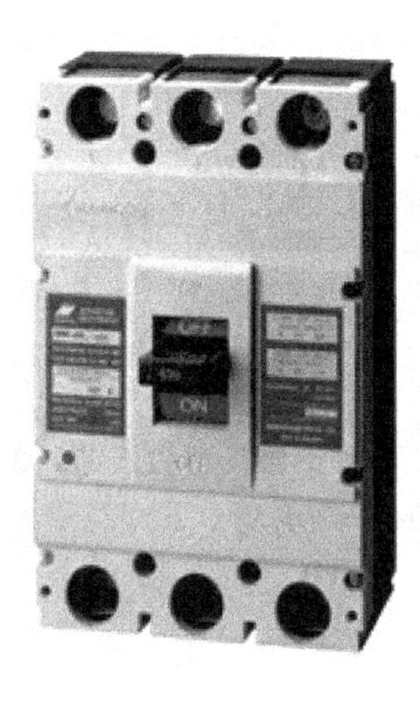

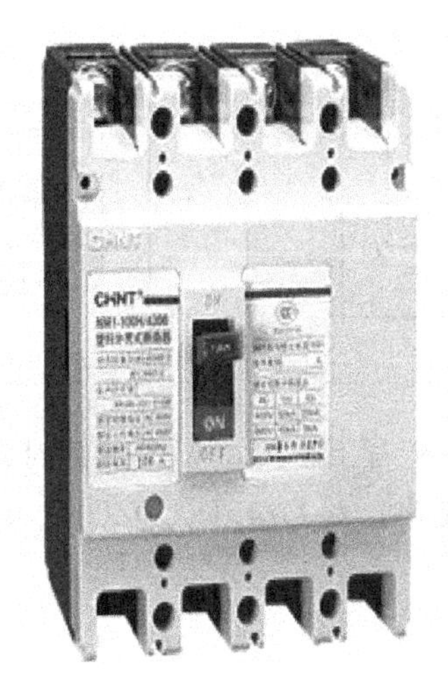

图 1.18　常见的几种塑壳式自动开关

3）漏电保护自动开关

漏电保护自动开关一般由自动开关和漏电继电器组合而成。除了能起一般自动开关的作用外，还能在出现漏电或人身触电时迅速自动断开电路，以保护人身及设备的安全。

漏电保护开关按其工作原理可以分为电压型漏电开关、电流型漏电开关(有电磁式、电子式及中性点接地式之分)和电流型漏电继电器。漏电保护开关按漏电动作的电流值分为高灵敏度型漏电开关(额定漏电动作电流为 5～30mA)、中灵敏度型漏电开关(额定漏电动作电流为 50～1000mA)和低灵敏度型漏电开关(额定漏电动作电流为 3～20A)。此外，还可按动作时间分为高速型(额定漏电动作电流下的动作时间小于 0.1s)、延时型(0.2～2s)和反时限型(额定漏电动作电流下为 0.2～1s；1.4 倍额定漏电动作电流下为 0.1～0.5s；4.4 倍额定漏电动作电流下的动作时间小于 0.05s)。

三相漏电保护开关工作原理是三根电源相线 U、V、W 和中性线 N 穿过零序电流互感器，零序电流互感器的二次线圈接中间环节及脱扣器。单相漏电保护开关工作原理是电源相线和中性线 N 穿过零序电流互感器，零序电流互感器的二次线圈接中间环节及脱扣器。

在正常情况下(无触电或漏电故障发生)，单相漏电保护开关相线和中性线 N 的电流大小相等、方向相反，在零序电流互感器铁心中所产生磁通之和为零。三相漏电保护开关的三根相线和中性线 N 的电流矢量和等于零，各相线电流和中性线 N 的电流在零序电流互感器铁心中所产生磁通的矢量之和也为零。

当有人触电或出现漏电故障时，即出现漏电电流，这时通过零序电流互感器的一次电流矢量和不再为零，零序电流互感器中磁通发生变化，在其二次侧产生感应电动势，此信号进入中间环节，如果达到整定值，使励磁线圈通电，驱动主开关立即切断供电电源，达到触电保护。

4. 自动开关的型号

国产自动开关的型号含义如下：

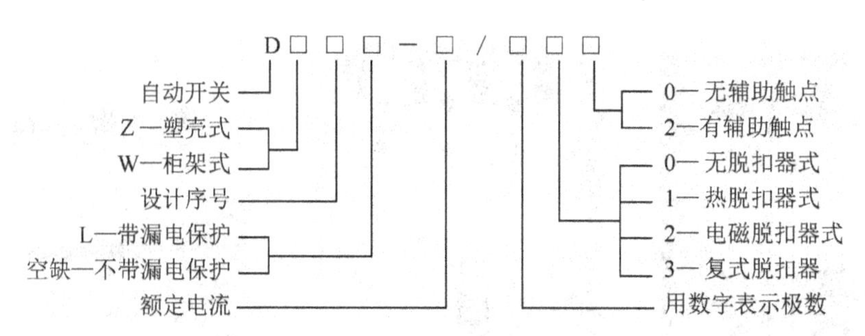

注意：部分仿进口产品型号含义与上不同，如C45系列；对于不同类型的产品，漏电保护标记L所在的位置可能有所变化，如DZ15L、DZL16、DZ5—20L等。

5. 自动开关的主要技术参数

1）额定电压

额定电压是指保证自动开关长期正常工作的电压。用于380V以下电路中的自动开关的额定电压一般为500V。

2）额定电流

额定电流是指保证自动开关长期正常工作的电流。

3）脱扣器的类型

不同型号的自动开关脱扣方式不同，常用的自动开关具有复式脱扣器。

4）脱扣器的额定电流

脱扣器的额定电流一般指热脱扣器的额定电流。在该电流下，自动开关能长期正常工作；当大于该电流时，热脱扣器将动作，自动开关断开电路，电流越大，动作时间越快。

脱扣器的瞬动电流通常为脱扣器额定电流的10倍左右。

5）极限分断电流

极限分断电流是指自动开关在额定电压下所能断开的最大短路电流。

6. 常用自动开关

1）DZ10系列塑料外壳式自动开关

DZ10系列塑料外壳式自动开关的额定电压为交流50Hz或60Hz、500V和直流220V，额定电流有100A、250A及600A共3个等级。一般为手动操作式。

在保护方面，DZ10系列塑料外壳式自动开关设有过电流脱扣器，但无失电压脱扣器和分励脱扣器。过电流脱扣器有电磁式和热脱扣式两种，前者起短路保护作用，其动作值是可调的，后者起过载保护作用。利用这两种脱扣器，可以组成无脱扣器、只有电磁脱扣器、只有热脱扣器和兼有两种脱扣器(即复式脱扣器)共4种形式。应当注意，在不设脱扣器时，自动开关只能作刀开关使用，不能自动分断故障电流。

DZ10系列塑料外壳式自动开关主要用作配电开关和电路保护开关。全系列各级产品的基本技术参数列于表1-6。

表 1-6　DZ10 系列塑料外壳式自动开关的基本技术参数

<table>
<tr><th rowspan="2">型　　号</th><th rowspan="2">额定电流/A</th><th colspan="2">复式脱扣器</th><th colspan="2">电磁脱扣器</th><th colspan="3">极限分断电流/A</th></tr>
<tr><th>额定电流/A</th><th>动作电流整定倍数</th><th>额定电流/A</th><th>动作电流整定倍数</th><th>DC220V</th><th>AC380V</th><th>AC500V</th></tr>
<tr><td rowspan="9">DZ10—100/□□□</td><td rowspan="9">100</td><td>15</td><td rowspan="9">10</td><td>15</td><td rowspan="6">10</td><td rowspan="2">7000</td><td rowspan="2">7000</td><td rowspan="2">6000</td></tr>
<tr><td>20</td><td>20</td></tr>
<tr><td>25</td><td>25</td><td rowspan="3">9000</td><td rowspan="3">9000</td><td rowspan="3">7000</td></tr>
<tr><td>30</td><td>30</td></tr>
<tr><td>40</td><td>40</td></tr>
<tr><td>50</td><td>50</td><td rowspan="4">12 000</td><td rowspan="4">12 000</td><td rowspan="4">10 000</td></tr>
<tr><td>60</td><td rowspan="3">100</td><td rowspan="3">6～10</td></tr>
<tr><td>80</td></tr>
<tr><td>100</td></tr>
<tr><td rowspan="6">DZ10—250/□□□</td><td rowspan="6">250</td><td>100</td><td>5～10</td><td rowspan="6">250</td><td rowspan="3">2～6</td><td rowspan="6">20 000</td><td rowspan="6">30 000</td><td rowspan="6">25 000</td></tr>
<tr><td>120</td><td>4～10</td></tr>
<tr><td>140</td><td rowspan="4">3～10</td></tr>
<tr><td>170</td><td>2.5～8</td></tr>
<tr><td>200</td><td rowspan="2">3～10</td></tr>
<tr><td>250</td></tr>
<tr><td rowspan="7">DZ10—600/□□□</td><td rowspan="7">600</td><td>200</td><td rowspan="7">3～10</td><td rowspan="3">400</td><td rowspan="3">2～7</td><td rowspan="7">25 000</td><td rowspan="7">50 000</td><td rowspan="7">40 000</td></tr>
<tr><td>250</td></tr>
<tr><td>300</td></tr>
<tr><td>350</td><td rowspan="4">600</td><td>2.5～8</td></tr>
<tr><td>400</td><td rowspan="3">3～10</td></tr>
<tr><td>500</td></tr>
<tr><td>600</td></tr>
</table>

2）DZ5 系列自动开关

DZ5 系列自动开关有单极式、两极式和三极式，整个系列的自动开关均可设置短路保护用的电磁脱扣器和过载保护用的热脱扣器(仅有一种脱扣器或兼有两种脱扣器甚至组成无脱扣器等 4 种形式)。同时，其操作又是储能式的，所以适用于配电开关盘、控制线路、照明电路及电动机和其他用电设备，用作过载及短路保护设施。

DZ5 系列自动开关的结构与 DZ10 系列大体相同，部分电流等级自动开关的基本技术参数见表 1-7。

表 1-7　DZ5 型自动开关基本技术参数

<table>
<tr><th>型　　号</th><th>额定电压/V</th><th>主触点额定电流/A</th><th>极数</th><th>脱扣器形式</th><th>热脱扣器额定电流/A（括号内为整定电流调节范围）</th><th>电磁脱扣器瞬时动作整定值</th></tr>
<tr><td>DZ5—20/330</td><td rowspan="8">AC380
DC220</td><td rowspan="8">20</td><td>3</td><td rowspan="2">复式脱扣器</td><td rowspan="6">0.15(0.10～0.15)、0.20(0.15～0.20)、0.30(0.20～0.30)、0.45(0.30 ～ 0.45)、0.65(0.45 ～0.65)、1(0.65～1)、1.5(1～1.5)、2(2～2.5)、3(2～3)、4.5(3～4.5)、6.5(4.5～6.5)、10(6.5～10)、15(10～15)、20(15～20)</td><td rowspan="6">为热脱扣器额定电流的 8 ～ 10 倍，出厂时整定为 10 倍。</td></tr>
<tr><td>DZ5—20/230</td><td>2</td></tr>
<tr><td>DZ5—20/320</td><td>3</td><td rowspan="2">电磁脱扣式</td></tr>
<tr><td>DZ5—20/220</td><td>2</td></tr>
<tr><td>DZ5—20/310</td><td>3</td><td rowspan="2">热脱扣器式</td></tr>
<tr><td>DZ55—20/210</td><td>2</td></tr>
<tr><td>DZ55—20/300</td><td>3</td><td colspan="3" rowspan="2">无脱扣器式</td></tr>
<tr><td>DZ55—20/200</td><td>2</td></tr>
</table>

3）DW10 系列自动开关

DW10 系列自动开关的额定电压为交流工频 380V 和直流 440V，额定电流有 200A、400A、600A、1000A、1500A、2500A 及 4000A 共 7 个等级，操作方式有直接手柄操作、杠杆操作、电磁铁操作和电动机操作共 4 种，其中 2500A 及 4000A 两个电流的产品，因需要的操作力太大，所以只有电动机操作。其机械寿命为 10 000 次，触点使用寿命为5000 次。

DW10 系列自动开关的基本技术参数见表 1-8。

4）C45、DPN、NC100 系列小型塑料外壳式自动开关

C45、DPN、NC100 是中法合资企业生产的产品，适用于交流 50Hz 或 60Hz、额定电压 240/415V 及以下的电路中，作为线路、照明及动力设备的过载与短路保护，或用作线路和设备的通断转换，也可用于直流电路。

这种自动开关结构简单，由塑料外壳、过电流脱扣器、操作机构、触点及灭弧系统组成，其外壳用高强度、高阻燃的塑料压制。

DPN 型为 1P(P 为相极)加 N(中性极)二极自动开关，相极上装有过电流脱扣器。

NC100 系列自动开关绝缘耐压指标可达 6000V，并具有触点状态指示，故兼备了隔离开关功能。

将多个单极自动开关拼装起来可构成多极自动开关。脱扣器用连动杆相连，手柄用联动罩连成一体，以保证各极通断的一致性。四极自动开关的中性极具有比其他极先合后断的性能。

小型自动开关安装方式多为卡装在标准安装轨上，装卸十分方便。楼道及家庭的配电箱多采用小型自动开关。

上述自动开关的技术参数列于表 1-9 中。

自动开关的种类很多，近几年又出现了很多新品种，其详细的技术参数读者可参阅相应产品的说明书。

表 1-8 DW10 系列自动开关的基本技术参数

<table>
<tr><th rowspan="2">断路器
额定电流/A</th><th rowspan="2">过电流脱扣器
额定电流/A</th><th rowspan="2">过电流脱扣器
整定电流倍数</th><th rowspan="2">主电路的
热稳定性/($A^2 \cdot s$)</th><th colspan="2">极限分断电流/A</th></tr>
<tr><th>DC400V，
$T \leqslant 0.01s$</th><th>AC380V，$\cos\varphi \geqslant 0.4$
(周期分量有效值)</th></tr>
<tr><td rowspan="4">200</td><td>60</td><td rowspan="28">有 100%、150% 及 300%额定电流 3 种刻度</td><td>9×10^6</td><td rowspan="4">10 000</td><td rowspan="4">10 000</td></tr>
<tr><td>100</td><td rowspan="6">12×10^6</td></tr>
<tr><td>150</td></tr>
<tr><td>200</td></tr>
<tr><td rowspan="7">400</td><td>100</td><td rowspan="9">15 000</td><td rowspan="9">15 000</td></tr>
<tr><td>150</td></tr>
<tr><td>200</td></tr>
<tr><td>250</td><td rowspan="6">27×10^6</td></tr>
<tr><td>300</td></tr>
<tr><td>350</td></tr>
<tr><td>400</td></tr>
<tr><td rowspan="2">600</td><td>500</td></tr>
<tr><td>600</td></tr>
<tr><td rowspan="5">1000</td><td>400</td><td>80×10^6</td><td rowspan="7">20 000</td><td rowspan="7">20 000</td></tr>
<tr><td>500</td><td rowspan="2">160×10^6</td></tr>
<tr><td>600</td></tr>
<tr><td>800</td><td>240×10^6</td></tr>
<tr><td>1000</td><td rowspan="3">960×10^6</td></tr>
<tr><td rowspan="2">1500</td><td>1000</td></tr>
<tr><td>1500</td></tr>
<tr><td rowspan="4">2500</td><td>1000</td><td rowspan="4">2160×10^6</td><td rowspan="4">30 000</td><td rowspan="4">30 000</td></tr>
<tr><td>1500</td></tr>
<tr><td>2000</td></tr>
<tr><td>2500</td></tr>
<tr><td rowspan="4">4000</td><td>2000</td><td rowspan="4">3840×10^6</td><td rowspan="4">40 000</td><td rowspan="4">40 000</td></tr>
<tr><td>2500</td></tr>
<tr><td>3000</td></tr>
<tr><td>4000</td></tr>
</table>

表 1-9　小型塑料外壳式自动开关技术参数

型　号	极　数	额定电压/V	额定电流 I_e/A	额定短路分断能力/kA	瞬时脱扣器形式及脱扣电流
C45N	1、2、3、4	240/415	1、3、6、10、16、20、25、32、40	6	C 型(5～10)I_e
C45AD			50、63	4.5	
			1、3、6、10、16、20、25、32、40	4.5	D 型(10～14)I_e
DPN	2(1P+N)	240	3、6、10、16、20	4.5	C 型(5～10)I_e
NC100H	1、2、3、4	240/415	50、63	10	C 型(5～10)I_e
			80、100		D 型(10～14)I_e
NC100LS	3、4		40、50、63	36	D 型(10～14)I_e

注：C 型为照明保护用(普通照明)，D 型为动力保护用。

7. 自动开关的选择方法

(1) 额定电压和额定电流的选择：自动开关的额定电压和额定电流应不小于电路的额定电压和最大工作电流。

在 380V 及以下的低压电路中，额定电压通常为 500V，不需要选择。

(2) 脱扣器整定电流的计算：热脱扣器的整定电流应与所控制负载(如电动机等)的额定电流一致。

电磁脱扣器的瞬时脱扣整定电流应大于负载电路正常工作时的最大电流，通常为热脱扣电流的 10 倍左右。

通常选用具有复式脱扣器的自动开关，一般先选热脱扣器的额定电流，再根据热脱扣器的额定电流选择自动开关的额定电流，电磁脱扣器的瞬时脱扣整定电流一般不用考虑。例如，负载的额定电流为 33A，若选用 DZ10 系列自动开关，那么根据表 1-6，复式脱扣器的额定电流应选 40A，这实际就是热脱扣器的额定电流，根据该电流应选 DZ10—100 系列。通常将自动开关的型号写全为 DZ10—100/330 40A。

1.2.3.2　互感器

互感器分为电压互感器和电流互感器两种。

一般而言，电压互感器是将高电压按一定的比例变换成二次标准电压(通常为 100V)的设备。电流互感器是将大电流或高压大电流按一定的比例变换成二次标准电流(通常为 5A)的设备。

变换的好处有以下几个：一是高压下的电流、电压无法直接测量，即便有能力直接测量，高压下电流、电压的仪表也不安全，它已将高压引到了电工人员面前，就是绝缘制造得再好，也不能保证时时安全；二是电流太大时，接入仪表困难，不能将仪器、仪表的接线柱做得很大；三是经互感器变换后，二次已变成标准的电流(5A)和电压(100V)，这样无论二次仪表、保护装置，还是电能计量仪表，就都可以进行标准化了，有利于仪表的标准化设计、生产、选用和维护。

1. 电压互感器

电压互感器的基本原理与变压器相同。就结构而言，它是一种小容量、大电压比的变压器，但它不输送电能，仅作为测量和保护用的标准电源。

电压互感器的一次(原)绕组并联于一次电路内，而二次(副边)绕组与测量表或继电保护及自动装置的电压线圈并联连接。二次回路阻抗很大，工作电流和功耗都很小，相当于空载(二次开路)状态。二次电压只决定于一次(系统)电压。

此外，还有一种互感器为电容分压式。

电压互感器的文字符号为 TV，图形符号与变压器相同。

电压互感器的旧文字符号为 YH，是取电压互感器中“压互”二字汉语拼音的第一个字母。

2. 电流互感器

电流互感器也和变压器类似，利用变压器一次、二次电流成比例的特点制成。其一次绕组串联在被测电路中，且匝数很少；二次绕组接电流表、继电器电流线圈等低阻抗负载，近似短路。一次电流(即被测电流)和二次电流取决于被测线路的负载，而与电流互感器的二次负载无关。由于二次接近于短路，所以一次、二次电压都很小。

常用的电流互感器多为穿心式，穿心式电流互感器其本身结构不设一次绕组，载流导线穿过由硅钢片擀卷制成的铁心起一次绕组作用。二次绕组直接均匀地缠绕在铁心上，与仪表、继电器、变送器等电流线圈的二次负荷串联形成闭合回路。

由于穿心式电流互感器不设一次绕组，其电流比根据一次绕组穿过电流互感器铁心中的匝数确定，穿心匝数越多，电流比越小；反之，穿心匝数越少，电流比越大。

一次绕组电流达到最大值时，电流互感器的二次电流通常为 5A。例如，被测电路最大电流接近 100A 时，可以选用 100/5 的电流互感器，配用 100/5 的电流表；被测电路最大电流接近 200A 时，可以选用 200/5 的电流互感器，配用 200/5 的电流表。配用电流互感器的电流表的表芯均为 5A 的电流表，但刻度盘不同。

电流互感器的文字符号为 TA，穿心式电流互感器的图形符号如图 1.19 所示。

TA

载流母线

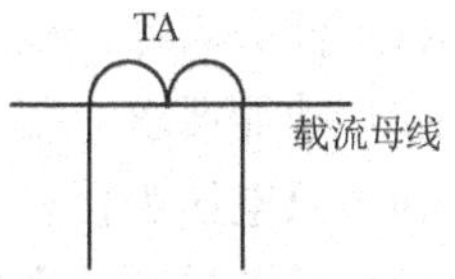

图 1.19　穿心式电流互感器图形符号

电流互感器的旧文字符号为 LH，是取电流互感器中“流互”二字汉语拼音的第一个字母。

1.2.3.3　电压表

电压表用来测量电压，其内阻很大，且内阻越大越好，并联在被测电路的两端。

电压表分为直流电压表和交流电压表，按显示方式又分为指针式电压表和数字式电压表。

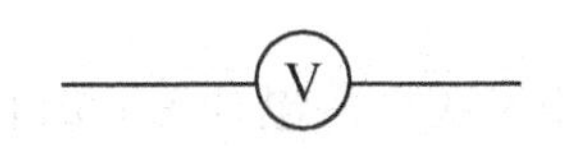

图 1.20　电压表图形符号

交流电压表又分为直接接入式和经互感器接入式。经互感器接入式电压表用来测量高电压，需要与电压互感器配合使用，其表芯通常都是 100V 的交流电压表，只是刻度盘不同而已。

电压表的文字符号为 V，图形符号如图 1.20 所示。

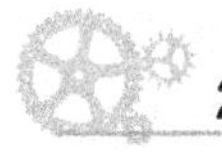

为了区分交流电压表和直流电压表，通常在字母V下加“～”表示交流，加“－”表示直流。

1.2.3.4 电流表

电流表用来测量电流，其内阻很小，串联于被测电路。

电流表分为直流电流表和交流电流表，按显示方式又分为指针式电流表和数字式电流表。

交流电流表分为直接接入式和经互感器接入式。经互感器接入式电流表用来测量大电流，通常10A以上的电流表经电流互感器接入式，需要与电流互感器配合使用，其表芯通常都是5A的交流电流表，只是刻度盘不同而已。

直流电流表分为直接接入式和经分流器接入式。经分流器接入式电流表用来测量大电流，通常15A以下电流表都是直接接入式，15A以上的电流表都是经分流器接入式，需要与分流器配合使用，15A电流表两种都有。

分流器的图形符号如图1.21所示，有4个接线端，两边接线端直接接入被测电路，中间两个接线端接直流电流表。分流器实际上是一个高精度、小阻值的电阻，当额定电流(如200A)流过分流器时，在中间两个接线端产生的电压降为75mV，所以经分流器接入式电流表的表芯通常都是75mV的直流电压表，只是刻度盘刻成需要的电流表刻度(如0～200A)。

电流表的文字符号为A，图形符号如图1.22所示。

图1.21 分流器图形符号　　图1.22 电流表图形符号

1.2.4 实训 电流表与电压表的使用

(1) 任务名称：电流表与电压表的使用。

(2) 功能要求：用三相异步电动机作负载，用自动开关控制电动机的运行，将3只电流表和1只电压表接入。电压表用换相开关切换，电流表经电流互感器接入。

(3) 任务提交：现场功能演示，实验报告。

任务1.3 简易配电线路的安装

1.3.1 任务书

(1) 任务名称：简易配电线路的安装。

(2) 功能要求：安装一个简易配电线路，进线接三相四线漏电开关，漏电开关后面有6路负载分别用自动开关控制，1号动力为三相对称负载，2号动力为三相不对称负载，其他为单相照明。

（3）任务提交：现场功能演示。

1.3.2　任务指导

各单位的配电室都有各种配电盘，通常称为低压电屏。低压电屏一般由刀开关组装而成。变压器接主刀开关，主刀开关的出线接低压电屏的电压母线，各支路经支路刀开关分出。

当用电线路的电流较小时，可以用自动开关代替刀开关。

满足任务要求的简易配电线路原理图如图 1.23 所示。图中 1 号动力和 2 号动力虽然都是三相负载，但 1 号动力为对称负载，不需要接电源中性线 N，而 2 号动力为不对称负载，必须引出电源中性线 N。

一般低压电屏电源进线和各自动开关的出线不接线，用户直接接自动开关，各公共中性线和接地线留出多个接线端子。但在制作配电屏时，在电流不是很大的情况下，电源进线和各自动开关的出线通常都引到接线端子上。如果电流很大，导线太粗，则电源进线通常直接接自动开关。

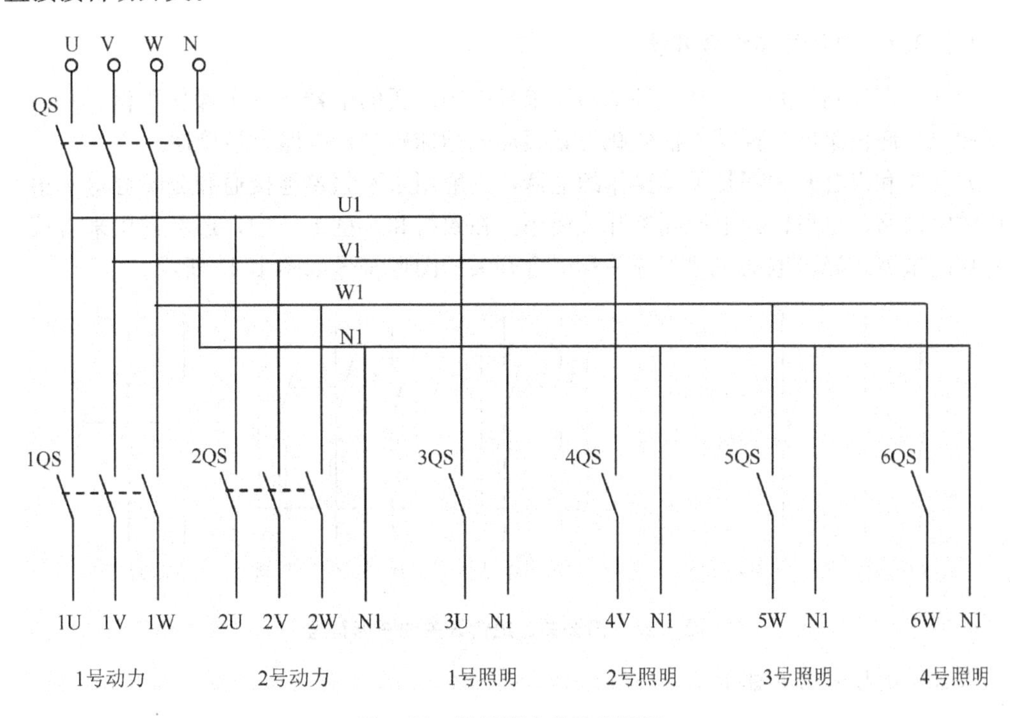

图 1.23　简易配电线路原理图

将电源进线和各自动开关的出线分别引到接线端子的安装接线图如图 1.24 所示。

按图 1.24 接线，通电后用万用表测端子各点的电压，看电压是否正常。

实际使用的配电屏，配有电流表、电压表、电能表、有功功率表、无功功率表、功率因数表等多种仪表。若主要负载为电动机，还配备补偿用的电容屏。

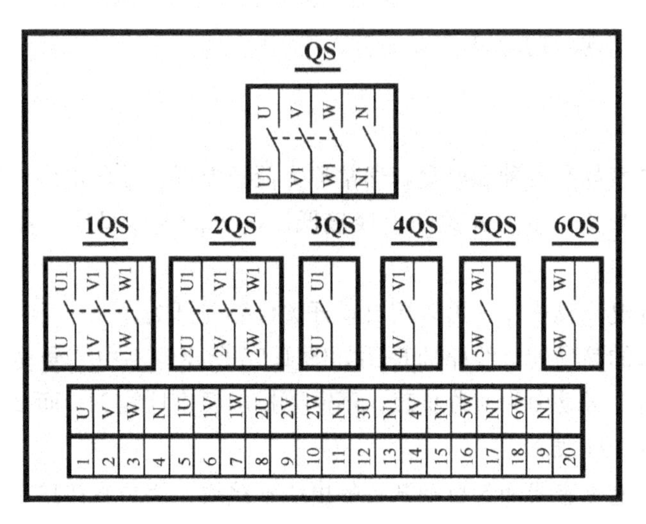

图 1.24　安装接线图

1.3.3　知识包

1.3.3.1　刀开关和组合开关

刀开关俗称闸刀开关，是一种结构简单且应用广泛的电器。它由操作手柄、触刀、静插座和绝缘底板组成。推动手柄使触刀紧紧插入静插座中，电路就被接通。

刀开关和组合开关都是手动操作的电器，一般用来不频繁地接通和分断容量不很大的低压供电线路，也可作为电源隔离开关使用。在农村和小型工厂中，还经常用来直接启动小容量的鼠笼式异步电动机。刀开关和组合开关的图形符号如图 1.25 所示。

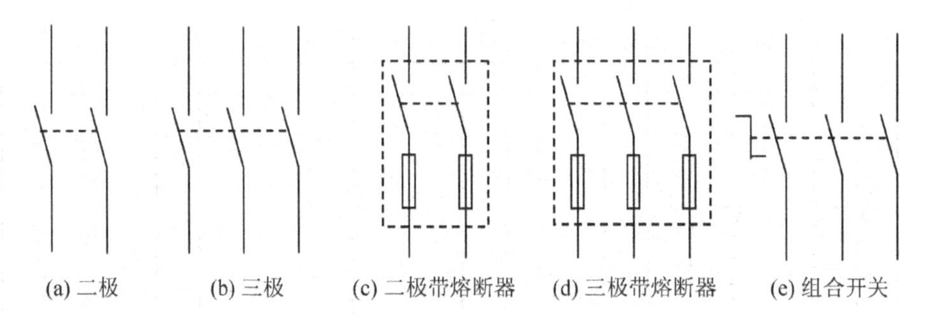

图 1.25　刀开关、组合开关的图形符号

刀开关的型号含义如下。

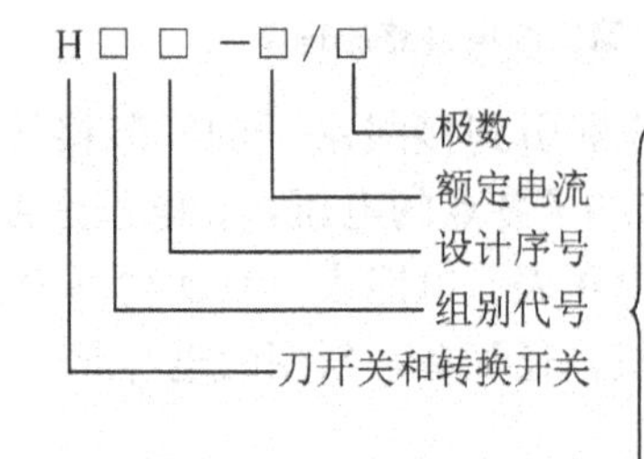

D：刀开关
S：刀形转换开关
H：封闭式负荷开关
R：熔断器开关
X：旋转式开关
Z：组合式开关
K：开启式负荷开关

刀开关的种类很多。按刀的极数，可分为单极、双极和三极；按刀的转换方向，可分单掷和双掷；按灭弧装置情况，可分为带灭弧罩和不带灭弧罩；按操作方式，可分为直接手柄操作式和远距离连杆操纵式；按接线方式，可分为板前接线式和板后接线式。

1. 开启式负荷开关

开启式负荷开关又名瓷底胶盖闸刀开关。它由刀开关和熔芯组合而成。瓷底板上装有进线座、静触点、熔芯、出线座和刀片式的动触点；上面还罩有两块胶盖。这样，操作人员不会触及带电部分，并且分断电路时产生的电弧也不会飞出胶盖外而灼伤操作员。

这种开关易被电弧烧坏，因此不宜带负载接通或分断电路。但因其结构简单，价格低廉，常用作照明电路的电源开关，也可用于5.5kW以下三相异步电动机不频繁启动和停止的控制。在拉闸与合闸时动作要迅速，以便迅速灭弧，减少刀片和触座的灼损。

开启式负荷开关有HK1、HK2、TSW和HK1－P系列，统一设计产品为HK1系列，其基本技术参数见表1-10。

表1-10　HK1系列开启式负荷开关基本技术参数

型　号	极数	额定电流/A	额定电压/V	可控制电动机最大容量/kW		配用熔芯规格			
						熔芯成分			熔芯线径 ϕ/mm
				220V	380V	铅	锡	锑	
HK1－15/2	2	15	220	—	—	98%	1%	1%	1.45～1.59
HK1－30/2	2	30	220	—	—				2.30～2.52
HK1－60/2	2	60	220	—	—				3.36～4.00
HK1－15/3	3	15	380	1.5	2.2				1.45～1.59
HK1－30/3	3	30	380	3.0	4.0				2.30～2.52
HK1－60/3	3	60	380	4.5	5.5				3.36～4.00

对于普通负载，HK1系列开启式负荷开关的额定电流可以根据负载电流来选择；而对于电动机，开关额定电流可选电动机额定电流3倍左右。刀开关中的熔芯不是由制造厂提供的，用户应根据以下规则选用：对于变压器、电热器和照明电路，熔芯的额定电流宜等于或略大于实际负荷电流；对于配电线路，熔芯的额定电流宜等于或略小于线路的安全电流；对于电动机，熔芯的额定电流为电动机额定电流的1.5～2.5倍，这与熔断器的选择方法相同。

安装和使用时应注意下列事项。

(1) 电源进线应接在静触点一边的进线端(进线座应在上方)，用电设备接在动触点一边的出线端。这样，当开关断开时，闸刀和熔芯均不带电，以保证更换熔芯时的安全。

(2) 安装时，刀开关在合闸状态下手柄应该向上，不能倒装和平装，以防止闸刀松动，落下时误合闸。

(3) 这种开关的防水、防尘、防潮性能都很差，不可放在地上使用。

2. 封闭式负荷开关

封闭式负荷开关又名铁壳开关。它是由刀开关、熔断器、灭弧装置、操作机构和钢板

(或铸铁)做成的外壳构成。三把闸刀固定在一根绝缘方轴上，由手柄操纵。操作机构装有机械联锁，使盖子打开时手柄不能合闸和手柄合闸时盖子不能打开，以保证操作安全。在操作机构中，在手柄、转轴和底座间装有速动弹簧，使刀开关的接通与断开速度与手柄操作速度无关，这样有利于迅速灭弧。

封闭式负荷开关有 HH3、HH4、HH10 和 HH11 系列。HH3 和 HH4 系列的触点和灭弧系统有两种形式：一种是双断点楔形触点，其动触点为 U 形双刀片，静触点则固定在瓷质 E 形灭弧室上，两断口间还隔有瓷板；另一种是单断点楔形触点，其结构与一般刀开关相仿，灭弧室是由钢纸板夹上去离子栅片构成的。

封闭式负荷开关配用的熔断器也有两种：额定电流为 60A 及以下者，配用瓷插式熔断器；额定电流为 100A 及以上者配用无填料封闭管式熔断器。瓷插式熔断器的好处是价格便宜，更换熔体方便，但分断能力较低，只能用在短路电流较小的地方。采用无填料封闭管式熔断器，虽然价格高些，更换熔体也困难些，但却有较高的分断能力。

HH3、HH10 和 HH11 系列封闭式负荷开关的基本技术参数见表 1-11 和表 1-12。

表 1-11　HH3 系列封闭式负荷开关基本技术参数

额定电流/A	额定电压/V	极数	熔体主要参数			触点极限接通及分断能力/A		熔断器极限分断能力/A	
			额定电流/A	材料	线径/mm	电流	cosφ	电流	cosφ
			6		1.08				
15			10	软铅丝	1.25	60		500	0.8
			15		1.98		0.5		
			20		0.61				
30	380	2、3	25		0.71	120		1500	0.7
			30	紫铜丝	0.80				
			40		0.92				
60			50		1.07	240	0.4	3000	0.6
			60		1.20				
100			60、80、100			300			
200			100、150、200	RT0 系列熔断器	熔断管额定电流与开关额定电流相同	600			
300	440	3	200、250、300			900	0.8	50 000	0.25
400			300、350、400			1200			

封闭式负荷开关一般用在电力排灌、电热器、电气照明线路的配电设备中，作非频繁接通和分断电路用，其中容量较小者(额定电流为 60A 及以下的)，还可用作异步电动机的非频繁全电压启动的控制开关。

3. 熔断器式刀开关

熔断器式刀开关简称刀熔开关，它是一种组合电器。熔断器式刀开关兼具熔断器和刀开关这两种电器的基本技术性能。熔断器式刀开关由刀座、熔断器、安全挡板(额定电流

表 1-12 HH10 及 HH11 系列封闭式负荷开关基本技术参数

产品系列	负荷开关额定电流/A	熔断器额定电流/A	熔体额定电流/A	极限分断能力（1.1U_e、50Hz）					极限接通分断能力（1.1U_e、50Hz）				机械寿命/次	电寿命（额定电压、额定电流）	
				U_e/V	熔断器形式	极限分断能力/A	功率因数	分断次数	U_e/V	通断电流/A	功率因数	试验条件		试验条件	次数
HH10	10	10	2、4、6、10	440	瓷插式	750	0.8	3	440	40	0.4	操作频率每分钟1次；通电时间不超过2s；接通与分断10次	>10000	功率因数0.8；操作频率2次/min，通电时间不超过2s	>5000
	20	20	10、15、20		瓷插式	1500	0.8			80					
					RT10	50 000	0.25								
	30	30	20、25、30		瓷插式	2000	0.8			120					
					RT10	50 000	0.25								
	60	60	30、40、50、60		瓷插式	4000	0.8			240					
					RT10	50 000	0.25								
	100	100	60、80、100		瓷插式	4000	0.8			250			>5000		>2000
					RT10	50 000	0.25								
HH11	100	100	60、80、100	440	有填料封闭管式	50 000	0.25	3	440	300	0.8	操作频率每分钟1次；通电时间不超过2s；接通与分断3次	>2000	功率因数0.8，操作频率2次/min，通电时间不超过2s	>1000
	200	200	100、120、150、200							600					
	300	300	200、250、300							900			>1500		>750
	400	400	300、350、400							1200					

为200A及以上产品才有）、操作机构和灭弧罩（额定电流为直流100A和交流400A及以上的产品才有）等部件所组成。由于利用熔断器的触刀作为刀开关的触刀，刀开关和熔断器就有机地组合在一起，因而可以减少材料消耗、降低制造成本和缩小安装面积。

熔断器式刀开关中的熔断器采用RT0系列有填料封闭管式熔断器，它被固定在带有弹簧钩子锁板的绝缘横梁上。当操作手柄向上或向下转动时，横梁就随之前后移动，使熔断器触刀插入或脱离刀座，从而接通或分断电路。当熔断器熔断以后，只需将钩子按下，即可方便地更换新熔断器。

在正常情况下，熔断器式刀开关可以接通和分断额定电流及额定电流以下的电流。如果电路中出现严重过载及短路故障，熔断器中的熔体就被熔断，及时地切断故障电路。因此，熔断器式刀开关一般用作配电系统的短路保护和电缆、导线的过载保护。此外，它还可用于非频繁地接通和分断电流等于或小于其额定电流的电路，但不宜用于控制电动机。

HR3系列熔断器式刀开关的基本技术参数列于表1-13。每个等级所配用的熔断器的数据同RT0系列熔断器一样（表1-3）。

4. 组合开关

组合开关也称转换开关，也属于一种刀开关，只不过一般的刀开关的操作手柄是在垂直于安装面的平面内向上或向下转动，而组合开关的操作手柄则是在平行于安装面的平面内向左或向右转动而已。组合开关一般用于电气设备中，作为非频繁地接通和分断电路、换接电源和负载、测量三相电压和电流及控制小容量异步电动机的正反转和星三角启动等用。

表 1-13　HR3 系列熔断器式刀开关基本技术参数

型号	额定电流/A	刀开关分断能力/A		熔断器极限分断能力/A	
		AC380V(50Hz) $\cos\varphi \geqslant 0.6$	DC440V, $T \leqslant 0.0045$s	AC380V(50Hz) $\cos\varphi \geqslant 0.6$	DC440V $T = 0.0015 \sim 0.02$s
HR3—100	100	100	100	50 000	25 000
HR3—200	200	200	200	50 000	25 000
HR3—400	400	400	400	50 000	25 000
HR3—600	600	600	600	50 000	25 000
HR3—1000	1000	1000	1000	25 000	25 000

组合开关有许多系列，如 HZ1、HZ2、HZ3、HZ4、HZ5H 和 HZ10 等系列，前 4 个系列已属淘汰产品，不应选用。HZ5 系列可作为电压和负载的换相开关使用，用得最多的是 HZ10 系列组合开关。

表 1-14 为 HZ10 系列组合开关额定电压和额定电流等技术参数。

表 1-14　HZ10 系列组合开关基本技术参数

<table>
<tr><th rowspan="3">型　号</th><th rowspan="3">额定电压/V</th><th rowspan="3">额定电流/A</th><th rowspan="3">极数</th><th colspan="2">极限操作电流/A</th><th colspan="2">可控制电动机最大容量和额定电流</th><th colspan="4">额定电压及额定电流下的通断次数</th></tr>
<tr><th rowspan="2">接通</th><th rowspan="2">分断</th><th rowspan="2">容量/kW</th><th rowspan="2">额定电流/A</th><th colspan="2">AC cosφ</th><th colspan="2">直流时间常数/s</th></tr>
<tr></tr>
<tr><td>HZ10—10</td><td rowspan="5">DC220，AC380</td><td>6</td><td>单极</td><td rowspan="2">94</td><td rowspan="2">62</td><td rowspan="2">3</td><td rowspan="2">7</td><td>≥0.8</td><td>≥0.3</td><td>≤0.0025</td><td>≤0.01</td></tr>
<tr><td>HZ10—25</td><td>10</td><td rowspan="4">2，3</td><td rowspan="3">20 000</td><td rowspan="3">10 000</td><td rowspan="3">20 000</td><td rowspan="3">10 000</td></tr>
<tr><td>HZ10—60</td><td>25</td><td>155</td><td>108</td><td>5.5</td><td>12</td></tr>
<tr><td rowspan="2">HZ10—100</td><td>60</td><td rowspan="2"></td><td rowspan="2"></td><td rowspan="2"></td><td rowspan="2"></td></tr>
<tr><td>100</td><td>10 000</td><td>5000</td><td>10 000</td><td>5000</td></tr>
</table>

组合开关是一种体积小、接线方式多、使用非常方便的开关电器。和刀开关相比较，由于灭弧性能的改善，组合开关的通断能力和电寿命一般要高一些。

组合开关本身不带过载保护和短路保护。如果需要这类保护，就必须另设其他保护电器。

1.3.3.2　低压电屏电气原理图的简易画法

低压电屏多为三相，一般画成单相，并且将变压器画成两个圆圈，如图 1.26 所示。图 1.26 所示的单相画法与图 1.27 所示的三相画法相同，比较两图可见，图 1.26 更加清晰，因此低压电屏多用单相画法。

低压电屏的主要器件为刀开关和自动开关，也可以根据需要配置交流接触器和信号灯及各种仪表，如电压表、电流表、电能表、功率因数表等。若用电负载主要为电动机，则还应配置提高功率因数的电容屏。

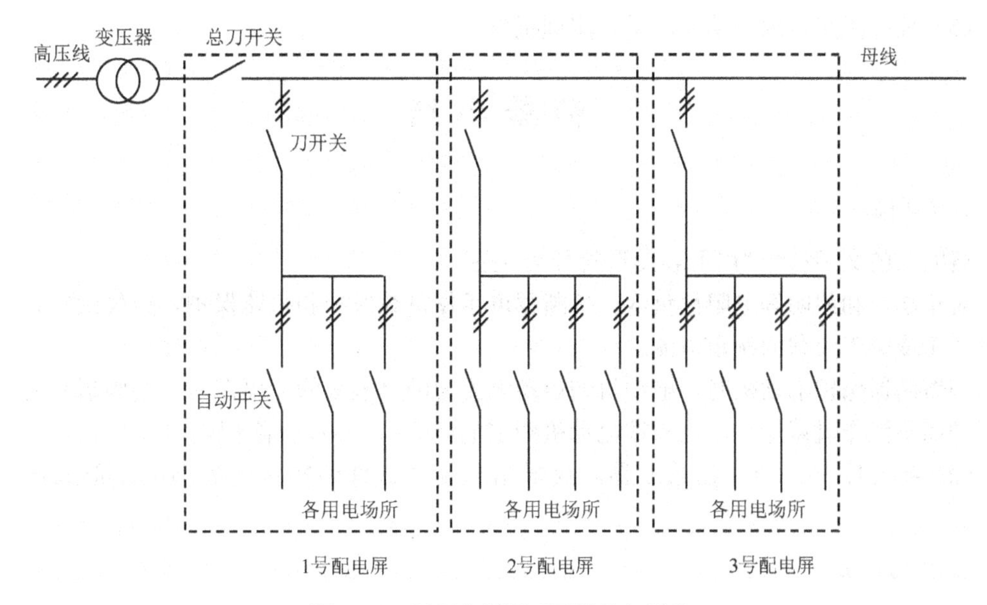

图 1.26　低压电屏原理图的单相画法

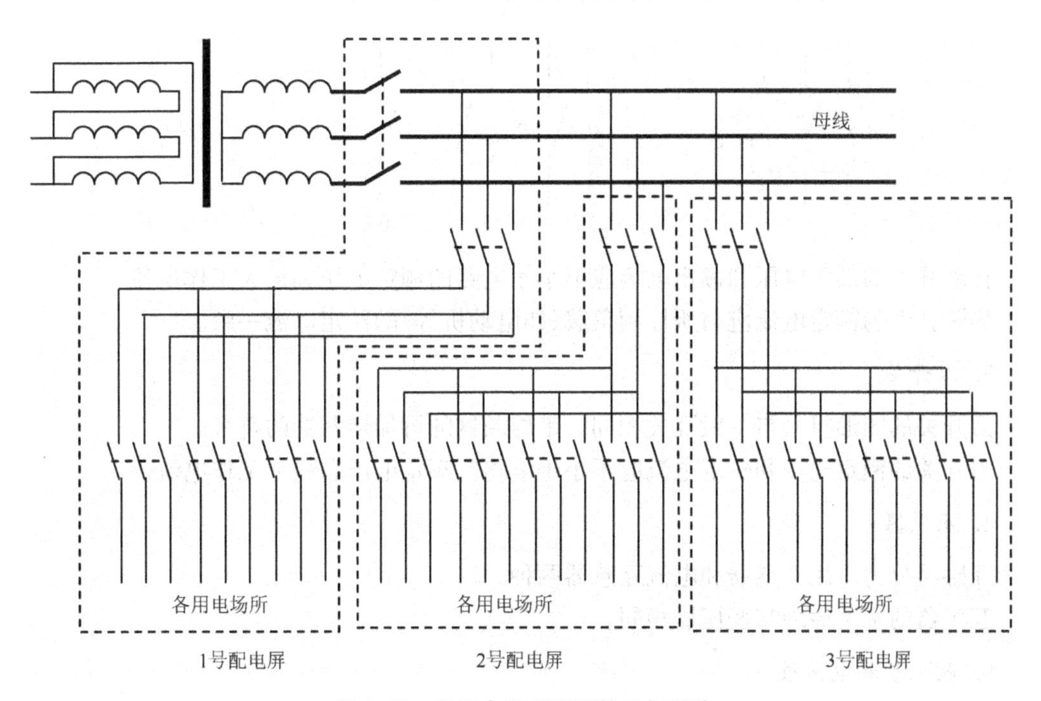

图 1.27　低压电屏原理图的三相画法

1.3.4　实训　简易配电盒的安装

（1）任务名称：简易配电盒的安装。

（2）功能要求：安装一个简易配电盒，进线接三相四线漏电开关，漏电开关后面有 6 路负载分别用自动开关控制，1 号动力和 2 号动力为三相对称负载，3 号动力和 4 号动力为三相不对称负载，最后两路为单相照明。

(3) 任务提交：现场功能演示，实训报告。

情景小结

1. 熔断器

熔断器的文字符号为FU，图形符号为

对于电炉和照明等电阻性负载，熔断器可用作过载保护和短路保护，熔体的额定电流应稍大于或等于负载的额定电流。

用熔断器保护电动机时，电动机的启动电流为额定电流的7倍左右，熔断器只宜作短路保护而不能作过载保护，通常按电动机额定电流的1.5～2.5倍选用。

保护半导体器件用快速熔断器，要根据半导体器件的额定电流和电路形式选择熔断器。

2. 自动开关

自动开关的文字符号为QS，图形符号如下所示。

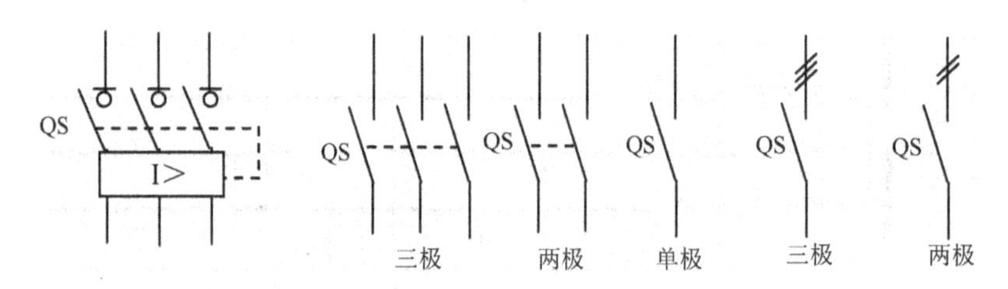

自动开关的额定电压和额定电流应不小于电路的额定电压和最大工作电流。

热脱扣器的额定电流应与所控制负载(如电动机等)的额定电流一致。

3. 刀开关

刀开关的图形符号与一般开关相同，带熔断器的再加熔断器的符号。

刀开关的额定电压和额定电流应不小于电路的额定电压和最大工作电流。

4. 互感器

互感器分为电压互感器和电流互感器两种。

互感器的基本原理与变压器相同。

5. 电压表和电流表

电压表用来测量电压，其内阻很大，且内阻越大越好，并联在被测电路的两端。电压表的文字符号为V。

电流表用来测量电流，其内阻很小，串联于被测电路。电流表的文字符号为A。

6. 分流器

若测量小直流电流，则将直流电流表直接接入；若测量大直流电流，则需要直流电流表与分流器配合使用。

分流器实际上是一个高精度、小阻值的电阻，当额定电流(如200A)流过分流器时，

在中间两个接线端产生的电压降为75mV。经分流器接入式电流表的表芯通常都是75mV的直流电压表，只是刻度盘刻成需要的电流表刻度(如0～200A)。

情景练习

1. 什么是电器？什么是低压电器？
2. 电器一般由哪几部分组成？它们分别起什么作用？
3. 电压表和电流表是如何连接到电路中的？
4. 自动开关应该如何选择？
5. 电流互感器与电压互感器的区别是什么？
6. 当使用一般熔断器时，额定电流应如何选择？
7. 熔断器的作用是什么？在电路中如何连接？
8. 简述熔断器的工作原理。
9. 刀开关的主要功能和选用原则是什么？

情景2

鼠笼式三相异步电动机正转控制线路

情景描述

在科学技术高度发展的今天，电动机已经广泛应用于工厂、农业、医疗卫生、家庭等各个领域，鼠笼式三相异步电动机正转控制线路是最基本、最常用的控制线路，广泛应用于水泵、风机、机床及其他很多电力拖动系统中。它分为点动控制线路和长动控制线路，长动控制线路也就是我们通常所说的正转控制线路。

名人名言

在科学上面是没有平坦的大路可走的，只有那在崎岖小路上不畏劳苦攀登的人，才有希望到达光辉的顶点。

——马克思

任务 2.1　点动控制线路

2.1.1　任务书

（1）任务名称：鼠笼式三相异步电动机点动控制线路。

（2）功能要求：安装、调试鼠笼式三相异步电动机点动控制电路，电动机功率为 1.5kW，选择器件型号与导线。

（3）器件要求：熔断器采用 RL1 系列，自动开关采用 C45 系列，交流接触器采用 CJ10 系列，按钮采用 LAY3 系列。

（4）任务提交：现场功能演示，实训报告。

2.1.2　任务指导

2.1.2.1　控制线路

要使电动机转动，就要给电动机接入电源，如图 2.1(a)所示，但图 2.1(a)所示线路是将电源直接接入电动机，没有控制开关，显然不能使用。

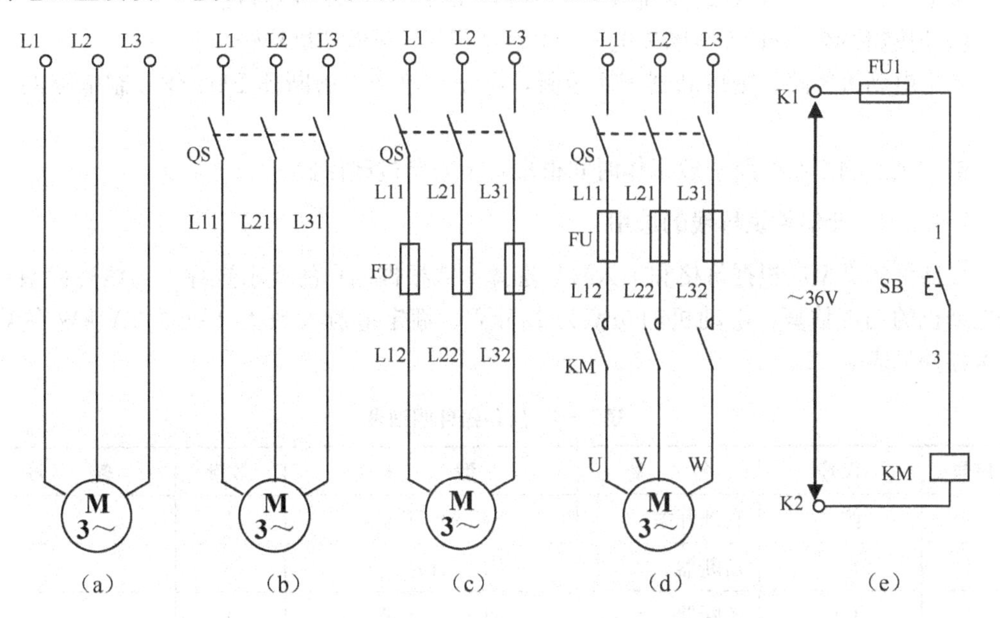

图 2.1　鼠笼式三相异步电动机点动控制线路

为了控制电动机的起停，至少加一个控制开关 QS，QS 可以是转换开关，也可以是刀开关，或者是自动开关，一般选用自动开关，如图 2.1(b)所示。

图 2.1(b)中的自动开关 QS 虽然有短路保护功能，但一个系统不管电动机多少，自动开关通常只有一个，用其做电动机的短路保护不太可靠，通常是加熔断器做电动机的短路保护，如图 2.1(c)所示。

通常自动开关安装在配电柜上，所以图 2.1(c)所示线路不能远距离控制，并且没有失电压保护功能。为此应加交流接触器，并通过按钮进行控制，主电路如图 2.1(d)所示，控

制电路如图 2.1(e)所示。

图 2.1(d)和图 2.1(e)构成了鼠笼式三相异步电动机点动控制线路。

本书控制电路均采用 AC36V 的安全电压，这主要是考虑学生的安全。在实际的控制线路中，通常采用 220V 或 380V 电压。若控制电路采用 220V 电压，则控制电路一端接电源相线(L11、L21 或 L31)，另一端接电源中性线 N；若控制电路采用 380V 电压(机床电器多采用 380V)，则控制电路两端均接电源相线(L11、L21 和 L31 任接两相)。

AC36V 由实验台提供，控制线路图中没有画出变压线路。

以后所有情景、实训均与上述相同，不再赘述。

图中各器件的作用如下。

(1) 自动开关 QS：电源开关。

(2) 熔断器：FU 做电动机的短路保护，FU1 做控制电路的短路保护。

(3) 交流接触器 KM：接通三相异步电动机的电源，具有失电压保护功能。

(4) 按钮开关 SB：主令电器，控制电动机启动与停止。

2.1.2.2 控制线路分析

合上开关 QS，电路的工作过程如下。

按下按钮 SB ⟶ KM 线圈通电 ⟶ 主触点闭合 ⟶ 电动机旋转；

松开按钮 SB ⟶ KM 线圈失电 ⟶ 主触点断开 ⟶ 电动机停转。

如果电动机短路，则熔断器 FU 熔断，电动机停转。熔断器 FU1 作控制电路的短路保护。

电动机点动控制线路一般工作时间很短，不需要过载保护。

2.1.2.3 元器件及导线的选用

元器件的类型应根据价格和个人喜好选择，或根据用户的要求选择，具体规格型号根据电动机的功率估算，电动机的功率为 1.5kW，额定电流大致为 3A(按 2A/kW 估算)，参考器件见表 2-1。

表 2-1 所用器件明细表

序号	代号	名　称	型　号	数量	备　注
1	QS	自动开关	C45N—3P 6A	1	
2	FU	熔断器	RL1—15/10A	3	
3	FU1	熔断器	RL1—15/2A	1	
4	KM	交流接触器	CJ10—10 36V	1	
5	SB	按钮	LAY3—11 绿	1	
6		主电路导线	BV2.5		
7		控制电路导线	BV1		

2.1.2.4 安装接线

电控柜通常分为控制柜和操纵台，操纵台安装按钮、信号灯、电流表、电压表等主令

电器和仪表，控制柜安装自动开关、熔断器、交流接触器、热继电器、变压器等控制电器。有时为了降低成本将所有器件装在一起，控制电器在柜内，主令电器和仪表装在前门上。

控制柜和操纵台分别安装，可以将操纵台放在生产车间，控制柜放在环境较好的地方，有利于延长控制柜的使用寿命，一般被工矿企业广泛采用，特别是生产环境较差的场合。

本书控制线路虽然较简单，但为了和工矿企业的实际一致，也采用控制柜和操纵台分开安装的方式，由于器件较少，我们用了控制板和操纵盒，后面的所有情景均采用此方式，不再赘述。

控制板接线图如图 2.2 所示，操纵盒接线图如图 2.3 所示。

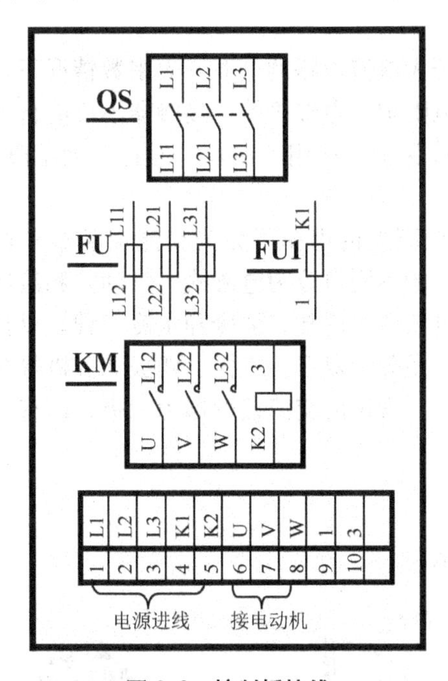

图 2.2 控制板接线

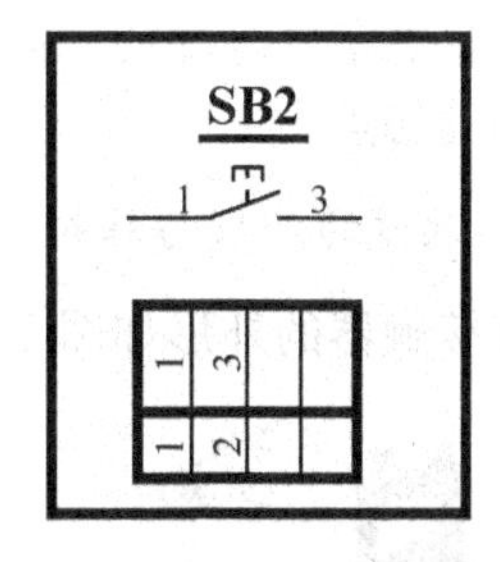

图 2.3 操纵盒接线图

2.1.2.5 调试

安装后要进行调试，调试前首先要仔细检查各器件的接线是否齐全，并与安装接线图一致，特别是检查各触点的两端是否都已接线；然后检查各接线端子是否与安装接线图一致。检查无误后需要将各控制柜(如果有多个的话)、操纵台之间的接线接通，即相同的线号接通，并将电动机和需要外接的器件接入。

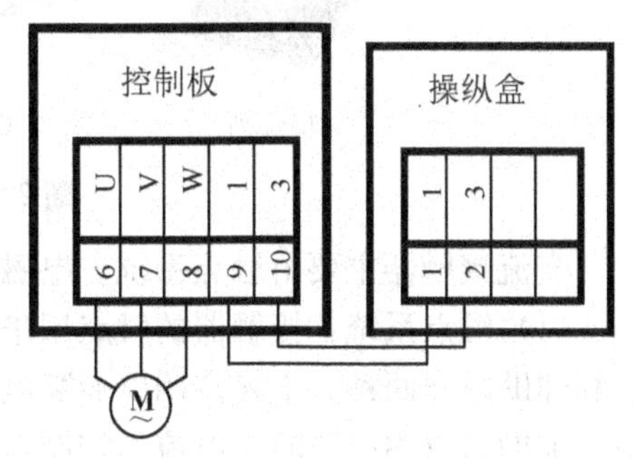

图 2.4 调试接线图

调试接线图如图 2.4 所示，接好后调试步骤如下。

(1) 接通控制电源。

(2) 按下按钮 SB，接触器 KM 吸合，松开按钮 SB，接触器 KM 释放，这说明控制电路工作正常。

(3) 合上开关 QS，送入三相交流电，重复步骤 2 看电动机运行是否正常。

电控柜的生产单位调试完成后应将各柜间连线拆掉，便于包装运输。拆线时同时将松开的螺钉拧紧，并将没有接线触点的螺钉拧紧，避免设备运输过程掉螺钉，或者避免设备在使用过程中由于器件吸合和释放而振动造成掉螺钉出现故障。

2.1.3 知识包

2.1.3.1 交流接触器

1. 接触器的作用

接触器是一种用来自动地接通或断开大电流电路的电器。大多数情况下，其控制对象是电动机，也可用于其他电力负载，如电阻炉、电焊机等。接触器不仅能自动地接通和断开电路，还具有控制容量大、低电压释放保护、使用寿命长、而且能远距离控制等优点，所以在电气控制系统中应用十分广泛。

接触器的种类很多，按照加在吸引线圈上的电压可分为交流接触器和直流接触器两种，使用最多的是交流接触器；按驱动力的不同可分为电磁式、气动式和液压式，电磁式的应用最广泛；按其冷却方式，可分为自然空气冷却、油冷和水冷三种，以自然空气冷却的应用最多；此外，按其主触点的极数，还分为双极、三极、四极和五极等多种。本节主要介绍电磁式自然空气冷却的交流接触器，常用的交流接触器为三极，即有三个主触点和不同数量的辅助触点。

2. 交流接触器的外形与结构

常见交流接触器的外形如图 2.5 所示。

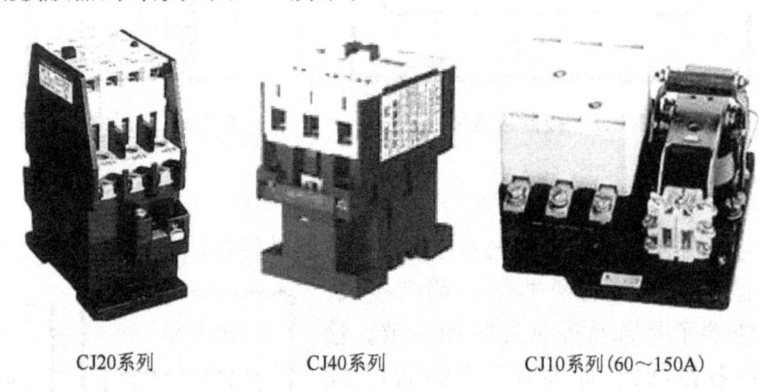

图 2.5 交流接触器外形

交流接触器主要由触点系统、电磁系统和灭弧装置等部分组成，如图 2.6 所示。

(1) 触点系统：接触器的触点用来接通和断开电路。根据用途的不同，触点分为主触点和辅助触点两种。主触点用以通断电流较大的主电路，一般由接触面较大的常开触点组成。辅助触点用以通断小电流的控制电路，一般由常开触点和常闭触点成对组成。当接触器未工作时处于断开状态的触点称为常开(或动合)触点；当接触器未工作时处于接通状态的触点称为常闭(或动断)触点。

(2) 电磁系统：电磁系统用来操纵触点的闭合和分断。它由静铁心、线圈和衔铁三部

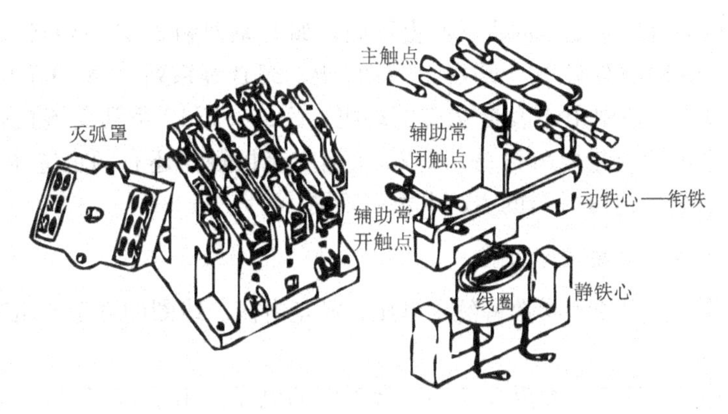

图 2.6　交流接触器结构

分组成。

(3) 灭弧装置：交流接触器在分断大电流电路时，往往会在动、静触点之间产生很强的电弧。电弧一方面会烧伤触点，另一方面会使电路的切断时间延长，甚至会引起其他事故。因此，接触器都有灭弧装置。

(4) 其他部分：交流接触器的其他部分有底座、反作用弹簧、缓冲弹簧、触点压力弹簧、传动机构和接线柱等。反作用弹簧的作用是当吸引线圈断电时，迅速使主触点和常开辅助触点分断；缓冲弹簧的作用是缓冲衔铁在吸合时对静铁心和外壳的冲击力；触点压力弹簧的作用是增加动、静触点之间的压力，增大接触面以降低接触电阻，避免触点由于接触不良而过热灼伤，并有减振作用。

3. 交流接触器的符号

交流接触器的文字符号为 KM，旧文字符号为 JC，是取交流接触器“接触”二字汉语拼音的第一个字母。

交流接触器的图形符号如图 2.7 所示，旧图形符号如图 2.8 所示。

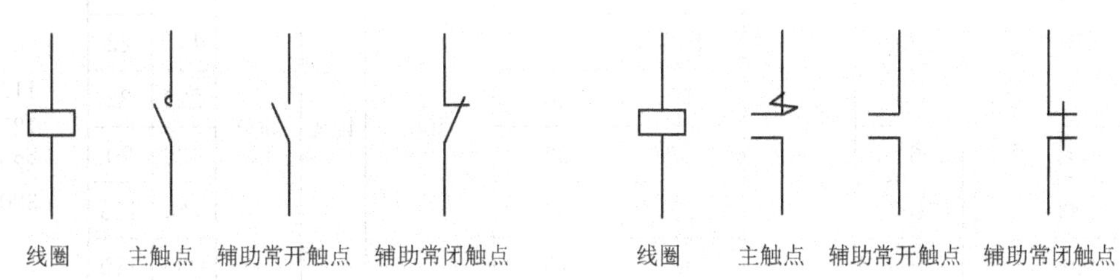

图 2.7　交流接触器的图形符号　　图 2.8　交流接触器的旧图形符号

4. 交流接触器的型号

国产交流接触器型号的含义如下。

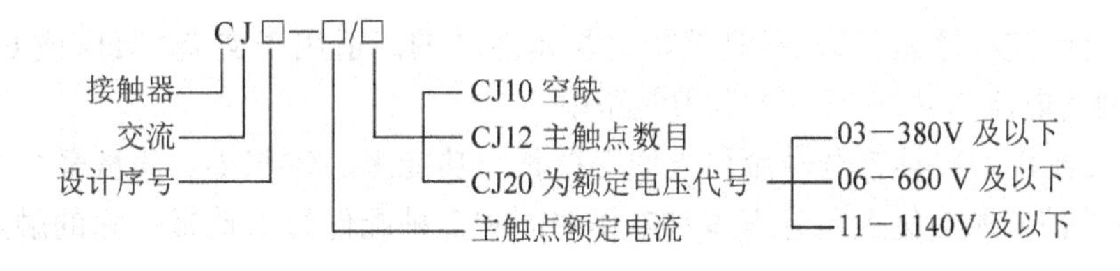

还有部分仿进口产品型号的含义与上不同，如B系列和3TB系列交流接触器。

交流接触器常用的有CJ10、CJ20、CJ12、B、3TB等系列产品。CJ10、B、3TB系列交流接触器一般用于控制中小容量交流电动机，CJ20、CJ12系列交流接触器主要用于冶金、轧钢及起重等大容量电气设备。CJ20系列交流接触器还有额定电压660V和1140V的产品。CJ12系列交流接触器的主触点数目不同。

5. 交流接触器的主要技术参数

交流接触器的主要技术参数有额定电压、额定电流、线圈的额定电压等。

1）额定电压

额定电压是指保证交流接触器长期正常工作的电压。用于380V以下电路中的交流接触器的额定电压一般为500V。

2）额定电流

额定电流是指交流接触器的主触点能长期正常工作的电流。而交流接触器辅助触点的额定电流一般为5A。

3）线圈的额定电压

线圈的额定电压是指加在交流接触器线圈上的工作电压，一般使用220V或者380V。学生实验室通常选用36V的安全电压。

6. 常用交流接触器

CJ10系列交流接触器是以前设备中广泛采用的一种接触器，其技术参数见表2-2。

表2-2　CJ10系列交流接触器的技术参数

型　号	触点额定电压/V	主触点额定电流/A	辅助触点额定电流/A	可控制的三相异步电动机的最大功率/kW		最大操作频率/(次/h)	通电率	机械寿命/万次	线圈功率/W		线圈额定电压/V
				220V	380V				启动	吸持	
CJ10—10	380 500	10	5	2.2	4	600	40%	300	65	11	36 110 127 220 380
CJ10—20		20		5.5	10				140	22	
CJ10—40		40		11	20				220	32	
CJ10—60		60		17	30				495	70	
CJ10—100		100		29	50				760	105	
CJ10—150		150		43	75				950	110	

CJ20系列交流接触器是全国联合设计的第二代交流接触器。额定交流(50Hz)电压为380V、660V和1140V，额定电流有11个规格，即6.3A、10A、16A、25A、40A、63A、100A、160A、250A、400A和630A。部分CJ20系列交流接触器产品规格及技术参数见表2-3。

B系列交流接触器是引进ABB公司的技术生产的。适用于交流50Hz或60Hz，电压至660V，额定电流为8.5～370A电力线路中。

B系列交流接触器具有电寿命和机械寿命长、功能多、体积小、质量轻、线圈消耗功率小、安装维护方便等优点。它有多种电压线圈和多种配件可供选择。它的触点均为直动

桥式双断点。

表 2-3　CJ20 接触器产品规格及技术参数

<table>
<tr><td colspan="2">型　号</td><td>CJ20—25</td><td>CJ20—63</td><td>CJ20—100</td><td>CJ20—160</td><td>CJ20—250</td></tr>
<tr><td colspan="2">最高额定工作电压/V</td><td>660</td><td>660</td><td>660</td><td>660/1140</td><td>660</td></tr>
<tr><td colspan="2">AC—3 工作电流/A</td><td>25</td><td>63</td><td>100</td><td>160</td><td>250</td></tr>
<tr><td rowspan="4">AC—3 下额定控制功率/kW</td><td>220V</td><td>5.5</td><td>18</td><td>28</td><td>48</td><td>80</td></tr>
<tr><td>380V</td><td>11</td><td>30</td><td>50</td><td>85</td><td>132</td></tr>
<tr><td>660V</td><td>13</td><td>35</td><td>50</td><td>85</td><td>190</td></tr>
<tr><td>1140V</td><td>—</td><td>—</td><td>—</td><td>85</td><td>—</td></tr>
<tr><td colspan="2">最大约定发热电流/A</td><td>32</td><td>80</td><td>125</td><td>200</td><td>315</td></tr>
<tr><td colspan="2">飞弧距离/mm</td><td>10</td><td>60</td><td>70</td><td>80</td><td>100</td></tr>
<tr><td colspan="2">辅助触点及组合类别</td><td>2 常开
2 常闭</td><td>2 常开
2 常闭</td><td>2 常开
2 常闭</td><td>2 常开
2 常闭</td><td>2 常开、4 常闭、
3 常开、3 常闭、
4 常开、2 常闭</td></tr>
</table>

B9～B30 接触器除三个主触点外，只有一个辅助常开触点，其他辅助触点作为配件单独供应，可根据需要任意组合 1～4 个单极辅助触点，常开触点的型号为 CA7—10，常闭触点的型号为 CA7—01；也可以选择 1 个四极辅助触点，型号分别为 CA7—22E(2 常开、2 常闭)、CA7—31E(3 常开、1 常闭)、CA7—40E(4 常开)、CA7—04E(4 常闭)、CA7—22M(2 常开 2 常闭)和 CA7—31M(3 常开 1 常闭)。B37～B85 交流接触器除三个主触点外，带 CA9 辅助触点组，B105 及以上规格的交流接触器除三个主触点外，带 CA11 辅助触点组，可组成多种组合形式，最多可组成 4 常开、4 常闭。如无特殊要求，一般供货时配备两对辅助常开触点和两对辅助常闭触点。

B 系列交流接触器规格及主要技术参数见表 2-4。

表 2-4　B 系列交流接触器规格及主要技术参数

<table>
<tr><td rowspan="2">型　号</td><td colspan="2">额定电流/A</td><td colspan="2">可控制的三相异步电动机的最大功率/kW</td><td rowspan="2">辅助触点型号</td></tr>
<tr><td>380V</td><td>660V</td><td>380V</td><td>660V</td></tr>
<tr><td>B9</td><td>8.5</td><td>3.5</td><td>4</td><td>3</td><td rowspan="5">单极 CA7—10、CA7—01
四极 CA7—22E、CA7—31E、CA7—40E、CA7—04E、CA7—22M、CA7—31M</td></tr>
<tr><td>B12</td><td>11.5</td><td>4.9</td><td>5.5</td><td>4</td></tr>
<tr><td>B16</td><td>15.5</td><td>6.7</td><td>7.5</td><td>5.5</td></tr>
<tr><td>B25</td><td>22</td><td>13</td><td>11</td><td>11</td></tr>
<tr><td>B30</td><td>30</td><td>17.5</td><td>15</td><td>15</td></tr>
<tr><td>B37</td><td>37</td><td>21</td><td>18.5</td><td>18.5</td><td rowspan="4">CA7—9</td></tr>
<tr><td>B45</td><td>44</td><td>25</td><td>22</td><td>22</td></tr>
<tr><td>B65</td><td>65</td><td>45</td><td>33</td><td>40</td></tr>
<tr><td>B85</td><td>85</td><td>55</td><td>45</td><td>50</td></tr>
</table>

续表

型　号	额定电流/A		可控制的三相异步电动机的最大功率/kW		辅助触点型号
	380V	660V	380V	660V	
B105	105	82	55	75	CA7—11
B170	170	118	90	110	
B250	250	170	132	160	
B370	370	268	220	250	

其他型号的交流接触器，读者可自行查阅相应产品的说明书。

7. 交流接触器的选择

为了保证正常工作，必须根据以下原则正确选择交流接触器。

1）选择接触器主触点的额定电压

被选用接触器主触点的额定电压应大于或等于负载的额定电压。

2）选择接触器主触点的额定电流

被选用接触器主触点的额定电流应不小于负载电路的额定电流。

如果接触器用于控制电动机的频繁启动、正反转或反接制动等场合，则应适当加大接触器主触点的额定电流，一般可增加一个等级。

3）选择接触器吸引线圈的电压

通常情况下，交流接触器线圈的额定电压一般直接选用380V或220V。如果控制线路比较复杂，使用的电器又比较多，为了安全起见，线圈的额定电压可选低一些，这时需要加一个控制变压器。

2.1.3.2　按钮

主令电器是主要用来接通和分断控制电路以达到发号施令目的的电器。主令电器应用广泛，种类繁多。最常见的有按钮、行程开关、万能转换开关、主令开关和主令控制器等。

1. 按钮的作用

按钮也称按钮开关或控制按钮，是一种手动且一般可以自动复位的主令电器。它适用于交流电压500V或直流电压440V、电流为5A及以下的电路。一般情况下，它不直接操纵主电路的通断，而是在控制电路中发出“指令”，去控制接触器、继电器等电器，再由它们控制主电路；也可用于电气联锁等线路。

根据触点结构的不同，按钮分为常闭按钮(常用作停止)、常开按钮(常用作启动)和复合按钮(常开和常闭组合的按钮)等几种。

在电器控制线路中，常开按钮常用来启动电动机，也称启动按钮，常闭按钮常用于控制电动机停车，也称停车按钮，复合按钮用于联锁控制电路。

2. 按钮的结构与外形

图2.9为按钮的结构示意图。它是由按钮帽、复位弹簧、桥式动触点、常闭静触点、常开静触点和外壳等组成的，通常做成复合式，即具有常闭触点和常开触点。

当手指未按下时，桥式动触点3使常闭静触点5闭合，常开静触点4断开。当手指

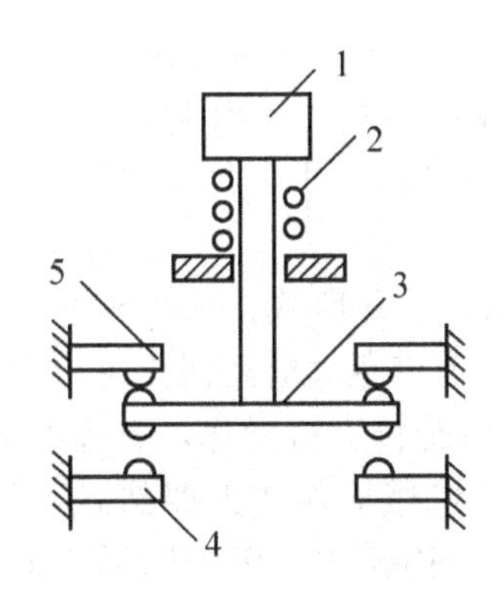

图 2.9　按钮结构示意

1—按钮帽；2—复位弹簧；3—桥式动触点；4—常开静触点；5—常闭静触点

按下按钮帽时，桥式动触点 3 就向下移动，先同常闭静触点 5 脱离，将常闭触点分断，然后同常开静触点 4 接触，将常开触点接通。手指放开后，桥式动触点 3 在复位弹簧的作用下，向上运动，自动复位。在复位过程中，先是常开触点分断，然后常闭触点闭合。

常开、常闭触点闭合的先后顺序对分析和设计控制线路非常重要。

铵钮的种类很多，在结构上有撳钮式、紧急式、钥匙式、旋钮式、带灯式等按钮。部分按钮的外形如图 2.10 所示。

图 2.10　按钮的外形

3. 按钮的符号

按钮的文字符号为 SB，图形符号如图 2.11 所示。

按钮的旧文字符号为 QA 和 TA ，用于启动和停止。旧图形符号如图 2.12 所示。

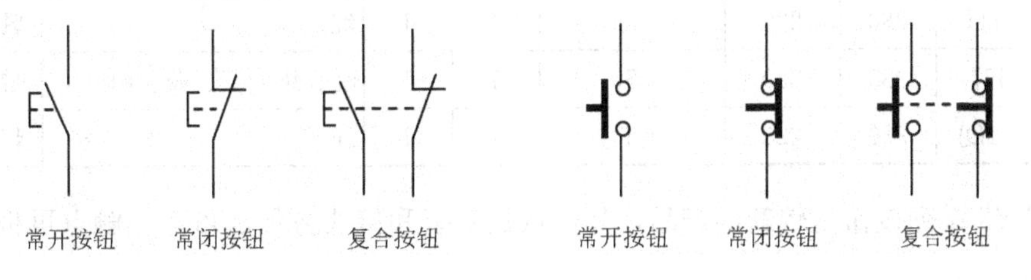

图 2.11　按钮的图形符号　　**图 2.12　按钮的旧图形符号**

4. 按钮的型号

按钮的全型号如下。

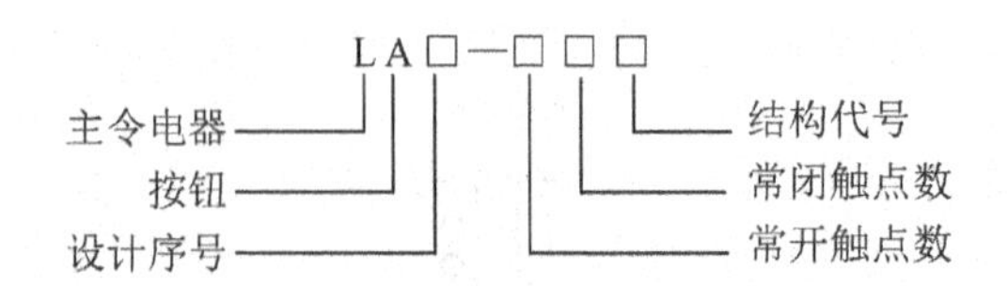

其中，结构代号的意义：K——开启式，未加保护；S——防水式，带密封的外壳，可防止雨水侵入；J——紧急式，有红色大蘑菇钮头突出在外，在紧急时方便地触动钮头，切断电流；X——旋钮式，用旋钮旋转进行操作，有通断两个位置；H——保护式，带保护外壳，可以防止内部的零件受机械损伤或人偶然触及带电部分；F——防腐式，能防止化工腐蚀性气体的侵入；Y——钥匙式，用钥匙插入旋钮进行操作，可防止误操作或供专人操作；D——带灯按钮，按钮内装有信号灯，除用于发布操作命令外，兼作信号指示用。

为了便于识别各个按钮的作用，避免误操作，通常在按钮帽上做出不同标记或采用不同的颜色。例如，一般红色表示停止按钮，绿色表示启动按钮，蘑菇形表示急停按钮，一般为红色。另外，还有黄色、白色和黑色等颜色。

5. 常用按钮

常用的按钮有 LA10、LA20、LA18、LA19 和 LAY3 等多种系列，各种新型按钮不断出现。

LA18 系列按钮采用积木式结构，触点数目根据需要拼装，一般拼成 2 常开、2 常闭，也可装成 1 常开、1 常闭直至 6 常开 6 常闭，结构形式有揿钮式、紧急式、钥匙式与旋钮式。

LA19 系列按钮中只有一对常开和一对常闭触点，有的可在按钮内装信号灯，灯泡为插口式，信号灯电压为交、直流 6.3V、16V 或 24V，通常为 6.3V。揿钮兼作信号灯罩，用透明塑料制成，除了用作控制外，还可兼作信号指示用。LA19 系列按钮的主要技术参数见表 2-5。

表 2-5 LA19 系列按钮主要技术参数

型号规格	额定电压/V		触点额定电流/A	触点数量		颜　色	结　构
	交流	直流		常开	常闭		
LA19—11	380	220	5	1	1	红、绿、黄、蓝、白、黑	揿压式
LA19—11J	380	220	5	1	1	红	紧急式
LA19—11D	380	220	5	1	1	红、绿、黄、蓝、白	带信号灯
LA19—11DJ	380	220	5	1	1	红	带灯紧急式

LAY3 系列按钮是较新的产品，其优点是安装和接线方便、可靠，触点可根据需要任意组合。

LA10 是组合式的按钮，由 2 或 3 个按钮组成，专门用于电动机的启动与停止控制和电动机的正反转控制。

LA20 也是一种组合式的按钮，由按钮元件和信号灯组合而成，每个按钮元件有一对常开触点和一对常闭触点。信号灯装在按钮颈部，钮头兼作信号灯罩，由多种颜色的聚苯乙烯制成。表 2-6 给出了其技术参数。

按钮种类很多，新型按钮不断出现，各类按钮的技术参数读者可查阅相关产品的说明书。

表2-6 LA20系列按钮技术参数

型 号	结 构	触点数量		按 钮		
		动断	动合	钮数	颜 色	标 志
LA20—11	揿压式	1	1	1	红、绿、黄、蓝、白	—
LA20—11J	紧急式	1	1	1	红	—
LA20—11D	带信号灯	1	1	1	同LA20—11	—
LA20—11DJ	带灯紧急式	1	1	1	红	—
LA20—22	揿压式	2	2	1	同LA20—11	—
LA20—22J	紧急式	2	2	1	红	—
LA20—22D	带信号灯	2	2	1	同LA20—11	—
LA20—22DJ	带灯紧急式	2	2	1	红	—
LA20—2K	二组开启式	2	2	2	红—白	启动—停止
LA20—3K	三组开启式	3	3	3	红—绿—白	向前—向后—停止
LA20—2H	二组保护式	2	2	2	红—白	启动—停止
LA20—3H	三组保护式	3	3	3	红—绿—白	向前—向后—停止

6. 按钮的选择

按钮选择的主要依据是使用场所、所需要的触点数量、种类及颜色。

按钮种类和生产厂家的选择主要根据个人的喜好或用户的要求选择。器件的损坏对于产品的数量和质量影响大的场合，尽量选用信誉好、质量好的产品，虽然价格可能高点，但能保证产品的数量和质量，其他低压电器的选择也是如此。

触点的数量通常选择偶数，主要是考虑器件的美观。如需要一个常开触点和一个常闭触点，可选用11(1常开、1常闭)的产品；只需要一个常开或常闭触点，也选用11的产品。需要2常开和常闭触点时，选用22(2常开、2常闭)的产品。除非特别需要，一般产品当触点不够时，可以加中间继电器。

启动按钮通常选择绿色，停止按钮通常选择红色；在电动机正反转运行时，通常正转用绿色，反转用黄色，停止用红色。

在需要紧急停车的场合，使用紧急式，有红色大蘑菇钮头突出在外，在紧急时可方便地触动钮头，快速切断电流。紧急式按钮不能用得太多，只用在关键的部位。

需要特殊保护的场合，应选用防水式或保护式，或防腐式。

其他结构的按钮根据需要选择，不再赘述。

2.1.3.3 电动机功率系列

电动机的功率系列国家有明确的规定，不能随便使用。GB/T 4772—1999规定了电动机的额定输出功率。

第一数系(优选)：

0.75kW、1.1kW、1.5kW、2.2kW、3kW、4kW、5.5kW、7.5kW、11kW、15kW、18.5kW、22kW、30kW、37kW、45kW、55kW、75kW、90kW、110kW、132kW、150kW、160kW、200kW、220kW、250kW、280kW、300kW、315kW、335kW、355kW、375kW、400kW、425kW、450kW、475kW、500kW 等。

第二数系(可选)：

1.8kW、6.3kW、10kW、13kW、17kW、20kW、25kW、32kW、40kW、50kW、63kW、80kW、100kW、125kW。

我们在选用电动机时，尽量选用第一数系，也可以选择第二数系，但尽量不要选用其他功率。

在选择电路所用器件时，应根据电动机功率计算出电路的额定工作电流，再根据电路的额定工作电流选择器件。电动机的额定工作电流可以查阅电工手册，或查阅电动机说明书。在通常情况下，我们不需要太精确，可以大致估算。对于线电压为 380V 的鼠笼式三相异步电动机的额定电流，可以按照 2A/kW 估算，相当于对应电动机的功率因数为 0.76。不同型号和功率的电动机的功率因数略有不同。

2.1.3.4 导线的规格及选择

在常用的低压电气控制电路中，多采用紫铜线(单芯或多芯)。常用导线的截面积有 $0.5mm^2$、$0.75mm^2$、$1mm^2$、$1.5mm^2$、$2.5mm^2$、$4mm^2$、$6mm^2$、$10mm^2$、$16mm^2$、$25mm^2$、$35mm^2$、$50mm^2$、$70mm^2$、$95mm^2$、$120mm^2$、$150mm^2$、$185mm^2$ 等规格。从电工手册可以查到各规格导线的最大载流量，但最大载流量一般是在标准环境下导线温度达到 70℃时的载流量，一般不能用作选择导线的依据。这是因为实际工作环境可能达不到标准环境，并且多数情况下很多导线放在行线槽内或穿在塑料管或铁管内，影响导线的散热，再考虑到导线的材料可能不是太纯、由于趋肤效应导致电流分配不均等因素，导线的实际载流量可能会大幅降低。导线(紫铜线)通常按下列标准选取：

对于截面积为 $1.5mm^2$、$2.5mm^2$、$4mm^2$、$6mm^2$、$10mm^2$ 导线，按 $5A/mm^2$ 选取；

对于截面积为 $16mm^2$、$25mm^2$ 的导线，按 $4A/mm^2$ 选取；

对于截面积为 $35mm^2$、$50mm^2$ 的导线，按 $3A/mm^2$ 选取；

对于截面积为 $70mm^2$、$95mm^2$ 的导线，按 $2.5A/mm^2$ 选取；

对于截面积为 $120mm^2$、$150mm^2$、$185mm^2$ 的导线：按 $2A/mm^2$ 选取。

根据相关国家标准的规定，电动机主电路用的导线，一般不小于 $2.5mm^2$，控制电路用的导线一般不小于 $1mm^2$。但在变频器、PLC(可编程控制器)等电路中，由于导线较多，如果使用 $1mm^2$ 的导线有可能使出线孔放不下，可以使用 $0.75mm^2$ 或 $0.5mm^2$ 的导线，一般不使用再细的导线。

紫铜线载流量的大致估算为 $5A/mm^2$，导线越粗，载流量越小。主电路应不小于 $2.5mm^2$，控制电路应不小于 $1mm^2$。

在低压电器中，常用导线的规格有 BV 塑铜线和 BVR 塑铜线。

BV 塑铜线：铜芯聚氯乙烯绝缘电线，单芯，也就是我们通常所说的硬线。

BVR 塑铜线：铜芯聚氯乙烯绝缘软电线，多芯，也就是我们通常所说的软线。

2.1.4 实训　点动控制线路的安装

（1）任务名称：鼠笼式三相异步电动机点动控制线路的安装。

（2）功能要求：安装、调试鼠笼式三相异步电动机点动控制电路，如果电动机功率分别为0.75kW、2.2kW和5.5kW，选择器件型号与导线。

（3）器件要求：熔断器采用RL1系列，自动开关采用DZ10系列，交流接触器采用CJ10系列，按钮采用LAY3系列，信号灯采用XD13系列。

（4）任务提交：现场功能演示，实训报告。

任务2.2　正转控制线路

2.2.1 任务书

（1）任务名称：鼠笼式三相异步电动机正转控制线路。

（2）功能要求：安装、调试鼠笼式三相异步电动机正转控制电路，如果电动机功率分别为1.1kW、3kW、5.5kW和15kW，选择器件与导线。

（3）器件要求：熔断器采用RL1系列，自动开关采用DZ10系列，交流接触器采用CJ10系列，热继电器采用JR16B系列，按钮采用LAY3系列，信号灯采用XD13系列。

（4）任务提交：现场功能演示，并提交相应的设计文件。

2.2.2 任务指导

2.2.2.1 控制线路

图2.1(d)和(e)构成的点动控制线路虽然能使电动机转动，但松开按钮SB，交流接触器KM的线圈即失电，主触点断开，电动机停止运行。在需要电动机长期运行时，不可能长期按下按钮，需要在SB常开触点上并联一个KM的辅助触点构成自锁。由于自锁触点的存在，电动机不能停止，还需要加一个停止按钮。

由于电动机长期运行，需要加一个热继电器做电动机的过载保护。三相异步电动机正转控制线路如图2.13所示。

电动机正转控制线路中电动机的旋转方向由机械决定，可能顺时针，也可能逆时针。电动机的旋转方向与机械要求不一致时，只需调换电动机的两根接线即可。

图2.13中各器件的作用如下。

（1）自动开关、熔断器、交流接触器的作用同电动机的点动控制线路。

（2）按钮：SB2(绿色)启动，SB1(红色)停止。

（3）热继电器FR：电动机过载保护。

（4）信号灯HL：电动机正转指示。

2.2.2.2 控制线路分析

合上开关QS，电路的启动过程如下。

按下按钮SB2 ⟶ KM线圈通电
- 主触点闭合，电动机正转；
- 常开触点KM(5，7)闭合，自锁；
- 信号灯HL亮，即正转指示。

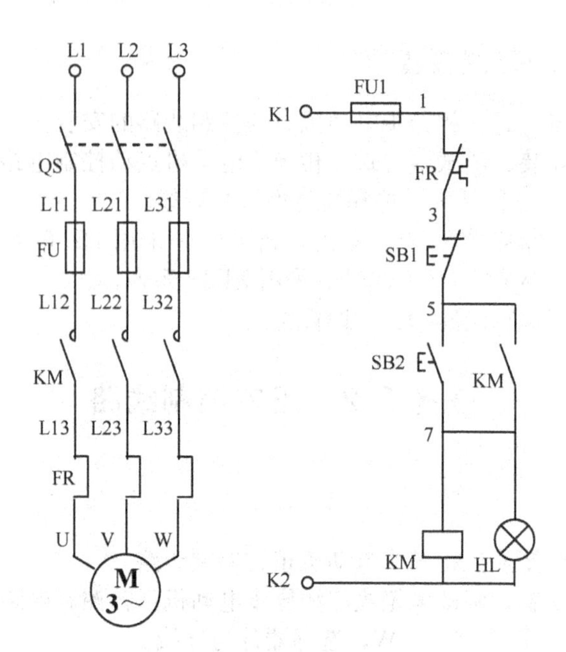

图 2.13　三相异步电动机正转控制线路

电路的停止过程如下。

按下按钮 SB1 ⟶KM 线圈断电 { 主触点断开，电动机停转；常开触点 KM(5，7)断开；信号灯 HL 灭。

如果电动机过载，热继电器 FR 常闭触点(1，3)断开，KM 线圈断电，触点复位，电动机停转。

2.2.2.3　元器件及导线的选用

根据电动机的功率选择元器件与导线见表 2-7。

表 2-7　元器件选用明细表

电动机功率/kW	1.1	3	5.5	15
自动开关 QS	DZ10—100/330 15A	DZ10—100/330 15A	DZ10—100/330 15A	DZ10—100/330 40A
熔断器 FU	RL1—15/4	RL1—15/15	RL1—60/30	RL1—100/80
熔断器 FU1	RL1—15/2	RL1—15/2	RL1—15/2	RL1—15/2
交流接触器 KM	CJ10—10 36V	CJ10—10 36V	CJ10—20 36V	CJ10—40 36V
热继电器 FR	JR16B—20/3　2.4A	JR16B—20/3　7.2A	JR16B—20/3　16A	JR16B—60/3　32A
按钮 SB1	LAY3—11 绿			
按钮 SB2	LAY3—11 红			
信号灯 HL	XD13—36V 绿			
主电路导线/mm²	2.5	2.5	2.5	6
控制电路导线/mm²	1	1	1	1

2.2.2.4　安装接线

控制板接线图如图 2.14 所示，操作箱接线图如图 2.15 所示。

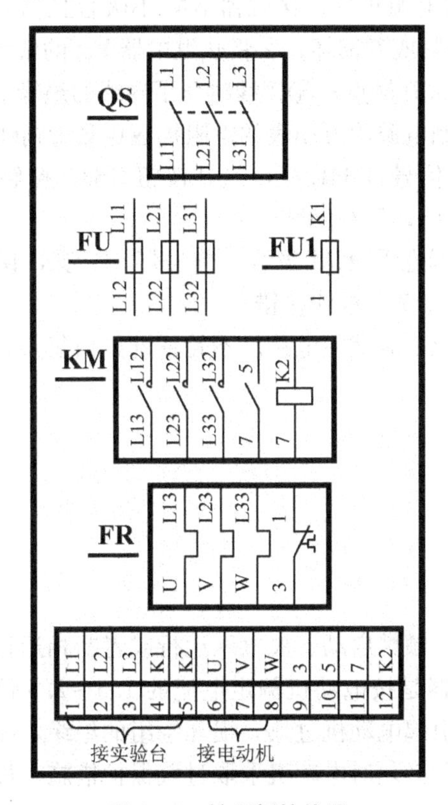

图 2.14　控制板接线图

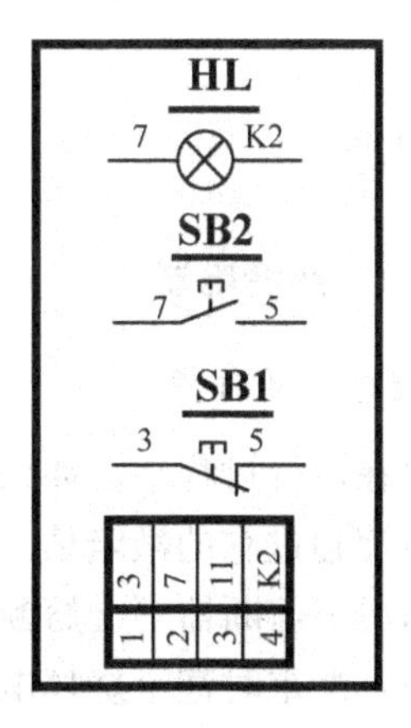

图 2.15　操作箱接线图

2.2.2.5　调试

调试接线图如图 2.16 所示。

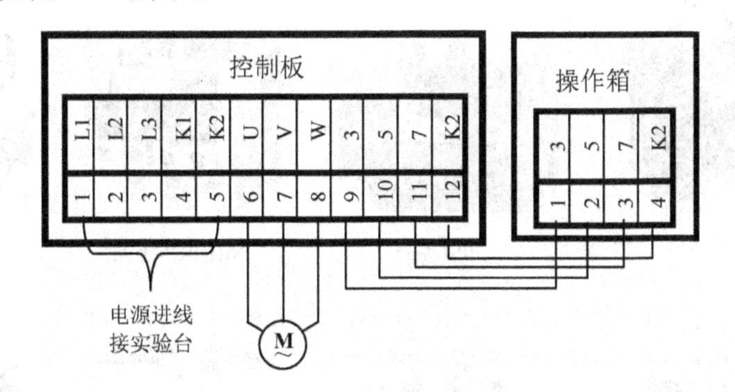

图 2.16　调试接线图

(1) 接通控制电源。

(2) 按下按钮 SB2，接触器 KM 吸合并自锁，信号灯 HL 亮。

(3) 按下按钮 SB1，接触器 KM 释放，信号灯 HL 灭。

(4) 合上开关 QS，送入三相交流电，重复步骤(2)、(3)看电动机运行是否正常。

如果控制电路工作不正常，请勿合上开关 QS，应先检查控制线路。

若按下按钮 SB2，接触器 KM 不吸合，信号灯 HL 不亮，则首先用万用表测量 K1、K2 两点，检查是否有控制电源。如果控制电源正常，接触器 KM 不吸合且信号灯 HL 不亮的可能原因：①熔断器 FU1 的熔体没拧紧或者损坏；②将热继电器 FR 的常闭触点接成常开触点；③将按钮 SB1 的常闭触点接成常开触点；④接线时压了导线的绝缘层。可以用万用表的电压挡逐点测量判断，或断开控制电源用万用表的电阻挡逐点测量判断。

若按下按钮 SB2，接触器 KM 吸合，信号灯 HL 亮，松开按钮 SB2，接触器 KM 释放，信号灯 HL 灭，则说明自锁触点 KM1(5，7)有问题。

若接通控制电路后，没按按钮 SB2，接触器 KM 吸合，信号灯 HL 亮，说明可能将 SB2 的常开触点接成常闭触点，也可能是 5、7 两根线接错。

控制电路正常，才能接通主电路的电源，调试主电路。不管系统如何复杂，都应如此进行。

2.2.3 知识包

2.2.3.1 热继电器

1. 热继电器的作用

电动机在运行过程中，如果长期过载、频繁启动、欠电压运行或者断相运行可能会使电动机的电流超过它的额定值。由于熔断器是按电动机额定电流的 1.5～2.5 倍选用，所以在过载情况下熔断器不会熔断。这样将引起电动机过热，损坏绕组的绝缘，缩短电动机的使用寿命，严重时甚至烧坏电动机。因此必须对电动机采取过载保护措施。最常用的方法是利用热继电器对电动机进行过载保护。

2. 热继电器的外形与结构

常用热继电器外形如图 2.17 所示。

图 2.17　热继电器外形

热继电器是一种利用电流的热效应来切断电路的保护电器，热继电器有多种形式，其中常用的有如下几种。

（1）双金属片式：利用双金属片受热弯曲推动杠杆使触点动作。

（2）热敏电阻式：利用电阻值随温度变化而变化的特性制成的热继电器。

（3）易熔合金式：利用过载电流发热使易熔合金达到某一温度值时，合金熔化而使继电器动作。

双金属片式热继电器主要由电阻丝、双金属片、触点、动作机构、复位按钮和整定电流装置等部分组成，其结构示意图如图 2.18 所示。

热继电器的热元件串接于电动机主电路，而热元件是由双金属片 2 和绕在其上的电阻丝 1 组成，当电流过大时，双金属片发热，由于双金属片的两种合金的热胀系数不同，从而使其变形弯曲，通过推杆 3 使触点 4 动作，使控制回路的交流接触器线圈断电，从而使主电路断电，达到保护电动机的目的。

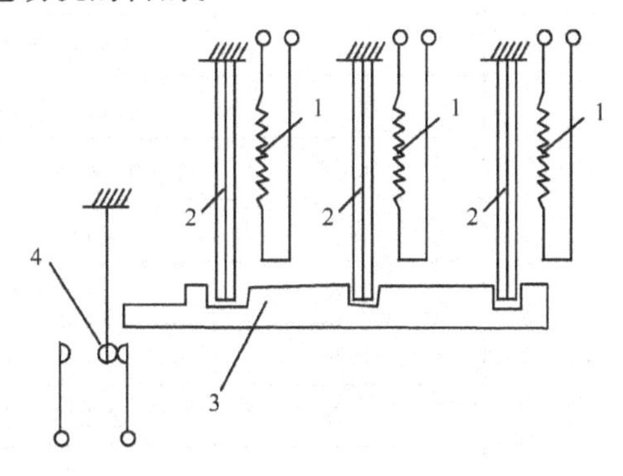

图 2.18 热继电器的结构示意图

1—电阻丝；2—双金属片；3—推杆；4—触点

3. 热继电器的符号

热继电器的文字符号为 FR。热继电器的图形符号如图 2.19 所示。热继电器的旧文字符号为 RJ，是取“热继”二字汉语拼音的第一个字母。热继电器的旧图形符号如图 2.20 所示。

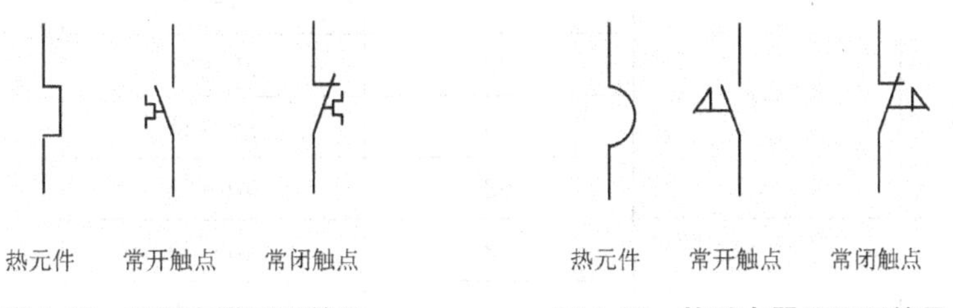

图 2.19 热继电器图形符号　　**图 2.20 热继电器旧图形符号**

4. 热继电器的型号

热继电器型号的含义如下。

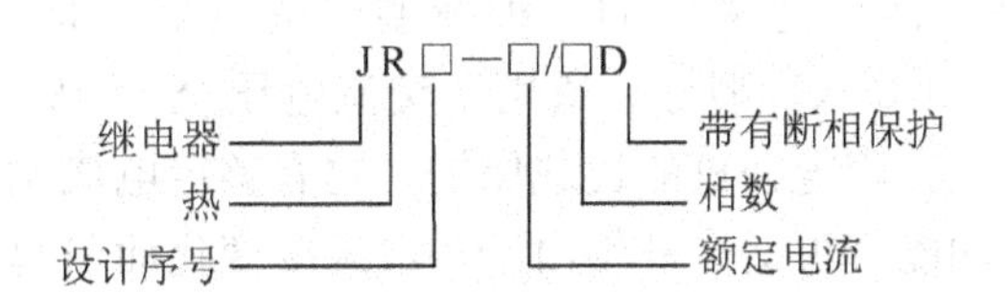

5. 热继电器的主要参数

热继电器的主要参数有额定电流、热元件的额定电流、热元件的额定电流调节范围(整定电流)等。

6. 常用热继电器

目前使用的热继电器有 JR15、JR16 、JR36 等。另有一些仿进口的新型热继电器型号含义与上不同，如 T 系列热继电器。

JR16 系列热继电器的技术参数见表 2-8。

表 2-8　JR16 系列热继电器技术参数

型　号	额定电流/A	热元件等级		主要用途
		额定电流/A	电流调节范围/A	
JR16—20/3 JR16—20/3/D	20	0.35	0.25～0.35	在交流 550V 以下的电气回路中作为电动机的过载保护之用。 D表示带有断相保护装置
		0.50	0.32～0.50	
		0.72	0.45～0.72	
		1.1	0.68～1.1	
		1.6	1.0～1.6	
		2.4	1.5～2.4	
		3.5	2.2～3.5	
		5	3.2～5	
		7.2	4.5～7.2	
		11	6.8～11	
		16	10～16	
		22	14～22	
JR16—60/3 JR16—60/3D	60	22	14～22	
		32	20～32	
		45	28～45	
		63	40～63	
JR16—150/3 JR16—150/3D	150	63	40～63	
		85	53～85	
		120	75～120	
		150	100～150	

T 系列热继电器是目前广泛采用的一种新型热继电器，有 T16、T25、T45、T85、T105、T170、T250 和 T370 八种型号。适用于交流电压至 660V，电流至 500A，长期工作或间断长期工作的一般交流电动机的过载保护。它有整定电流调节装置、手动与自动复位装置，并有温度补偿功能，可适当补偿由于环境温度变化而引起的误差。

T 系列热继电器的型号及电流调节范围见表 2－9。

表 2－9　T 系列热继电器的型号及电流调节范围

T16/A	T25/A	T45/A	T75/A	T105/A	T170/A	T250/A	T370/A
0.11～0.16	0.1～0.16	0.28～0.40	18～25	27～42	90～130	100～160	100～160
0.14～0.21	0.16～0.25	0.35～0.52	22～32	36～52	110～160	160～250	160～250
0.19～0.29	0.25～0.4	0.45～0.63	29～42	45～63	140～200	250～400	250～400
0.27～0.4	0.4～0.63	0.55～0.83	36～52	57～82			310～500
0.35～0.52	0.63～1.0	0.7～1.0	45～63	70～105			
0.42～0.63	1.0～1.4	0.86～1.3	60～80	80～115			
0.55～0.83	1.3～1.8	1.1～1.6					
0.70～1.0	1.7～2.4	1.4～2.1					
0.90～1.3	2.2～3.1	1.8～2.5					
1.1～1.5	2.8～4.0	2.2～3.3					
1.3～1.8	3.5～5.0	2.8～4.0					
1.5～2.1	4.5～6.5	3.5～5.2					
1.7～2.4	6.0～8.5	4.5～6.3					
2.1～3.0	7.5～11	5.5～8.3					
2.7～4.0	10～14	7～10					
3.0～4.5	13～19	8.6～13					
4.0～6.0	18～25	11～16					
5.2～7.5	24～32	14～21					
6.3～9.0		18～27					
7.5～11		25～35					
9.0～13		30～45					
12～17.6							

其他系列热继电器的技术参数可查阅相关的说明书。

7. 热继电器的选用原则

热元件的额定电流等级一般略大于电动机的额定电流。热元件选定后，再根据电动机的额定电流调整热继电器的整定电流，使整定电流与电动机的额定电流相等。

对于过载能力较差的电动机，所选的热继电器的额定电流应适当小一些，并且整定电流应调到电动机额定电流的 60％～80％。

2.2.3.2　信号灯

信号灯也称指示灯，往往和开关、按钮等配套使用，用来显示电路或电气设备的工作状态，如电路接通，电气设备启动，正常工作，电容器投入补偿，停电，断路器合闸、分

闸，电路故障等。

信号灯的结构比较简单，一般由灯泡(或其他发光体)、灯罩、外壳等几部分构成。信号灯的发光颜色有绿色、红色、黄色等多种，其外形种类很多，部分外形如图 2.21 所示。

图 2.21　信号灯的外形图

信号灯可以工作在直流电路中，也可以工作在交流电路中。常用的信号灯有 AD1、AD11、XD13 等多种系列。

1. AD1 系列信号灯

AD1 系列信号灯是全国统一设计的信号灯，具有品种齐全、结构新颖、外形美观、信号清晰、安全可靠等优点，其型号说明如下。

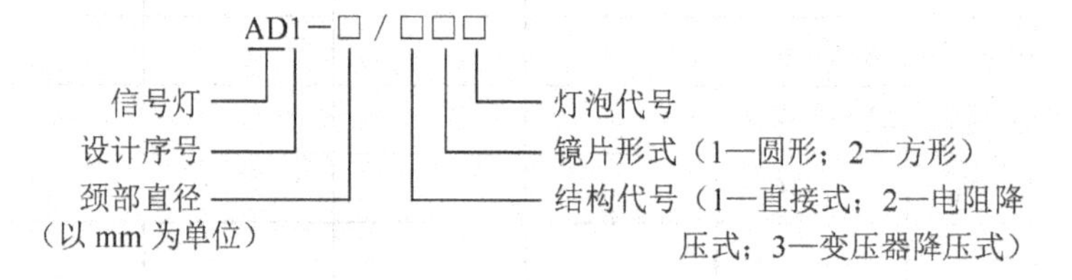

该系列信号灯采用耐高温的塑料外壳，发光器件为白炽灯或氖氩辉光灯。降压用的电阻器或变压器装在外壳中，采用接插式接线方式。

该系列信号灯型号比较多，其中直接式使用的电压较低(6V、12V、24V、36V 或 48V)，当使用电压较高时，需降压。当灯泡串接一个电阻时，为电阻器降压式。这种信号灯比较简单，但工作时降压电阻会消耗一部分功率。如用变压器降压，虽然消耗功率较少，但变压器体积较大，也较重。表 2－10 列出了 AD1 系列部分型号的信号灯的技术参数。

表 2－10　AD1 系列部分型号信号灯技术参数

型　　号	额定电压/V	灯头型号	结构形式	信号灯颜色
AD1—22/21 AD1—25/21 AD1—30/21 AD1—22/22 AD1—25/22 AD1—30/22	110、220、380	XZ8—1WE10/13	电阻降压式	红、黄、蓝、绿、白、无色透明

续表

型　　号	额定电压/V	灯头型号	结构形式	信号灯颜色
AD1—22/31 AD1—25/31 AD1—30/31	110、220、380	XZ8—1WE10/13	变压器降压式	同上
AD1—22/32 AD1—25/32 AD1—30/32				

2. AD11 系列信号灯

这种信号灯用发光二极管(LED)作发光器件，发光鲜艳柔和，工作电流小，电压允许波动范围大，使用寿命长。

AD11 的工作电源交、直流均可，电压可高可低，适应性强。当采用交流电压且电压较高时(如 220V 或 380V)，采用电容降压法。例如，AD11—22/41 采用 50 或 60Hz、220V 交流电压供电，信号灯内部用一个 0.22μF 的电容器和一个 1MΩ 电阻并联，再串一个 1.5kΩ 的电阻，降压后供给信号灯，如图 2.22 所示。

图 2.22 中 R1 的作用是为电容 C 提供一个泄放电流的回路，对分压基本无作用。在频率为 50Hz 的交流电路中，C 的容抗为

$$X_C=\frac{1}{2\pi fC}=\frac{1}{2\pi\times50\times0.27\times10^{-6}}\approx12(\text{k}\Omega)$$

发光二极管的电流约为 18mA，由此可大约算出电容 C 上的电压降约为 216V，$R2$ 上的电压降约为 27V，加在发光二极管上的电压约为 6V。由于电容、电阻上的电压之间有相位差，故总电压并不等于以上三个电压之和(实际上是三者的矢量和)。常将几个发光二极管(如 10 个)串联起来，以增强亮度。又因为加在发光二极管(LED1～LEDn)上的电压应为直流，所以用 VD1～VD4 组成的整流桥把交流电变成直流电。VD1～VD4 可以和发光二极管做在一起，也可由分立器件组成。

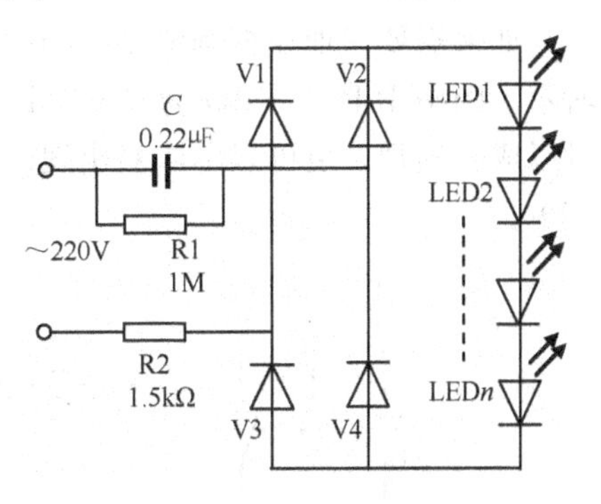

图 2.22　AD11 信号灯电气原理图

电容分压的优点是电容不消耗电能，所以属于节能型信号灯。

AD11 的技术参数和 AD1 类似，均包括信号灯颈部尺寸、额定工作电压、分压形式、发光颜色和灯头形状(圆形、方形或球形)等几项内容。

2.2.4　实训　鼠笼式三相异步电动机正转控制线路的安装

(1) 任务名称：鼠笼式三相异步电动机正转控制线路的安装。

(2) 功能要求：安装、调试鼠笼式三相异步电动机正转控制电路，电动机功率为 2.2kW。

(3) 器件要求：熔断器采用 RL1 系列，自动开关采用 C45 系列，交流接触器采用 B 系列，热继电器采用 T 系列，按钮采用 LAY3 系列，信号灯采用 XD13 系列。

(4) 任务提交：现场功能演示，并提交相应的设计文件。

任务2.3　鼠笼式异步电动机多地点控制线路

2.3.1　任务书

(1) 任务名称：鼠笼式三相异步电动机多地点控制线路。

(2) 功能要求：三相异步电动机正转控制，两地能启动，三地能停止。

(3) 任务提交：现场功能演示，并提交相应的设计文件。

2.3.2　任务指导

2.3.2.1　控制线路

在实际生产线中，经常需要多地点控制电动机的起停。例如，印染厂的任何一套印染设备都比较大，都是由多台电动机驱动的，从进布到出布可能有几千米布，从车头到车尾有多人看护，任何一个地方出了问题，都必须立即停车维修。因此，可能安装多个停车按钮，遇到问题随时停车。

如果需要多地点控制电动机的起停，只需将停车按钮串联，启动按钮并联，如图2.23所示。图中1SB1～1SB*n*为停车按钮，2SB1～2SB*n*为启动按钮，停车按钮与启动按钮既可以成对出现，也可以不成对出现。实际使用中，多地点停车用得很多，多地点启动用得较少。

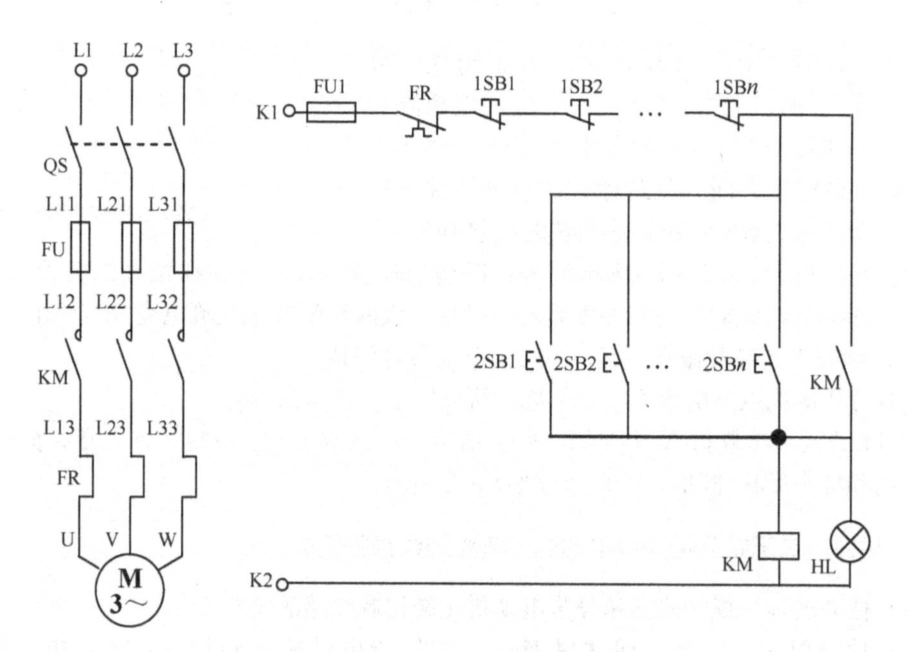

图2.23　三相异步电动机多地点控制线路

两地能启动、三地能停止的三相异步电动机正转控制线路如图2.24所示。

图2.24中各器件的作用与图2.13所示的正转控制线路相同。线路的工作过程也与图2.13所示线路相同，只是增加了一个启动按钮和两个停止按钮。

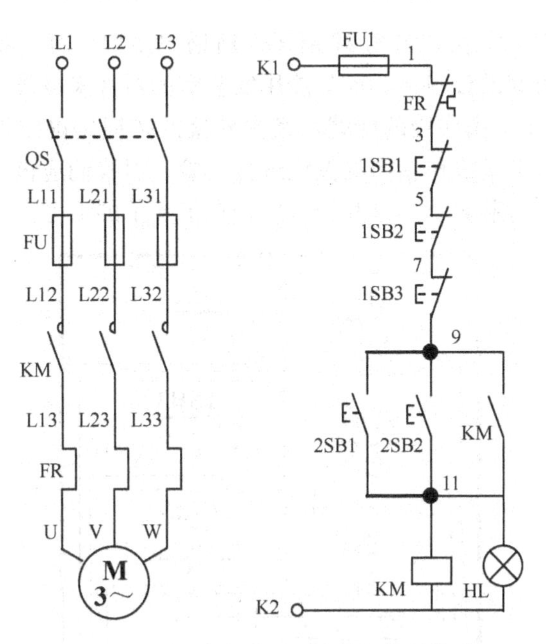

图 2.24　两地启动、三地停止控制线路

2.3.2.2　安装接线

控制板接线图如图 2.25 所示。如果 2 个启动按钮和 3 个停止按钮都装在操作箱内，则操作箱的接线图如图 2.26 所示。实际上操作箱只装 1 个启动按钮和 1 个停止按钮，其他按钮应装在机械装置上，在操作箱底部应留出接线端子，外部的按钮应从端子的下方接线。

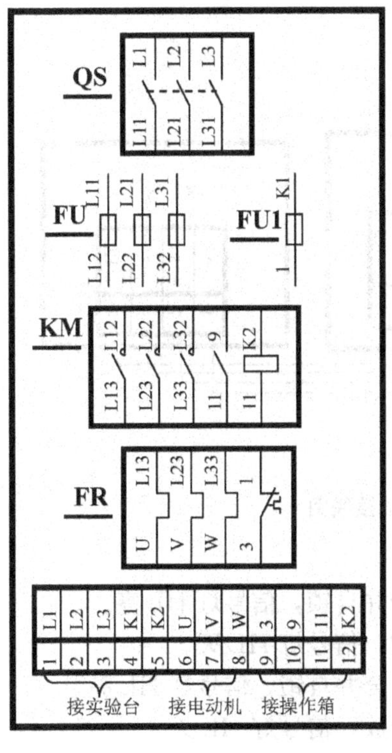

图 2.25　控制板接线图

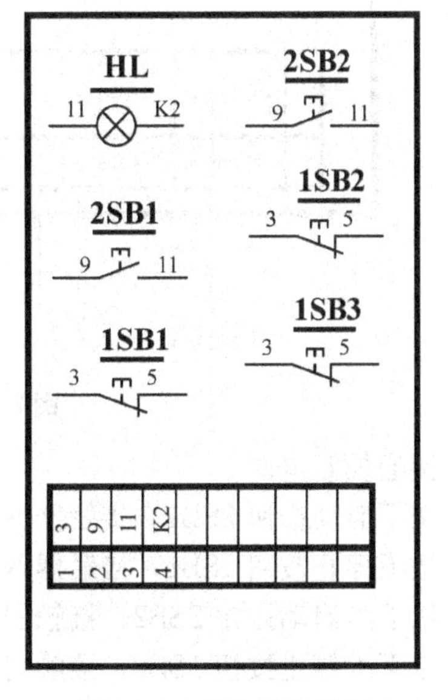

图 2.26　操作箱接线图

在实验室的“模拟”接线如图 2.27 所示。所谓“模拟”就是我们不可能将接在设备中的器件直接接到实验室的设备上，而只能用实验室的器件来替代。

图 2.27 中详细画出了操作箱的接线，其中外接的按钮用虚线框起来，说明不在操作箱内。虽然我们可以借助于操作箱内的按钮进行实验，但我们应该知道，这些按钮实际不在操作箱内，而是在运行装置上。这些线我们接在了端子的下方。

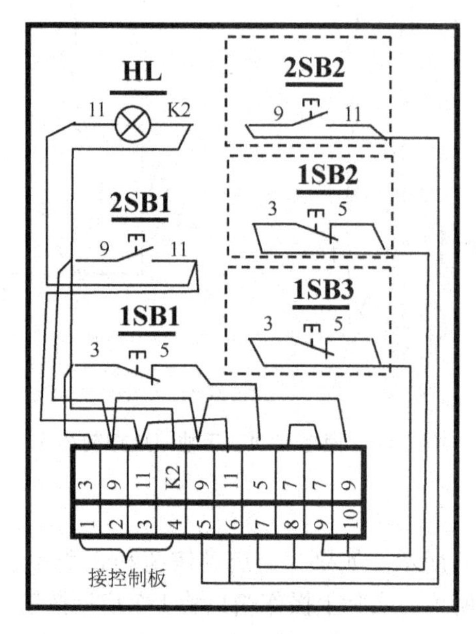

图 2.27　操作箱接线图

2.3.2.3　调试

调试接线图如图 2.28 所示，调试步骤如下。

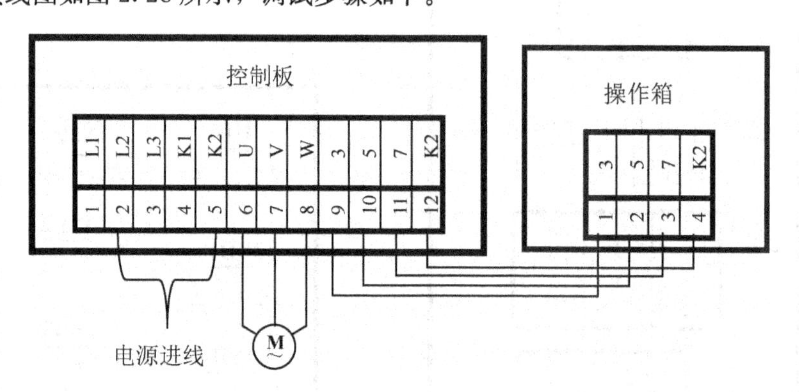

图 2.28　调试接线图

（1）接通控制电源。

（2）按下启动按钮 2SB1，接触器 KM 吸合并自锁，信号灯 HL 亮。

（3）按下停止按钮 1SB1，接触器 KM 释放，信号灯 HL 灭。

（4）按下外启动按钮 2SB2，接触器 KM 吸合并自锁，信号灯 HL 亮。

（5）按下外停止按钮 1SB2，接触器 KM 释放，信号灯 HL 灭。

（6）重新启动后，按下外停止按钮 1SB3，接触器 KM 释放，信号灯 HL 灭。

这说明控制电路工作正常。

(7) 合上开关 QS，送入三相交流电，重复步骤(2)～(5)看电动机运行是否正常。

在电控设备生产单位调试时，外停止按钮用短路线替代，外启动按钮不需要接。

2.3.3　实训　鼠笼式三相异步电动机多地控制线路的安装

(1) 任务名称：鼠笼式三相异步电动机多地控制线路的安装。

(2) 功能要求：三相异步电动机控制电路能 3 地启动，4 地停止，电动机功率为 2.2kW。

(3) 任务提交：现场功能演示，并提交相应的设计文件。

情景小结

1. 电动机正转控制线路

电动机正转控制线路分为点动和长动。点动时，电动机运行时间很短，不需要过载保护；长动时，电动机运行时间长，需要用热继电器作过载保护。

2. 交流接触器

交流接触器是一种用来自动地接通或断开大电流电路的电器。其文字符号为 KM，图形符号如下。

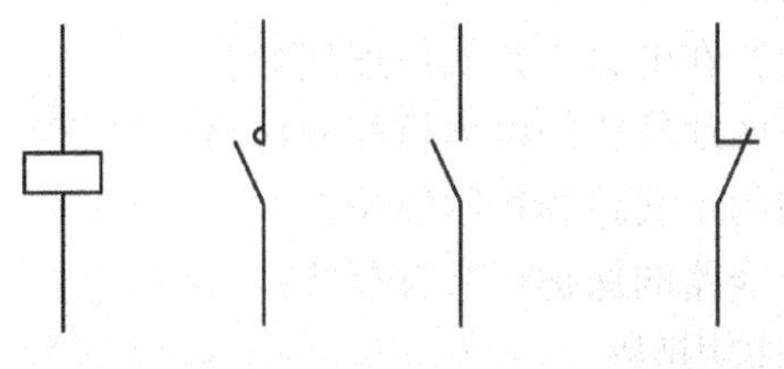

线圈　　主触点　　辅助常开触点　　辅助常闭触点

交流接触器的主要技术参数有额定电压、额定电流、线圈的额定电压等。

3. 按钮

按钮是主要用来接通和分断控制电路以达到发号施令目的的主令电器。按钮的文字符号为 SB，图形符号如下。

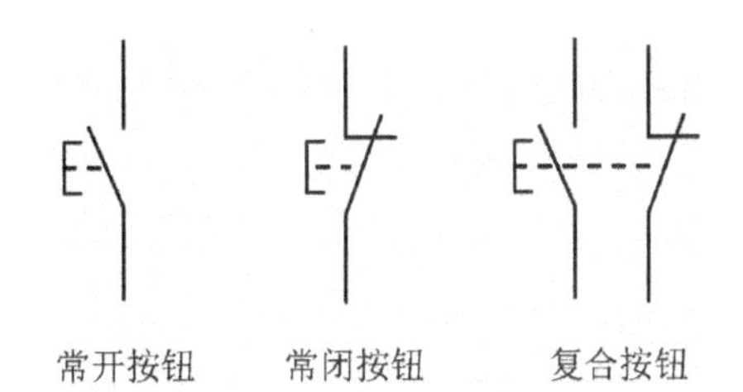

常开按钮　　常闭按钮　　复合按钮

按钮选择的主要依据是使用场所、所需要的触点数量、种类及颜色。

4. 热继电器

热继电器对电动机进行过载保护，其文字符号为 FR。图形符号如下。

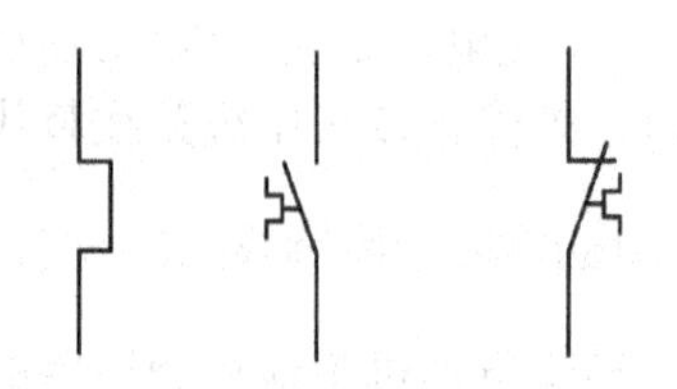

热元件　　常开触点　　常闭触点

热继电器的选择主要是选热继电器热元件的额定电流，一般按略大于电动机的额定电流选取。热元件选定后，再根据电动机的额定电流调整热继电器的整定电流，使整定电流与电动机的额定电流相等。

5. 信号灯

信号灯也称指示灯，往往和开关、按钮等配套使用，用来显示电路或电气设备的工作状态，如电路接通，电气设备启动，正常工作，电容器投入补偿，停电，断路器合闸、分闸，电路故障等。

情景练习

1. 交流接触器的主要功能和选用原则是什么？
2. 热继电器有什么作用？在电路中是如何连接的？
3. 设计一个两地启动、两地停止的电动机控制线路。
4. 设计一个电动机正转的主线路和控制线路。
5. 电动机单向启动控制线路的保护环节有哪些？
6. 热继电器能作短路保护用吗？
7. 什么是主令电器？常用的主令电器主要有哪几种？
8. 设计一个异步电动机的控制线路，要求既能实现长动控制，又能实现点动控制。
9. 在正转控制线路中，电动机顺时针旋转还是逆时针旋转？
10. 电动机的转向反了怎么办？

情景3

鼠笼式三相异步电动机正反转控制线路

情景描述

在生产实际中，往往要求能对电动机进行正、反转控制。例如，常通过电动机的正反转使工作台前进与后退、起重机起吊重物上升与下放及电梯的升降等。电动机的正、反转控制亦称为可逆运行控制。电动机可逆运行控制分为手动控制和自动控制两种。由三相异步电动机转动原理可知，若要电动机可逆运行，则只要将接于电动机定子的三相电源线中的任意两相对调即可。因为此时定子绕组的相序改变了，旋转磁场方向就相应发生变化，因而转子中感应电动势、电流以及产生的电磁转矩都要改变方向，所以电动机的转子就逆转了。

名人名言

我之所以能在科学上成功，最重要的一点就是对科学的热爱，坚持长期探索。

——达尔文

任务 3.1　手动切换正反转控制线路

3.1.1　任务书

（1）任务名称：手动切换正反转控制线路。

（2）功能要求：安装、调试鼠笼式三相异步电动机正反转控制电路，进一步掌握根据电动机功率选择器件与导线的方法。

（3）器件要求：熔断器采用 RL1 系列，自动开关采用 C45 系列，交流接触器采用 B 系列，热继电器采用 JR16B 系列，按钮采用 LAY3 系列，信号灯采用 XD13 系列。

（4）任务提交：现场功能演示，并提交相应的设计文件，回答相关的问题。

3.1.2　任务指导

机床工作台的前进与后退，主轴的正、反转等，都要求电动机能正反转。由电动机原理可知，只要改变流入电动机的电流相序，就可实现正反转。实现这一要求需用两个交流接触器 KM1、KM2，主电路如图 3.1(a)所示。但当两个接触器同时工作时，会导致主触点将电源短路，故必须采用互锁或联锁控制电路。

按照联锁方式的不同，手动切换正反转控制线路分为交流接触器联锁、按钮联锁和交流接触器及按钮双重联锁 3 种方式。

3.1.2.1　交流接触器联锁控制线路

1. 控制线路

交流接触器联锁的三相异步电动机正反转控制线路如图 3.1 所示。

图 3.1 中所用器件的作用如下。

（1）自动开关 QS：电源开关。

（2）熔断器 FU：作电动机的短路保护，FU1 作控制电路的短路保护。

（3）交流接触器 KM1、KM2：接通三相异步电动机的电源，KM1 接通，电动机正转，KM2 接通，电动机反转。

（4）按钮：SB1 为停止按钮，SB2 为正转启动按钮，SB3 为反转启动按钮。

（5）信号灯：HL1 为电动机正转运行指示，HL2 为电动机反转运行指示。

2. 控制线路分析

1）正转控制

（1）合上开关 QS，电路的正转启动过程如下。

按下按钮 SB2，KM1 线圈通电——→
- KM1 主触点闭合，电动机正转；
- KM1(5，7)常开辅助触点闭合，自锁；
- KM1(11，13)常闭辅助触点断开，互锁；
- 信号灯 HL1 亮，即正转指示。

（2）电路的停止过程如下。

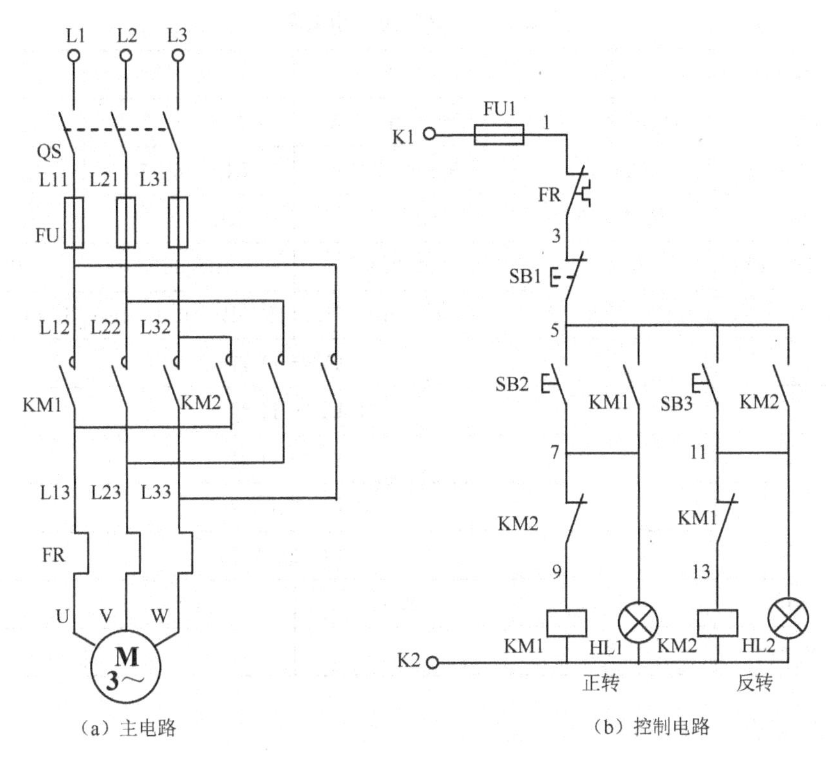

（a）主电路 （b）控制电路

图 3.1 交流接触器联锁的正反转控制线路

按下按钮 SB1，KM1 线圈断电→
- KM1 主触点断开，电动机停转；
- KM1(5，7)常开辅助触点断开；
- KM1(11，13)常闭辅助触点闭合；
- 信号灯 HL1 灭。

2）反转控制

(1) 合上开关 QS，电路的反转启动过程如下。

按下按钮 SB3，KM2 线圈通电→
- KM2 主触点闭合，电动机反转；
- KM2 (5，11) 常开辅助触点闭合，自锁；
- KM2 (7，9) 常闭辅助触点断开，互锁；
- 信号灯 HL2 亮，即反转指示。

(2) 电路的停止过程如下。

按下按钮 SB1，KM2 线圈断电→
- KM2 主触点断开，电动机停转；
- KM2(5，11)常开辅助触点断开；
- KM2(7，9)常闭辅助触点闭合；
- 信号灯 HL2 灭。

3. 元器件及导线的选用

如果电动机的功率分别为 0.75kW、2.2kW、5.5kW、11kW，则所用器件及导线见表 3-1。其他功率电动机所用的器件，读者可根据各种器件的选用原则选取。

表 3-1　器件选用明细表

电动机功率/kW	0.75	2.2	5.5	11
自动开关 QS	C45—3P　3A	C45—3P　6A	C45—3P　16A	C45—3P　32A
熔断器 FU	RL1—15/4	RL1—15/15	RL1—60/30	RL1—60/50
熔断器 FU1	RL1—15/2	RL1—15/2	RL1—15/2	RL1—15/2
交流接触器 KM1、KM2	B9 36V	B9 36V	B16 36V	B25 36V
热继电器 FR	JR16B—20/3　2.4A	JR16B—20/3　5A	JR16B—20/3　16A	JR16B—60/3　32A
按钮 SB1	LAY3—11 红			
按钮 SB2	LAY3—11 绿			
按钮 SB3	LAY3—11 黄			
信号灯 HL1	XD13—220V 绿			
信号灯 HL2	XD13—220V 黄			
主电路导线/mm²	2.5	2.5	2.5	4
控制电路导线/mm²	1	1	1	1

4. 安装接线

控制板接线图如图 3.2 所示，操作箱接线图如图 3.3 所示。

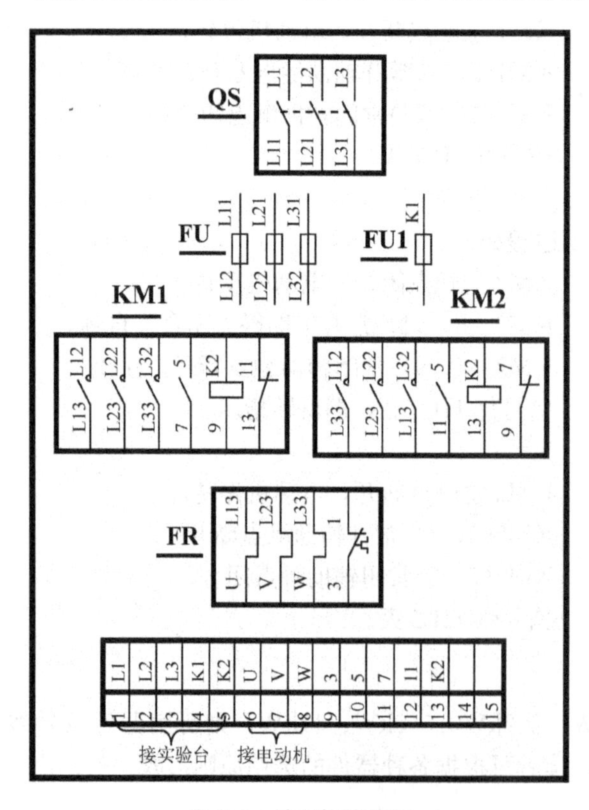

图 3.2　控制板接线图

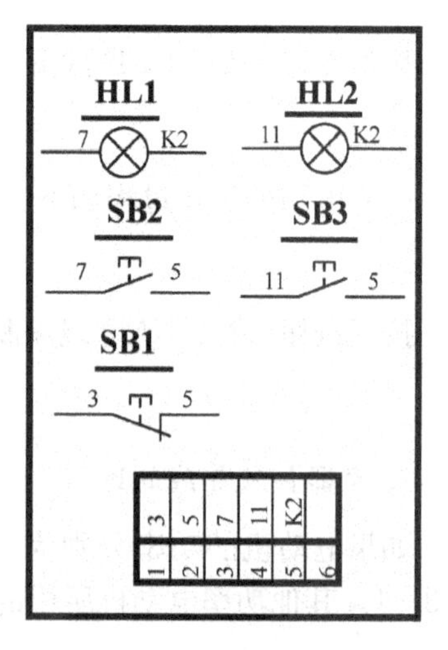

图 3.3　操作箱接线图

5. 调试

(1) 将控制板中的9～13号端子与操作箱中1～5号端子相同线号接在一起(3、5、7、11、K2对应相接)。

(2) 接通控制电路电源。

(3) 按下正转启动按钮SB2，接触器KM1吸合，信号灯HL1亮。

(4) 按下停止按钮SB1，接触器KM1断开，信号灯HL1灭。

(5) 按下反转启动按钮SB3，接触器KM2吸合，信号灯HL2亮。

(6) 按下停止按钮SB1，接触器KM2断开，信号灯HL2灭。

这说明控制电路工作正常。

(7) 合上开关QS，送入三相电源。

(8) 重复步骤(3)～(7)，看电动机运行是否正常。

在正转运行时按下反转启动按钮SB3，接触器KM1不释放，KM2也不吸合；在反转运行时按下正转启动按钮SB2，接触器KM2不释放，KM1也不吸合。这说明交流接触器联锁的三相异步电动机正反转控制线路必须先停止才能进行反向运行操作。

3.1.2.2　按钮联锁控制线路

1. 控制线路

按钮联锁三相异步电动机正反转控制线路的主电路与图3.1(a)相同，控制电路如图3.4所示。图3.4中所用器件的作用与图3.1完全相同。

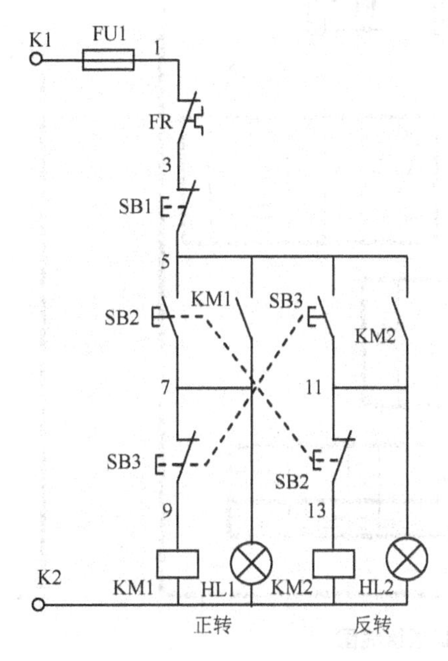

图3.4　按钮联锁控制电路

2. 控制线路分析

合上开关QS，线路的工作过程如下。

1）正转控制

按下按钮 SB2，SB2(11，13)常闭触点断开，若原来电动机没有反转，该触点不起作用；若原来电动机正在反转，该触点首先使 KM2 线圈断电，然后 SB2(5，7)常开触点闭合，KM1 线圈通电，KM1 主触点闭合，电动机正转，同时 KM1(5，7)常开辅助触点闭合(自锁)，信号灯 HL1 亮(正转指示)。

2）反转控制

按下按钮 SB3，SB3(7，9)常闭触点断开，若原来电动机没有正转，该触点不起作用；若原来电动机正在正转，该触点首先使 KM1 线圈断电，然后 SB3(5，11)常开触点闭合，使 KM2 线圈通电，KM2 主触点闭合，电动机反转，同时 KM2(5，11)常开辅助触点闭合(自锁)，信号灯 HL2 亮(反转指示)。

3）停止

按下按钮 SB1，KM1 或 KM2 线圈断电，电动机停止旋转，信号灯熄灭。

3. 安装接线

控制板接线图如图 3.5 所示，操作箱接线图如图 3.6 所示。

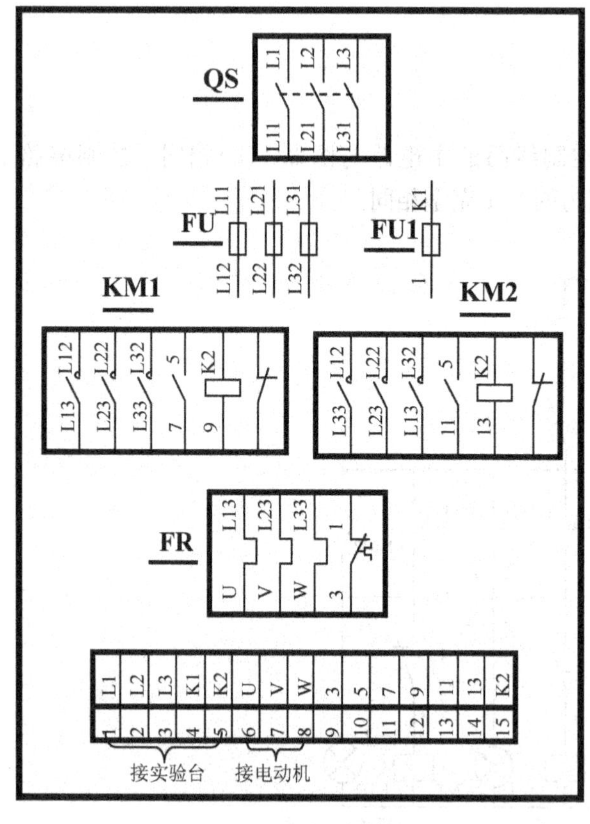

图 3.5　控制板接线图

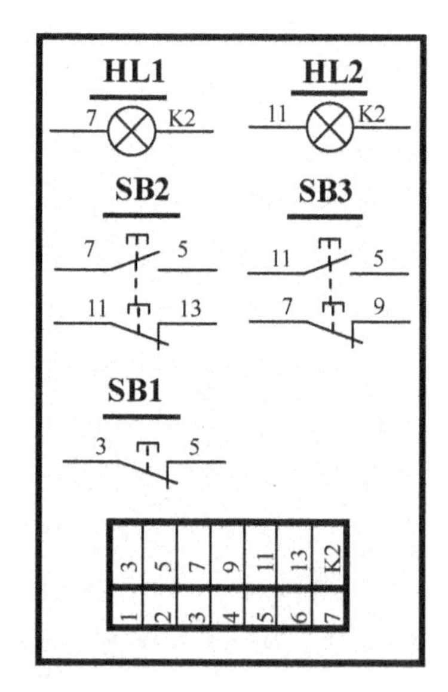

图 3.6　操作箱接线图

4. 调试

将控制板中的 9～15 号端子与操作箱中 1～7 号端子相同线号接在一起。其他步骤与交流接触器联锁相同。

3.1.2.3　按钮交流接触器双重联锁控制线路

为了增加控制线路的可靠性，通常采用按钮交流接触器双重联锁控制线路，其主电路与图 3.1(a)相同，控制电路如图 3.7 所示。

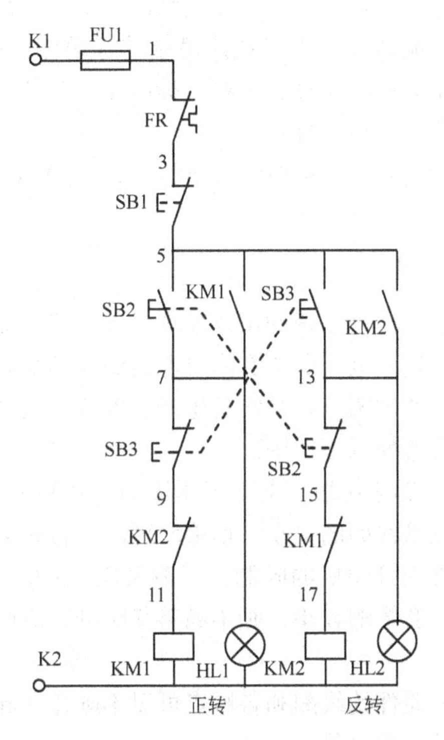

图 3.7　按钮交流接触器双重联锁控制电路

线路分析和安装接线图读者可自行完成。

3.1.3　知识包

3.1.3.1　电气原理图的绘制

如果你是一位电气工程师，从事控制系统的设计工作，那么你必须能够正确绘制各种电气图纸；如果你是电气控制系统的用户，从事系统的安装、调试或维修工作，那么你必须能够看懂电气图纸，了解设计者的设计思路，才能正确地布线、接线、调试或维修；即使你是电气控制系统生产厂家的一位接线工，你也应该看懂接线图才能正确的接线。如果你能看懂电气原理图、参考原理图和接线图接线，则不仅能加快接线速度，提高生产效率，而且接线差错率会大大降低。

一套完整的电气控制图纸，应该包括以下内容：①电气原理图；②安装接线图；③外部接线图。

电气图所用元器件的图形符号和文字符号都应符合国家标准的规定。图纸幅面应符合国家标准的规定，有 A4、A3、A2、A1、A0 幅面等，画不开时还可以加长，但加长的尺寸应符合国家标准的规定。现在多数采用计算机制图，一般采用 A4 和 A3 幅面的图纸。

图纸应画出边框，边框尺寸也应符合国家标准的规定。A4 和 A3 图纸边框距离图纸

左边 25mm，便于装订，距离图纸其他三边 5mm。大于 A3 幅面的图纸，左边距仍为 25mm，其他边距为 10mm。当采用计算机制图时，如果边距太小无法打印，则只能适当加大页边距。

每一张图纸，都应有标题栏，标题栏画在图纸的右下方，尺寸符合有关标准规定，由于计算机制图一般使用的图幅较小，可以使用简单的标题栏。标题栏一般包括图纸名称，图纸编号，设计或制作单位名称和设计、审核、标准化、工艺、制图、批准等有关人员的签名，有的标题栏还应包括图纸更改标记。

不管多大的图纸，一般折叠成 A4 幅面大小装订；全用 A3 幅面的图纸，一般直接装订，不用折叠。

1. 电气原理图的绘制原则

电气原理图用来表示电气控制系统的工作原理、各电器元器件的作用和相互关系。电气原理图除了包括主电路、控制电路和所有附属电路的原理图以外，还应包括所用元器件明细表。电气原理图是最主要的图纸，是设备生产、安装、调试、维修的依据。

绘制电气原理图通常应遵循以下原则。

（1）分别画出主电路和控制电路。当手工画图时，可以将整个原理图画在一张图纸上，根据绘图的内容确定图纸幅面的大小。如果原理图内容较多，也可以画在不同的图纸上。采用计算机画图，通常受打印机的限制，一般采用 A4 幅面或 A3 幅面的图纸，将电气原理图画在多张图纸上。若图形较小，画不满整张图纸，应画在图纸的中央，通常主电路在左，控制电路在右。

（2）电气原理图中同一器件的线圈和各触点可以不画在一起，甚至可以不画在同一张图纸上，但必须标注相同的文字符号。

（3）交流接触器、中间继电器、时间继电器等电磁式电器的触点都应画线圈未通电的状态；按钮、行程开关应画没有受力时的触点状态；主令控制器应画手柄置于“零点”的触点状态；开关画分断状态。

2. 通路标号

通路标号也就是线号。电气原理图必须有线号，否则无法绘制接线图。线号可以使用字母，也可以使用数字，还可以字母和数字混合使用，如图 3.8 所示。图 3.8 中的 N、V1、23 等都是线号。

线号尽量按一定的规律编制，以便于接线和维修。通常主电路第一单元以数字 1 开头，第二单元以数字 2 开头，然后再加字母，如 1U1、2U1、3U1、2V 等。控制电路一般使用数字，可以只使用奇数或只使用偶数，一旦漏掉某一线号时，便于插入。如使用奇数编制，那么漏掉线号可插入偶数。

若奇偶数连续标注，则漏掉线号时可补入数字加字母。例如，在 15 和 16 号线之间漏掉两个线号，可以补入 15A 和 15B。

线号一般标注在横线的上方或纵线的左侧，尽量不要上下左右同时标注，否则在图线密集时容易引起混淆。

线号通常按横向文字方向标注，如图 3.8(a)所示。图线密集时可以按纵向文字方向标注，纵向标注时字体的方向如图 3.8(b)所示，一般不允许图 3.8(c)所示的方向。更不允

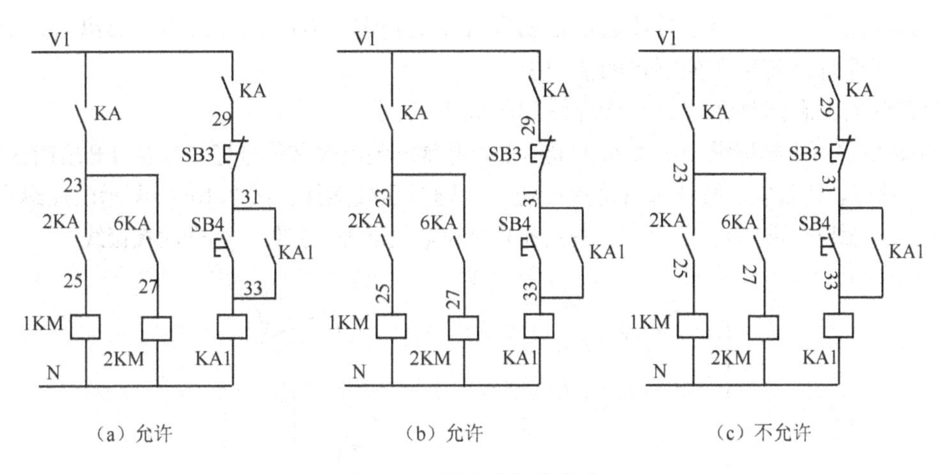

图 3.8　线号的标注方法

许图 3.8(b)所示方向与图 3.8(c)所示方向混合标注。

特别注意，线号是一个电气通路的标号，相同线号的线应接在一起，并非一根导线一个线号。例如，图 3.9 所示控制电路线号 17 的标注就存在明显的错误。因为 17、40、42、44、46、48、50、52、54、56、58、60 本来就是一个电气通路，用 17 就足够了，不应再加其他线号了。在图 3.9 中，N 线的标注就不存在错误，只标注了一个 N，HL6、1HL～10HL 是信号灯的文字符号，不是线号。

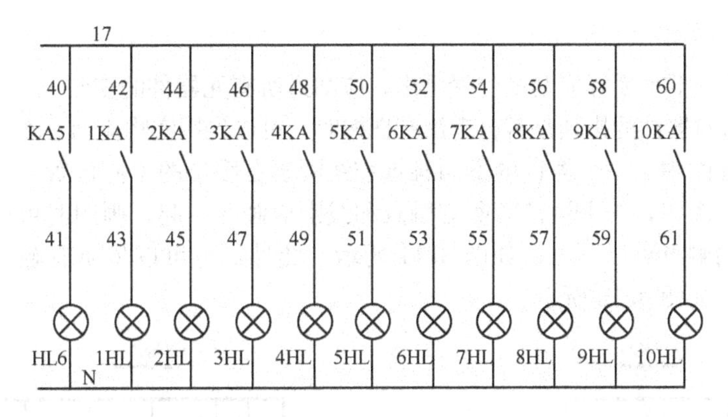

图 3.9　错误的线号标注

完整的电气原理图还应包括所用材料明细表。明细表应包括序号、器件代号、器件名称、规格型号、数量、备注等内容。

3.1.3.2　电控柜接线图的绘制

安装接线图是电控柜生产单位接线的依据，也供电控柜使用单位安装接线和维修参考。

1. 柜体的设计

柜体的设计应能保证所有元器件按照产品说明书要求的安装间距安装，且能够装得下，并尽量采用标准或者通用的低压电屏尺寸。

电控柜通常分为控制柜和操纵台，控制柜的数量和外形尺寸由需要安装器件的数量决

定。操纵台通常只有一个，具体数量根据设备要求确定。有时也可以不用操纵台，而将按钮、信号灯等直接安装在控制柜的前门上。

操纵台通常有两种形式，其侧面图如图 3.10 所示。

图 3.10(a)所示的操纵台 A 面板不能活动，通常安装电表和信号灯，需要打开后门接线。B 面板可以翻开，通常安装按钮和升降速电位器，翻开面板接线；图 3.10(b)所示的操纵台面板可以翻开，安装全部电表、信号灯、按钮和升降速电位器等元器件，翻开面板接线。

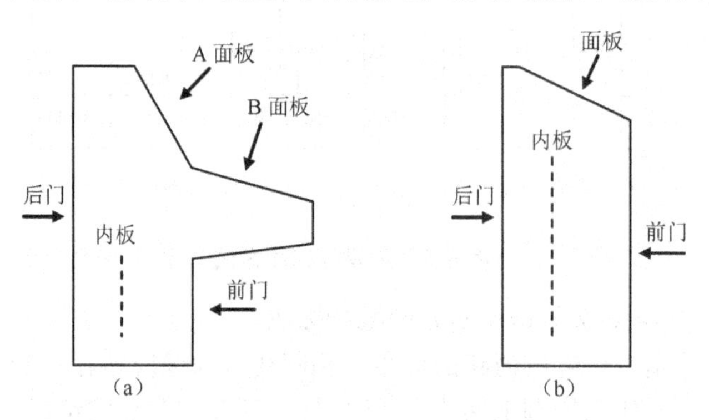

图 3.10　操纵台侧面示意图

当需要安装的元器件很少或者机械设备有要求时，可以将按钮、信号灯等直接安装在操纵盒或操作箱内。

2. 接线图的画法

接线图按照元器件实际安装的位置画出，应知道所有元器件的安装尺寸。对于器件的尺寸不太了解或者对器件的排列是否合理没有把握时，可以先用实物排列，然后再画接线图。

在电气原理图中，一个器件的不同触点和线圈画在图形的不同位置，甚至画在多张图纸上。但在接线图中，一个器件的所有触点和线圈应画在一起。画图时可以只画实际使用的触点，不用的触点可以不画，如图 3.11 所示。此外，也可以将所有触点都画出，不用的触点不接线，如图 3.12 所示。

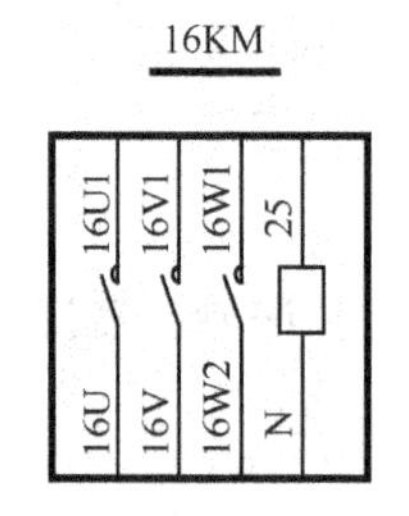

图 3.11　接触器接线图

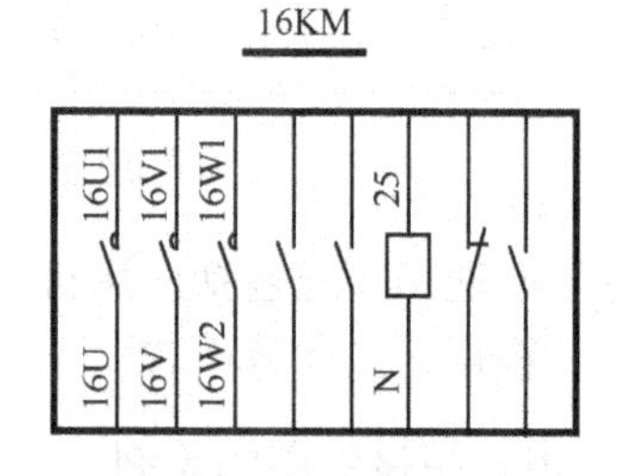

图 3.12　接触器接线图

在图 3.11 和图 3.12 中，只在触点和线圈中标注了线号，接线时就近将相同的线号接在一起。

若要画出每一根线的准确去向，可以按照图 3.13 所示的方法画出。从图 3.13 中可以看出：16U1、16V1、16W1 接熔断器 16FU 的对应线号；25 接 5 号端子(在端子处标出 DZ 表示端子，用 DZx 表示第 x 号端子，图中不存在 DZ5 器件)，16U 接 57 号端子，16V 接 58 号端子；16W2 接变压器 16TY；N 从变压器 T 来，到交流接触器 17KM，说明在该

处应接两根线，斜线前的器件说明该线的来向，斜线后的器件说明该线的去向，每一个接线点最多接两根线。没有斜线的说明该线号只接两个点，用一根线接通就行了。

此外，也可以不用器件代号，改用器件编号，如图 3.14 所示。在每一个器件旁注明该器件的编号，如图 3.14 中 16KM 编号为 5。如果图 3.13 与图 3.14 完全相同的话，那么熔断器 16FU 的编号为 4，变压器 T 的编号为 8，交流接触器 17KM 的编号为 2，端子的编号为 7。

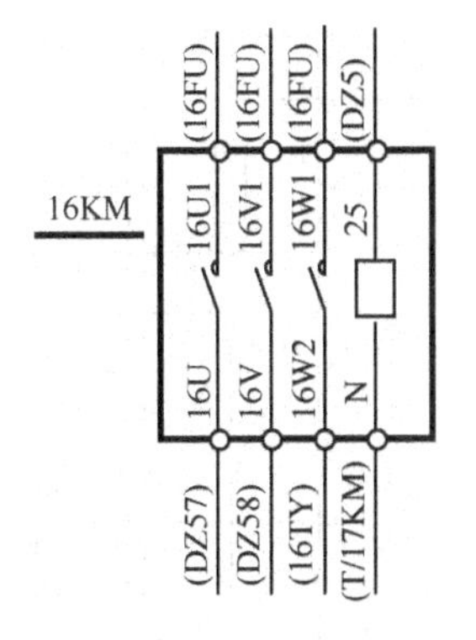

图 3.13　接触器接线图(器件代号)

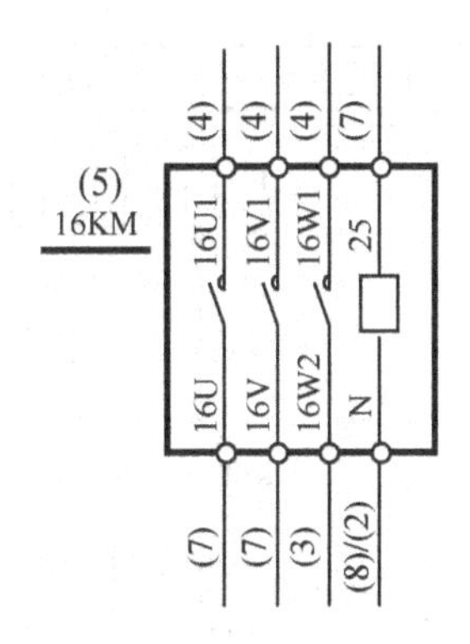

图 3.14　接触器接线图(器件编号)

图 3.15 和图 3.16 是接线图的另外一种画法。

从图 3.15 可以看出：21 号线，从中间继电器 KA2 来，去交流接触器 KM1，在该触点接两根线；33 号线，从中间继电器 KA3 来，去中间继电器 KA4，在该触点接两根线；51 号线只接中间继电器 KA4，一根线就行；依此类推。

在图 3.16 中，13 号线，从 4 号器件来，去 2 号器件，在该触点接两根线；37 号线，从 4 号器件来，去 9 号器件，在该触点接两根线；45 号线只去 8 号器件，一根线就行；依此类推。

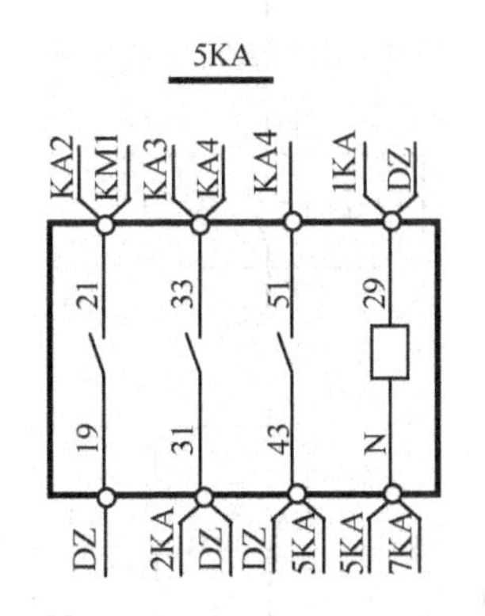

图 3.15　中间继电器接线图

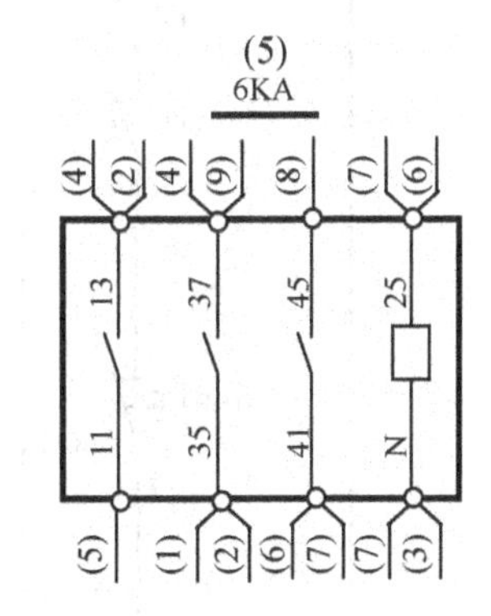

图 3.16　中间继电器接线图

虽然图 3.15 或图 3.16 能够清楚地看到各线的来龙去脉，但图形占用的面积较大，并且画图较麻烦，当器件比较多时很难画详细。通常多采用图 3.11 所示的简洁画法。

为简单起见，本书均采用图 3.11 所示的式样绘制接线图。

3. 元器件的分配

当线路复杂、柜体较多时，应考虑元器件在各柜体的分配。分配元器件的基本原则：

一是接线方便，用线省；二是各柜元器件疏密基本均匀，不要有的柜子太挤，有的柜子太空。另外，还应考虑用户外接线方便，并根据实际情况具体分析确定。所有器件都分配完毕后，根据各柜所装的器件画出接线图即可。

为了讲述电控柜接线图的具体画法，假设某设备的电气原理图如图 3.17 所示。分两

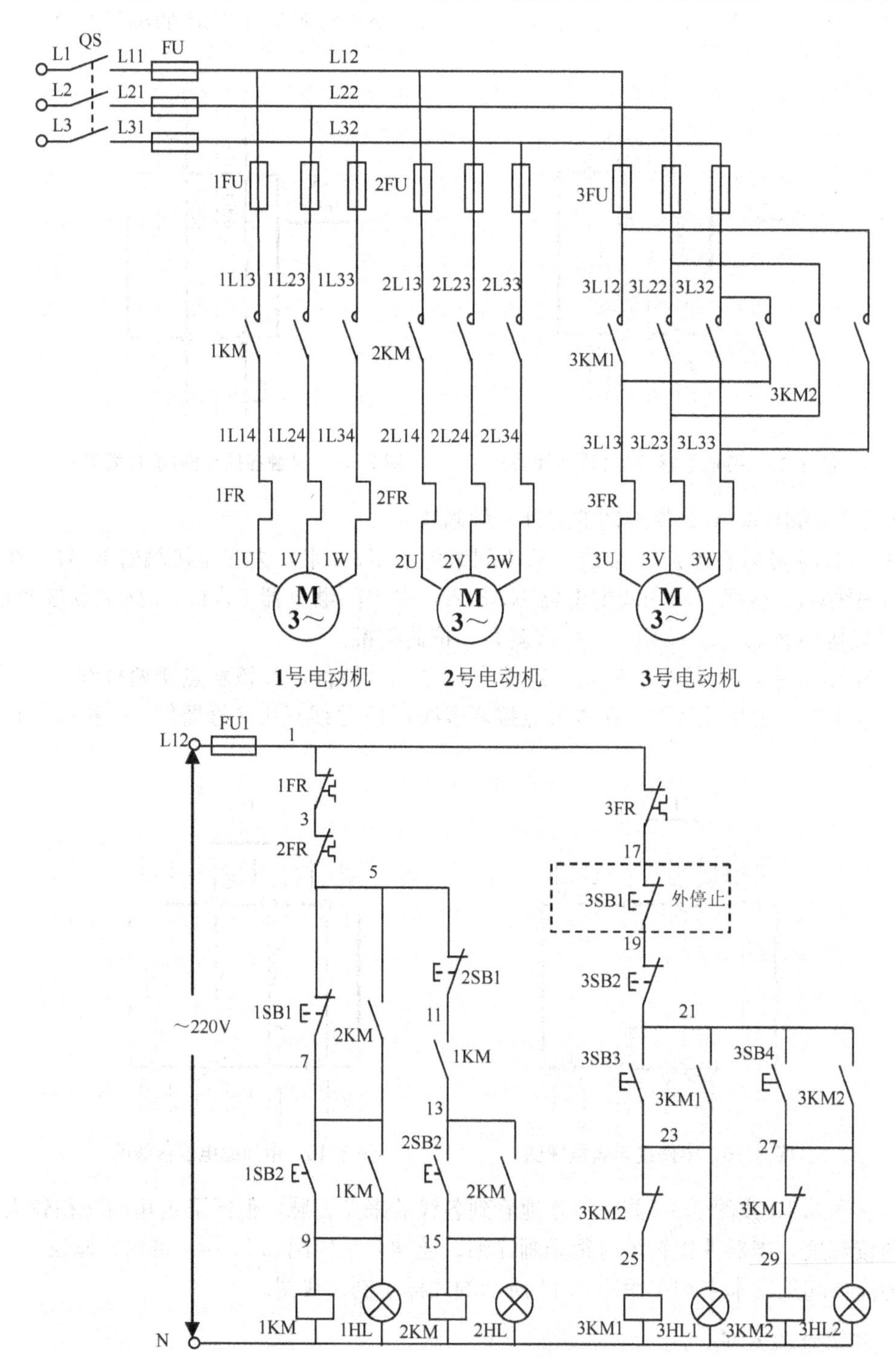

图 3.17　电气原理图

个控制柜和一个操纵台安装，器件分配如图 3.18、图 3.19 和图 3.22 所示。这仅仅是为了讲述方便，实际上一个控制柜安装的器件不可能如此少。图 3.17 中的 3SB1 为外停止按钮，不在电控柜安装，但画接线图时应考虑。

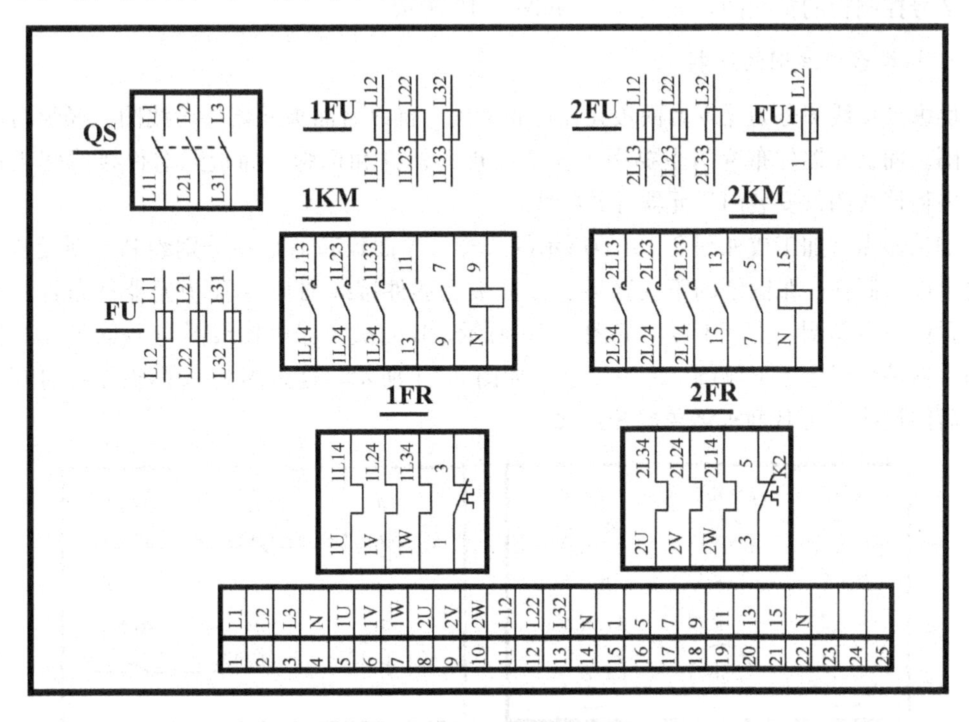

图 3.18　1 号控制柜接线图

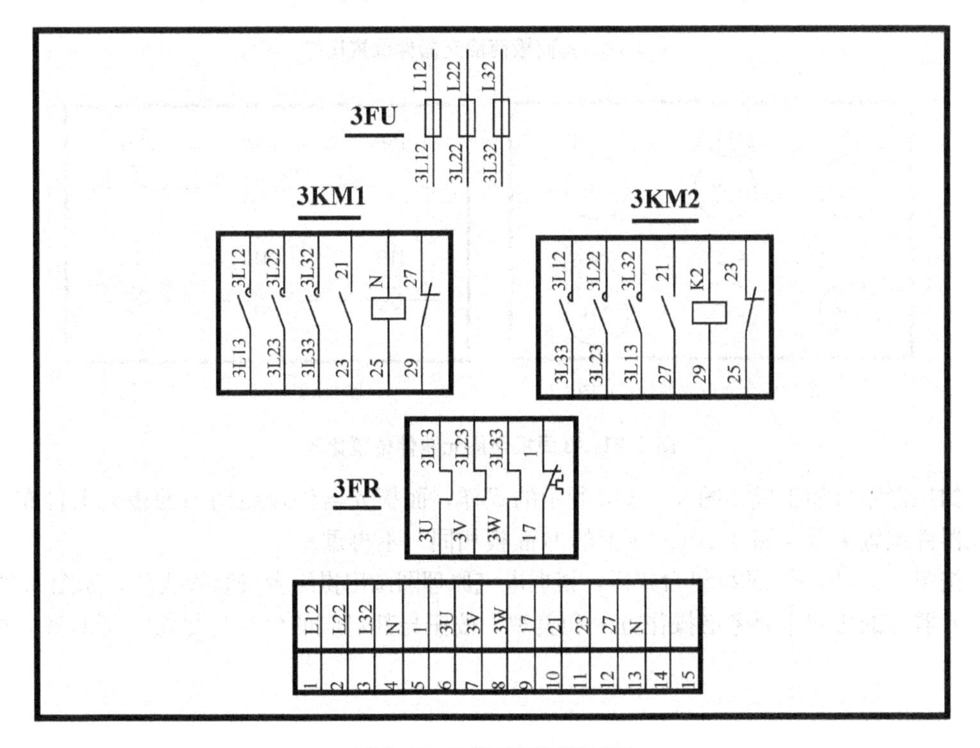

图 3.19　2 号控制柜接线图

4. 控制柜接线图的绘制

根据 1 号控制柜和 2 号控制柜的元器件及电气原理图(图 3.17)就可以绘制出 1 号控制柜和 2 号控制柜的接线图，如图 3.18 和图 3.19 所示。

5. 操纵台接线图的绘制

操纵台接线图分为操纵台面板元器件布置图、操纵台面板元器件接线图、操纵台内板接线图。面板元器件布置图主要用于安装面板元器件和标牌，面板元器件接线图供接线用，内板接线图供安装内板元器件并接线。

如果操纵台加工成如图 3.10(a)所示的式样，A 面板和 B 面板分别绘制，则元器件不多时可以绘制在一张图纸的不同区域。A 面板元器件接线图与 A 面板元器件布置图元器件位置应左右颠倒，上下不变，如图 3.20 所示。B 面板元器件接线图与 B 面板元器件布置图元器件位置应上下颠倒，左右不变，如图 3.21 所示。这是因为 A 面板接线时开启操纵台后门接线，而 B 面板需要掀开接线。

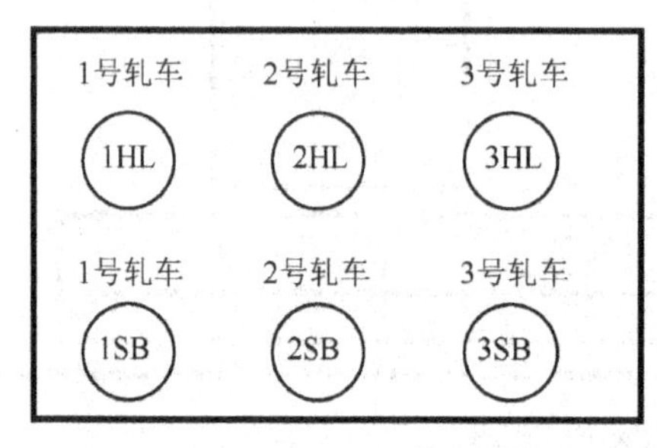

(a)操纵台面板元器件布置图

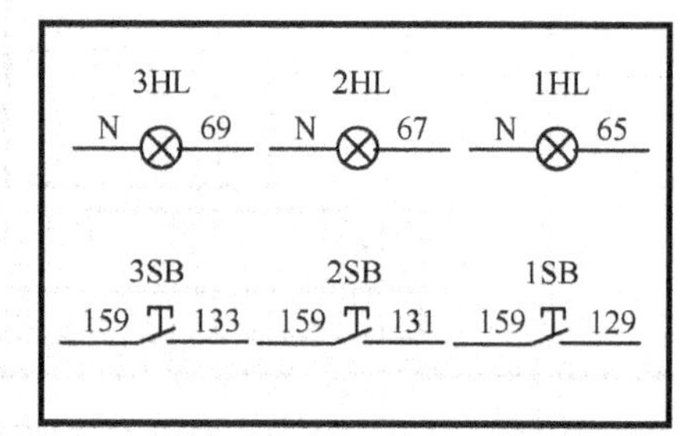

(b)操纵台面板元器件接线图

图 3.20 A 面板两图元器件位置比较

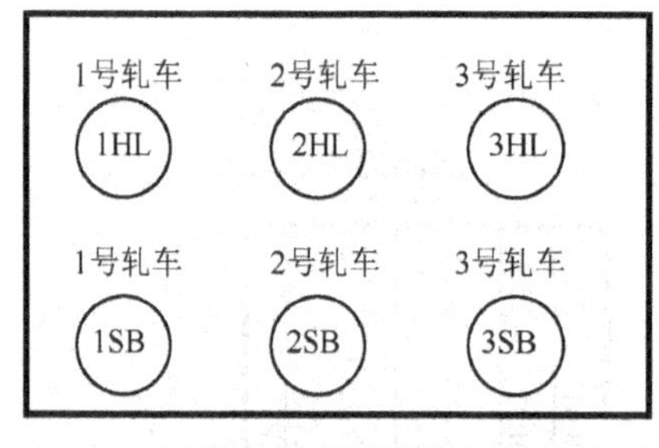

(a)操纵台面板元器件布置图

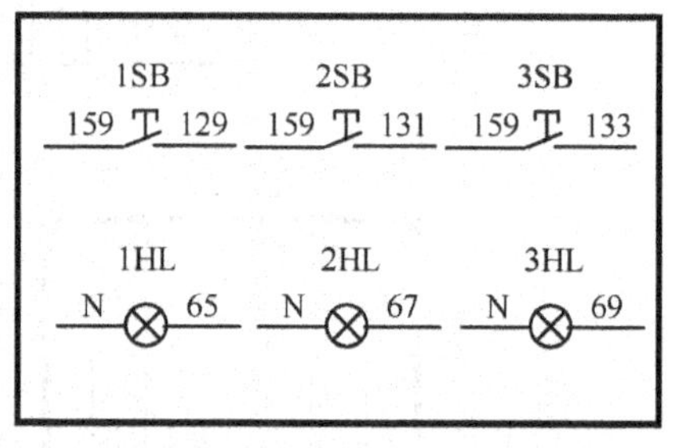

(b)操纵台面板元器件接线图

图 3.21 B 面板两图元器件位置比较

如果操纵台加工成如图 3.10(b)所示的式样，面板元器件接线图与面板元器件布置图的元器件位置关系与图 3.10(a)所示的 B 面板相同，不再重复。

按图 3.10(b)所示的操纵台式样，根据电气原理图画出操纵台安装接线图，如图 3.22 所示。元器件的排列主要考虑操作方便和美观，按钮与其对应的信号灯尽量上下对齐，便于观察。

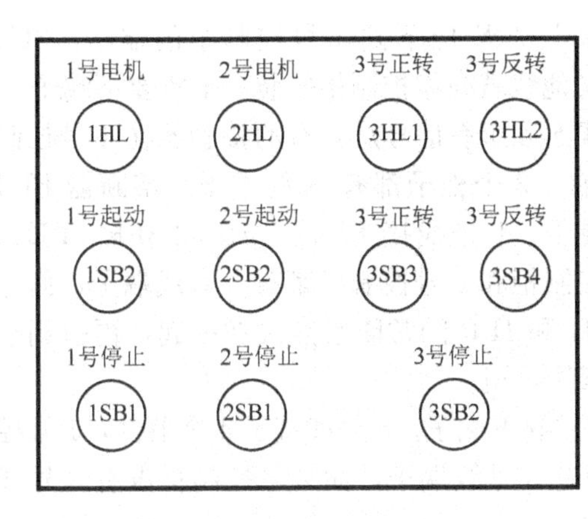

(a) 操纵台面板元器件布置图

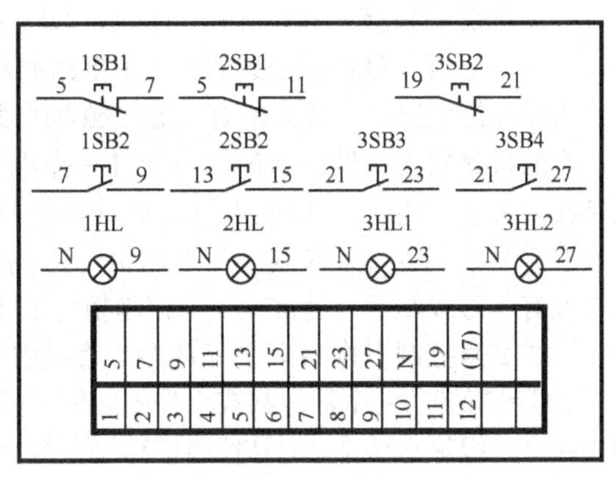

(b) 操纵台面板元器件接线图

图 3.22　操纵台安装接线图

6. 接线端子

控制柜和操纵台的下方都有大量的接线端子，端子的数量和排列对于用户来说非常重要，并且有些端子可能还多次重复。

在电控柜中，需要下到(接到)端子的线有如下几种。

(1) 电源进线。当电源进线太粗时，为了减小接线电阻，可以直接接主自动开关的输入端，不留接线端子。

(2) 电动机或其他装在机械上的元器件的引出线。若电动机的功率太大，所用导线太粗，则可以直接接到热继电器上，以减小接线电阻。一般情况都是接到端子上。

(3) 各柜之间的连接线。

(4) 其他的过渡线。例如，有一个外接器件共需要 3 根线，其中两根需要在操纵台接，一根需要在 1 号控制柜接。但实际安装放线时，不可能两根线放在操纵台，一根线放在 1 号控制柜，而应 3 根线一起放在操纵台。然而，操纵台又没有该线的接线端子，因此外面应该在操纵台留出一个空端子，1 号控制柜与操纵台的连线多放一根，在操纵台接在一起。在图 3.17 所示的电气原理图中，3SB1 为外部停止按钮，一端接热继电器 3FR(17 号线)，2 号控制柜有端子，令一端接停止按钮 3SB2(19 号线)，操纵台有端子，操纵台和控制柜有可能离得较远，按常规应在操纵台留出一个空端子，如图 3.22 所示的 12 号端子，外部停止按钮的 17 号线与 2 号控制柜来的 17 号线在该端子接在一起。

哪个线号需要下到端子，哪个线号不需要下到端子，应根据电气原理图和元器件的分配逐一确定。例如，在图 3.17 所示的电气原理图中，应根据 1 号控制柜、2 号控制柜和操纵台安装的器件确定。

从主电路开始：主开关 QS 装在 1 号控制柜，其输入端接交流电源，L1、L2、L3 应下到 1 号控制柜的端子；也可以电源进线直接接 QS，线的粗细应根据总电流确定。控制电路还需要电源零线 N，1 号控制柜端子上一定有 N 线。

QS 的输出端 L11、L21、L31 接熔断器 FU，FU 安装在 1 号控制柜，不需要下端子，FU 的输出 L12、L22、L32 接熔断器 1FU、2FU、3FU、FU1，3FU 装在 2 号控制柜，其他器件装在 1 号控制柜，所以，1 号控制柜和 2 号控制柜端子都应有 L12、L22、L32。

电动机需要外接，1U、1V、1W 和 2U、2V、2W 应下到 1 号控制柜的端子，3U、3V、3W 应下到 2 号控制柜的端子。主电路的其他线就在本控制柜安装，不需要下端子。

再看控制电路：N 线接所有交流接触器的线圈和所有信号灯，有的接触器在 1 号控制柜，有的接触器在 2 号控制柜，信号灯在操纵台，3 个柜子都有 N 线端子。熔断器 FU1 安装在 1 号控制柜，一端接 L12，不需要下端子。1 号线接 FU1、1FR 和 3FR，FU1、1FR 在 1 号控制柜，3FR 在 2 号控制柜，1 号控制柜和 2 号控制柜都有 1 号线端子，而操纵台没有 1 号线端子。通常在 1 号控制柜将 FU1 和 1FR 的常闭触点接在一起，再引到端子上。在 2 号控制柜将 3FR 的常闭触点直接引到端子上。

3 号线所接的两个器件都在 1 号控制柜，不需要下端子。5 号线接了 4 个器件，1 号控制柜两个，操纵台两个，1 号控制柜和操纵台都有 3 号线端子，而 2 号控制柜没有 3 号线端子。

按照上述方法逐一确定每个线号应该在哪个柜子下端子，就得到图 3.18、图 3.19、图 3.22 所示的端子图。

接线端子的排列主要考虑用户接线方便，各电缆线最好不交叉接线，且每一接线端子最多接两根线，外接线较多的线号最好多留端子，这样用户接线非常方便，但电控柜生产单位会增加点成本。

由于上述所讲内容用到的端子很少，故如何排列无所谓，但当端子数量很大时，端子排列就非常重要。

任务 3.2　正反转自动循环运行控制线路(一)

3.2.1　任务书

(1) 任务名称：鼠笼式三相异步电动机正反转自动循环控制线路。

(2) 功能要求：鼠笼式三相异步电动机正反转自动循环运行，如要求正转 30s，反转 20s，然后从正转开始重新循环。

(3) 任务提交：现场功能演示，并提交相应的设计文件，回答相关的问题。

3.2.2　任务指导

3.2.2.1　控制线路

本情景任务 3.1 所述的三相异步电动机正反转控制线路是靠手动切换的，而在生产实际中经常需要正反转自动循环，最典型的应用就是搅拌机。

正反转自动循环控制线路的主电路与图 3.1(a)所示相同，其控制电路如图 3.23 所示，图中加了时间继电器 KT1 和 KT2，时间继电器 KT1 和 KT2 均为通电延时型，且带瞬动触点，假设 KT1 的延时时间为 30s，KT2 的延时时间为 20s。具体时间由工艺决定。

如果选定的时间继电器 KT1 和 KT2 没有瞬动触点，可以加中间继电器，如图 3.24 所示。在图 3.24 中，中间继电器 KA1 的线圈与时间继电器 KT1 的线圈并联，中间继电器 KA2 的线圈与时间继电器 KT2 的线圈并联，中间继电器的触点 KA1(5，13)替代图 3.23

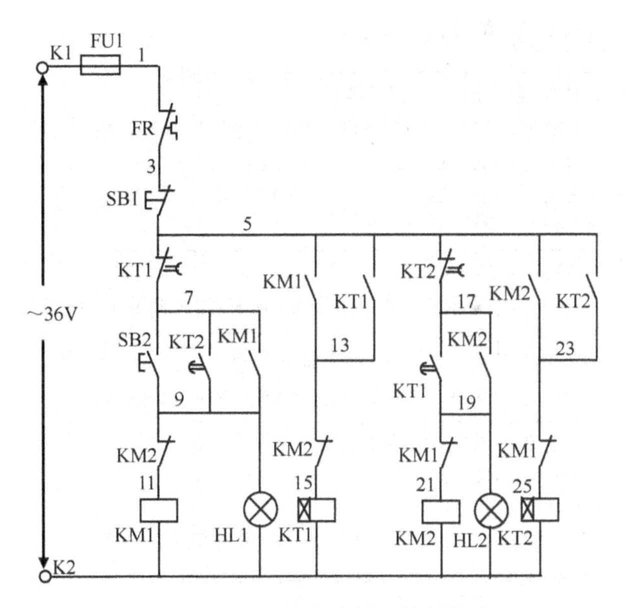

图 3.23　正反转自动循环控制线路

中时间继电器的触点 KT1(5，13)，中间继电器的触点 KA2(5，23)替代图 3.23 中时间继电器的触点 KT1(5，23)。

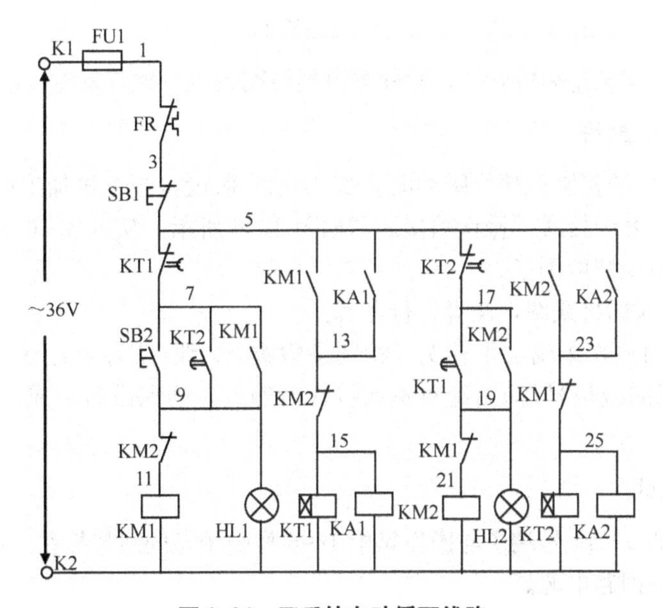

图 3.24　正反转自动循环线路

3.2.2.2　控制线路分析

以图 3.23 为例分析其控制过程，图 3.24 所示的控制过程与图 3.23 所示的控制过程基本相同，不再赘述。

合上开关 QS 并接通控制电源。

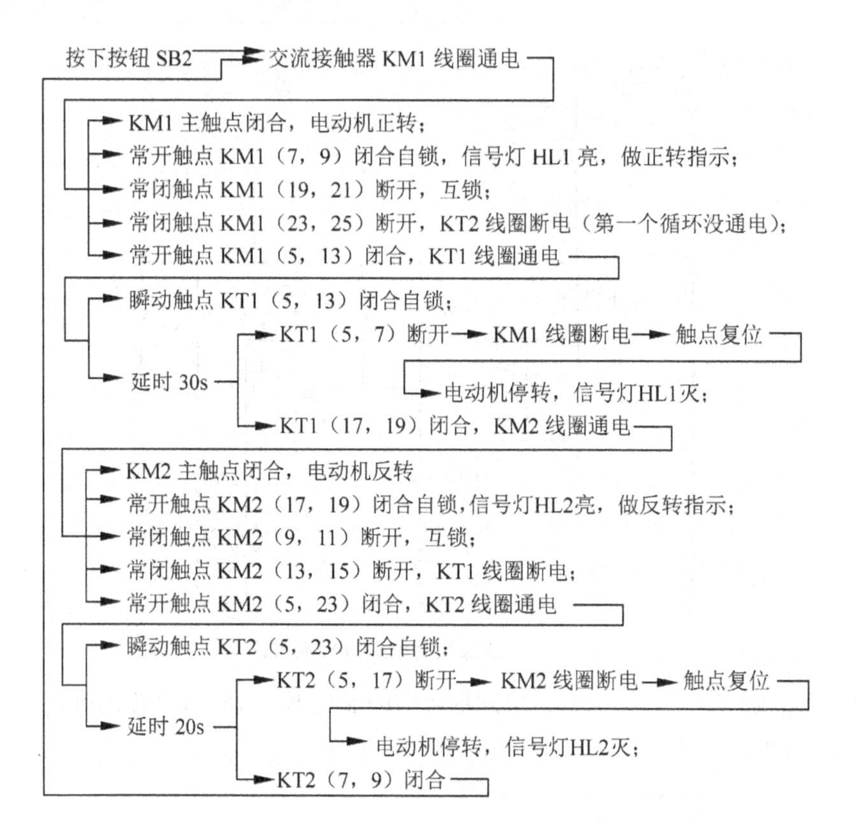

按下按钮SB1，各交流接触器、时间继电器线圈失电，触点复位，电动机停转。

3.2.2.3 安装接线

与图3.23对应的控制板接线图如图3.25所示。假设将操纵箱加工成小盒，器件安装在门上，左或者右开门接线，操作箱接线图如图3.26所示。从图3.26可以看出，器件上下位置没变，左右位置颠倒了。

与图3.24对应的接线图，读者自行考虑。

接线后应仔细检查接线是否有误，特别是检查K2线(实际应用中为电源中性线N)是否都接负载(线圈或信号灯)，绝对不能接任何触点，确保没有构成短路，才可以通电调试。

3.2.2.4 调试

将控制板中的9～14号端子与操作箱中1～6号端子相同线号接在一起。

(1) 接通控制回路电源。

(2) 按下按钮SB2，交流接触器KM1吸合，信号灯HL1亮；30s后KM1释放，信号灯HL1灭，交流接触器KM2吸合，信号灯HL2亮；20s后KM2释放，信号灯HL2灭，KM1重新吸合，信号灯HL1亮，依次循环。

(3) 合上自动开关QS，重复步骤(2)，电动机应正转30s，然后反转20s，依次循环。

在低压电气控制线路中，完成同一控制要求可以有不同的控制线路。图3.27所示是完成该功能的另一控制线路，读者还可以设计其他控制线路，线路的工作过程读者自行分析。

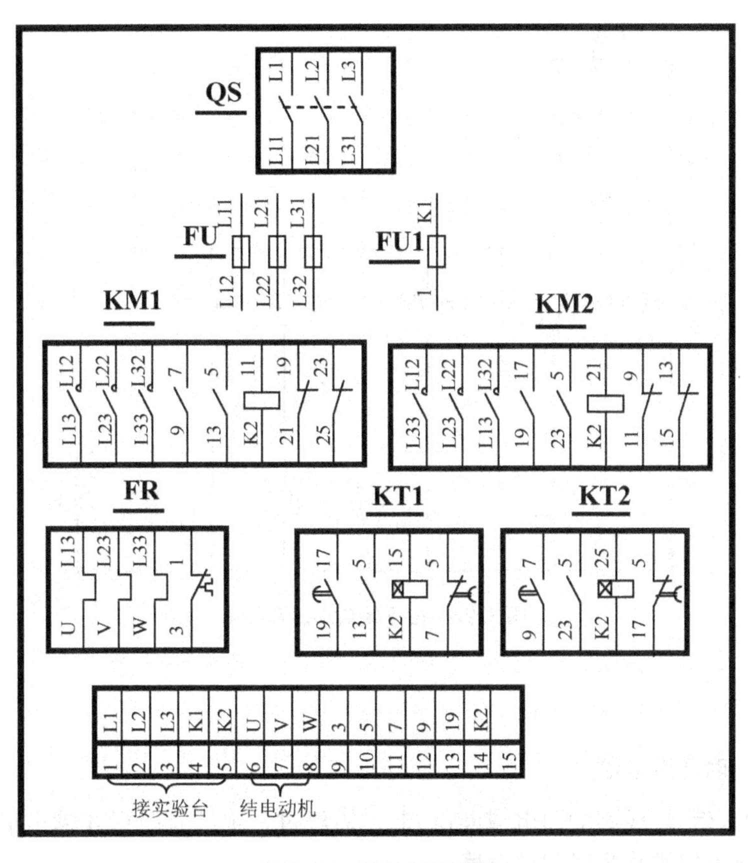

图 3.25　控制板接线图

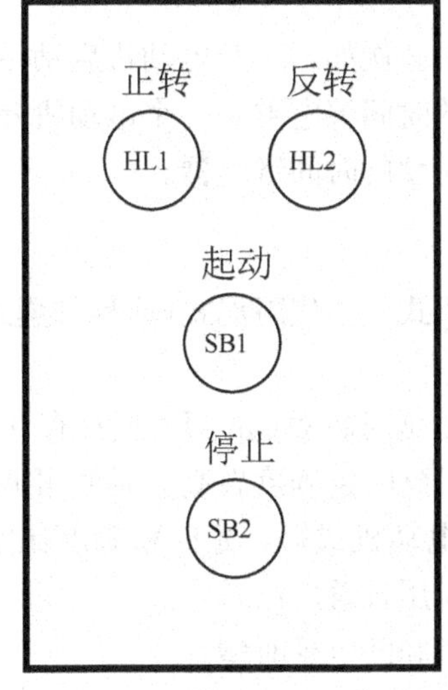

(a) 元器件布置图

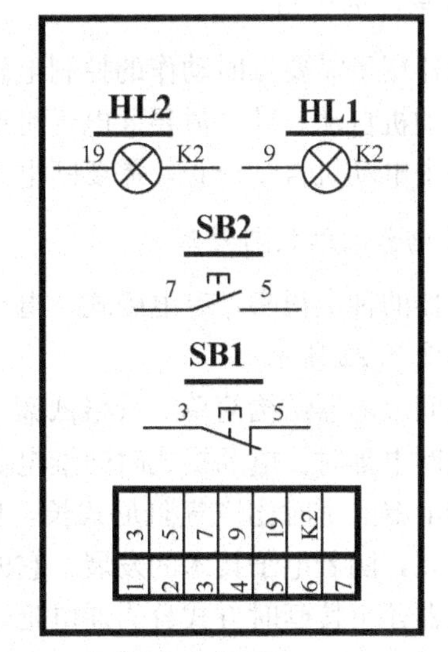

(b) 接线图

图 3.26　操作箱接线图

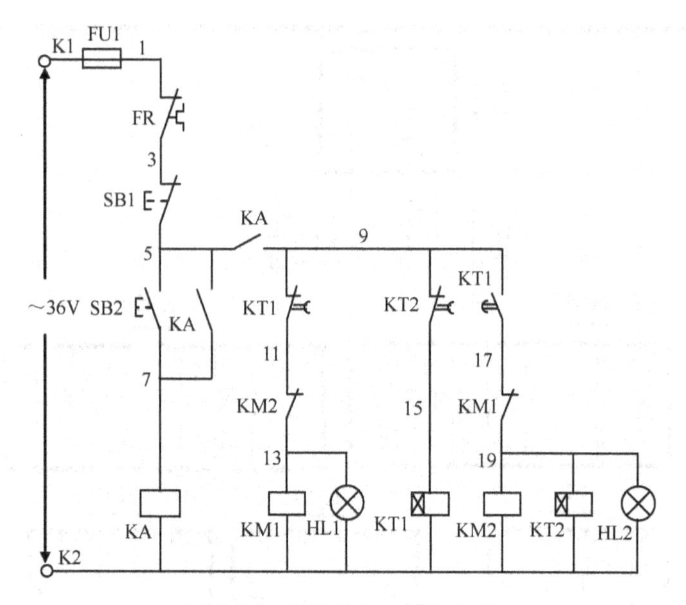

图 3.27　正反转自动循环线路

3.2.3　知识包

3.2.3.1　时间继电器

从得到输入信号(线圈的通电或断电)起，需经过一定的延时后才输出信号(触点的闭合或分断)的继电器被称为时间继电器。

1. 时间继电器的作用

时间继电器用于需要延时动作的控制电路中。例如，一个电动机启动后，经过一定的时间另一个电动机自动启动，需要通电延时型的时间继电器；一个电动机停止后，经过一定的时间另一个电动机自动停止，需要断电延时型的时间继电器。

2. 时间继电器的结构与外形

时间继电器的种类很多，有电磁式、电动机式、空气阻尼式(或称气囊式)和晶体管式等。其外形如图 3.28 所示。

电磁式时间继电器结构简单，价格低廉，但延时较短(如 JT3 型只有 0.3～5.5s)，且只能用于直流断电延时。电动机式时间继电器的延时精确度较高，延时可调范围较大。晶体管式时间继电器的延时比空气阻尼式长，比电动机式短，延时精确度比空气阻尼式好，比电动机式略差，随着电子技术的发展，它的应用日益广泛。

时间继电器还可按延时方式分为通电延时型和断电延时型。

通电延时型时间继电器在其感测部分接受信号后，立即开始延时，一旦延时完毕，又立即通过执行部分输出信号以操纵控制回路。当输入信号消失时，继电器就立即恢复到动作前的状态。

与通电延时型相反，断电延时型时间继电器在其感测部分接受输入信号以后，执行部分立即动作，但当输入信号消失后，继电器必须经过一定的延时，才能恢复到原来(即动

图 3.28　时间继电器外形

作前)的状态，并且有信号输出。

3. 时间继电器的符号

时间继电器的文字符号为 KT，图形符号如图 3.29 所示，旧文字符号为 SJ。

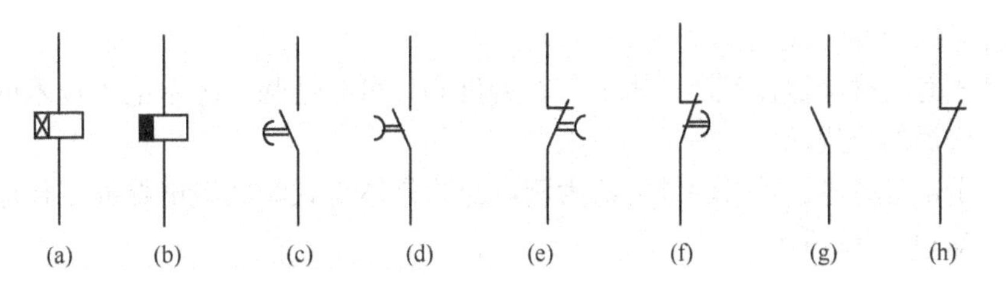

图 3.29　时间继电器图形符号

(a) 通电延时线圈；(b) 断电延时线圈；(c) 通电延时常开触点；(d) 断电延时常开触点
(e) 通电延时常闭触点；(f) 断电延时常闭触点；(g) 瞬动常开触点；(h) 瞬动常闭触点

4. 时间继电器的型号

时间继电器的型号含义如下。

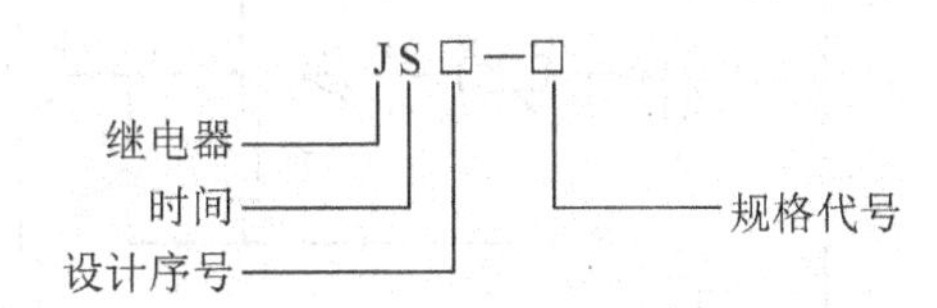

不同型号的时间继电器，其规格代号的含义不同。JS7 系列空气阻尼式时间继电器的型号为 JS7—□A，其中规格代号□有 4 种选择：1——通电延时，无瞬时触点；2——通电延时，有瞬时触点；3——断电延时，无瞬时触点；4——断电延时，有瞬时触点。最后的 A 为改型设计，不是电流的单位安培。所以，它应读英文字母 A，不能读成安。

5. 时间继电器的主要参数

时间继电器的主要参数有额定电压、线圈的额定电压、延时类别、延时时间、触点数

量等，触点的额定电流通常为5A。

6. 常用时间继电器

1）空气阻尼式(气囊式)时间继电器

空气阻尼式时间继电器是利用空气阻尼作用达到延时的目的的。它曾是应用最广泛的一种时间继电器。由电磁系统、触点系统(两个微动开关)、空气室及传动机构等部分组成。这种继电器有通电延时与断电延时两种。其主要技术参数见表3-2。

表3-2　JS7系列空气阻尼式时间继电器技术参数

型号	瞬时动作触点数量		有延时的触点数量				触点额定电压/V	触点额定电流/A	线圈电压范围/V	延时范围/s
			通电延时		断电延时					
	常开	常闭	常开	常闭	常开	常闭				
JS7—1A	—	—	1	1	—	—	380	5	24，36，110，127，220，380，420	0.4～60 0.4～180
JS7—2A	1	1	1	1	—	—				
JS7—3A	—	—	—	—	1	1				
JS7—4A	1	1	—	—	1	1				

2）晶体管式时间继电器

晶体管式时间继电器体积小、寿命长、精度高、可靠性强，随着电子技术的发展正在获得越来越广泛的应用。

下面以JSJ型晶体管式时间继电器为例，介绍晶体管式时间继电器的工作原理，它的电气原理图如图3.30所示。

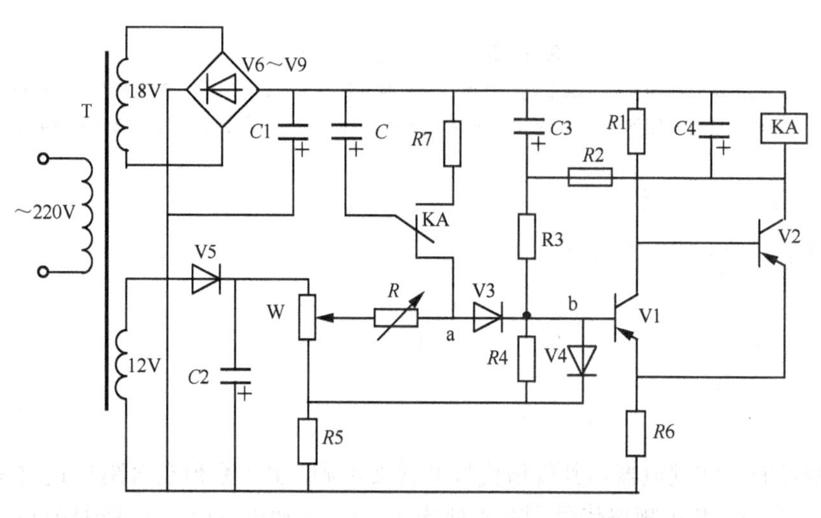

图3.30　JSJ系列晶体管式时间继电器电气原理图

此电路有两个电源，主电源是由变压器二次侧的18V电压经桥式整流电容*C*1滤波而得，辅助电源是由二次侧的12V电压经半波整流、电容*C*2滤波而得。当电源接通时，V1由*R*3、*R*2、KA线圈获得偏流而导通，V2截止。这时继电器KA线圈因通过的电流太小而不动作。同时，电容*C*通过KA的常闭触点、*R*、W充电，a点电位逐渐升高。经过一

段时间后，a点电位高于b点电位，二极管V3导通，辅助电源正电压加在V1基极上，使V1由导通变为截止，V2由$R1$获得偏流而导通，又通过$R2$、V3产生正反馈，使V1加速截止，V2迅速导通，继电器KA动作，通过触点接通或分断控制电路。同时电容C通过$R7$放电，为下次工作做准备。电位器W用来整定延时时间。

这种线路的优点：由于采用了两个电源叠加起来给电容器充电的方式，在相同的延时值下，即在时间常数相同的条件下，电容器的充电电流较大，这就降低了电容器漏电流对延时值的影响，使得制作时不一定要使用价格较贵的钽电容器。缺点：线路比较复杂，使用元件多；由于未采取稳压措施，电源电压的波动对延时的影响较大；由于所用晶体管是锗管，介质温度的变化对延时的影响也比较大；对元件参数要求较高；电容利用率低，只能制作短延时时间继电器。

JSJ系列晶体管式时间继电器的技术参数见表3-3。

表3-3　JSJ系列晶体管式时间继电器技术参数

型　号	电源电压/V	外电路触点			延时范围/s	延时误差
		数　量	交流容量	直流容量		
JSJ—01	DC:24、48、110、 AC:36、110、127、 220、380	1常开 1常闭 转换	380V 0.5A	110V 1A (无感负载)	0.1～1	<±3%
JSJ—10					0.2～10	
JSJ—30					1～30	
JSJ—1					60	
JSJ—2					120	<±6%
JSJ—3					180	
JSJ—4					240	
JSJ—5					300	

除JSJ系列外，晶体管式时间继电器还有JSU、JSB、JS13、JS14和JS20等许多系列。JS20系列时间继电器的特点如下。

(1) 产品品种齐全，从延时方式来看，有通电延时型，也有断电延时型；从触点种类来看，有不带瞬动触点的，也有带瞬动触点的；从安装方式来看，有面板式的，也有装置式的。

(2) 延时时间长，范围广，通电延时型有1s、5s、10s、30s、60s、120s、180s、300s、600s、800s和3 600s共11挡；断电延时型有1s、5s、10s、30s、60s、120s及180s共7挡。

(3) 线路较简单，延时调节方便，温度补偿性能好。

(4) 电容利用率高，可以不用较贵的钽电容器。

(5) 性能较稳定，延时误差较小。

(6) 触点容量较大。

JS20系列各种规格产品的主要技术参数列于表3-4中。

3) 电动机式时间继电器

电动机式时间继电器是由微型同步电动机拖动减速齿轮以获得延时的时间继电器，目

前生产的JS10、JS11型继电器就是根据这种原理制成的产品。

表3-4　JS20系列晶体管式时间继电器基本技术参数

型　号	工作电压/V	延时动作的切换触点对数		瞬时动作的切换触点对数	安装方式	线路形式	延时范围/s
		通电延时	断电延时				
JS20—□/00					装置式		
JS20—□/01		2			面板式		
JS20—□/02					装置式		
JS20—□/03					装置式		
JS20—□/04		1		1	面板式		
JS20—□/05					装置式		0.1～3600
JS20—□/10					装置式		
JS20—□/11	AC:36、110、127、220、380 DC:24、48、110	2			面板式	采用场效应管延时线路	
JS20—□/12					装置式		
JS20—□/13					装置式		
JS20—□/14		1		1	面板式		
JS20—□/15					装置式		
JS20—□D/00					装置式		
JS20—□D/01			2		面板式		0.1～180
JS20—□D/02					装置式		

电动机式延时继电器的延时范围可以做得很宽。以JS11型电动机式延时继电器为例，它按延时长短共有0～8s、0～40s、0～4min、0～20min、0～2h、0～12h和0～72h共7挡，而且延时的整定偏差和重复偏差都比较小，一般不超过最大整定值的±1%。

JS11型电动机式时间继电器主要技术参数见表3-5。

7. 时间继电器的选择

选用时间继电器应满足以下原则。

(1) 根据控制电路对延时触点的要求选择延时方式，即通电延时型或断电延时型。

(2) 根据延时范围、触点数量和精度要求选择时间继电器具体种类和型号。

要求不高的场合，宜采用价格低廉的JS7系列空气阻尼式；要求很高或延时很长可用电动机式；一般情况可考虑晶体管式。

(3) 根据控制电路电压选择吸引线圈的电压或晶体管式时间继电器的工作电压。

表 3-5　JS11 系列电动机式时间继电器技术参数

型　号	额定电压/V	触点额定电流/A	延时范围	触点数量						额定操作频率/(次/h)
				通电延时		断电延时		瞬时动作		
				常开	常闭	常开	常闭	常开	常闭	
JS11—11			0～8s							
JS11—21			0～40s							
JS11—31			0～4min							
JS11—41			0～20min	3	2			1	1	
JS11—51			0～2h							
JS11—61			0～12h							
JS11—71	AC：110，127，220，380		0～72h							
JS11—12		5	0～8s							1200
JS11—22			0～40s							
JS11—32			0～4min							
JS11—42			0～20min			3	2	1	1	
JS11—52			0～2h							
JS11—62			0～12h							
JS11—72			0～72h							

3.2.3.2　中间继电器

中间继电器在结构上类似交流接触器，它由线圈、静铁心、衔铁、触点系统、反作用弹簧和复位弹簧等组成。它是用来转换控制信号的中间器件。它输入的是线圈的通电或断电信号，输出信号为触点的动作。它的触点数量较多，各触点的额定电流相同，多数为5A，小型的为3A。输入一个信号(线圈通电或断电)时，较多的触点动作，所以可以用来增加控制电路中信号的数量，用途十分广泛。

中间继电器的文字符号为KA，旧文字符号为ZJ(“中继”的第一个字母)，图形符号如图3.31所示。

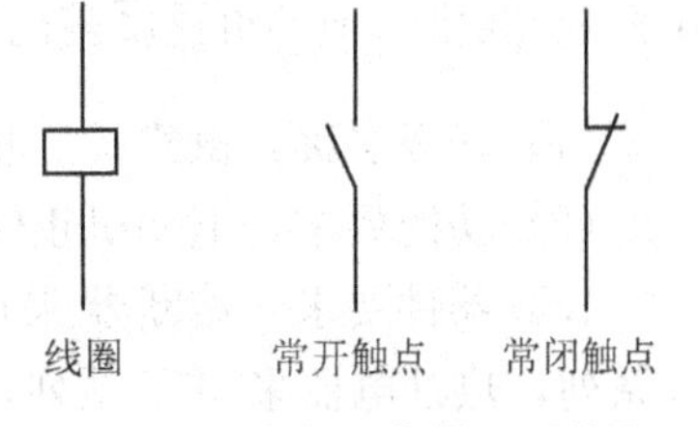

图 3.31　中间继电器图形符号

中间继电器的型号含义如下。

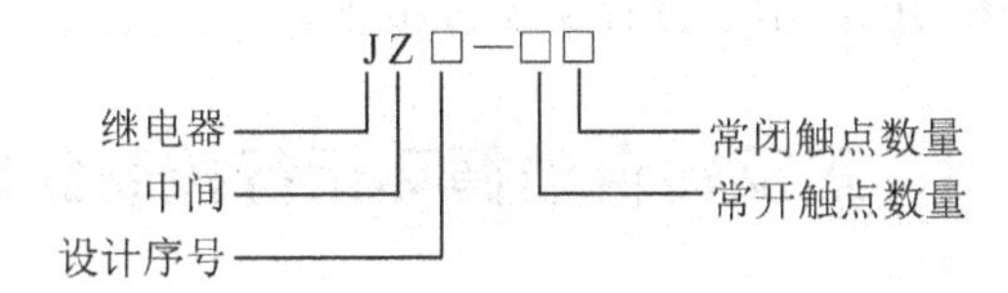

常用的中间继电器有JZ7和JZ8系列，还有小型的JZ11、JZ12和JZ13等系列。

JZ7系列中间继电器触点共有8对，没有主辅之分，可以组成4对常开、4对常闭，6对常开、2对常闭或8对常开共3种形式。JZ7系列中间继电器的技术参数见表3-6。

JZ8系列为交直流两用的中间继电器。其线圈电压有交流110V、127V、220V、380V和直流12V、24V、48V、110V、220V。触点有6对常开、2对常闭，4对常开、4对常闭和2对常开、6对常闭等。如果把触点簧片反装，便可使常开与常闭触点相互转换。

表 3-6　JZ7 系列中间继电器技术参数

型　号	触点额定电压/V		触点额定电流/A	触点数量		额定操作频率/(次/h)	吸引线圈电压/V		吸引线圈消耗功率/VA	
	直流	交流		常开	常闭		50Hz	60Hz	启动	吸持
JZ7—44	440	500	5	4	4	1200	12,24,36,48,110,127,220,380,420,440,500	12,36,110,127,220,380,440	75	12
JZ7—62	440	500	5	6	2	1200			75	12
JZ7—80	440	500	5	8	0	1200			75	12

JZ11 系列中间继电器采用直动螺管式电磁系统。从结构布置来看，铁心和线圈在中央、两侧各设 4 对触点，常开或常闭可由用户自行决定并组合。电磁系统有直流与交流两种，但其基本结构一样，仅线圈和铁心不同而已。除此之外，还有带保持线圈和带电磁复位线圈的产品，它们的型号为 JZ11—S 和 JZ11—P。前者当继电器释放后，借保持线圈吸住衔铁，以加强继电器耐冲击及振动的性能；后者在吸引线圈断电后借一锁扣装置将衔铁保持在闭合位置上，只有输入脱扣信号使复位线圈通电后方能释放衔铁，使继电器复位。

这种中间继电器按电压区分有交流 110V、127V、220V 及 380V，直流 12V、24V、48V、110V 及 220V 共 9 种规格。按触点组合有 6 常开、2 常闭，4 常开、4 常闭及 2 常开、6 常闭共 3 种规格，JZ11—P 的产品还可做成 8 常开的。触点的额定工作电流为 5A。操作频率至 2000 次/h。继电器的机械寿命不低于 1000 万次。触点的电寿命为 100 万次。

JZ12 系列中间继电器只用于吸引线圈为直流励磁的场合，其工作电压为 24V、48V 及 110V 共 3 种。触点有 3 常开、3 常闭的转换式触点。

中间继电器的选择原则为：线圈的电压或电流应满足电路的要求，触点的数量与容量(即额定电压和额定电流)应满足被控制电路的要求，还应注意电源是交流的还是直流的。

3.2.4　实训　电动机正反转自动循环控制线路安装与调试

(1) 任务名称：鼠笼式三相异步电动机正反转自动循环控制线路的安装与调试。

(2) 功能要求：电动机正转 5min，反转 5min，然后循环。

(3) 器件要求：熔断器采用 RL1 系列，自动开关采用 C45 系列，交流接触器采用 B 系列，热继电器采用 T 系列，时间继电器采用 JS20 系列，按钮采用 LAY3 系列，信号灯采用 XD13 系列。

(4) 任务提交：现场功能演示，并提交实训报告。

任务 3.3　正反转自动循环运行控制线路(二)

3.3.1　任务书

(1) 任务名称：鼠笼式三相异步电动机正反转自动循环控制线路。

(2) 功能要求：鼠笼式三相异步电动机正反转自动循环运行，如要求正转 30s，停 10s，反转 20s，停 5s，然后从正转开始重新循环。

(3) 任务提交：现场功能演示，并提交相应的设计文件，回答相关的问题。

3.3.2　任务指导

3.3.2.1　控制线路

满足控制要求的正反转自动循环控制线路的主电路如图 3.32 所示，控制电路如图 3.33 所示。其中时间继电器 KT1～KT4 均为通电延时型，且带瞬动触点，KT1 的延时时间调整为 30s，KT2 的延时时间调整为 10s。KT3 的延时时间调整为 20s，KT4 的延时时间调整为 5s。

由于图形较复杂，因此为了识图方便，在此使用了识图坐标，同时加控制电源开关和控制电源信号灯。

在图 3.33 所示电路中，KT1～KT4 为时间继电器，且有延时触点和瞬动触点。如果选定的时间继电器 KT1～KT4 没有瞬动触点，则可以加中间继电器，控制线路如图 3.34 所示。图 3.34 中中间继电器 KA1～KA4 的线圈分别与 KT1～KT4 的线圈并联，用 KA1～KA4 的触点替代了 KT1～KT4 的瞬动触点。

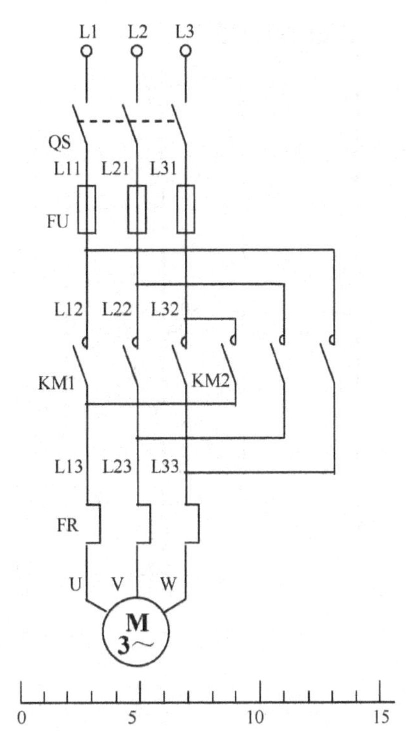

图 3.32　正反转自动循环控制线路的主电路

图 3.35 是完成该功能的另一控制线路，读者还可以设计其他控制线路。

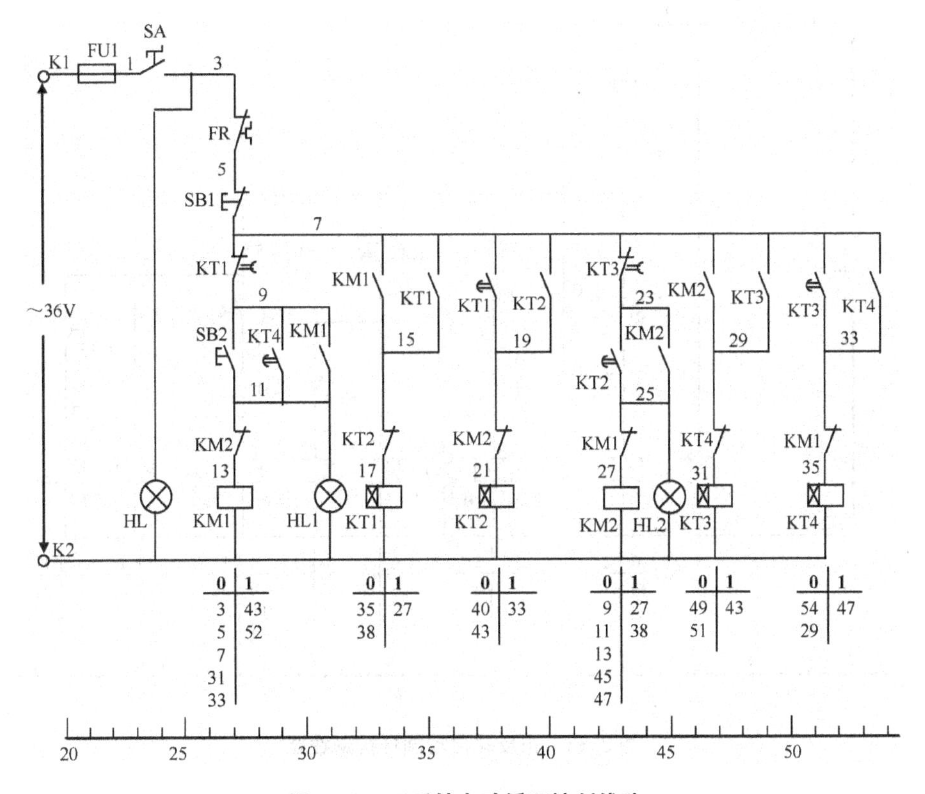

图 3.33　正反转自动循环控制线路

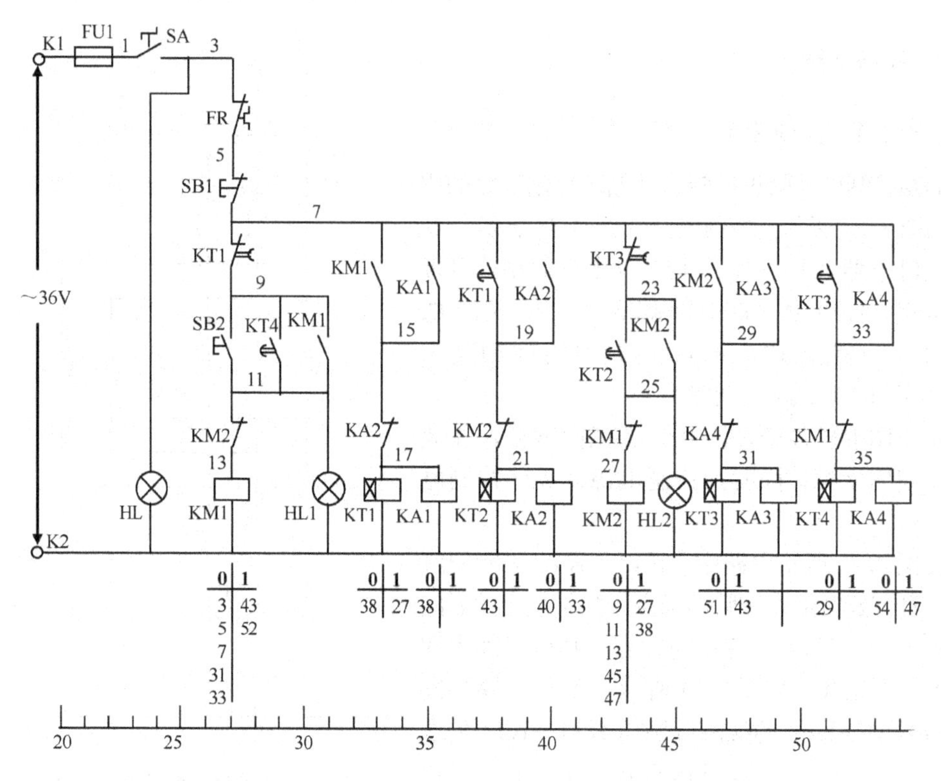

图 3.34 正反转自动循环控制线路(加中间继电器)

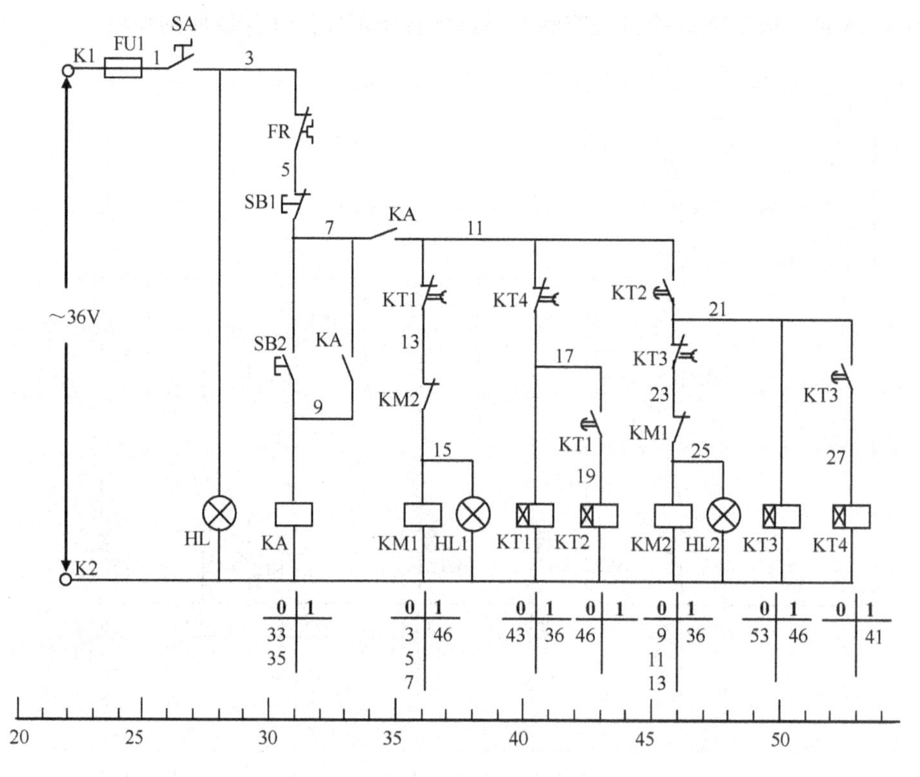

图 3.35 正反转自动循环控制线路

3.3.2.2 控制线路分析

以图 3.33 为例分析控制过程，图 3.34 所示的控制过程与图 3.33 所示的控制过程基本相同，读者可以自行分析。

合上开关 QS 和控制电源 SA，控制电源信号灯 HL 亮。

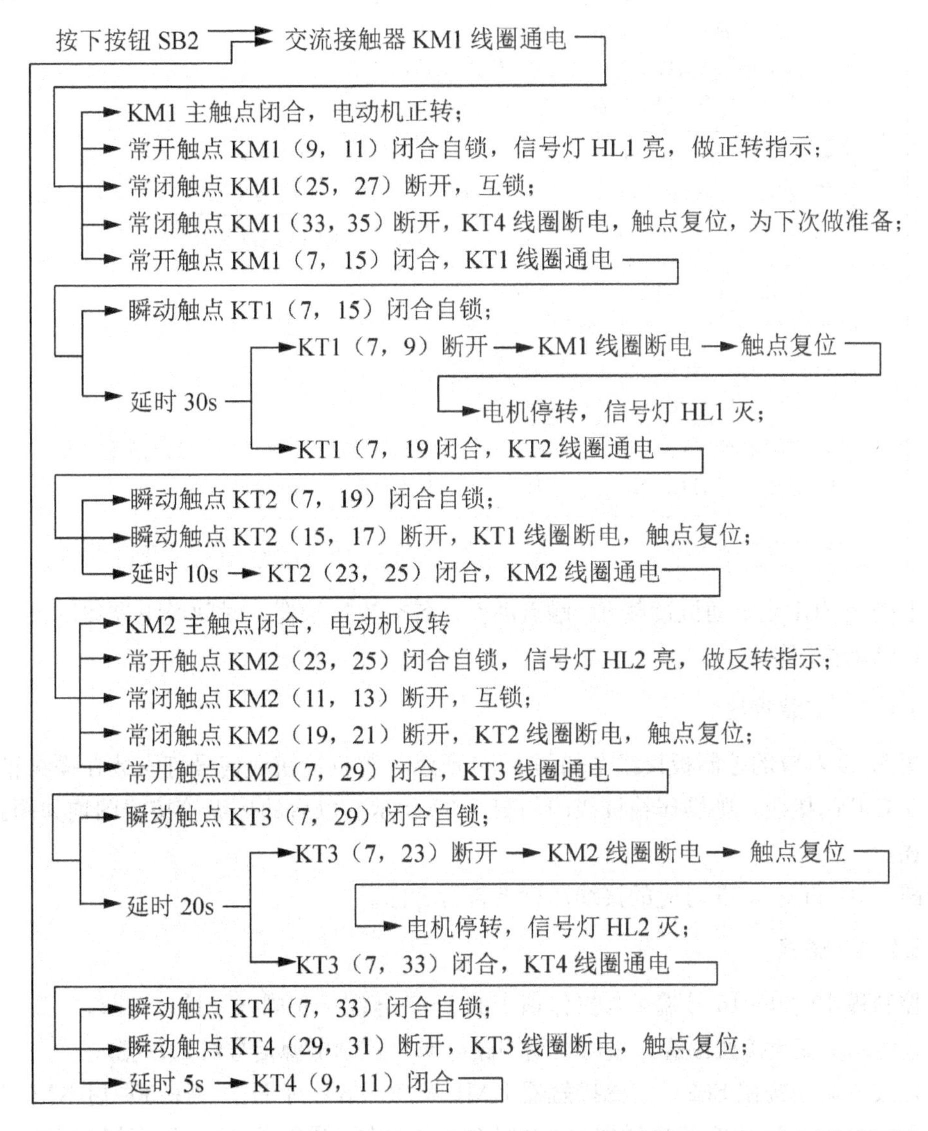

按下按钮 SB1 或电动机过载 FR 触点动作，各交流接触器、时间继电器线圈失电，触点复位，电动机停转。

图 3.35 的控制过程如下。

合上开关 QS 和控制电源 SA，控制电源信号灯 HL 亮。

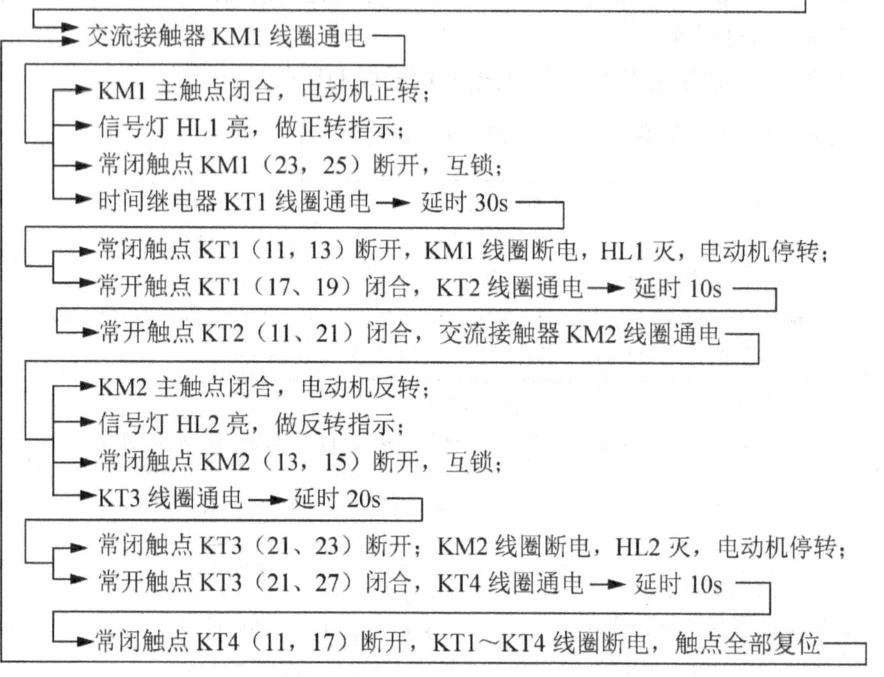

按下按钮SB1或电动机过载FR触点动作，各交流接触器、时间继电器线圈失电，触点复位，电动机停转。

3.3.2.3 安装接线

与图3.33对应的控制板接线图如图3.36所示，若将按钮和信号灯安装在操纵箱的前门上，左右开门接线，则操作箱接线图如图3.37所示。以后的操纵箱接线图均如图画出，不再赘述。

与图3.34和图3.35对应的接线图读者自行考虑。

3.3.2.4 调试

将控制板中的9～16号端子与操作箱中的1～8号端子相同线号接在一起。

（1）将SA旋至接通位置，接通控制回路电源，控制电源信号灯HL亮。

（2）按下启动按钮SB2，交流接触器KM1吸合，信号灯HL1亮；30s后KM1释放，信号灯HL1灭；10s后交流接触器KM2吸合，信号灯HL2亮；20s后KM2释放，信号灯HL2灭；5s后KM1重新吸合，信号灯HL1亮，重复上述过程。

（3）无论何时，按下停止按钮SB1都可以停止。

（4）合上自动开关QS，接通主电路电源，重复步骤2，电动机应正转30s，停10s，然后反转20s，停5s，依次循环。无论何时，按下停止按钮SB1都可以停止。

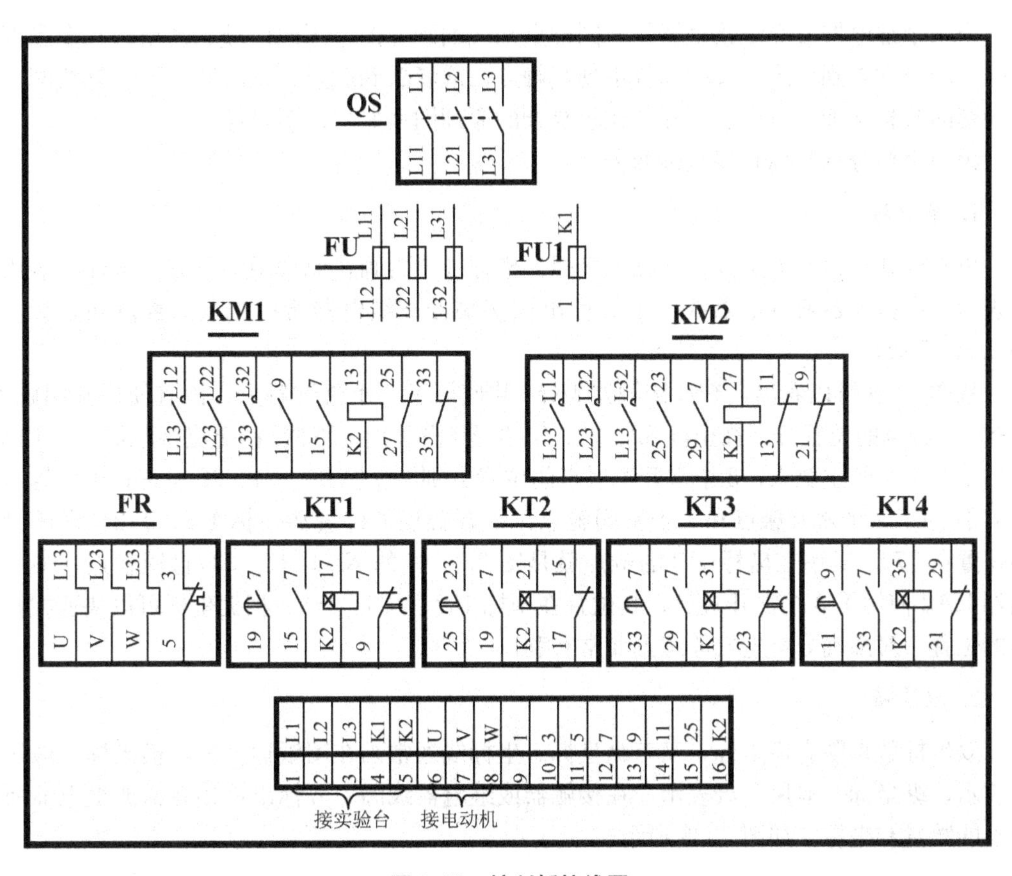

图 3.36　控制板接线图

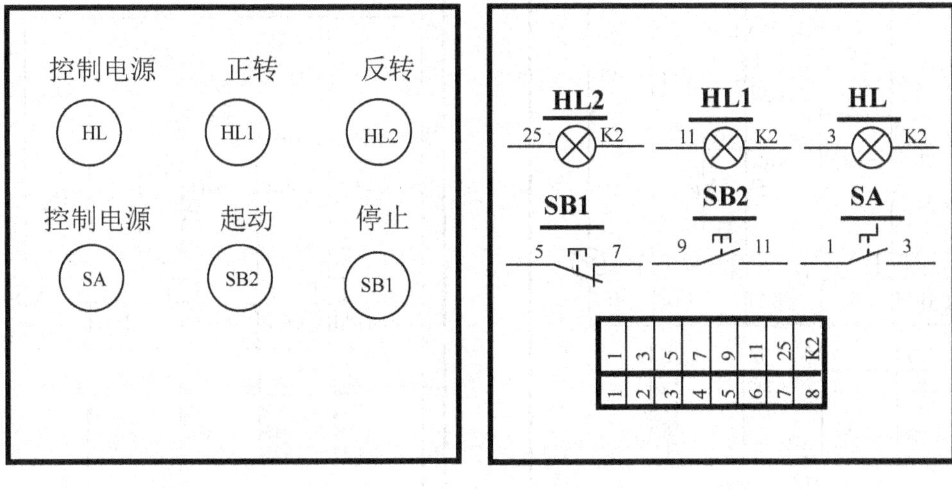

（a）元器件布置图　　（b）接线图

图 3.37　操作箱接线图

3.3.3　知识包　识图坐标

当低压电器控制线路比较复杂时，画出的电气原理图幅面较大，或者有多张电气原理

图。当一个继电器或交流接触器的不同触点和线圈画在图中不同区域，甚至画在多张图纸上时，会经常看到线圈，长时间找不到其触点，或者看到触点，长时间找不到其线圈，给原理图的分析增加了难度。为此，比较复杂的原理图最好加识图坐标。

识图坐标分单坐标和双坐标两种。

1. 单坐标

单坐标就是只有横坐标，没有纵坐标。坐标线通常画在原理图的下方，坐标一般用数字表示。在接触器或继电器线圈下方标出该接触器或继电器所用触点的数量和坐标，如图 3.38 所示。

从图 3.38 可以看出，交流接触器 1KM 共使用了 3 个常开触点，没有使用常闭触点，3 个常开触点的位置分别在坐标 82、83、84 位置(没画出，下同)；交流接触器 2KM 也只使用了 3 个常开主触点，3 个常开主触点的位置分别在坐标 90、91、92 位置；中间继电器 KA1 使用了 2 个常开触点和 1 个常闭触点，常开触点的位置在坐标 112、172，常闭触点的位置在 172，其中在坐标 112 的触点就是图 3.38 中的 KA1(31，33)自锁触点；中间继电器 KA2 使用了 3 个常开触点，其位置在坐标 153、175、185。根据坐标可以快速找到触点的位置，对准确分析电气原理图非常有利。

2. 双坐标

双坐标就是既有横坐标，又有纵坐标。坐标线通常画在图纸边框内，横坐标一般用数字表示，纵坐标一般用字母表示，在接触器或继电器线圈下方标出该接触器或继电器所用触点的数量和坐标，如图 3.39 所示。

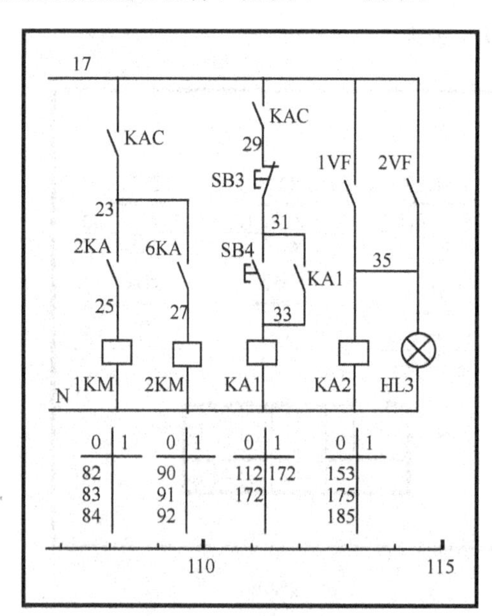

图 3.38　单坐标

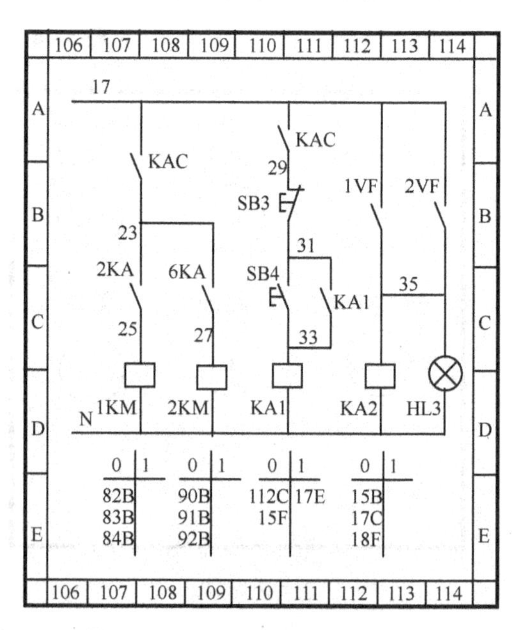

图 3.39　双坐标

从图 3.39 可以看出，交流接触器 1KM 只使用了 3 个常开触点，其位置分别在坐标 82B、83B、84B；交流接触器 2KM 也只使用了 3 个常开触点，3 个常开触点的位置分别在坐标 90B、91B、92B；中间继电器 KA1 使用了 2 个常开触点和 1 个常闭触点，常开触点

的位置在坐标112C、15F，常闭触点的位置在坐标17E，其中在112C的触点就是图3.39中的KA1(31，33)自锁触点，112C就是横坐标112与纵坐标C的交叉位置；中间继电器KA2使用了3个常开触点，其位置在坐标15B、17C、18F。

不同张的图纸，可以只改变横坐标，也可以只改变纵坐标，还可以纵、横坐标同时改变。通常情况下，纵坐标不变，横坐标不同。

由于字母“O”容易与数字“0”混淆，字母“I”容易与数字“1”混淆，一般不用字母“O”和“I”，特别在手工绘图时最好不要使用。

本任务的图3.32～图3.35使用了单坐标。

3.3.4 实训 电动机正反转自动循环控制线路安装与调试

(1) 任务名称：鼠笼式三相异步电动机正反转自动循环控制线路的安装与调试。

(2) 功能要求：电动机正转60s，停10s，反转60s，停10s，然后循环。电动机功率为3kW。

(3) 器件要求：自选。

(4) 任务提交：现场功能演示，并提交实训报告。

任务3.4 小车自动往返控制线路

3.4.1 任务书

(1) 任务名称：小车自动往返控制线路的安装与调试。

(2) 功能要求：按下启动按钮SB2，电动机正转，小车右行，碰到行程开关SQ2时，小车停止；电动机自动改为反转，小车左行，碰到行程开关SQ1时，小车停止；电动机自动改为正转，依次循环。按下停车按钮SB1停止。用按钮模拟行程开关进行模拟操作。

扩展要求：

① 在小车压下行程开关时，按下停车按钮SB1也立即停止运行；

② 不管小车处在什么位置，按下停车按钮SB1后，必须在小车运行到压下行程开关SQ1时再停止运行；

③ 小车压下行程开关后，延时再反转。

(3) 任务提交：现场功能演示，并提交相应的设计文件，回答相关的问题。

3.4.2 任务指导

小车自动往返的示意图如图3.40所示。小车的工作过程：按下启动按钮SB2，电动机正转，小车前进，碰到行程开关SQ2时，小车停止；电动机自动改为反转，小车后退，碰到行程开关SQ1时，小车停止；电动机自动改为正转，依次循环。按下停车按钮停止运行。

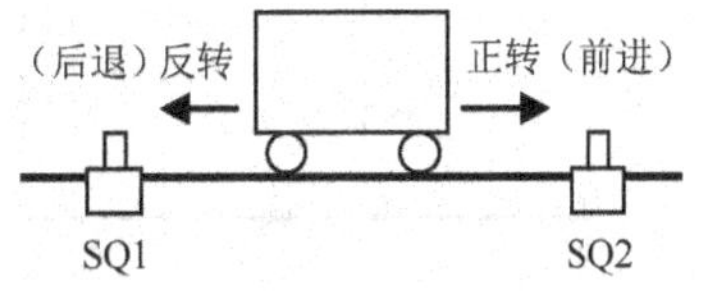

图3.40 小车自动往返示意图

3.4.2.1 控制线路

小车自动往返控制线路也是三相异步电动机的正反转控制，但正反转不是靠人工切换，也不是用时间继电

器自动切换，而是在小车碰到行程开关后自动切换。其主电路与图 3.32 相同，控制电路如图 3.41 所示。

线路的工作过程如下。

合上开关 QS 并接通控制电源。

按下启动按钮 SB2，交流接触器 KM1 线圈通电并自锁，其主触点闭合，电动机正转，小车右行，信号灯 HL1 亮；当小车移动到压下行程开关 SQ2 时，首先 SQ2(7，9)常闭触点断开，KM1 线圈断电，主触点断开，电动机失电，信号灯 HL1 灭，然后 SQ2(5，13)常开触点闭合，交流接触器 KM2 线圈通电并自锁，其主触点闭合，电动机反转，小车左行，信号灯 HL2 亮，左行后 SQ2 复位；当小车移动到压下行程开关 SQ1 时，首先 SQ1(13，15)常闭触点断开，KM2 线圈断电，主触点断开，电动机失电，信号灯 HL2 灭，然后 SQ1(5，7)常开触点闭合，交流接触器 KM1 线圈通电并自锁，其主触点闭合，电动机正转，小车右行，信号灯 HL1 亮，右行后 SQ1 复位；然后重新压下 SQ2，重复上述过程。

按下停车按钮 SB1，交流接触器 KM1 或 KM2 线圈失电，各触点复位，电动机停转。重新启动后从右行开始。

在图 3.41 所示的电路中，若正好在小车压下行程开关时按下停车按钮，则松开停车按钮后小车会自动重新运行。如果在小车压下行程开关时突然停电，恢复供电时也会自动重新运行，这在通常情况下是不希望的。如果在小车压下行程开关时按下停车按钮或突然停电不需要自动运行，则控制线路修改为图 3.42 所示的电路。

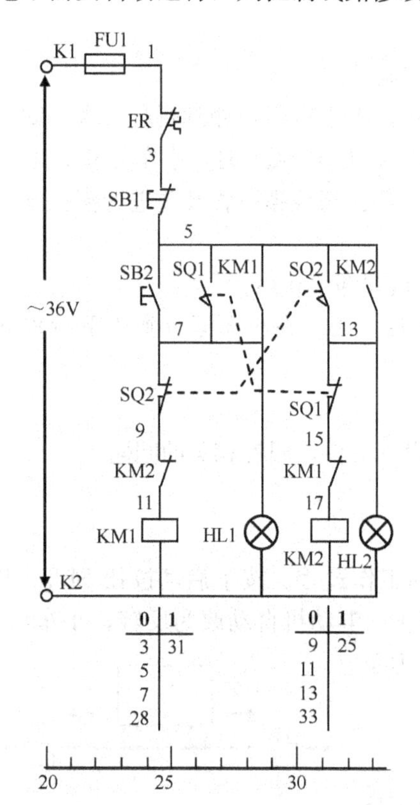

图 3.41　小车自动往返控制线路

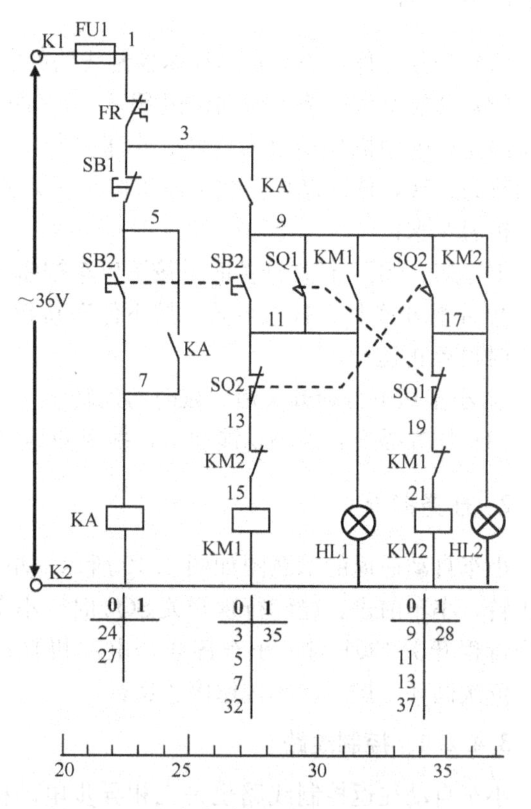

图 3.42　小车自动往返控制线路(修改后)

图 3.42 中增加了中间继电器 KA，按下启动按钮 SB2 后，KA 线圈通电并自锁，KA(3，9)闭合，接通后面的控制电路。按下停止按钮 SB1 后，KA 线圈失电，KA(3，9)断开，切断了后面的控制线路。

小车在压下行程开关时，首先进行的是反接制动，制动电流较大。为减小电流，常常在小车压下行程开关后经过一段时间才能反向运行，则应在控制电路中增加时间继电器 KT1 和 KT2，其控制线路如图 3.43 所示。

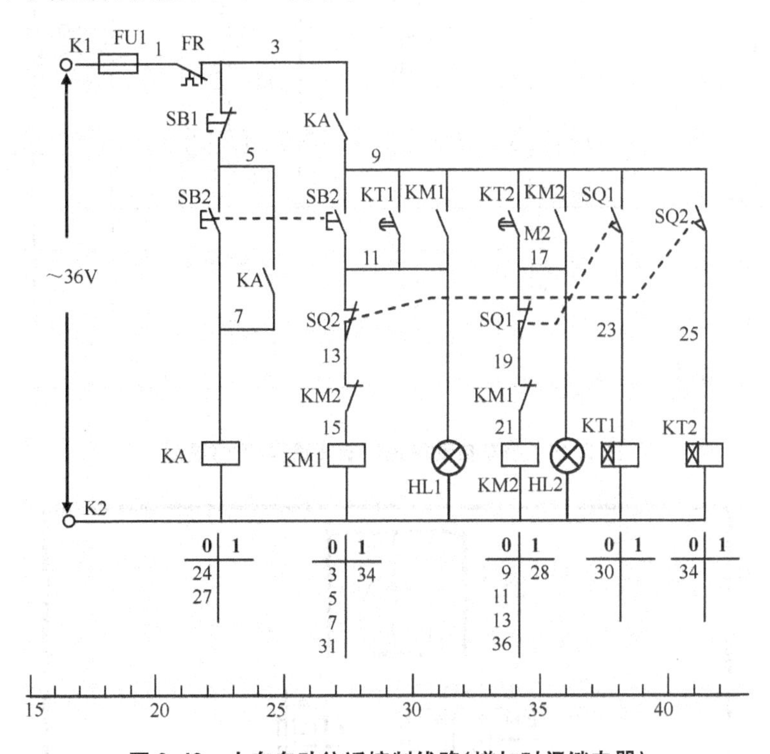

图 3.43 小车自动往返控制线路(增加时间继电器)

有时要求按下停车按钮，不管小车处于什么位置，都必须在小车回到左边压下行程开关 SQ1 时再停车，则图 3.42 所示的控制电路修改为图 3.44 所示的电路。

按下停车按钮 SB1，中间继电器 KA2 线圈通电，常开触点 KA2(9，23)闭合自锁，并为中间继电器 KA3 线圈通电做准备；当小车移动到压下行程开关 SQ1 时，SQ1(23，25)闭合，KA3 线圈通电，常闭触点 KA3(3，5)断开，控制线路所有线圈断电，触点复位，小车停止运行。

3.4.2.2 安装接线

图 3.42 所示的控制线路的控制板接线图如图 3.45 所示，操作箱安装接线图如图 3.46 所示。其他控制线路的安装接线图读者可自行完成。

3.4.2.3 调试

如果有小车自动往返实验设备，则按图 3.45 接入电动机、三相电源、控制电源，并将 9～15 号端子与操作箱的对应线号相接，同时将行程开关 SQ1、SQ2 接入端子的对应线号。

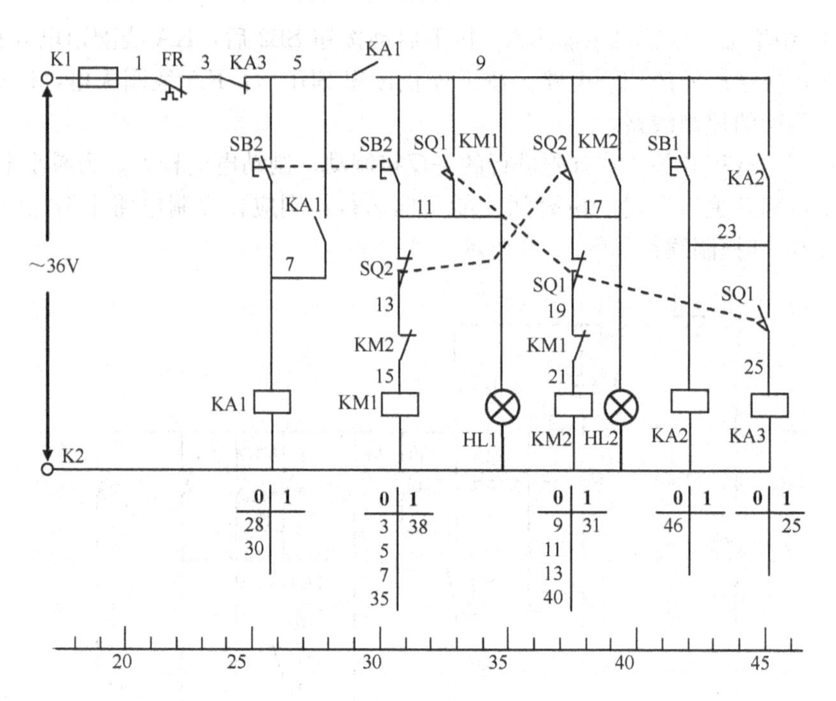

图 3.44　小车自动往返控制线路(再次修改后)

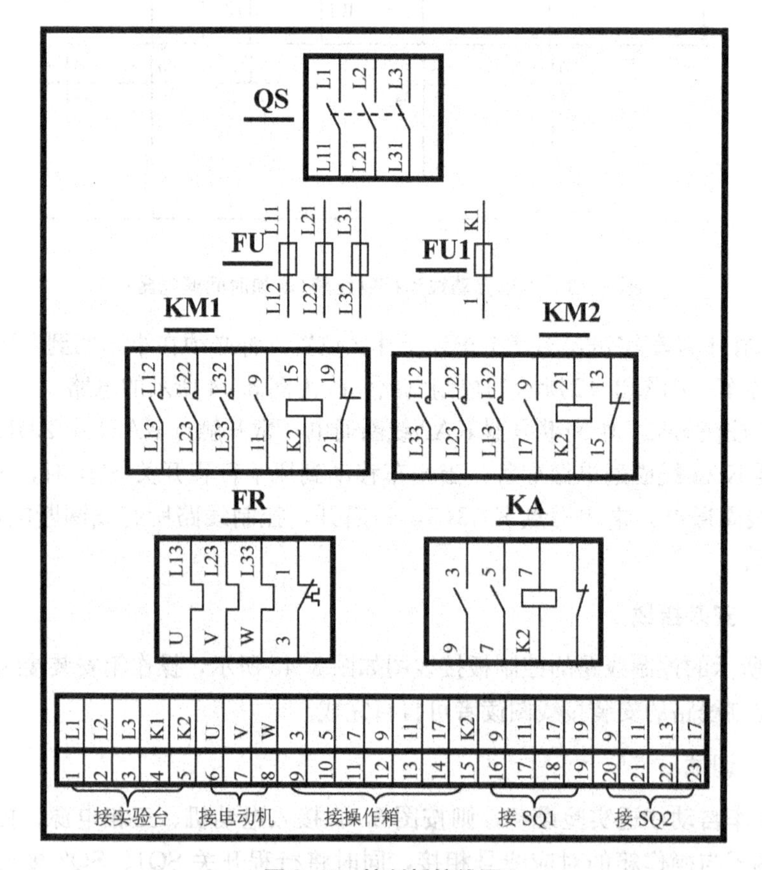

图 3.45　控制板接线图

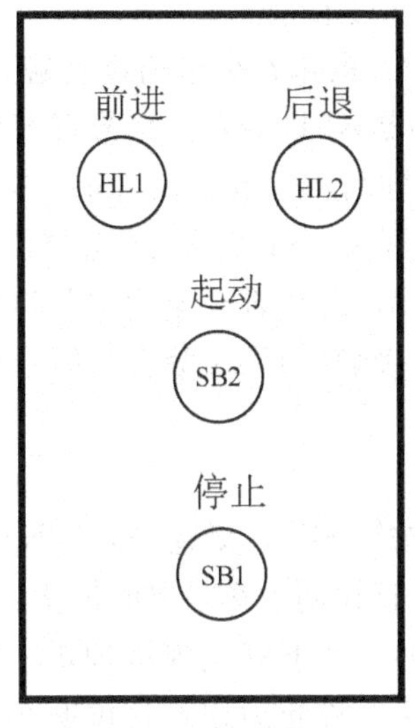

(a) 元器件布置图

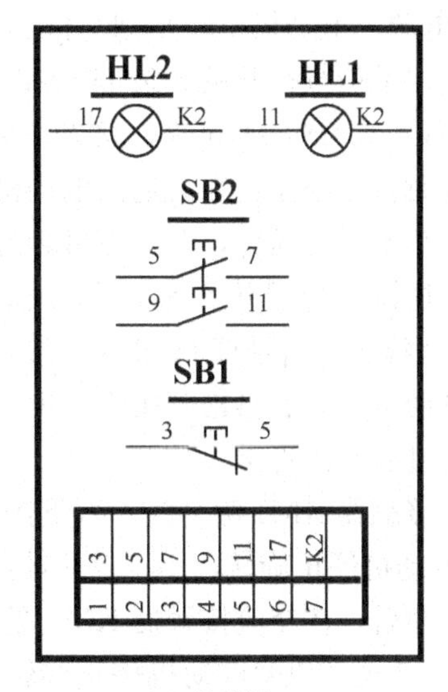

(b) 接线图

图 3.46　操作箱安装接线图

(1) 送入三相电源和控制电源。

(2) 合上开关 QS。

(3) 按下按钮 SB2，接触器 KM1 吸合，信号灯 HL1 亮，小车前进。

(4) 小车前进碰到行程开关 SQ2 时，接触器 KM1 释放，信号灯 HL1 灭，小车停止。接着，接触器 KM2 吸合，信号灯 HL2 亮，小车后退。

(5) 小车后退碰到行程开关 SQ1 时，接触器 KM2 释放，信号灯 HL2 灭，小车停止。接着，接触器 KM1 吸合，信号灯 HL1 亮，小车前进。依次循环。

(6) 在小车没有碰到行程开关时，按下按钮 SB1，小车停止，信号灯灭，交流接触器释放。

(7) 重新启动后，在小车压下行程开关 SQ2 时，按下按钮 SB1，小车不再后退；按下按钮 SB2 重新启动后小车后退。

(8) 在小车压下行程开关 SQ1 时，按下按钮 SB1，小车不再前进；按下按钮 SB2 重新启动后小车前进。

这说明主电路和控制电路工作正常。

3.4.2.4　"模拟"实验

上面讲的安装接线及调试方法是针对实际工作过程进行的，而在实验室不一定具有小车自动往返设备。在没有小车自动往返设备的情况下就需要进行"模拟"实验。

所谓"模拟"实验，是在实验室有限的条件下，调试实际的设备，这是实际工作中常用的方法，任何控制线路都不可能开始就在工作现场调试。

在小车自动往返控制线路中，可以用两个一般按钮替代行程开关进行模拟实验。用按钮 1SB 替代行程开关 SQ1，用按钮 2SB 替代行程开关 SQ2，模拟实验方法如下。

(1) 接通控制电路电源；

(2) 按下启动按钮 SB2，接触器 KM1 吸合，信号灯 HL1 亮，电动机应该正向旋转

(没接通主电路电源，电动机不转)，此时认为小车正在前进。

(3) 用手按住模拟行程开关 SQ2 的按钮 2SB，意味着小车前进到碰到行程开关 SQ2，接触器 KM1 释放，信号灯 HL1 灭。接着，接触器 KM2 吸合，信号灯 HL2 亮，电动机应该反向旋转，此时认为小车正在后退。电动机反向后再松开按钮 2SB，这是因为实际工作过程中，只要小车不反向运行，会一直碰着行程开关，行程开关不会复位。

(4) 用手按住模拟行程开关 SQ1 的按钮 1SB，意味着小车后退到碰到行程开关 SQ1 时，接触器 KM2 释放，信号灯 HL2 灭。接着，接触器 KM1 吸合，信号灯 HL1 亮，电动机正向旋转。电动机反向后再松开按钮 2SB。

这说明循环过程工作正常。

(5) 在交流接触器 KM1 吸合时，按下停止按钮 SB1，交流接触器 KM1 释放，信号灯 HL1 灭，说明电动机停止旋转，小车停止前进，这说明小车前进时停止工作正常。

(6) 重新启动后，在交流接触器 KM2 吸合时，按下停止按钮 SB1，交流接触器 KM2 释放，信号灯 HL2 灭，说明电动机停止旋转，小车停止后退，这说明小车后退时停止工作正常。

(7) 重新启动后，在交流接触器 KM1 吸合(前进)时，用手按住按钮 2SB，同时按下停止按钮 SB1，交流接触器 KM1 释放，信号灯 HL1 灭。松开按钮 SB1，交流接触器 KM1 不吸合，信号灯 HL1 不亮。这说明在小车压下行程开关 SQ2 时停止符合要求。

(8) 重新启动后，在交流接触器 KM2 吸合(后退)时，用手按住按钮 1SB，同时按下停止按钮 SB1，交流接触器 KM2 释放，信号灯 HL2 灭。松开按钮 SB1，交流接触器 KM2 不吸合，信号灯 HL2 不亮。这说明在小车压下行程开关 SQ1 时停止符合要求。

以上说明控制电路工作正常。

(9) 合上开关 QS，送入三相电源，重复步骤(2)、(3)，在交流接触器 KM1 吸合时，电动机旋转，在交流接触器 KM2 吸合时，电动机反向旋转，这说明主电路工作正常。

现在“模拟”实验过程结束，如果在实际工作现场小车运行不正常，一般为机械的原因，与电气控制线路无关。

3.4.3 知识包 行程开关

3.4.3.1 行程开关的作用

行程开关主要用于检测工作机械的位置，发出命令以控制其运动方向或行程，又称限位开关或位置开关。

行程开关的工作原理和按钮相同，区别在于它不是靠手的按压，而是利用生产机械运动部件的挡铁碰压而使触点动作。在电力拖动系统中，有时希望能按照生产机械部件位置的变化而改变电动机的工作情况。例如，有的运动部件，当它们移到某一位置时，往往要求能自动停止、反向或改变移动速度等，此时可以利用行程开关来达到这些要求。当生产机械的部件运动到某一位置时，与它连接在一起的挡铁碰压行程开关，将机械信号变换为电信号，对控制电路发出接通/断开或变换某些控制电路的指令，以达到一定的控制要求。

3.4.3.2　行程开关的外形

常用行程开关的外形如图3.47所示。

常用的行程开关有LX19、LXW5、LXK3、LX32、LX33等系列。新型3SE3系列行程开关的额定工作电压为500V，额定电流为10A，其机械、电寿命比常见的行程开关更长。

3.4.3.3　行程开关的符号

行程开关的文字符号为SQ，旧文字符号为XK。图形符号如图3.48所示。

图3.47　行程开关外形　　　图3.48　行程开关的图形符号

3.4.3.4　行程开关的型号

现以JLXK1系列和LX19系列行程开关为例说明行程开关的型号含义。

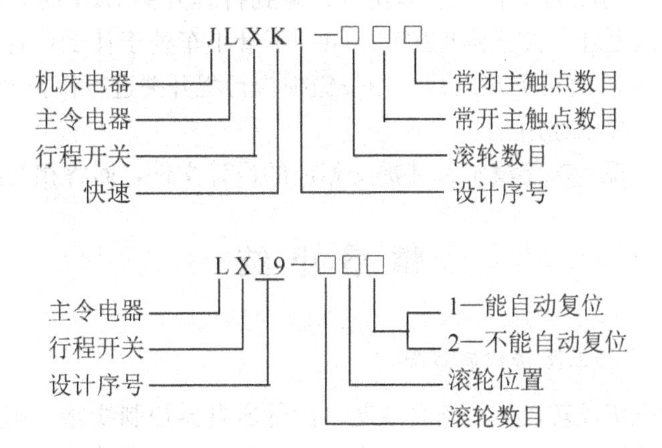

3.4.3.5　行程开关的主要参数

行程开关主要参数有额定电压、额定电流、触点数量等，这些与按钮差不多。除此以外，其结构形式是选用的主要依据。LX19系列行程开关的技术参数见表3-7。

表3-7 LX19系列行程开关技术参数

型　号	结构特点	额定电压	额定电流	触点对数	
				常开	常闭
LX19K	元件，直动式	380V	5A	1	1
LX19—111	传动杆内侧装有单滚轮，能自动复位				
LX19—121	传动杆外侧装有单滚轮，能自动复位				
LX19—131	传动杆凹槽内装有单滚轮，能自动复位				
LX19—212	传动杆为U形，内侧装有双滚轮，不能自动复位				
LX19—222	传动杆为U形，外侧装有双滚轮，不能自动复位				
LX19—232	传动杆为U形，内、外侧均装有双滚轮，不能自动复位				
LX19—001	直动式，能自动复位				

3.4.3.6 行程开关的选用原则

(1) 行程开关的结构形式应满足机械要求。

(2) 额定工作电压、额定工作电流(含电流种类)等电气参数应满足控制电路的电气要求。

(3) 触点类型、触点数目及其组合形式等应满足控制电路的控制功能要求。

3.4.4 实训　小车自动往返控制线路

(1) 任务名称：小车自动往返控制线路的安装与调试。

(2) 功能要求：按下启动按钮SB2，电动机正转，小车右行，碰到行程开关SQ2时，小车停止；电动机自动改为反转，小车左行，碰到行程开关SQ1时，小车停止；电动机自动改为正转，依次循环。按下停车按钮SB1，不管小车处于什么位置，都必须在小车运行到压下行程开关SQ2时再停止运行。用按钮模拟行程开关进行模拟操作。

(3) 器件要求：自己选用。

(4) 任务提交：现场功能演示，并提交相应的设计文件，回答相关的问题。

情景小结

1. 三相异步电动机正反转控制线路

三相异步电动机正反转控制线路是最基本的低压电器控制线路，用途十分广泛，分为交流接触器联锁、按钮联锁、交流接触器和按钮双重联锁、自动循环等多种控制方式。

2. 绘制电气原理图通常遵循的原则

(1) 主电路和控制电路分别画出。

(2) 电气原理图中同一器件的线圈和各触点可以不画在一起，但必须标注相同的文字符号。

（3）交流接触器、中间继电器、时间继电器等电磁式电器的触点都应画线圈未通电的状态；按钮、行程开关应画没有受力时的触点状态；主令控制器应画手柄置于“零点”的触点状态；开关画分断状态。

（4）电气原理图较复杂时应加识图坐标。

3. 安装接线图的绘制

绘制安装接线图时，应考虑柜体设计、器件的几何尺寸、接线方式、线径大小等多种因素，接线端子非常重要。

4. 中间继电器

中间继电器是用来转换控制信号的中间器件，其文字符号为KA，图形符号如下。

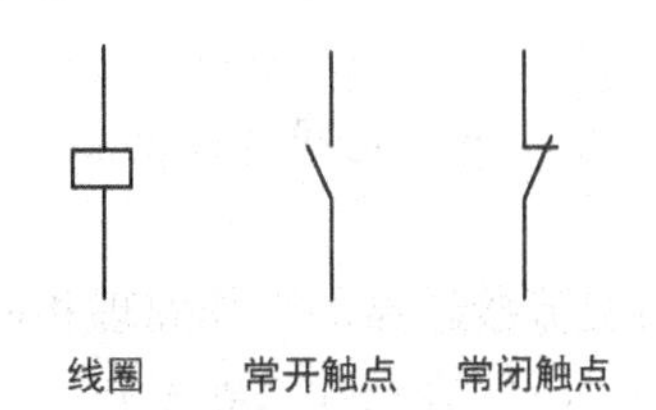

中间继电器的选择原则：线圈的电压或电流应满足电路的要求，触点的数量与容量(即额定电压和额定电流)应满足被控制电路的要求，也应注意电源是交流的还是直流的。

5. 时间继电器

时间继电器用于需要延时动作的控制电路，时间继电器的文字符号为KT，图形符号如下。

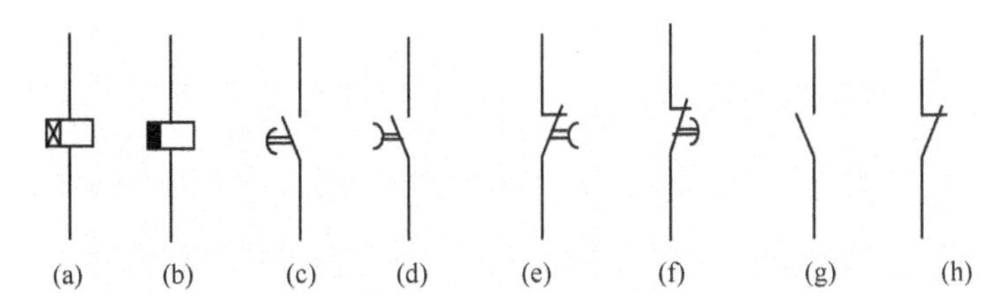

其中：(a)通电延时线圈；(b)断电延时线圈；(c)通电延时常开触点；(d)断电延时常开触点；(e)通电延时常闭触点；(f)断电延时常闭触点；(g)瞬动常开触点；(h)瞬动常闭触点。

时间继电器的主要参数有额定电压、线圈的额定电压、延时类别、延时时间、触点数量等，触点的额定电流通常为5A。

时间继电器的选择主要考虑延时方式、延时范围、触点数量、线圈电压等。

6. 行程开关

行程开关主要用于检测工作机械的位置，发出命令以控制其运动方向或行程，又称限位开关或位置开关。

行程开关的文字符号为SQ。图形符号如下。

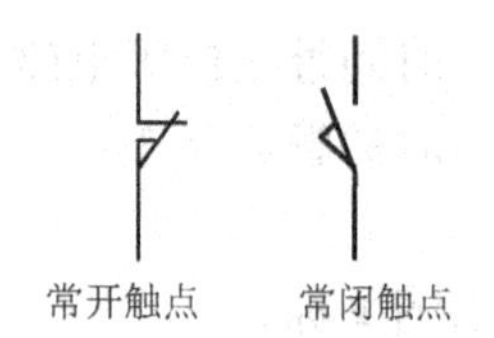

行程开关的选用主要考虑其结构形式应满足机械要求；触点类型、触点数目及其组合形式等应满足控制电路的控制功能要求。

情景练习

1. 绘制电气原理图通常遵循的原则是什么？

2. 识图坐标的作用是什么？

3. 当画操纵台的安装接线图时，同一元器件在面板元器件布置图与接线图的位置不同，为什么？

4. 中间继电器的工作原理与交流接触器的工作原理相同，二者的差别是什么？

5. 中间继电器 JZ7－62 中的“62”表示什么意思？

6. 画出时间继电器的触点：(1)延时打开的常开触点；(2)延时闭合的常开触点；(3)延时打开的常闭触点；(4)延时闭合的常闭触点。

7. 举出几个常见的使用行程开关的实例。

情景4

鼠笼式三相异步电动机顺序与延时控制线路

情景描述

在机床的控制线路中，常常要求电动机的起停按照一定的顺序进行。例如，铣床的主轴旋转后，工作台方可移动；龙门刨床在工作台移动前，导轨润滑油泵要先启动，等等。顺序起停控制线路有顺序启动、同时停止控制线路；有顺序启动、顺序停止控制线路；还有顺序启动、逆序停止控制线路。

有时还需要延时控制。例如，有些加热设备需要有排风装置，排风装置应该先开后停，并且要在设备冷却后再停止排风装置。

名人名言

只要持之以恒，知识丰富了，终能发现其奥秘。

——杨振宁

任务4.1 电动机先开后停顺序控制线路

4.1.1 任务书

（1）任务名称：鼠笼式三相异步电动机顺序控制线路。

（2）功能要求：安装、调试鼠笼式三相异步电动机顺序控制电路，有两台电动机，第一台电动机必须先开后停，任何一个电动机过载时，两个电动机同时停止。

（3）任务提交：现场功能演示，并提交相应的设计文件。

4.1.2 任务指导

4.1.2.1 控制线路分析

满足任务要求的三相异步电动机顺序控制线路如图 4.1 所示。

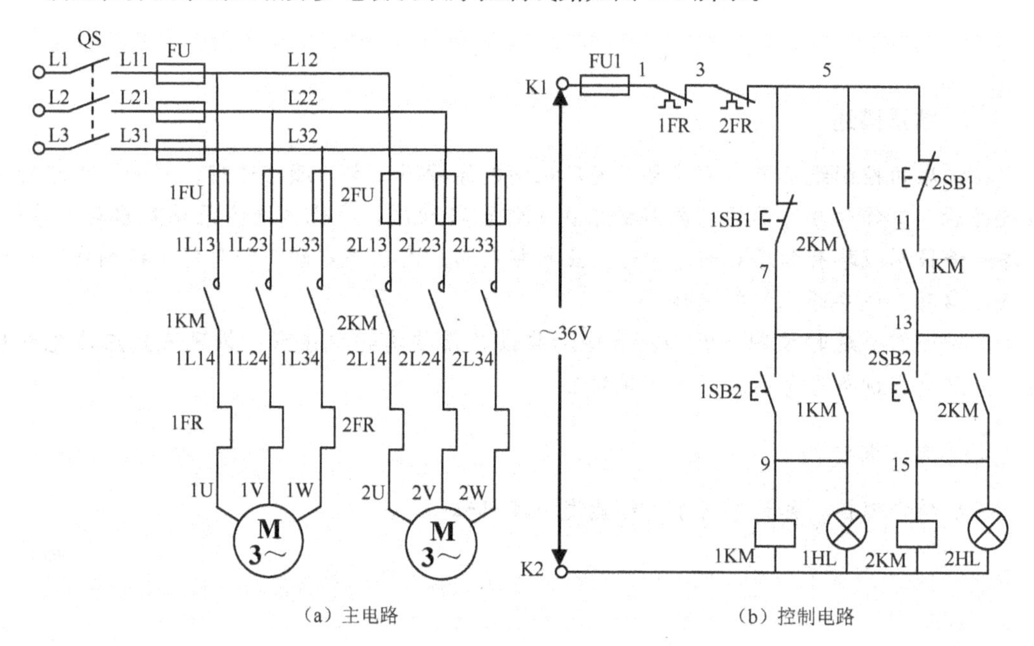

（a）主电路　　（b）控制电路

图 4.1 三相异步电动机顺序控制线路

图 4.1 中，自动开关 QS 为总电源开关，FU 为总短路保护熔断器。在由多电动机组成的系统中，总电源开关 QS 通常只有一个，并加一组熔断器 FU 做总短路保护，各电动机一般不加自动开关。自动开关 QS 的额定电流应大于各支路总额定电流，包括电动机、控制电路及其他电路。在各电动机不同时启动时，熔断器 FU 熔体的额定电流应大于最大电动机额定电流的 1.5～2.5 倍与其他各支路总额定电流之和。

其他各器件的作用前面都做过详细介绍，不再赘述。

如果不考虑常开触点 KM2(5，7)，并且将常开触点 KM1(11，13)短路，图 4.1 基本就是两台电动机单独开停的控制线路，只是将两个热继电器的常闭触点串接在一起，接在了电路的公共部分，任何一台电动机过载都能两台电动机同时停车。

由于常开触点 KM1(11，13)串接在了 KM2 线圈回路，在 KM1 不吸合的情况下，KM2 不能吸合。当 KM1 吸合后，KM2 可以单独开停。KM2 吸合后，由于常开触点 KM2(5，7)闭合，短接了停止按钮 SB1，使第一台电动机不能停止。

4.1.2.2　安装接线

控制板接线图如图 4.2 所示，操作箱接线图如图 4.3 所示。

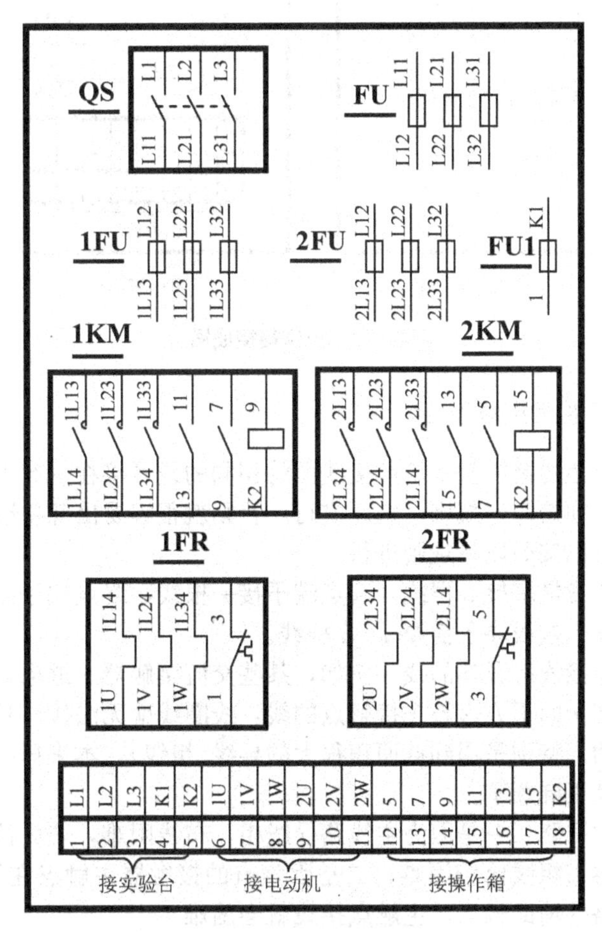

图 4.2　控制板接线图

4.1.2.3　调试

将控制板和操作箱下端子对应线号接在一起。

(1) 接入控制电源。

(2) 按下按钮 2SB2，交流接触器 2KM 不吸合，信号灯 2HL 不亮。

(3) 按下按钮 1SB2，交流接触器 1KM 吸合，信号灯 1HL 亮。

(4) 按下按钮 2SB2，交流接触器 2KM 吸合，信号灯 2HL 亮。

(5) 按下按钮 1SB1，交流接触器 1KM 不释放，信号灯 1HL 继续亮。

(6) 按下按钮 2SB1，交流接触器 2KM 释放，信号灯 2HL 灭。

(7) 按下按钮 1SB1，交流接触器 1KM 释放，信号灯 1HL 灭，这说明控制电路工作正常。

(8) 合上开关 QS，送入三相电源，重复步骤 2～7，看电动机运行是否正常。

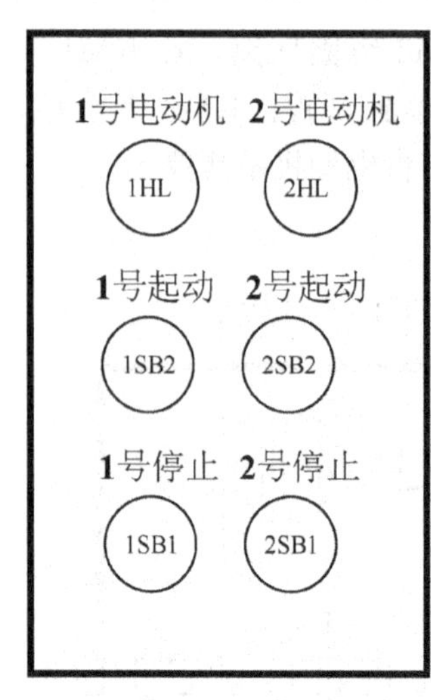

(a) 元器件布置图

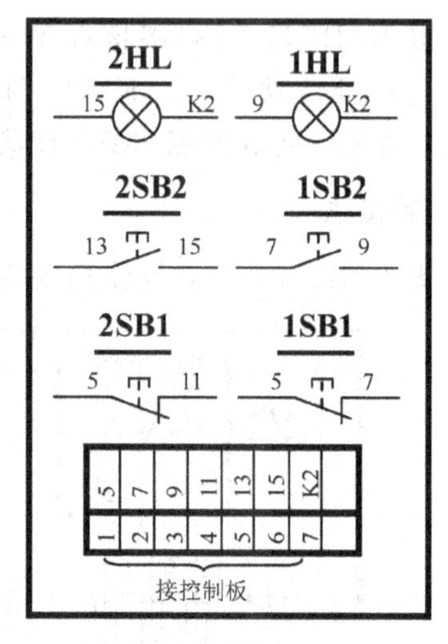

(b) 接线图

图 4.3　操作箱接线图

4.1.3　知识包　电控柜的接线方法

一般认为，电控柜的接线就是按照接线图将相同的线号接在一起即可，没有什么先后顺序。实际上接线必须按一定规则、顺序进行，否则就很容易出现差错。

电控柜的接线可以按照以下规则进行。

(1) 一个端子通常最多接 2 根线。起点端子接一根线，终点端子接一根线，中间端子全部接 2 根线。有 n 个接线端子需要 $n-1$ 根线。

(2) 先接对其他接线有影响的线。例如，某些交流接触器、继电器的线圈，其接线端子通常在触点接线端子的下方，若先接触点的线，线圈线就无法接，只好先将已经接好的线拿下，做了无用功。特别是遇到截面积很大的导线(粗线)，本来压线、整形就很难，已经接好再拿下重接就更麻烦了。

(3) 一般先接主线路。一是因为主线路导线粗，布线困难，若先接控制电路，行线槽已经布了较多线，再布粗线比较困难；二是因为有的接触器主触点在下，辅助触点在上，若先接用于控制电路的辅助触点，主触点接线就会困难。

(4) 按顺序接控制线路。

可以先接上下两根母线(如图 3.9 中的 N 和 17)，因为两根母线接点多，容易出错。特别是电源中性线 N，通常只接负载，不接触点(很少有接触点的情况，是否接依电气原理图而定)的线。一般在控制柜接交流接触器、继电器等电磁式电器的线圈和变压器等其他电器，这些都是负载。偶尔遇到触点，触点后接的一定还是负载。只要保证电源中性线 N 都接负载，至少能保证没有构成短路，就可以直接通电调试，即使有故障，控制电路工作不正常，也不会烧毁元器件。

再按顺序接其他控制电路的线。

(5) 同一线号的线一定一次接完，且按照器件的安装位置就近接，不要按照原理图的位置接，否则浪费导线不说，由于反复跨线可能使行线槽过满。

有的读者可能对此不理解，我们举一个例子来说明。图 4.4 是某系统的部分控制线路，图 4.5 是控制柜的部分接线图，所示器件安装在柜体左侧，柜体右侧还有大量其他器

件没有画出，所示器件从左侧行线槽走线最省。此外，交流接触器上面应该有一排熔断器，下面应该有一排热继电器。所以整个控制柜至少有9排器件。

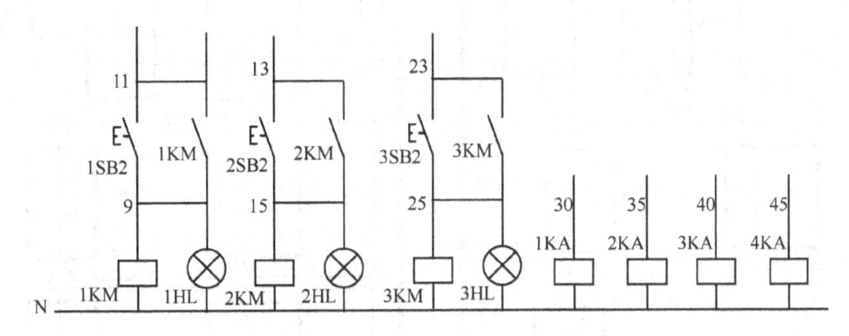

图4.4　某系统的部分控制线路

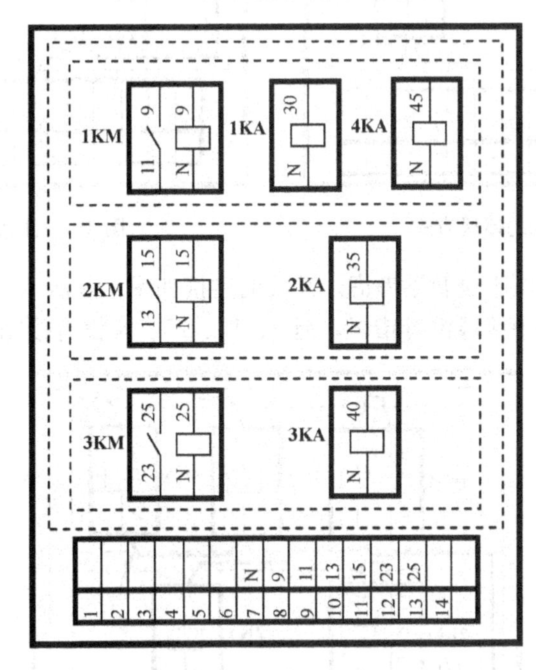

图4.5　控制柜部分接线图

图4.5中的虚线为行线槽，行线槽的规格应根据线的多少由设计者确定。通常，竖行线槽和端子上面的横行线槽大一些。

我们现在只考虑N线的接线。

先讲就近接线。若按照电气原理图就近接线，则接线图如图4.6所示，若按照控制柜器件的实际排列就近接线，则接线图如图4.7所示。比较图4.6和图4.7可以看出：图4.7的接线简单明了，一目了然，除了2KM下面的行线槽有2根线外，其他各行线槽都只有1根线。而图4.6的接线就很乱了，除了2KM下面的行线槽有4根线外，其他各行线槽都有5根线，不仅浪费了大量的导线，也给维修增加了很大的麻烦，并且行线槽很可能放不下如此多的导线，即使放得下，由于导线太多，也不利于散热。

再讲同一线号的线一次接完的问题。假设我们根据原理图4.4已经将4个中间继电器线圈的一端30、35、40、45接好，3个交流接触器线圈的一端已经与自锁触点相接，自锁

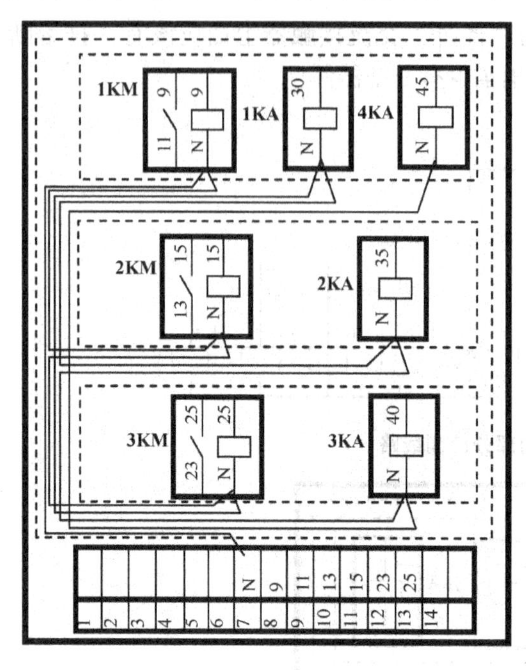

图 4.6 不正确的接线方式

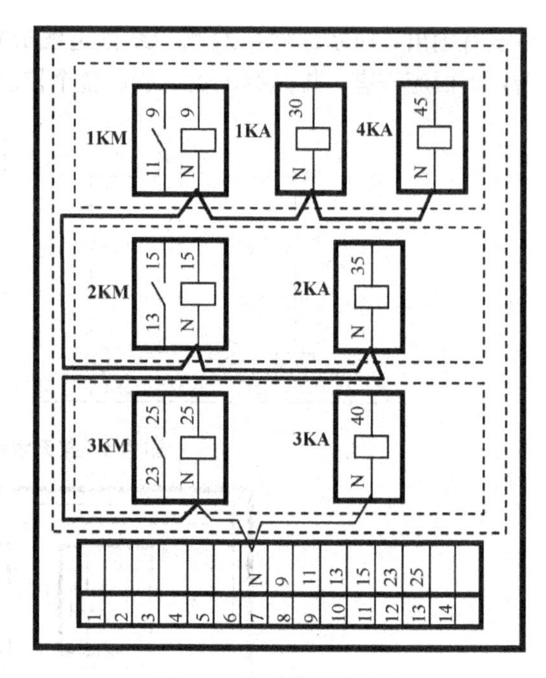

图 4.7 正确的接线方式

触点的另一端由于原理图不全暂不考虑。N 线的连接如图 4.8 所示。若将图 4.8 与电气原理图 4.4 比较可知，图中接线没有错误，但 9、15、25、N 没有接完。

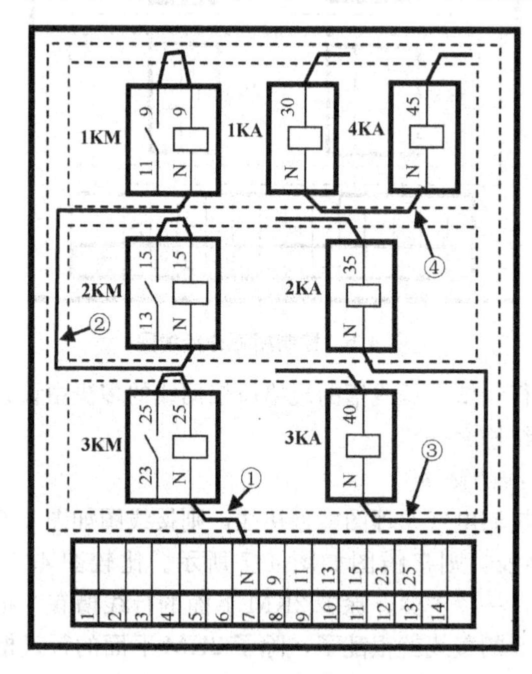

图 4.8 不正确的接线方式

从电气原理图 4.4 可知，交流接触器线圈的一端 9、15、25 除了与自锁触点相接外，还应接信号灯和按钮，而信号灯和按钮安装在操纵台中，故 9、15、25 都应接到端子上。从图 4.8 可见，将 9、15、25 从接触器引到端子似乎非常简单，但实际上，接触器常开触

点的两个接线端并不一定和接线图一样上下各一个，可能都在上面，也可能都在下面，且常开触点有很多；接触器线圈的两个接线端也不一定和接线图一样上下各一个。在触点、线圈都已经接上一根线的情况下，准确判断接线端并非易事，很容易出错构成短路。若大量线都如此接，不出错才怪。

再从图 4.8 可见，接触器和中间继电器的线圈都接了 N 线，但没有接通，分成了①、②、③、④共 4 段，有 8 个接线端子，只用了 4 根线，还需要 3 根线才能接通，如图 4.9 中的⑤、⑥、⑦所示。

⑤、⑥、⑦这看似简单的 3 根线接起来并不容易。因为与 N 有关的 8 个端子都已经接了线，行线槽内已经布了很多线，即使自己接的线，也很难判断每根线的去向，接成如图 4.10 所示的情况一点也不奇怪。

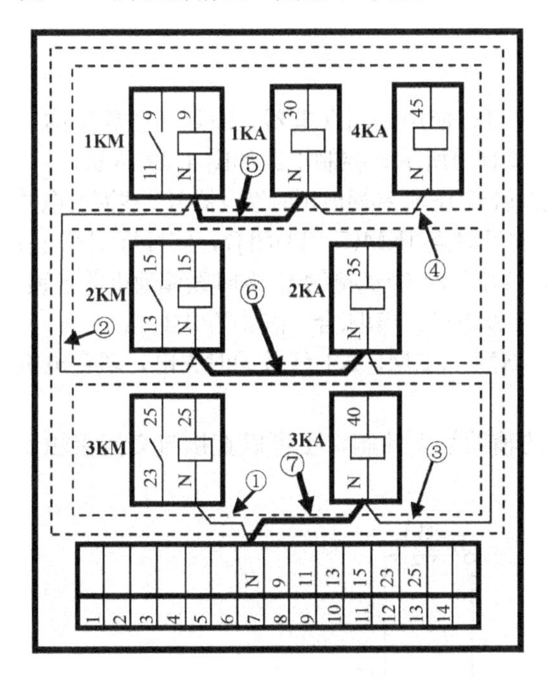

图 4.9　补接正确的接线图

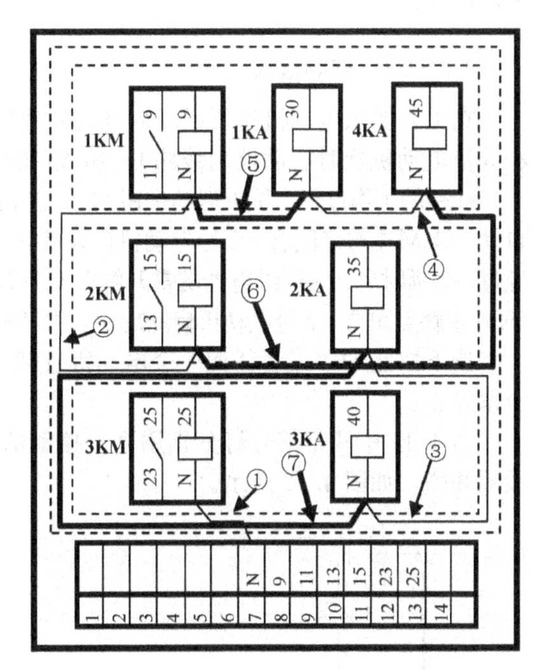

图 4.10　补接错误的接线图

在图 4.10 中，虽然用了 7 根线，但⑤和⑥重复接；⑦和原来的③重复接，2 个端子用了 2 根线。整个线路并没有接通，仍然分成了 3 段。

当接点很多时，分开接线接对的几率很小。必须同一线号的线一次接完，起点端子接一根线，终点端子接一根线，中间端子全部接 2 根线。已经接线的端子不用再加线，每次接线都接在空端子上。

4.1.4　实训　鼠笼式三相异步电动机顺序控制线路

（1）任务名称：鼠笼式三相异步电动机顺序控制线路。

（2）功能要求：安装、调试鼠笼式三相异步电动机顺序控制电路，有两台电动机，第二台电动机必须先开后停，第一台电动机过载时自动停止，第二台电动机过载时，两个电动机同时停止。

（3）任务提交：现场功能演示，并提交实训报告。

任务4.2 延时启动控制线路

4.2.1 任务书

(1) 任务名称：鼠笼式三相异步电动机延时启动控制线路。

(2) 功能要求：安装、调试鼠笼式三相异步电动机延时启动控制线路，有两台电动机，工艺要求1号电动机启动后，2号电动机延时30s自动运行，同时停止。

(3) 任务提交：现场功能演示，并提交相应的设计文件，回答相关的问题。

4.2.2 任务指导

4.2.2.1 控制线路

在工艺要求电动机需要延时启动或停止时，可以使用时间继电器。满足任务要求的三相异步电动机延时启动控制线路的主电路如图4.1(a)所示，控制电路如图4.11所示。

线路的工作过程：按下启动按钮SB2，交流接触器1KM和通电延时继电器KT线圈通电并自锁，1KM主触点闭合，1号电动机启动旋转，常开触点1KM(7，13)闭合，信号灯1HL亮；经过30s延时后，时间继电器的常开触点KT(7，11)闭合，交流接触器2KM线圈通电并自锁，2KM主触点闭合，2号电动机启动旋转，常开触点2KM(7，15)闭合，信号灯2HL亮。

按下按钮SB1或者任何一个电动机过载，1KM、2KM、KT线圈同时失电，两台电机全部停止。

图4.11中两个信号灯分别用交流接触器的辅助触点控制，也可以直接与交流接触器线圈并联，如图4.12所示。

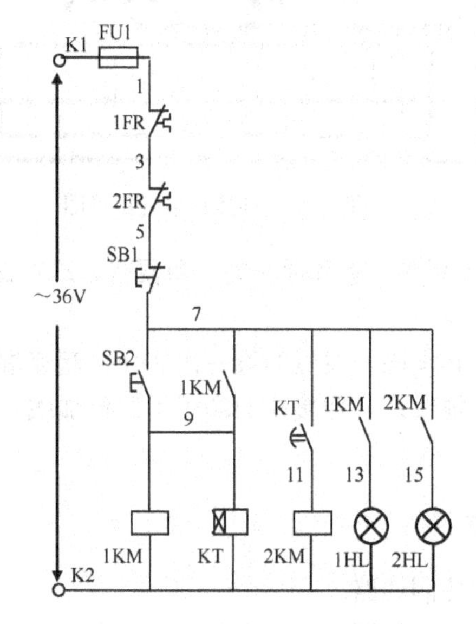

图4.11 延时启动控制线路

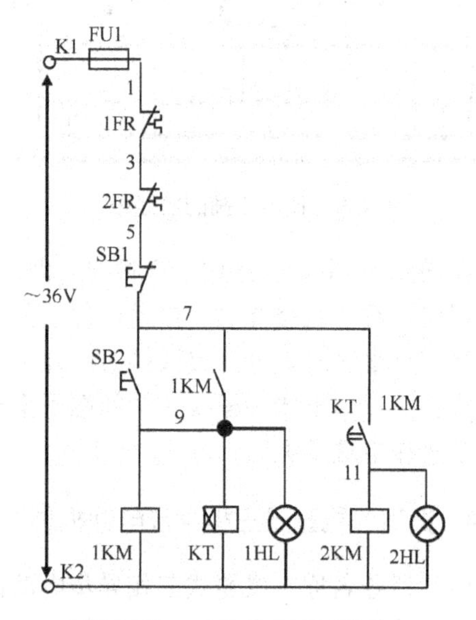

图4.12 延时启动控制线路

4.2.2.2 安装接线

图4.11所示控制电路的控制板接线图如图4.13所示，操作箱接线图如图4.14所示。

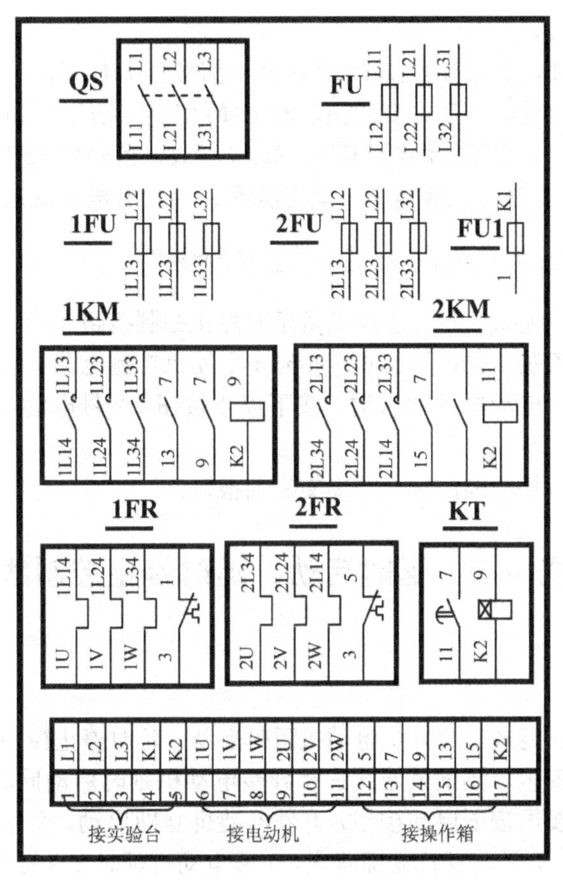

图 4.13　控制板接线图

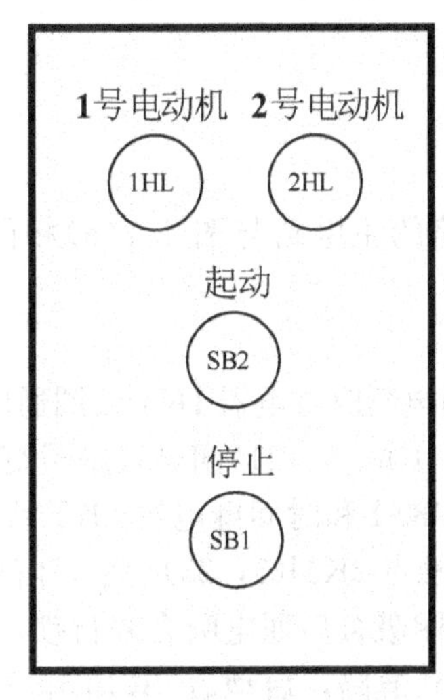

（a）元器件布置图

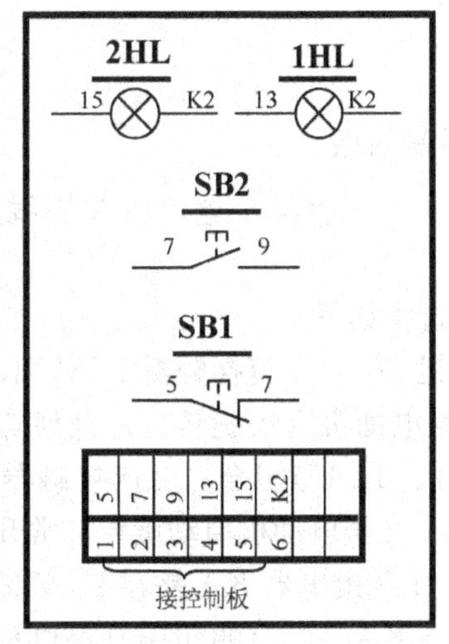

（b）接线图

图 4.14　操作箱接线图

4.2.2.3　调试

将控制板和操作箱下端子对应线号接在一起。

(1) 接入控制电源。

(2) 按下按钮 SB2，交流接触器 1KM 吸合，信号灯 1HL 亮。

(3) 达到 KT 设定的时间后，交流接触器 2KM 吸合，信号灯 2HL 亮。

(4) 按下按钮 SB1，交流接触器 1KM、2KM 释放，信号灯 1HL、2HL 灭。

(5) 合上开关 QS，送入三相电源，重复步骤 2～4，看电动机运行是否正常。

4.2.3 实训 鼠笼式三相异步电动机延时停止控制线路

(1) 任务名称：鼠笼式三相异步电动机延时停止控制线路。

(2) 功能要求：安装、调试鼠笼式三相异步电动机控制电路，有两台电动机，工艺要求按下启动按钮，两台电动机同时启动，按下停止按钮，2 号电动机立即停止，1 号电动机延时 20s 自动停止。

(3) 任务提交：现场功能演示，并提交实训报告。

任务 4.3 延时启动、延时停止控制线路

4.3.1 任务书

(1) 任务名称：鼠笼式三相异步电动机延时启动、延时停止控制线路。

(2) 功能要求：安装、调试鼠笼式三相异步电动机延时启动同时延时停止控制线路，有两台电动机，工艺要求按下启动按钮，1 号电动机立即启动，2 号电动机延时 30s 自动运行；按下停止按钮，2 号电动机立即停止，1 号电动机延时 20s 自动停止。

(3) 任务提交：现场功能演示，并提交相应的设计文件，回答相关的问题。

4.3.2 任务指导

4.3.2.1 控制线路

满足任务要求的三相异步电动机控制线路的主电路与图 4.1(a)相同，控制电路如图 4.15 所示。

线路的工作过程如下。

按下启动按钮 SB1，交流接触器 1KM 和通电延时继电器 1KT 线圈通电并自锁，1KM 主触点闭合，1 号电动机启动旋转，常开触点 1KM(5，21)闭合，信号灯 1HL 亮；经过 30s 延时后，1KT(13，15)闭合，交流接触器 2KM 和时间继电器 2KT 线圈通电并自锁，2KM 主触点闭合，2 号电动机启动旋转，常开触点 2KM(5，23)闭合，信号灯 2HL 亮。

图 4.15 中，中间继电器 KA 是在 2KM 线圈吸合后通电吸合并自锁，1KM 释放后释放的。其常闭触点 KA(5，7)的作用是提供启动通路，启动后 2KT(5，7)闭合，KA(5，7)断开为延时停止做准备；常闭触点 KA(9，11)的作用是切断 1KT 的线圈回路，为停止做准备。如果没有 KA(9，11)，1KT(13，15)启动后一直处于闭合状态，按下停止按钮 SB2 后，2KM 释放，松开按钮 SB2 后 2KM 重新吸合，不能满足停止要求。

按下停止按钮 SB2，2KM、2KT 线圈同时失电，2 号电动机立即停止，信号灯 2HL 灭；经过 20s 延时后，1KM 线圈失电，1 号电动机停止，信号灯 1HL 灭，中间继电器

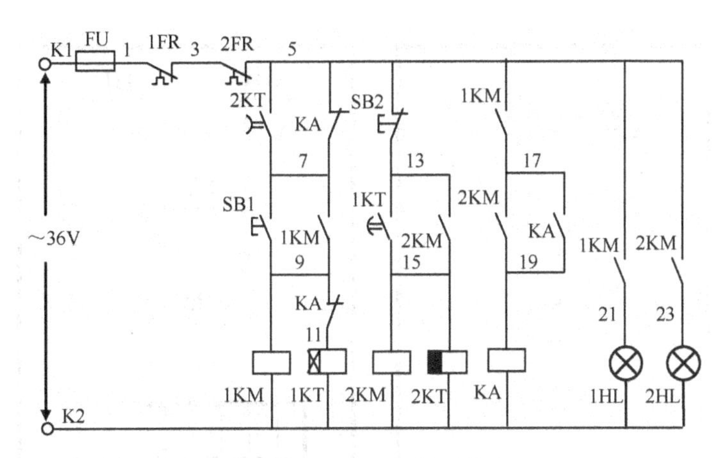

图 4.15　延时开停控制线路

KA 线圈失电释放。

任何一个电动机过载所用线圈同时失电释放，两个电动机同时停止旋转，两个信号灯同时灭。

4.3.2.2　安装接线

控制板接线图如图 4.16 所示，操作箱接线图如图 4.17 所示。

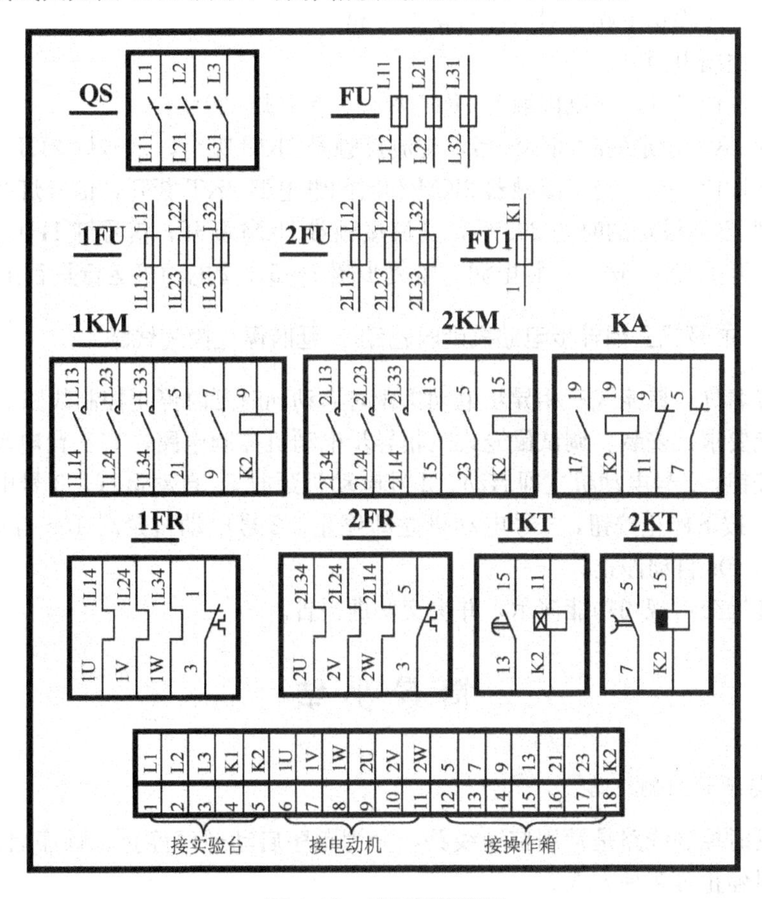

图 4.16　控制板接线图

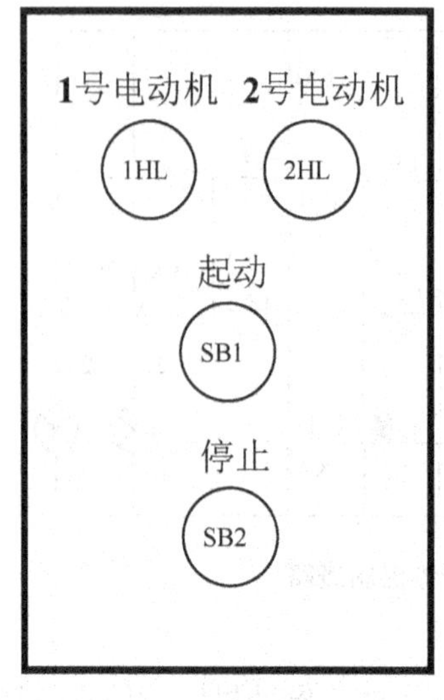

（a）元器件布置图

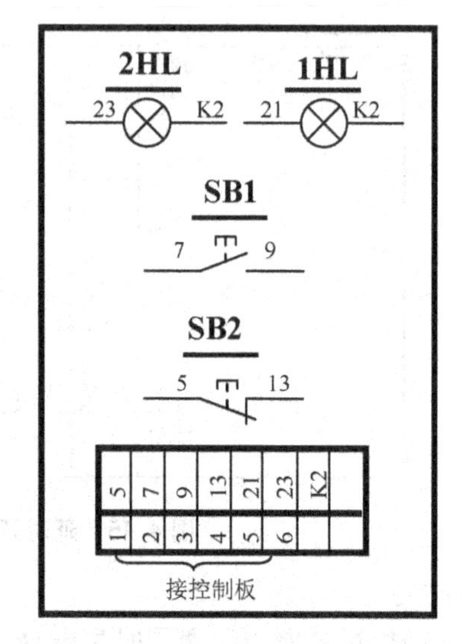

（b）　接线图

图 4.17　操作箱接线图

4.3.2.3　调试

将控制板和操作箱下端子对应线号接在一起。

（1）接入控制电源。

（2）按下按钮 SB1，交流接触器 1KM 吸合，信号灯 1HL 亮。

（3）达到 1KT 设定的时间 30s 后，交流接触器 2KM 吸合，信号灯 2HL 亮。

（4）按下按钮 SB2，交流接触器 2KM 和时间继电器 2KT 断开，信号灯 2HL 灭。

（5）达到 2KT 设定的时间 20s 后，交流接触器 1KM 断开，信号灯 1HL 灭。

（6）合上开关 QS，送入三相电源，重复步骤 2～5，看电动机运行是否正常。

4.3.3　实训　鼠笼式三相异步电动机延时启动、延时停止控制线路

（1）任务名称：鼠笼式三相异步电动机延时启动同时延时停止控制线路。

（2）功能要求：安装、调试鼠笼式三相异步电动机控制电路，有三台电动机，工艺要求按下启动按钮，1 号电动机立即启动，2 号电动机延时 5s 自动运行，3 号电动机再延时 5s 自动运行；按下停止按钮，3 号电动机立即停止，2 号电动机延时 10s 自动停止。1 号电动机再延时 10s 自动停止。

（3）任务提交：现场功能演示，并提交实训报告。

情 景 小 结

1. 顺序与延时控制线路

顺序与延时控制线路是常用控制线路，分为顺序启动逆序停止、顺序启动顺序停止、顺序启动同时停止等多种方式。

2. 电控柜的接线规则

(1) 一个端子通常最多接两根线。起点端子接一根线，终点端子接一根线，中间端子全部接2根线。有 n 个接线端子需要 $n-1$ 根线。

(2) 先接对其他接线有影响的线。

(3) 一般先接主线路。

(4) 按顺序接控制线路。

(5) 同一线号的线一次接完，且按照器件的安装位置就近接。

情景练习

1. 有三台电动机M1、M2、M3，一个启动按钮和一个停止按钮。要求按下启动按钮，M1启动，经一段时间，M2和M3同时启动；按下停止按钮，M3立即停止，经一段时间后M1和M2同时停止，试设计主电路与控制电路。

2. 现有三台电动机M1、M2、M3，各有一个启动按钮和一个停止按钮。要求：先启动M1，经10s后允许启动M2，再经20s后允许启动M3。而停车时要求：首先停M3，再停M2，最后停M1。试设计该三台电动机的起、停控制线路。

3. 某机床主轴由一台电动机拖动。润滑油泵由另一台电动机拖动，均为直接启动。工艺要求：

(1) 主轴必须在液压泵开动后，才能启动；

(2) 主轴正常为正向运转，但为了调试方便，要求能正反向点动；

(3) 主轴停止后，才允许液压泵停止；

(4) 有短路、过载及失电压保护。

试设计主电路及控制电路。

情景5

鼠笼式三相异步电动机减压启动控制线路

情景描述

根据电动机容量及供电变压器容量大小，三相鼠笼式异步电动机有全压启动和减压启动两种方式。10kW及其以下容量的三相鼠笼式异步电动机，通常采用全压启动，即启动时电动机的定子绕组直接接在额定电压的交流电源上，使电动机由静止状态逐渐加速到稳定运行状态。对于大、中容量的三相异步电动机，为限制启动电流，减小启动时对电网的影响，应采用减压启动方式。减压启动，是指启动时降低加在电动机定子绕组上的电压，以减小启动电流，启动后再将电压恢复到额定值，使之运行在额定电压下。但电动机的电磁转矩是与定子端电压的平方成正比的，所以减压启动时电动机的启动转矩相应减小，故减压启动适用于空载或轻载下的启动。

减压启动的方法有定子绕组串电阻(电抗)启动、Y—△减压启动、自耦变压器降压启动、延边三角形减压启动。

定子绕组串电阻启动虽然线路简单，但由于电动机电流很大，电阻的功率很大，其体积大、成本高、功耗大，通常很少采用。

名人名言

我们应有恒心，尤其要有自信心！我们必须相信，我们的天赋是要用来做某种事情的。

——居里夫人

任务5.1 手动切换丫－△减压启动控制线路

5.1.1 任务书

（1）任务名称：鼠笼式三相异步电动机手动切换丫－△减压启动控制线路。

（2）功能要求：安装、调试鼠笼式三相异步电动机手动切换丫－△减压启动控制线路。

（3）任务提交：现场功能演示，并提交相应的设计文件。

5.1.2 任务指导

5.1.2.1 丫－△减压启动原理

三相异步电动机定子绕组接线图如图5.1所示。

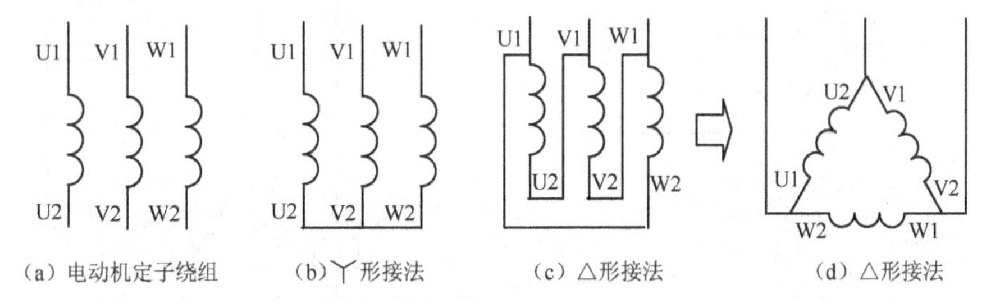

图5.1 电动机定子绕组接线图

图5.1(a)为电动机的三相定子绕组，U1、V1、W1为绕组的始端，U2、V2、W2为绕组的末端；图5.1(b)为丫形接法，可以看出，在U1、V1、W1加入380V线电压时，加在各绕组的电压为相电压220V；图5.1(c)为△形接法，可以看出，在U1、V1、W1加入380V线电压时，加在各绕组的电压也为线电压380V；图5.1(d)为图5.1(c)的另一种画法，可以更直观地看出为△形接法。

5.1.2.2 控制线路

丫－△减压启动是指电动机启动时，把定子绕组接成星形，以降低启动电压，减小启动电流；待电动机启动后，再把定子绕组改接成三角形，使电动机全压运行。

丫－△减压启动只能用于正常运行时为△形接法的电动机，分为手动切换和时间继电器自动切换两种。手动切换丫－△减压启动控制线路如图5.2所示。

线路的工作过程如下。

合上开关QS，并接通控制电源，按下启动按钮SB2，交流接触器KM1线圈通电并自锁，其主触点闭合，接通电动机电源，同时交流接触器KM3线圈通电，其主触点闭合，将三相定子绕组的末端短接，使其接成丫形。信号灯HL1亮作丫形运行指示。

按下丫－△切换按钮SB3，其常闭触点SB3(7，9)使KM3线圈失电断开，然后常开触点SB3(7，13)使KM2线圈通电并自锁，KM2主触点闭合，将三相定子绕组接成△形。信号灯HL2亮作△形运行指示。

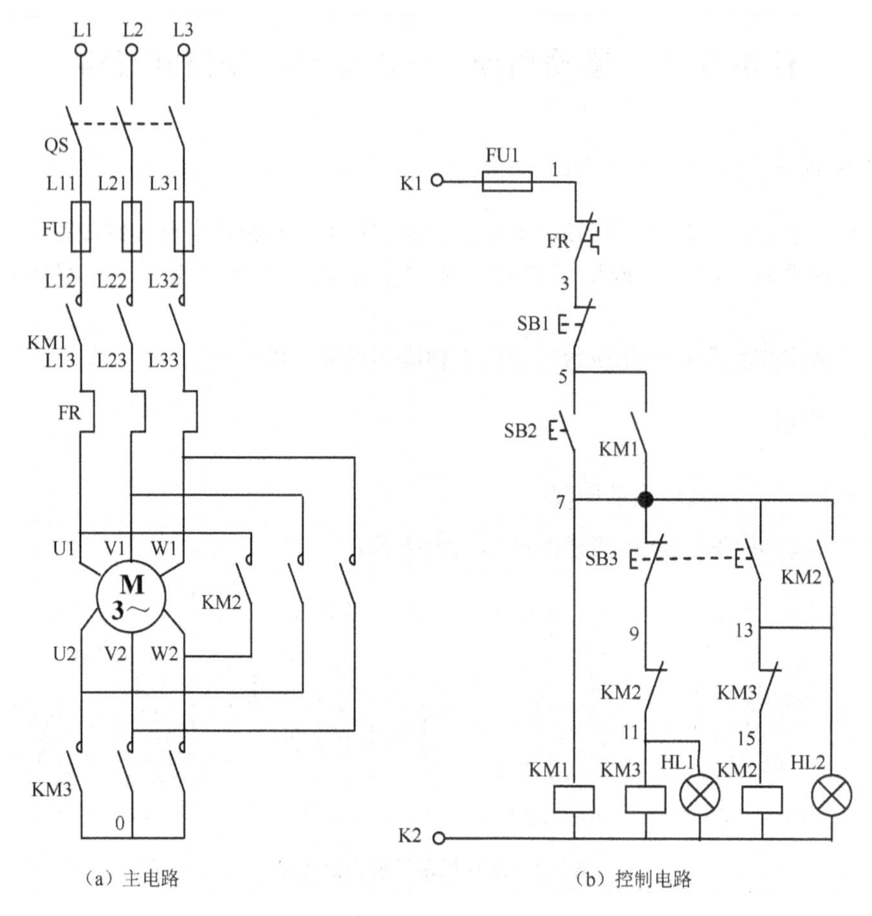

（a）主电路　　　　　　（b）控制电路

图 5.2　手动切换Y－△减压启动控制线路

KM2(9，11)和 KM3(13，15)为互锁触点，若 KM2 和 KM3 同时接通，会使电源短路，因此必须加互锁。

按下停止按钮 SB1 或者热继电器过载，则交流接触器断开，电动机停止运行，信号灯熄灭。

该控制线路也可以在Y形接法下长期运行，因此加了两个信号灯，分别作为Y形运行和△形运行指示。

5.1.2.3　安装接线

控制板接线图如图 5.3 所示，操箱接线图如图 5.4 所示。

5.1.2.4　调试

将控制板和操作箱下端子对应线号接在一起。

(1) 接入控制电源。

(2) 按下按钮 SB2，交流接触器 KM1、KM3 吸合，信号灯 HL1 亮。

(3) 按下按钮 SB3，交流接触器 KM3 释放，HL1 灭，同时，KM2 吸合，信号灯 HL2 亮。

(4) 按下按钮 SB1，交流接触器释放，信号灯灭。

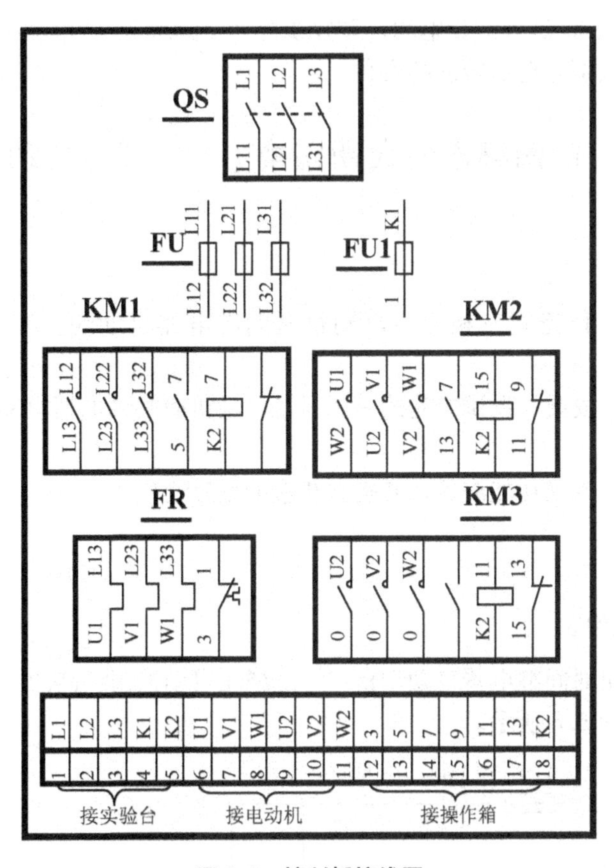

图 5.3 控制板接线图

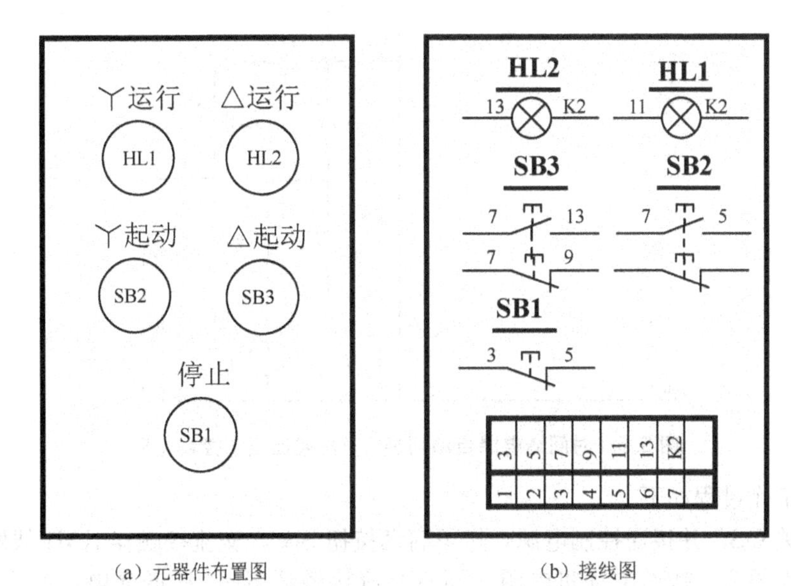

(a) 元器件布置图　　(b) 接线图

图 5.4 操作箱接线图

(5) 重新启动后，手动按下热继电器的实验按钮(如果有的话)，交流接触器释放，信号灯灭，这说明控制电路工作正常。

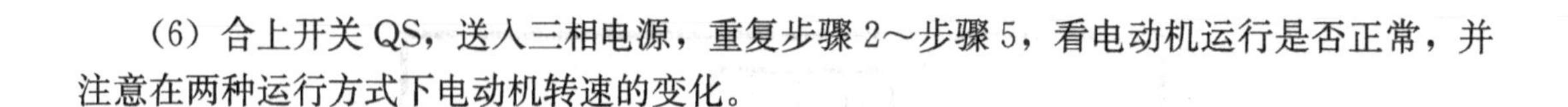

（6）合上开关 QS，送入三相电源，重复步骤 2～步骤 5，看电动机运行是否正常，并注意在两种运行方式下电动机转速的变化。

任务 5.2 时间继电器自动切换Y－△减压启动控制线路

5.2.1 任务书

（1）任务名称：鼠笼式三相异步电动机时间继电器自动切换Y－△减压启动控制线路。

（2）功能要求：安装、调试鼠笼式三相异步电动机时间继电器自动切换Y－△减压启动控制线路。

（3）任务提交：现场功能演示，并提交相应的设计文件。

5.2.2 任务指导

5.2.2.1 控制线路

三相异步电动机时间继电器自动切换Y－△减压启动控制线路的主电路与图 5.2(a)相同，其控制线路如图 5.5 所示。

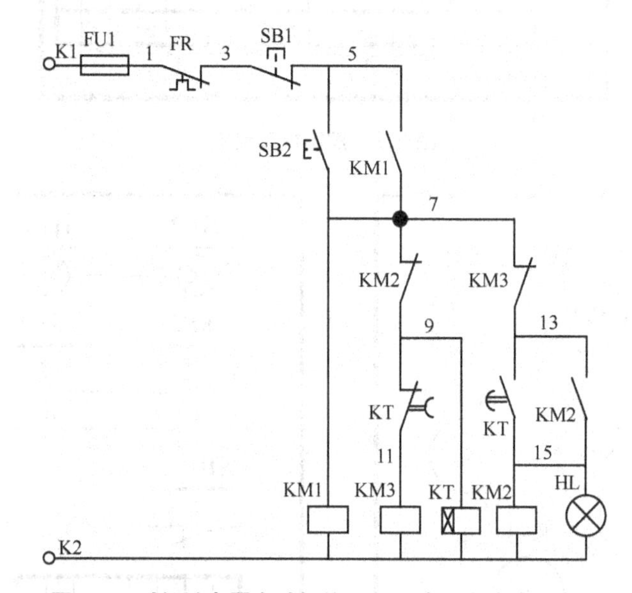

图 5.5 时间继电器自动切换Y－△减压启动控制电路

线路的工作过程如下。

合上开关 QS，并接通控制电源，按下启动按钮 SB2，交流接触器 KM1 线圈通电并自锁，其主触点闭合，接通电动机电源，同时交流接触器 KM3 线圈通电，其主触点闭合，将三相定子绕组的末端短接，使其接成Y形。同时时间继电器 KT 线圈通电。

当达到 KT 设定的时间后，其常闭触点 KT(9，11)使 KM3 线圈失电断开，然后常开触点 KT(13，15)使 KM2 线圈通电并自锁，KM2 主触点闭合，将三相定子绕组接成△形。信号灯 HL2 亮作运行指示。

按下停止按钮 SB1 或者热继电器过载，则交流接触器断开，电动机停止运行，信号灯熄灭。

5.2.2.2　安装接线

控制板接线图如图 5.6 所示，操作箱接线图如图 5.7 所示。

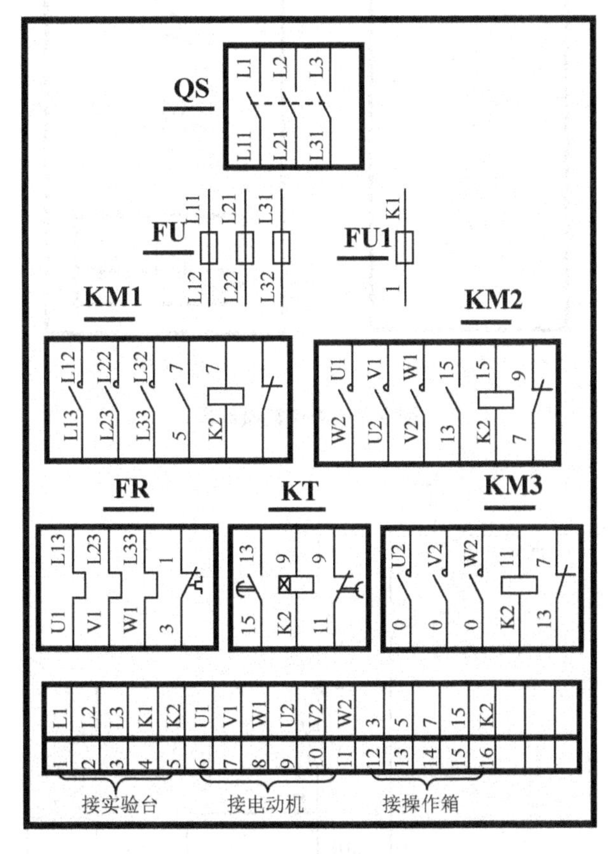

图 5.6　控制板接线图

5.2.2.3　调试

将控制板和操作箱下端子对应线号接在一起。

（1）接入控制电源。

（2）按下按钮 SB2，交流接触器 KM1、KM3 吸合。

（3）经过一定时间后，交流接触器 KM3 释放，同时，KM2 吸合，信号灯 HL 亮。

（4）按下按钮 SB1，交流接触器释放，信号灯灭。

（5）重新启动后，手动按下热继电器的实验按钮，交流接触器释放，信号灯灭，这说明控制电路工作正常。

（6）合上开关 QS，送入三相电源，重复步骤 2～5，看电动机运行是否正常，并注意在两种运行方式下电动机转速的变化。

如果既能手动切换，又能自动切换，则应加自动和手动切换开关 SA，其控制线路如图 5.8 所示。

在图 5.8 所示控制线路中，如果将转换按钮 SA 拨到“自动”上，按下启动按钮 SB2，

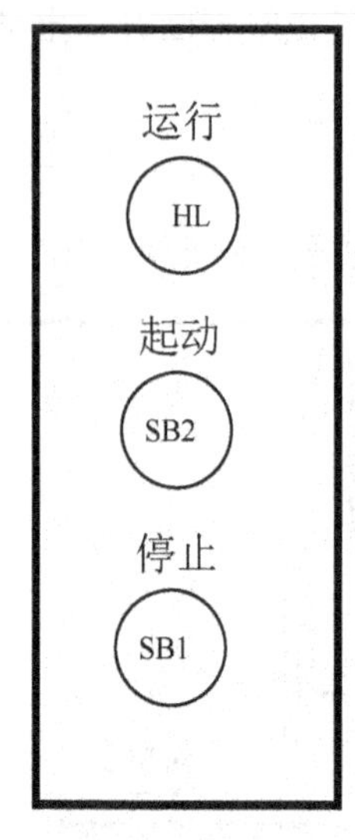

（a）元器件布置图

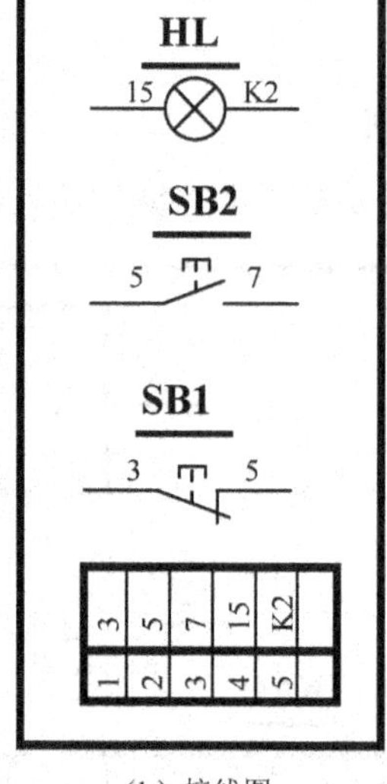

（b）接线图

3	5	7	15	K2
1	2	3	4	5

图 5.7　操作箱接线图

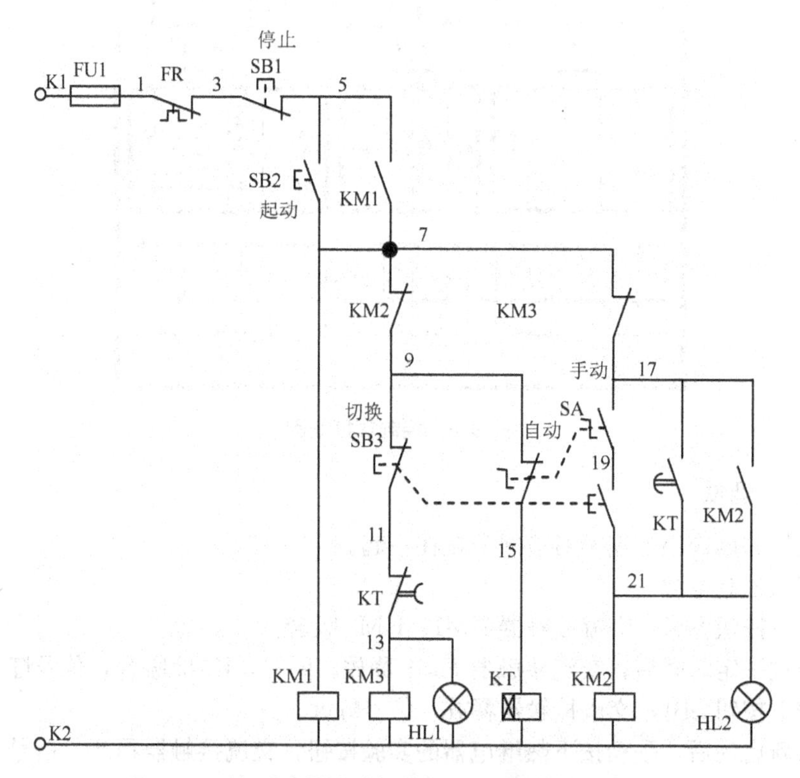

图 5.8　时间继电器自动切换Y－△减压启动控制线路

在时间继电器延时触点动作前误按下按钮 SB3，则交流接触器 KM3 的线圈失电，但 KM2 的线圈并未得电，

松开按钮 SB3 后 KM3 线圈重新得电。虽然不影响切换到△运行，但由于 KM3 线圈失电而使电动机的转速下降，故在切换时电流增大。

图 5.9 所示电路是另一种既能手动切换，又能自动切换的Y－△减压启动控制线路，图中增加了中间继电器 KA，克服了图 5.8 的不足，同时还设有手动信号灯 HL3 和自动信号灯 HL4。

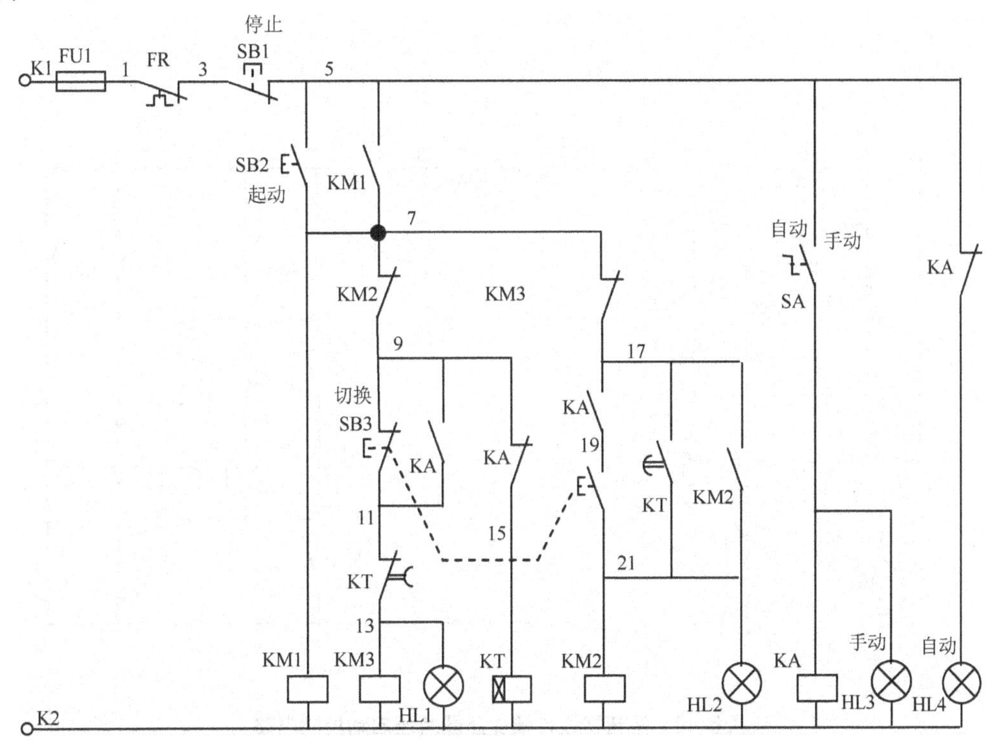

图 5.9　时间继电器自动切换Y－△减压启动控制电路

任务 5.3　手动切换自耦变压器减压启动控制线路

5.3.1　任务书

（1）任务名称：鼠笼式三相异步电动机手动切换自耦变压器减压启动控制线路。

（2）功能要求：安装、调试鼠笼式三相异步电动机手动切换自耦变压器减压启动控制线路。

（3）任务提交：现场功能演示，并提交相应的设计文件。

5.3.2　任务指导

5.3.2.1　控制线路

自耦变压器减压启动是指电动机启动时，将自耦变压器的低电压加在定子绕组上，待转速达到一定值后将自耦变压器切除，直接将市电接电动机的定子绕组，其控制电路如图 5.10 所示。

当电动机的功率很大时，可以增加自耦变压器的中间抽头，逐级增加加在定子绕组的电压，最后将自耦变压器切除，直接将市电接电动机的定子绕组。

图 5.10 所示控制线路的工作过程如下。

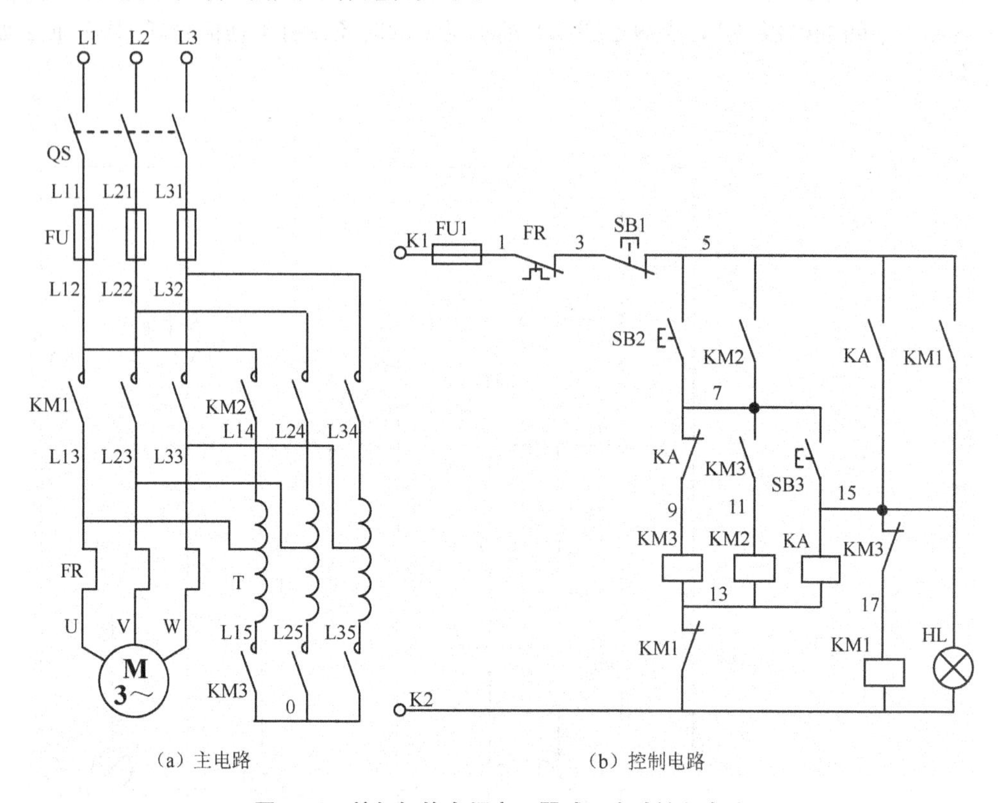

（a）主电路　　（b）控制电路

图 5.10　按钮切换自耦变压器减压启动控制电路

合上开关 QS，按下启动按钮 SB2，交流接触器 KM3 线圈通电，其主触点闭合，将自耦变压器接成丫形；常开触点 KM3(7，11)闭合，交流接触器 KM2 线圈通电，常开触点 KM2(5，7)闭合自锁，其主触点闭合，给自耦变压器加上电压，自耦变压器中心抽头接入电动机，电动机在低压下运行。

按下按钮 SB3，中间继电器 KA 线圈通电，其常闭触点 KA(7，9)断开，交流接触器 KM3 线圈失电，接着 KM2 线圈失电，KM2 和 KM3 的主触点复位，切除了自耦变压器；同时，KA(5，15)闭合，交流接触器 KM1 线圈通电并自锁，KM1 的主触点将市电直接接电动机，电动机正常运行，信号灯 HL 亮，作正常运行指示。KM1(13，K2)和 KM3(15，17)为互锁触点，防止 KM1 与 KM2、KM3 同时吸合造成电源短路。

按下停止按钮 SB1，或者电动机过载使交流接触器断开，电动机停止运行，信号灯熄灭。

5.3.2.2　安装接线

控制板接线图如图 5.11 所示，操作箱接线图如图 5.12 所示。

5.3.2.3　调试

将控制板和和操作箱下端子对应线号接在一起。

(1) 接入控制电源。

(2) 按下按钮 SB2，交流接触器 KM2、KM3 吸合。

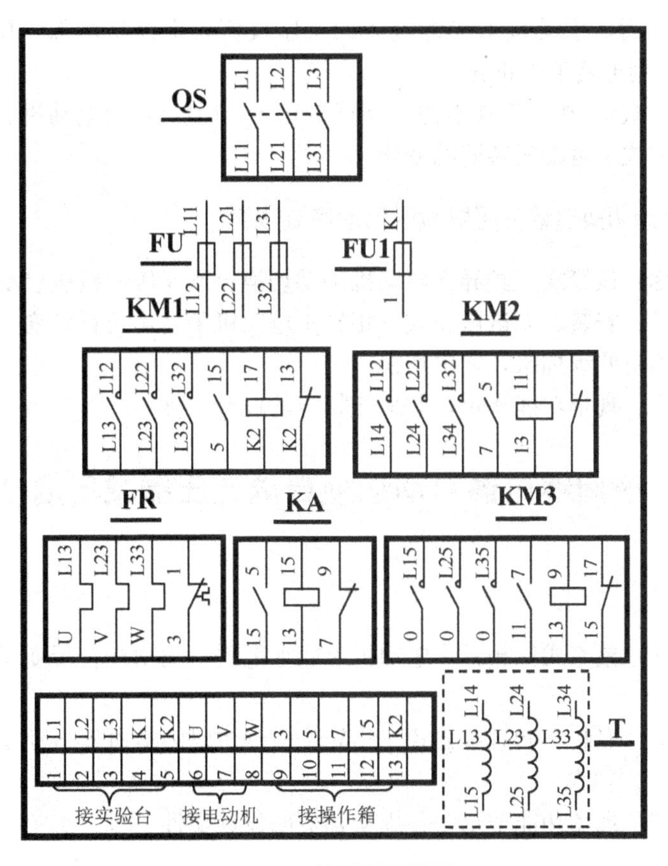

图 5.11　控制板接线图

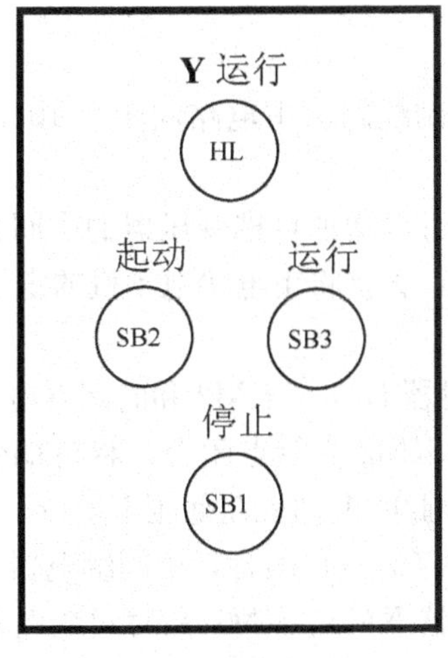

(a) 元器件布置图

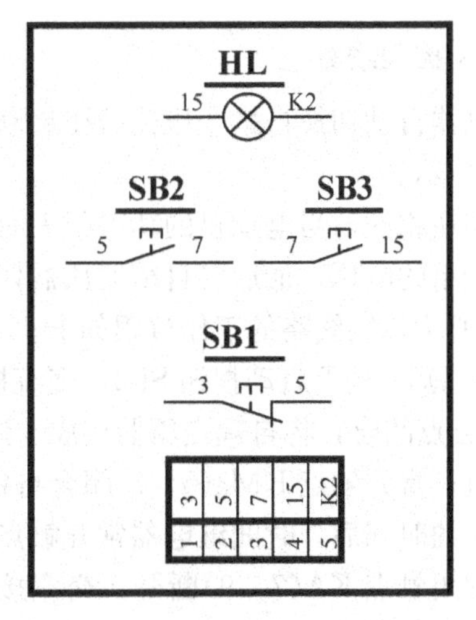

(b) 接线图

图 5.12　操作箱接线图

(3) 按下按钮 SB3，中间继电器 KA 吸合，交流接触器 KM2、KM3 释放，然后，KM1 吸合，信号灯 HL 亮。KM1 吸合后，KA 释放。

(4) 按下按钮 SB1，交流接触器 KM1 释放，信号灯 HL 灭。

(5) 重新启动后，手动按下热继电器的实验按钮，交流接触器 KM1 释放，信号灯 HL 灭，这说明控制电路工作正常。

(6) 合上开关 QS，送入三相电源，重复步骤 2～步骤 5，看电动机运行是否正常，并注意在两种运行方式下电动机转速的变化。

5.3.3 实训 手动切换自耦变压器减压启动控制线路

(1) 任务名称：鼠笼式三相异步电动机手动切换自耦变压器减压启动控制线路。

(2) 功能要求：安装、调试鼠笼式三相异步电动机手动切换自耦变压器减压启动控制线路。自耦变压器有两组抽头，依次切换。

(3) 任务提交：现场功能演示，并提交相应的设计文件。

任务 5.4 时间继电器自动切换自耦变压器减压启动控制线路

5.4.1 任务书

(1) 任务名称：鼠笼式三相异步电动机时间继电器自动切换自耦变压器减压启动控制线路。

(2) 功能要求：安装、调试鼠笼式三相异步电动机时间继电器自动切换自耦变压器减压启动控制线路。

(3) 任务提交：现场功能演示，并提交相应的设计文件。

5.4.2 任务指导

5.4.2.1 控制线路

时间继电器自动切换自耦变压器减压启动控制线路的主电路同图 5.10(a)，其控制电路如图 5.13 所示。

与手动切换相同，当电动机的功率很大时，可以增加自耦变压器的中间抽头，逐级增大加在定子绕组的电压，最后将自耦变压器切除，直接将市电接电动机的定子绕组。

图 5.13 所示控制线路的工作过程如下。

合上开关 QS，按下启动按钮 SB2，交流接触器 KM3、KM2 和时间继电器 KT 线圈通电，KM3 主触点闭合，将自耦变压器接成丫形，KM2 主触点闭合，将自耦变压器中心抽头接入电动机；常开触点 KM3(5，7)闭合自锁，此时电动机在低压下运行。

经过一定的时间后，时间继电器常开触点 KT(5，11)闭合，中间继电器 KA 线圈通电并自锁，其常闭触点 KA(7，9)断开，交流接触器 KM3、KM2 和时间继电器 KT 线圈失电，KM2 和 KM3 的主触点复位，切除了自耦变压器；同时，常开触点 KA(5，15)闭合，交流接触器 KM1 线圈通电并自锁，KM1 的主触点将市电直接接电动机，电动机正常运行，信号灯 HL 亮，作正常运行指示；常闭触点 KM1(11，13)断开，中间继电器 KA 线圈失电；KM3(15，17)为互锁触点，防止 KM1 与 KM2、KM3 造成电源短路。

按下停止按钮 SB1，或者电动机过载使交流接触器断开，电动机停止运行，信号灯熄灭。

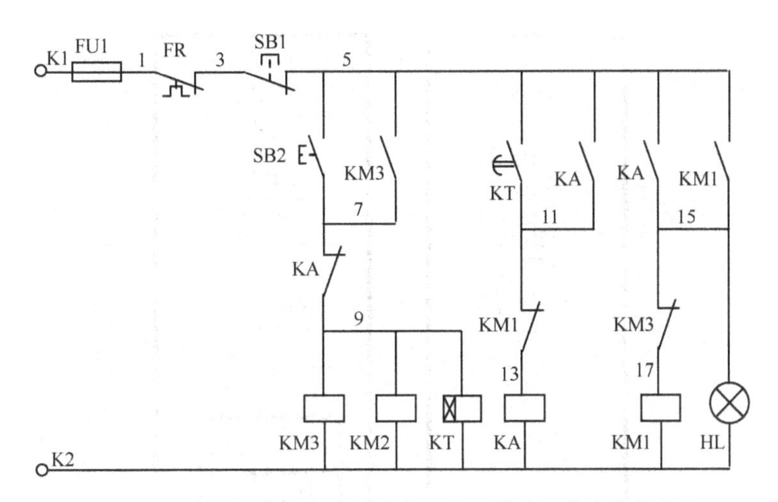

图5.13　时间继电器自动切换自耦变压器减压启动控制电路

5.4.2.2　**安装接线**

控制板接线图如图5.14所示，操作箱接线图如图5.15所示。

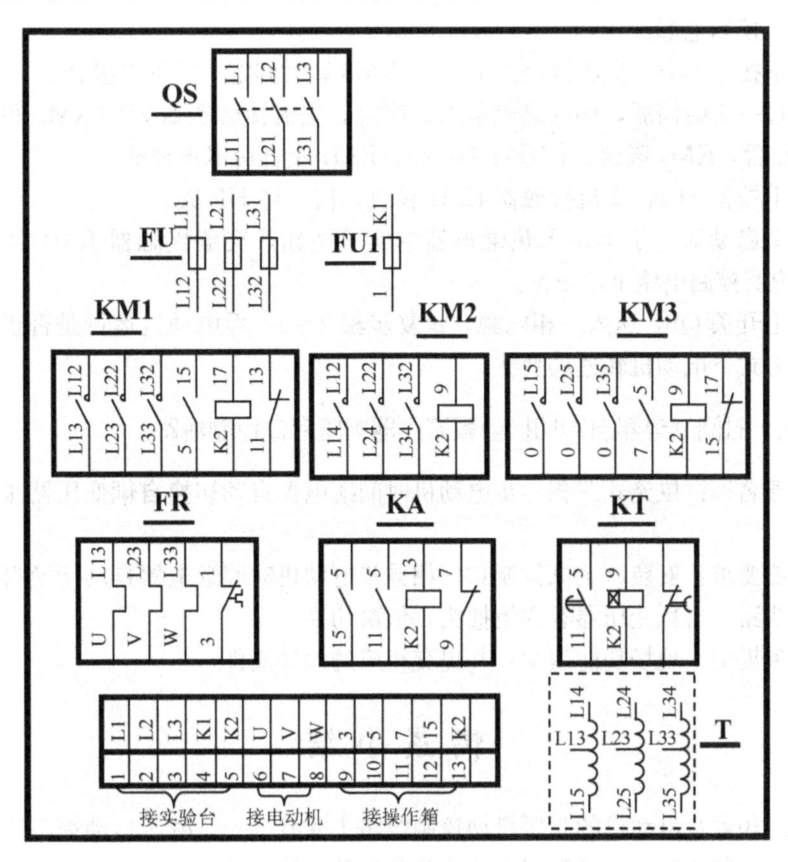

图5.14　控制板接线图

5.4.2.3　**调试**

将控制板和操作箱下端子对应线号接在一起。

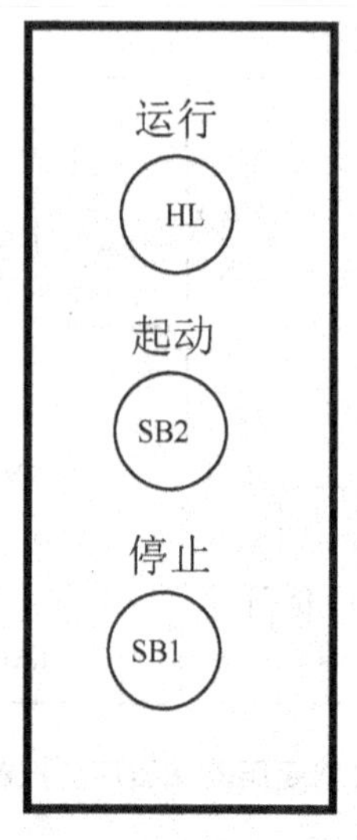

（a）元器件布置图

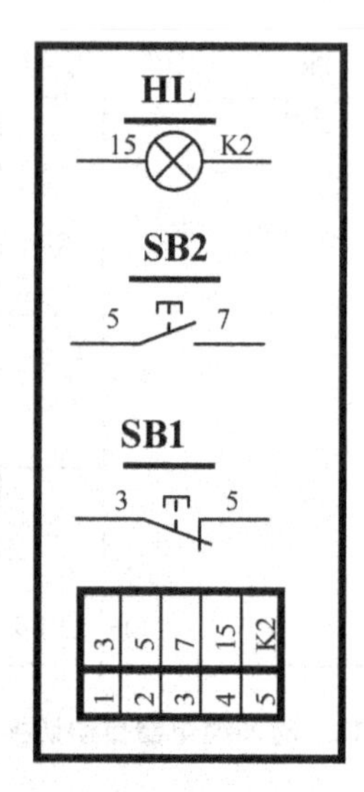

（b）接线图

图 5.15　操作箱接线图

（1）接入控制电源。

（2）按下按钮 SB2，交流接触器 KM2、KM3 和时间继电器 KT 吸合。

（3）经过一定时间后，中间继电器 KA 吸合，交流接触器 KM2、KM3 和时间继电器 KT 释放，然后，KM1 吸合，信号灯 HL 亮，KM1 吸合后 KA 释放。

（4）按下按钮 SB1，交流接触器 KM1 释放，信号灯 HL 灭。

（5）重新启动后，手动按下热继电器的实验按钮，交流接触器 KM1 释放，信号灯 HL 灭，这说明控制电路工作正常。

（6）合上开关 QS，送入三相电源，重复步骤 2～5，看电动机运行是否正常，并注意在两种运行方式下电动机转速的变化。

5.4.3　实训　时间继电器自动切换自耦变压器减压启动控制线路

（1）任务名称：鼠笼式三相异步电动机时间继电器自动切换自耦变压器减压启动控制线路。

（2）功能要求：安装、调试鼠笼式三相异步电动机时间继电器自动切换自耦变压器减压启动控制线路。自耦变压器有两组抽头，依次切换。

（3）任务提交：现场功能演示，并提交相应的设计文件。

情 景 小 结

鼠笼式三相异步电动机的减压启动控制线路主要有Y—△减压启动控制线路和自耦变压器减压启动控制线路。二者都有手动切换和自动切换之分。

情景练习

1. 三相异步电动机在什么场合可以全压启动？什么场合必须减压启动？

2. 某水泵由鼠笼式电动机拖动，采用减压启动，要求在三处都能控制起、停，试设计主电路与控制电路。

3. 鼠笼式异步电动机的几种减压启动方法各有什么优缺点？

情景6

鼠笼式三相异步电动机制动控制线路

情景描述

三相异步电动机从切断电源到安全停止旋转，由于惯性的关系总要经过一段时间，这样就使得非生产时间拖长，影响了劳动生产率，不能适应某些生产机械的工艺要求。在实际生产中，为了保证工作设备的可靠性和人身安全，为了实现快速、准确停车，缩短辅助时间，提高生产机械效率，对要求停转的电动机采取措施，强迫其迅速停车，这就称为“制动”。三相异步电动机的制动方法有电气制动和电磁机械制动。电气制动是使电动机产生一个与转子旋转方向相反的电磁转矩来制动的。常用的电气制动有反接制动和能耗制动。

名人名言

一个人只要强烈地、坚持不懈地追求，他就能达到目的。

——司汤达

任务 6.1　反接制动控制线路

6.1.1　任务书

(1) 任务名称：鼠笼式三相异步电动机反接制动控制线路。

(2) 功能要求：安装、调试鼠笼式三相异步电动机反接制动控制线路。

(3) 任务提交：现场功能演示，并提交相应的设计文件。

6.1.2　任务指导

反接制动是改变异步电动机定子绕组中三相电源的相序，产生一个与转子惯性转动方向相反的转矩，进行制动。

反接制动时，由于转子与旋转磁场的相对速度接近两倍的同步转速，所以定子绕组中流过的反接制动电流相当于全压启动电流的两倍，冲击电流很大。为减小冲击电流，需要在电动机主电路中串接一定的电阻以限制反接制动电流，这个电阻称为反接制动电阻。另外，当反接制动使电动机转速下降至接近零时，要及时切断反相序电源，以防电动机反向启动。

6.1.2.1　控制线路

单向反接制动控制线路如图 6.1 所示。在图 6.1 中，*R* 为反接制动限流电阻，KS 为速度继电器，速度继电器与电动机同轴安装，随电动机旋转，其他器件的作用前面已经讲过。

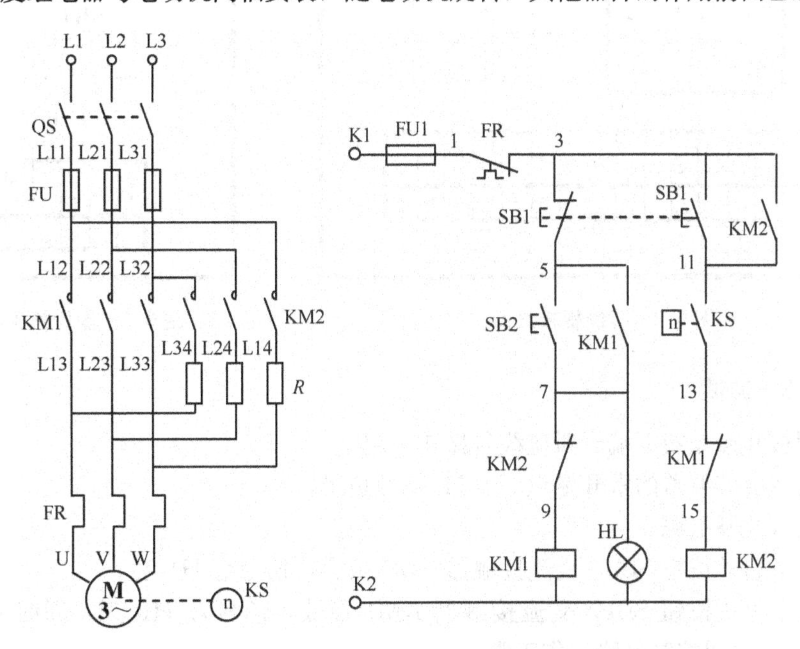

图 6.1　单向反接制动控制线路

该控制线路的启动与前面讲的正转控制线路相同。启动后，电动机转速上升到一定值(100r/min 左右)时，速度继电器的常开触点 KS(11，13)闭合，为制动做准备。

按下停止按钮 SB1，常闭触点 SB1(3，5)断开，KM1 线圈失电，其主触点断开，电动机断电，但由于惯性继续旋转；同时常开触点 SB1(3，11)闭合，KM2 线圈通电并自锁，主触点闭合，串电阻反接制动，电动机转速迅速下降至 100r/min 左右时，速度继电器的常开触点 KS(11，13)断开，KM2 线圈断电，反接制动结束，电动机自由停止。

6.1.2.2 安装接线

控制板接线图如图 6.2 所示，操作箱接线图如图 6.3 所示，由于只有一列器件，故省略了器件布置图。

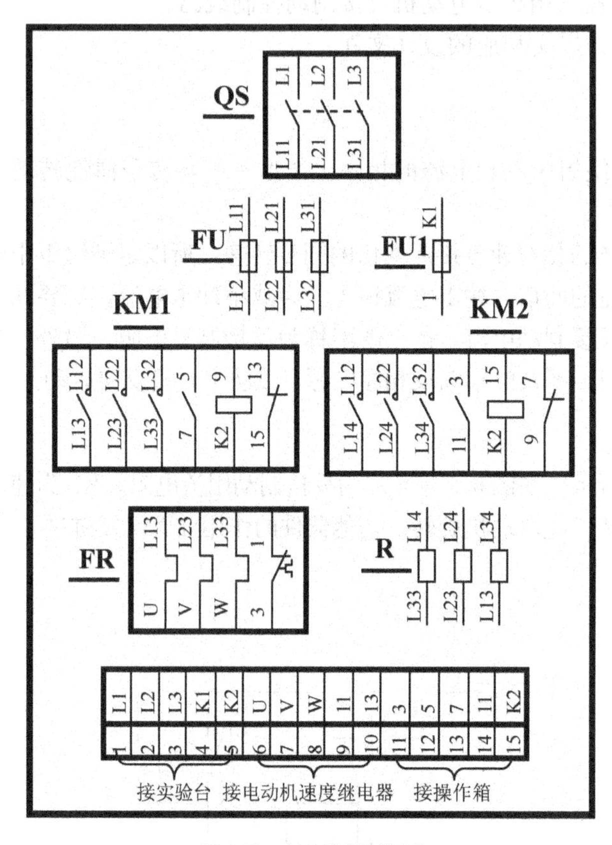

图 6.2 控制板接线图

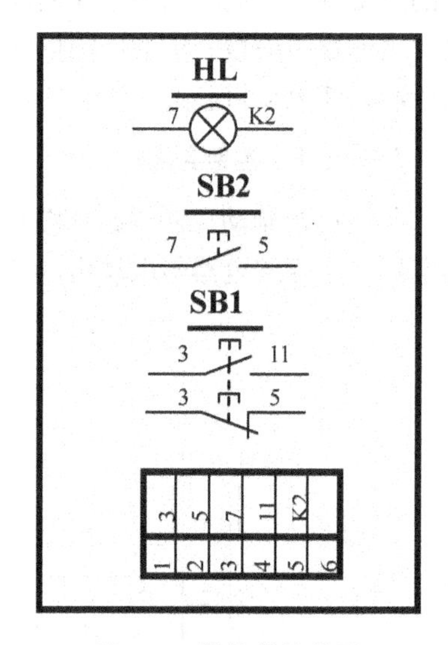

图 6.3 操作箱接线图

6.1.2.3 调试

将控制板和操作箱下端子对应线号接在一起。

(1) 将速度继电器的常开触点 KS(11，13)短接。

(2) 接入控制电源。

(3) 按下启动按钮 SB2，交流接触器 KM1 吸合，信号灯 HL 亮。

(4) 按下停止按钮 SB1，交流接触器 KM1 释放，信号灯 HL 灭，同时交流接触器 KM2 吸合，这说明控制电路工作正常。

(5) 将速度继电器的常开触点 KS(11，13)的短接线去掉，合上开关 QS，送入三相电源。

(6) 按下启动按钮 SB2，交流接触器 KM1 吸合，信号灯 HL 亮，电动机旋转。

(7) 按下停止按钮 SB1，交流接触器 KM1 释放，信号灯 HL 灭，同时交流接触器 KM2 吸合，电动机的转速迅速降低至 100r/min 左右，然后自由停止。

6.1.3　实训　鼠笼式三相异步电动机可逆运行的反接制动控制线路

(1) 任务名称：鼠笼式三相异步电动机可逆运行的反接制动控制线路。

(2) 功能要求：安装、调试鼠笼式三相异步电动机可逆运行的反接制动控制线路。

(3) 任务提交：现场功能演示，并提交相应的设计文件。

【线路提示】

如果没有接制动电阻，可逆运行的反接制动控制线路的主电路就是正反转运行的主电路，详细如图 3.1(a)所示。其控制电路如图 6.4 所示。

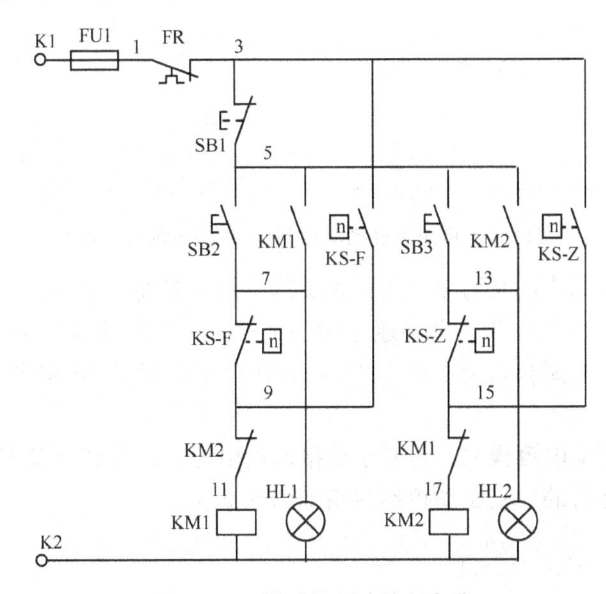

图 6.4　可逆反接制动控制电路

图 6.4 中 KS-Z 和 KS-F 分别为速度继电器正反两个方向的触点。

当按下 SB2 时，交流接触器 KM1 吸合，电动机正转，达到一定转速后，速度继电器的常开触点 KS-Z(3，15)闭合，为反接制动做准备；按下停止按钮 SB1，交流接触器 KM1 释放，电动机失去正向电压，同时交流接触器 KM2 线圈经 KS-Z(3，15)得电吸合，电动机得到反向电压而迅速制动。当电动机的转速降低到一定数值时，速度继电器的常开触点 KS-Z(3，15)断开，交流接触器 KM2 释放，电动机失去电压而自动停止。

当按下 SB3 时，交流接触器 KM2 吸合，电动机反转，达到一定转速后，速度继电器 KS-F(3，9)闭合，为反接制动作准备；按下停止按钮 SB1，交流接触器 KM2 释放，电动机失去反向电压，同时交流接触器 KM1 线圈经 KS-F(3，9)得电吸合，电动机得到正向电压而迅速制动。当电动机的转速降低到一定数值时，速度继电器的常开触点 KS-F(3，9)断开，交流接触器 KM1 释放，电动机失去电压而自动停止。

该电路的缺点是，当操作人员因工作需要而用手转动工件和主轴时，电动机带动速度继电器 KS 也旋转；当转速达到一定值时，速度继电器的常开触点闭合，电动机获得反向电源而反向冲动，造成工伤事故。为避免事故发生，通常增加中间继电器 KA，其控制线路如图 6.5 所示。

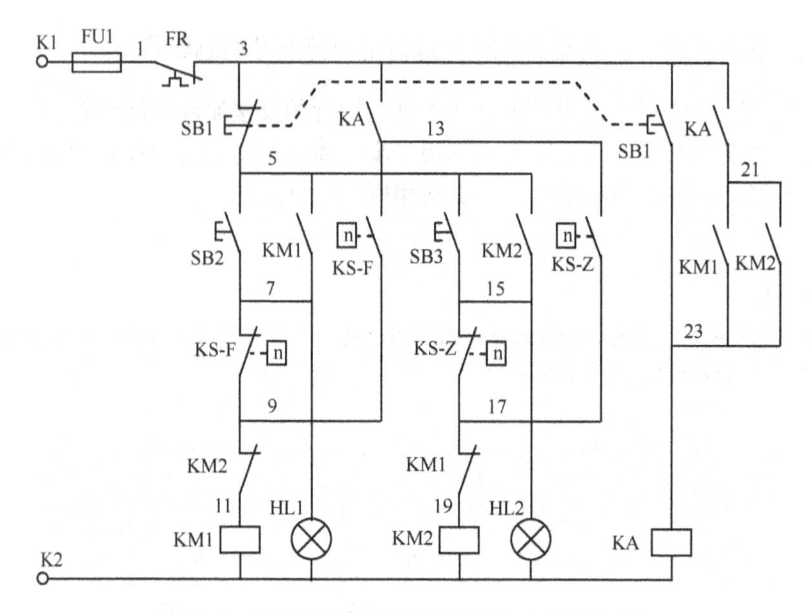

图 6.5　可逆反接制动控制线路(加中间继电器)

中间继电器 KA 的作用是防止当操作人员因工作需要而用手转动工件和主轴时，电动机带动速度继电器 KS 也旋转。当转速达到一定值时，虽然速度继电器的常开触点 KS-Z(3，15)或 KS-F(3，9)闭合，但由于 KA(3，13)断开，KM1 和 KM2 不会吸合，故电动机不会旋转。

上述电路反接制动电流很大，为减小反接制动电流，通常在制动时串接制动电阻，加入制动电阻的可逆运行的反接制动控制线路如图 6.6 所示。

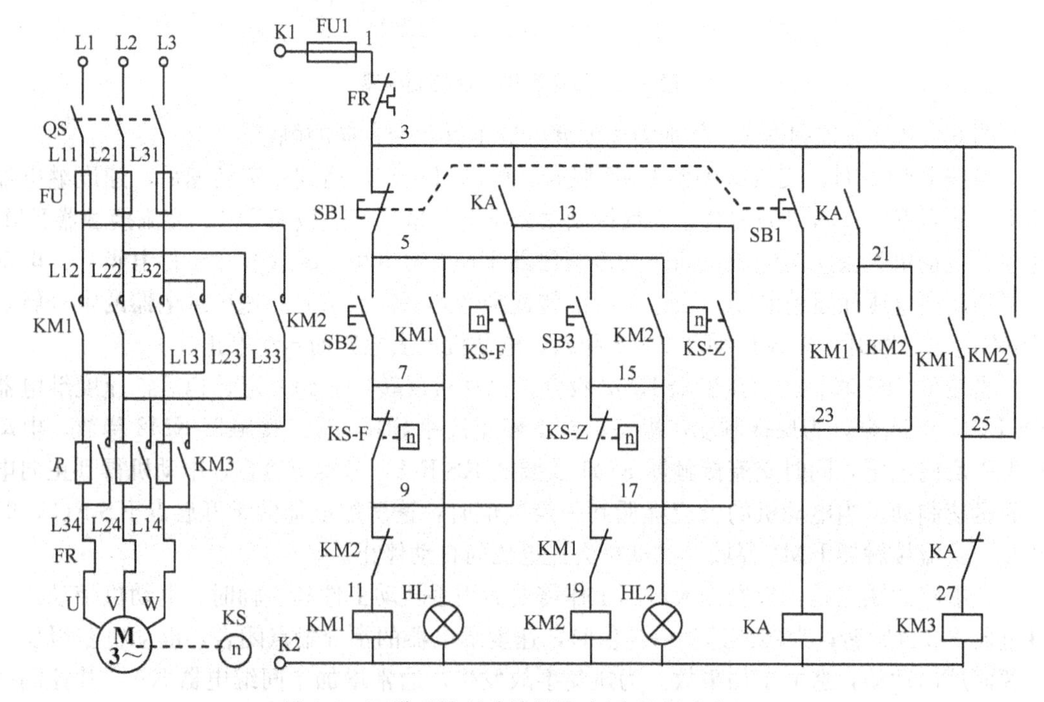

图 6.6　可逆反接制动控制线路(串接制动电阻)

在图 6.6 中，KM1 和 KM2 都使用了 3 个辅助常开触点和 1 个常闭触点，一些新型交流接触器外加辅助触点可以满足要求。对于多数交流接触器，辅助触点可能不够用，应加中间继电器来扩大触点的数量。

任务 6.2　单向运行能耗制动控制线路

6.2.1　任务书

(1) 任务名称：鼠笼式三相异步电动机单向运行时间继电器控制能耗制动控制线路。

(2) 功能要求：安装、调试鼠笼式三相异步电动机单向运行时间继电器控制能耗制动控制线路。

(3) 任务提交：现场功能演示，并提交相应的设计文件。

6.2.2　任务指导

能耗制动是在三相异步电动机脱离三相交流电流后，迅速给定子绕组通入直流电流，产生恒定磁场，利用转子感应电流与恒定磁场的相互作用达到制动的目的。此制动方法是将电动机旋转的动能变为电能，消耗在制动电阻上，故被称为能耗制动。

与反接制动相比，能耗制动电流要小得多，消耗的能量小，适用于电动机能量较大、要求制动平稳和制动频繁的场合。但是，能耗制动需要直流电源整流装置。

能耗制动控制线路分为单向运行和可逆运行两种。根据整流电路的方式，单向运行能耗制动控制线路又分为单管能耗制动控制线路和桥式整流能耗制动控制线路。根据控制方式又分为时间继电器控制和速度继电器控制两种。

6.2.2.1　单向运行单管能耗制动控制线路

单向运行单管能耗制动控制线路如图 6.7 所示。

制动过程：按下停止按钮 SB1，KM1 线圈失电，信号灯 HL 灭，电动机 M 断电惯性运转；同时 KT、KM2 线圈吸合并自锁，主触点闭合，220V 电源电压接入电动机两相定子绕组，并由另一相绕组经整流二极管 VD 和限流电阻 R 接到中性线 N，构成回路。使定子中产生一个恒定的静止磁场，这样做惯性运转的转子因切割磁感线而在转子绕组中产生感应电流，又因受到静止磁场的作用，产生电磁转矩，正好与电动机的转向相反，使电动机受制动迅速减速。当到达规定时间后，常闭触点 KT(11，13)断开，KM2 和 KT 线圈断电，能耗制动结束，电动机自由停车。

单管能耗制动控制线路简单，没有整流变压器，成本低，但制动效果较差，适用于电动机功率在 10kW 以下、制动要求不高的场合。

6.2.2.2　单向运行桥式整流能耗制动控制线路

单向运行桥式整流能耗制动控制线路如图 6.8 所示，其控制过程与图 6.7 相同，制动效果好，应用广泛，但增加了变压器，成本较高。

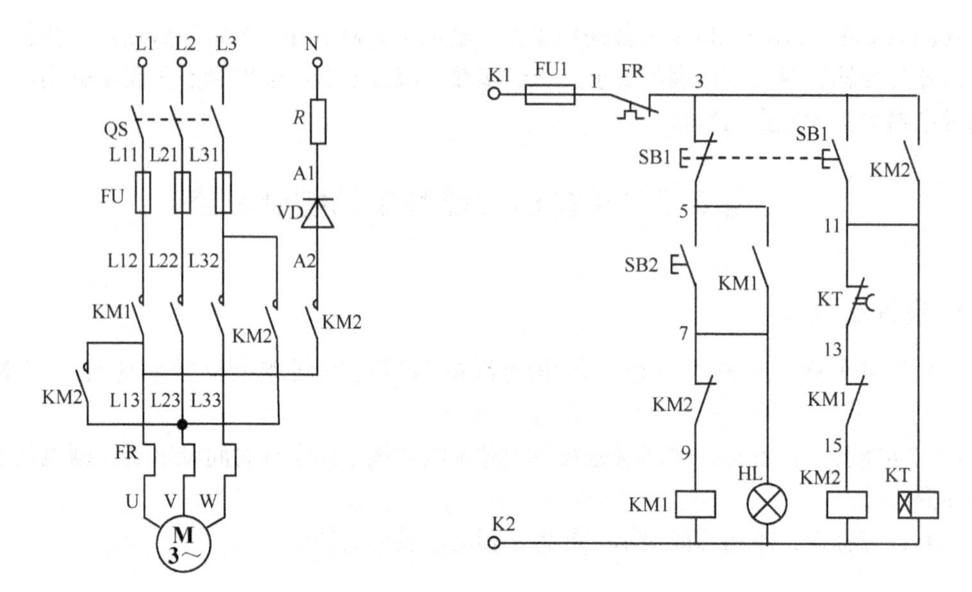

图 6.7　单管能耗制动控制线路

6.2.2.3　安装接线

图 6.8 所示的控制线路的控制板接线图如图 6.9 所示，操作箱接线图如图 6.10 所示，由于只有一列器件，故省略了器件布置图。图 6.7 所示的单管能耗制动接线图读者可自己完成。

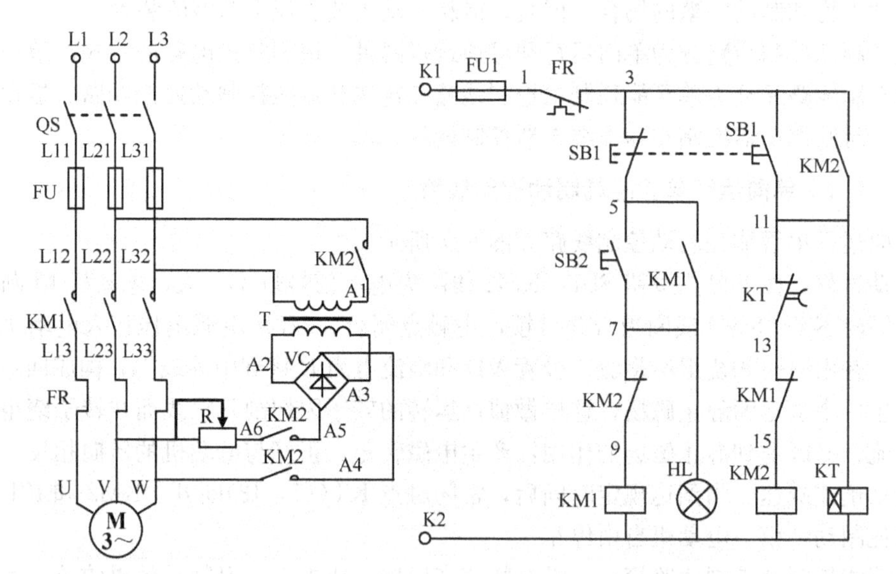

图 6.8　单向运行桥式整流能耗制动控制线路

6.2.2.4　调试

将控制板和操作箱下端子对应线号接在一起。

（1）接入控制电源。

（2）按下按钮 SB2，交流接触器 KM1 吸合，信号灯 HL 亮。

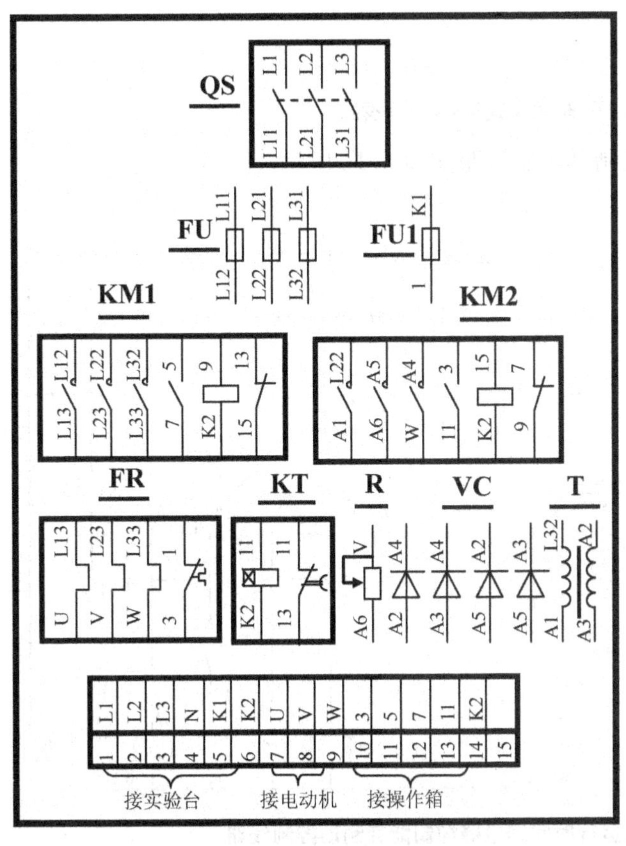

图 6.9 控制板接线图

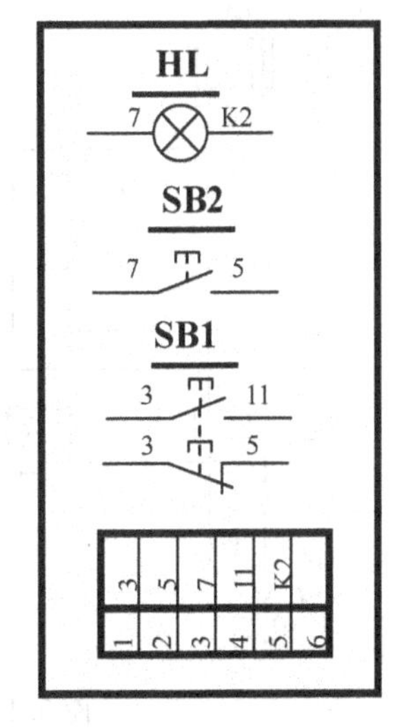

图 6.10 操作箱接线图

(3) 按下按钮 SB1，交流接触器 KM1 释放，信号灯 HL 灭，同时交流接触器 KM2 和时间继电器 KT 吸合，经过一定时间后 KM2 和 KT 释放，这说明控制电路工作正常。

(4) 合上开关 QS，送入三相电源。

(5) 按下按钮 SB2，交流接触器 KM1 吸合，信号灯 HL 亮，电动机旋转。

(6) 按下按钮 SB1，交流接触器 KM1 释放，信号灯 HL 灭，电动机的转速迅速降低到 100r/min 左右，然后自由停止，说明时间继电器 KT 整定时间合适。若 KT 动作过早或过晚，则应调整时间继电器。

任务 6.3 可逆运行能耗制动控制线路

6.3.1 任务书

(1) 任务名称：鼠笼式三相异步电动机可逆运行时间继电器控制能耗制动控制线路。

(2) 功能要求：安装、调试鼠笼式三相异步电动机可逆运行时间继电器控制能耗制动控制线路。

(3) 任务提交：现场功能演示，并提交相应的设计文件。

6.3.2 任务指导

6.3.2.1 可逆运行时间继电器控制能耗制动控制线路

可逆运行时间继电器控制能耗制动控制线路如图 6.11 所示。

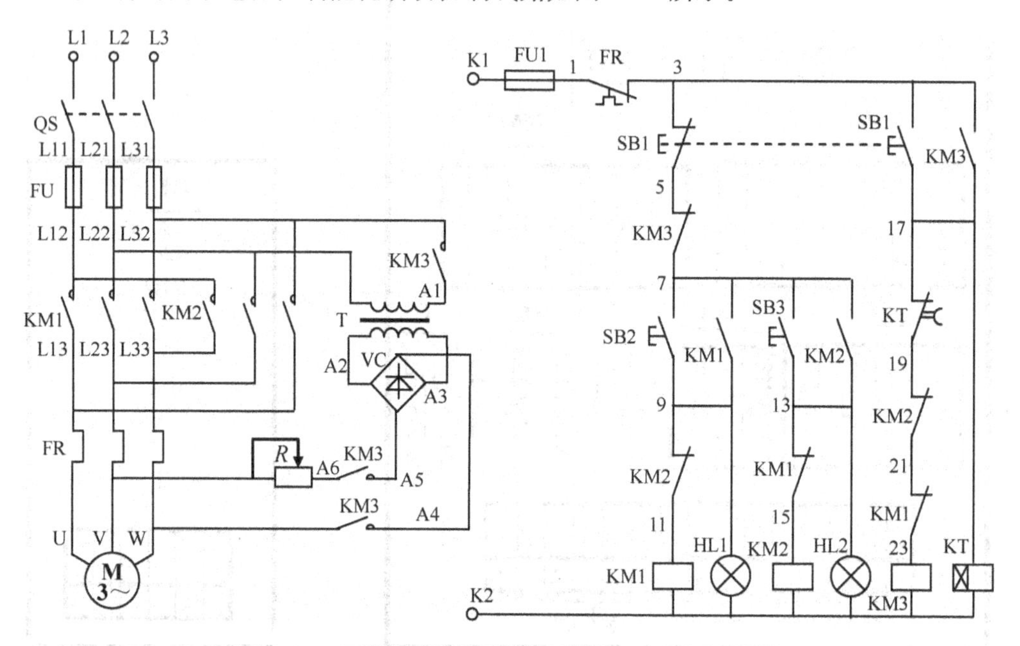

图 6.11 可逆运行时间继电器控制能耗制动控制线路

6.3.2.2 安装接线

控制板接线图如图 6.12 所示，操作箱接线图如图 6.13 所示。

6.3.2.3 调试

将控制板和操作箱下端子对应线号接在一起。

(1) 接入控制电源。

(2) 按下按钮 SB2，交流接触器 KM1 吸合，信号灯 HL1 亮。

(3) 按下按钮 SB1，交流接触器 KM1 释放，信号灯 HL1 灭，同时交流接触器 KM3 和时间继电器 KT 吸合，经过一定时间后 KM3 和 KT 释放，这说明正转控制电路工作正常。

(4) 按下按钮 SB3，交流接触器 KM2 吸合，信号灯 HL2 亮。

(5) 按下按钮 SB1，交流接触器 KM2 释放，信号灯 HL2 灭，同时交流接触器 KM3 和时间继电器 KT 吸合，经过一定时间后 KM3 和 KT 释放，这说明反转控制电路工作正常。

(6) 合上开关 QS，送入三相电源。

(7) 按下按钮 SB2，交流接触器 KM1 吸合，信号灯 HL1 亮，电动机旋转。

(8) 按下按钮 SB1，交流接触器 KM1 释放，信号灯 HL 灭，电动机的转速迅速降低到 100r/min 左右，然后自由停止，说明时间继电器 KT 整定时间合适。若 KT 动作过早

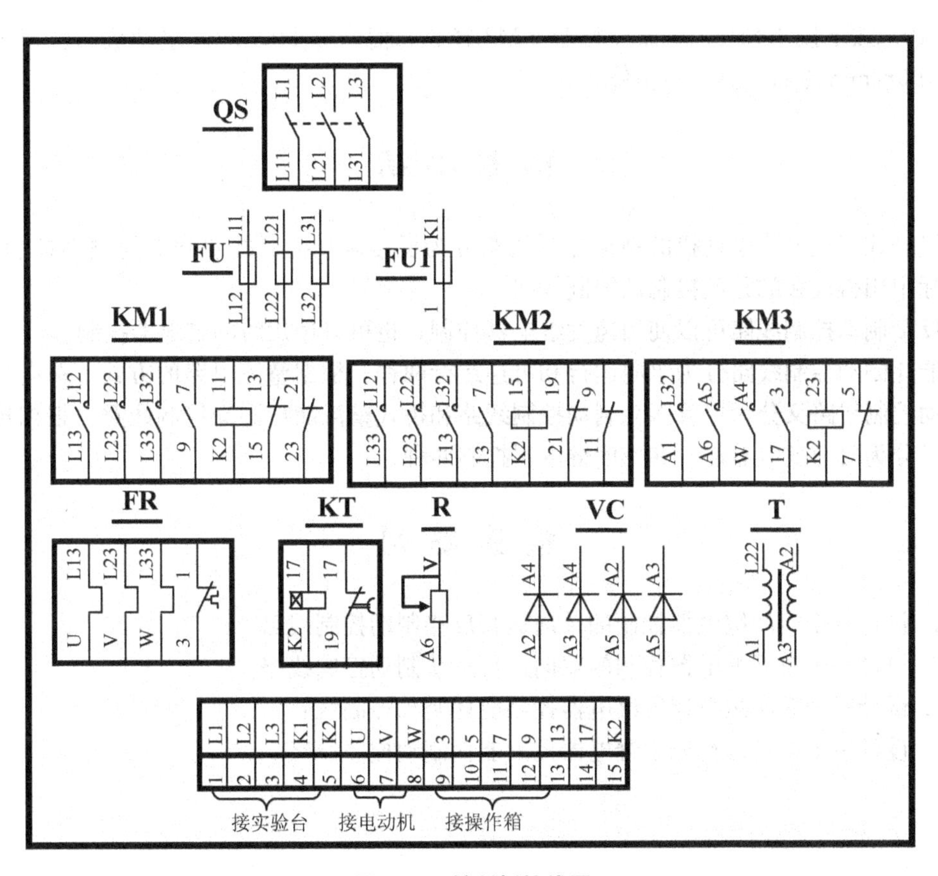

图 6.12　控制板接线图

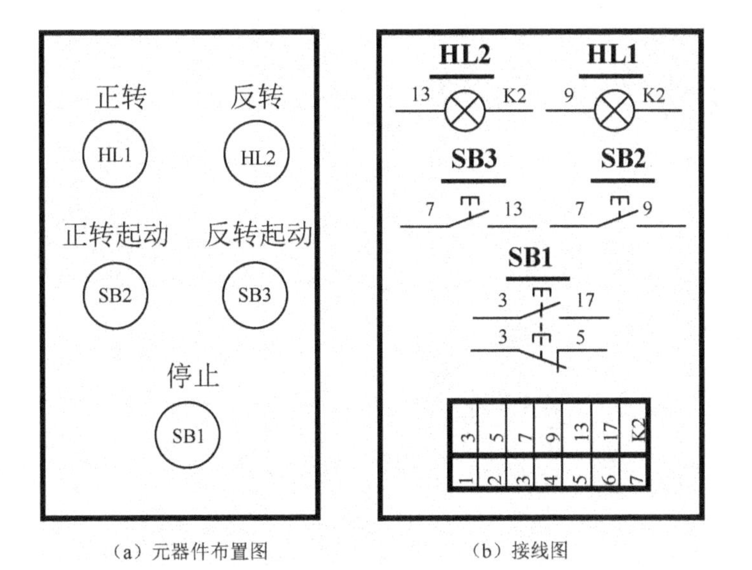

（a）元器件布置图　（b）接线图

图 6.13　操作箱接线图

或过晚，应调整时间继电器。

（9）按下按钮 SB3，交流接触器 KM2 吸合，信号灯 HL2 亮，电动机反向旋转。

(10) 按下按钮 SB1，交流接触器 KM2 释放，信号灯 HL2 灭，电动机的转速迅速降低到 100r/min 左右，然后自由停止，

情景小结

鼠笼式三相异步电动机的制动控制线路分为反接制动控制线路和能耗制动控制线路。在实际中用得较多的是反接制动控制线路。

反接制动控制线路可以使用速度继电器控制，也可以使用时间继电器控制。

能耗制动控制线路分为单向运行和可逆运行两种。根据整流电路的方式，单向运行能耗制动控制线路又分为单管能耗制动控制线路和桥式整流能耗制动控制线路。根据控制方式它又分为时间继电器控制和速度继电器控制两种。

情景练习

1. 设计一个时间继电器控制的单向运行反接制动控制线路。
2. 设计一个时间继电器控制的双向运行反接制动控制线路。
3. 设计一个单向运行速度继电器控制能耗制动控制线路。
4. 设计一个可逆运行速度继电器控制能耗制动控制线路。

情景7

感应式双速异步电动机变速控制线路

情景描述

在某些特殊拖动电路中，需要采用双速电动机；有时甚至需要采用三速或四速的电动机。这些多速电动机的原理及控制方法基本相同。

名人名言

不放弃！决不放弃！永不放弃！

——丘吉尔

任务7.1　手动切换双速异步电动机控制线路

7.1.1　任务书

（1）任务名称：手动切换双速异步电动机变速控制。

（2）功能要求：安装、调试手动切换双速异步电动机控制线路。

（3）任务提交：现场功能演示，并提交相应的设计文件。

7.1.2　任务指导

7.1.2.1　双速电动机的接法

由电机学可知，异步电动机的同步转速即旋转磁场的转速为

$$n_1 = \frac{60f}{P}$$

式中　n_1—— 同步转速(r/min)；

　　f——定子频率(即电源频率 Hz)；

　　P——磁极对数。

异步电机的转速为

$$n = (1-s)n_1 = \frac{60f}{P}(1-s)$$

式中　s——转差率。

从上式可知，要调节异步电动机的转速应从 P、s、f 三个分量入手，因此，异步电动机的调速方式相应可分为 3 种，即变极调速、变转差率调速和变频调速。

变极调速是对鼠笼式异步电动机通过改变电动机绕组的接线方式，使电动机从一种极对数变为另一种极对数，从而实现异步电动机的有级调速。变极调速所需设备简单，价格低廉，工作也比较可靠。变极调速电动机的关键在于绕组设计，以最少的绕组抽头和接线达到最好的电动机技术性能指标。

双速异步电动机常用的调速方式有两种：三角形/双星形(△/YY)接法的双速电动机的控制线路和星形/双星形(Y/YY)接法的双速电动机的控制线路。

△/YY接法的双速异步电动机还是Y/YY接法的双速异步电动机在产品出厂时就已经确定，不能改变。

1. △/YY接法

△/YY接法的电动机共有 6 个出线端，改变这六个出线端与电源的连接方式，就可以得到两种不同的转速。

双速电动机 6 个引出端的符号为 U1、V1、W1、U2、V2、W2；对应的旧符号为 D1、D2、D3、D4、D5、D6。其定子绕组接线图如图 7.1 所示。

由图 7.1 可知，当电动机需要低速工作时，三相电源 L1、L2、L3 分别接 U1、V1、W1，其余三个出线端空着不接。此时电动机接成三角形，磁极为四极(两对磁极)，电动机的实际转速大约每分钟 1450r(同步转速 1500r/min)；当电动机需要高速运转时，三相

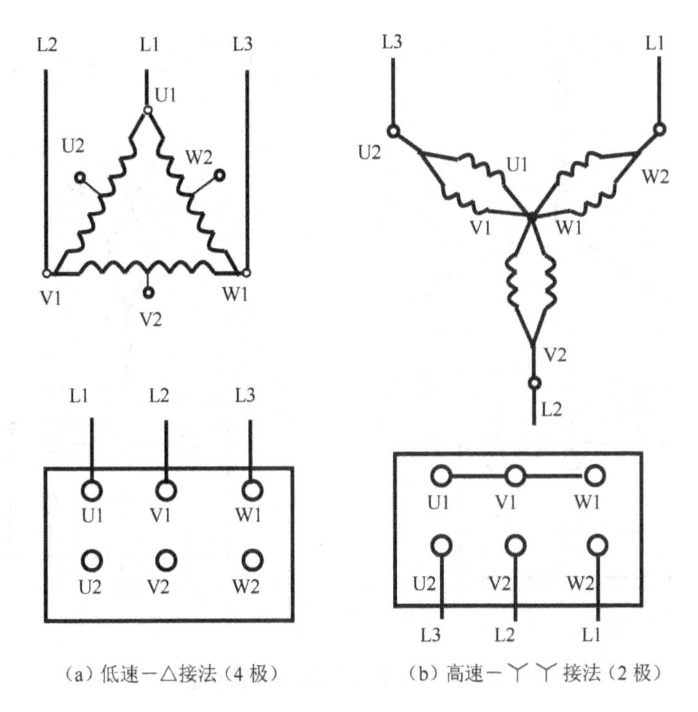

(a) 低速—△接法（4 极）　　(b) 高速—丫丫接法（2 极）

图 7.1　△/丫丫接法双速电动机接线图

电源分别接在 U2、V2、W2 三个出线端上，其余三个出线端短接。磁极为二极（一对磁极），电动机转速为每分钟 2900r（同步转速 3000r/min）。

2. 丫/丫丫接法

丫/丫丫接法的双速电动机也有 6 个出线端，改变这 6 个出线端与电源的连接方式，就可以得到两种不同的转速。6 个引出端的符号也是 U1、V1、W1、U2、V2、W2，其定子绕组接线图如图 7.2 所示。

由图 7.2 可知，当电动机需要低速工作时，三相电源 L1、L2、L3 分别接 U1、V1、W1，其余三个出线端空着不接。此时电动机接成丫形，磁极为四极（两对磁极），电动机的实际转速大约每分钟 1450r（同步转速 1500r/min）；当电动机需要高速运转时，三相电源分别接在 U2、V2、W2 三个出线端上，其余三个出线端短接。磁极为二极（一对磁极），电动机转速为每分钟 2900r 左右（同步转速 3000r/min）。

比较图 7.1 和图 7.2 可见，△/丫丫接法和丫/丫丫接法的双速电动机对外电路的要求完全相同，都是低速时 U1、V1、W1 接三相电源，U2、V2、W2 悬空不接；高速时 U1、V1、W1 短接，U2、V2、W2 接三相电源。

从图 7.1 和图 7.2 还可以看出，低速和高速相序不同。

为防止反接，在调试时应高速和低速单独调试。若低速反了，可调换 U1、V1、W1 中的任意两根接线；若高速反了，可调换 U2、V2、W2 中的任意两根接线。

7.1.2.2　控制电路分析

双速电动机的控制线路主电路如图 7.3 所示，图中没有使用热继电器。若双速电动机的低速和高速运行时间都不长，可以不用热继电器作过载保护。也可以像图 7.4 那样加一

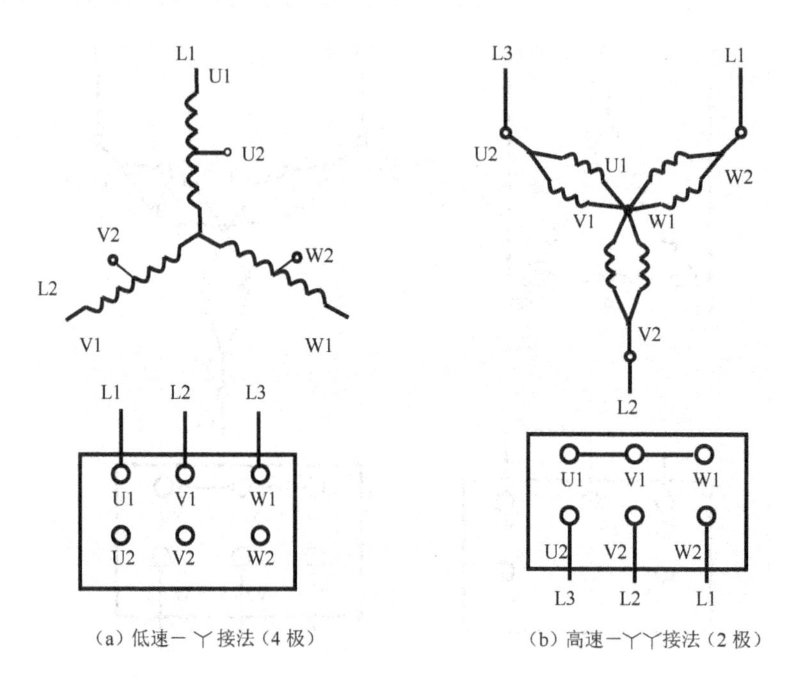

（a）低速—Y接法（4极）　（b）高速—YY接法（2极）

图7.2　Y/YY接法双速电动机接线图

个热继电器，放在电路的公共部位。由于高速和低速电动机的额定电流不同，所以，图7.4中的热继电器对高速有过载保护作用，而对低速保护作用不大，仅适合于电动机低速运行时间不长，而高速运行时间较长的场合。

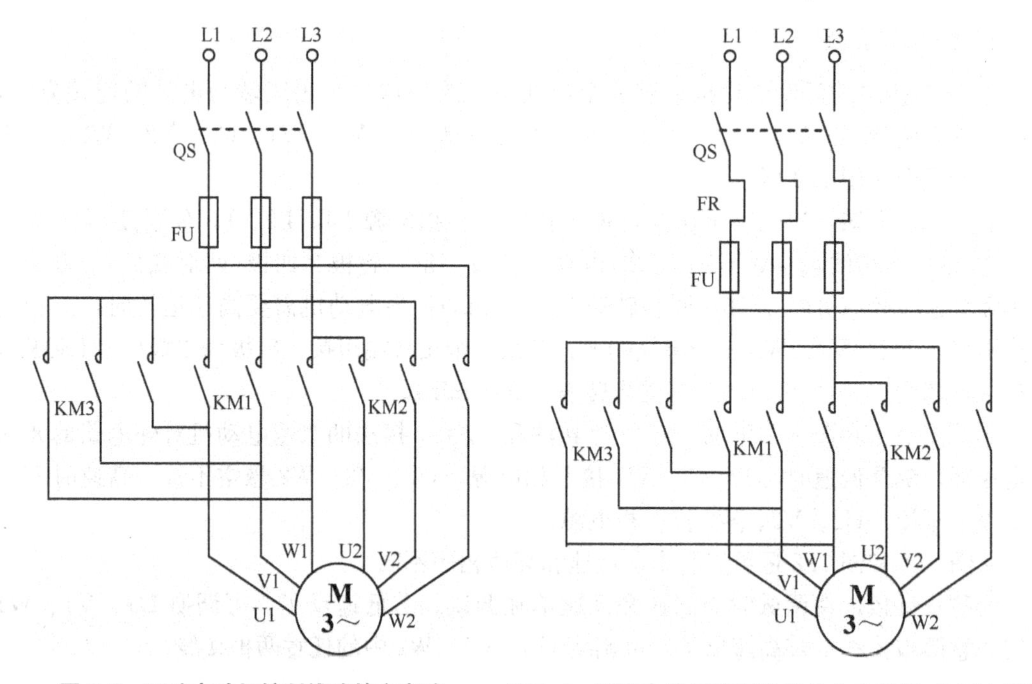

图7.3　双速电动机控制线路的主电路　　**图7.4　双速电动机控制线路的主电路（加热继电器）**

由于双速电动机可以在低速和高速长期运行，若要高速和低速都有过载保护作用，应该加两个热继电器，如图7.5所示。两个热继电器的额定电流分别按照电动机高速和低速

的额定电流选取。

图 7.3、图 7.4 和图 7.5(a)对于控制电路的要求基本一样，只是加了热继电器的常闭触点而已。对控制电路的要求：低速 KM1 吸合，KM2、KM3 不动作；高速 KM1 释放，KM2、KM3 吸合；KM1、KM2 和 KM3 绝对不能同时吸合。

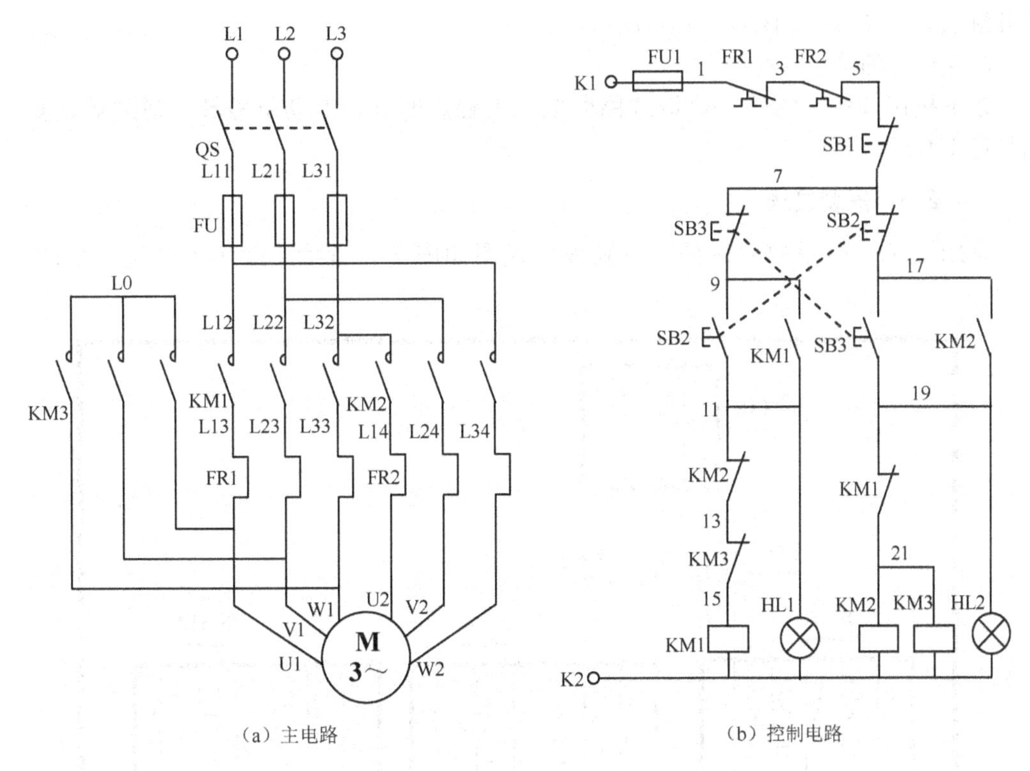

（a）主电路　　　　（b）控制电路

图 7.5　双速电动机控制线路

控制电路分析如下。

1. 低速运行

合上开关 QS，电路的低速启动过程如下。

按下低速按钮 SB2，交流接触器 KM1 线圈通电，KM1 主触点闭合，电动机低速运行；同时 KM1(7，11)常开辅助触点闭合，自锁；KM1(19，21)常闭辅助触点断开，互锁；信号灯 HL1 亮，低速运行指示。

如果电路原来处于高速运行状态，按下低速按钮 SB2 后，按钮的常闭触点 SB2(7，17)首先断开，交流接触器 KM2 和 KM3 线圈断电，停止高速运行状态，信号灯 HL2 灭。然后按钮的常开触点 SB2(9，11)闭合，过程同上。

低速运行的停止过程如下。

按下按钮 SB1，KM1 线圈断电，KM1 主触点断开，电动机停转；KM1(7，9)常开辅助触点和常闭辅助触点复位，信号灯 HL1 灭。

2. 高速运行

合上开关 QS，电路的高速启动过程如下。

按下高速按钮 SB3，交流接触器 KM2、KM3 线圈通电，KM2 和 KM3 主触点闭合，电动机高速运行；同时 KM2(17，19)常开辅助触点闭合，自锁；KM2(11，13)和 KM3(13，15)常闭辅助触点断开，互锁；信号灯 HL2 亮，高速运行指示。

如果电路原来处于低速运行状态，按下高速按钮 SB3 后，按钮的常闭触点 SB3(7，9)首先断开，交流接触器 KM1 线圈断电，停止低速运行状态，信号灯 HL1 灭。然后按钮的常开触点 SB3(17，19)闭合，过程同上。

高速运行的停止过程如下。

按下按钮 SB1，KM2、KM3 线圈断电，主触点断开，电动机停转，辅助触点复位，信号灯 HL2 灭。

7.1.2.3 安装接线

采用图 7.5 所示的原理图，控制板接线图如图 7.6 所示，操作箱接线图如图 7.7 所示。

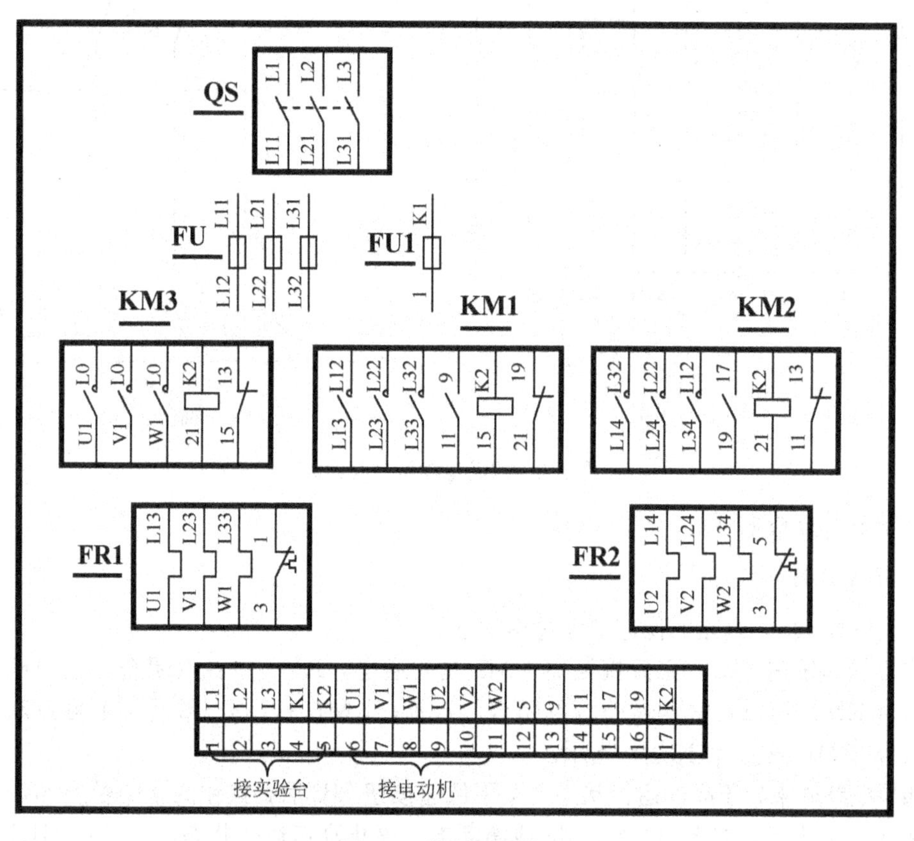

图 7.6 控制板接线图

7.1.2.4 调试

(1) 将控制板中的 12～17 号端子与操作箱中 1～6 号端子相同线号接在一起(5、9、11、17、19、K2 对应相接)。

(2) 接通控制电路电源。

(3) 按下低速启动按钮 SB2，接触器 KM1 吸合，信号灯 HL1 亮。

(4) 按下停止按钮 SB1，接触器 KM1 释放，信号灯 HL1 灭。

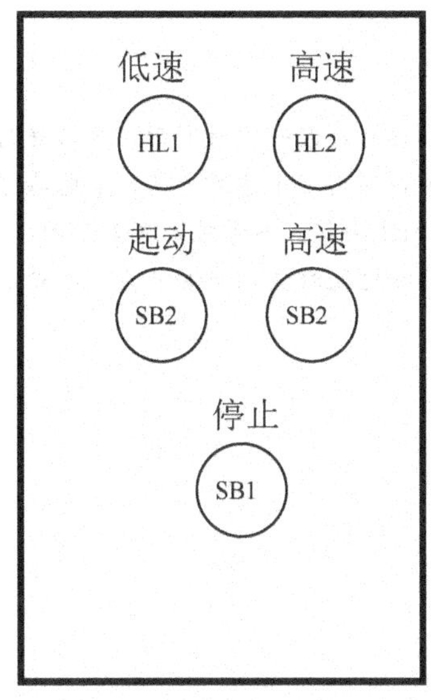

(a) 元器件布置图

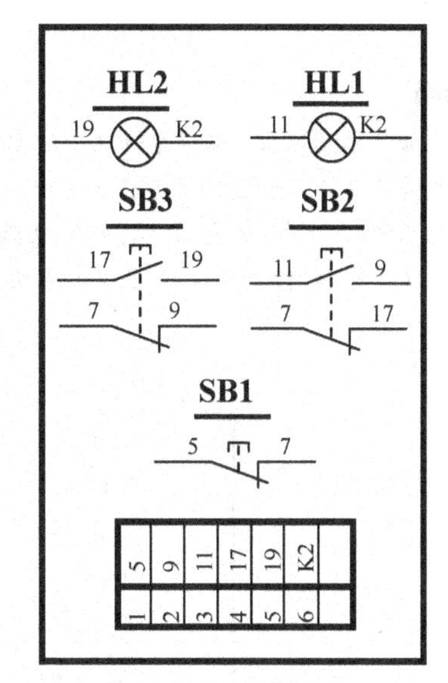

(b) 接线图

图 7.7　操作箱接线图

(5) 按下高速启动按钮 SB3，接触器 KM2、KM3 吸合，信号灯 HL2 亮。

(6) 按下停止按钮 SB1，接触器 KM2、KM3 释放，信号灯 HL2 灭。

(7) 再按下低速启动按钮 SB2，接触器 KM1 吸合，信号灯 HL1 亮；按下高速启动按钮 SB3，接触器 KM1 释放，信号灯 HL1 灭，然后接触器 KM2、KM3 吸合，信号灯 HL2 亮；再按下低速启动按钮 SB2，接触器 KM2、KM3 释放，信号灯 HL2 灭，然后接触器 KM1 吸合，信号灯 HL1 亮；按下停止按钮 SB1 停止。

这说明控制电路工作正常。

(8) 合上开关 QS，送入三相电源。

(9) 重复步骤 3、4，看电动机低速运行是否正常。在实际中，若转向接反，可调换 U1、V1、W1 中的任意两根接线。

(10) 重复步骤 5、6，看电动机高速运行是否正常。在实际中，若转向接反，可调换 U2、V2、W2 中的任意两根接线。

(11) 重复步骤 7 看电动机低速与高速转换运行是否正常，特别注意电动机转向必须一致。

7.1.3　实训　自动切换双速异步电动机控制线路

(1) 任务名称：自动切换双速异步电动机控制线路。

(2) 功能要求：安装、调试自动切换双速异步电动机控制线路。工艺要求：按下启动按钮，电动机低速启动运行，经一定时间后，自动转为高速运行，按下停止按钮停止运行。

(3) 任务提交：现场功能演示，并提交实训报告。

【线路提示】

有时工艺要求按下启动按钮，双速电动机低速启动运行，经一定时间后，自动转为高速运行，按下停止按钮，电动机停止运行。由于低速不长期运行，可以只用一个热继电器，主电路可选用图 7.4 所示的电路，也可以选用图 7.5 所示的电路，将热继电器 FR1 去掉。参考控制线路如图 7.8 和图 7.9 所示。图 7.8 采用了通电延时型时间继电器，而图 7.9 采用了断电延时型时间继电器，读者还可以设计其他控制线路。

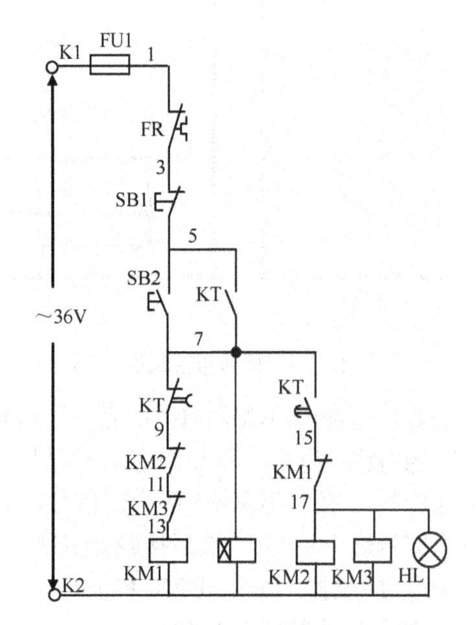

图 7.8　双速电动机自动切换控制线路

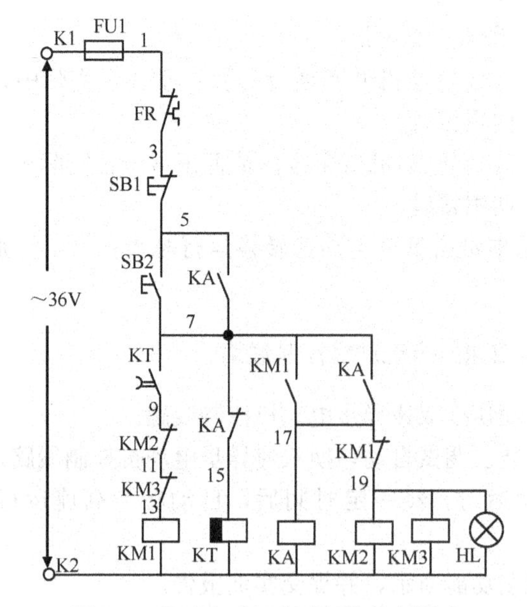

图 7.9　双速电动机自动切换控制线路

实训要求：参考控制线路图 7.8、图 7.9 或者自行设计控制线路均可。

任务 7.2　双速异步电动机低速、高速自动循环控制线路

7.2.1　任务书

(1) 任务名称：双速异步电动机低速、高速自动循环控制线路。

(2) 功能要求：安装、调试手动切换双速异步电动机控制线路。工艺要求：按下启动按钮，电动机低速运行 30s，高速运行 20s，依次循环。按下停止按钮停止运行。

(3) 任务提交：现场功能演示，并提交相应的设计文件。

7.2.2　任务指导

7.2.2.1　控制电路分析

有时工艺还可以要求按下启动按钮后，双速异步电动机低速、高速自动循环运行，主电路如图 7.5(a)所示。参考控制线路如图 7.10 所示。

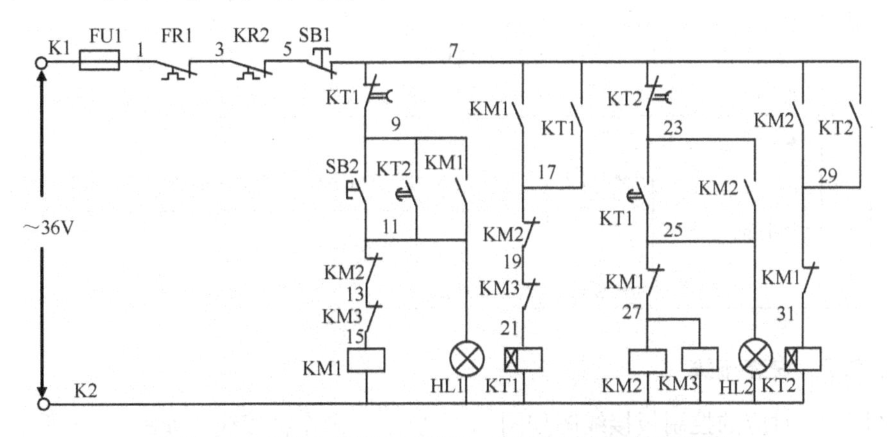

图 7.10　双速异步电动机低速、高速自动循环控制线路

如果时间继电器没有瞬动触点，应加中间继电器，参考控制线路如图 7.11 所示。

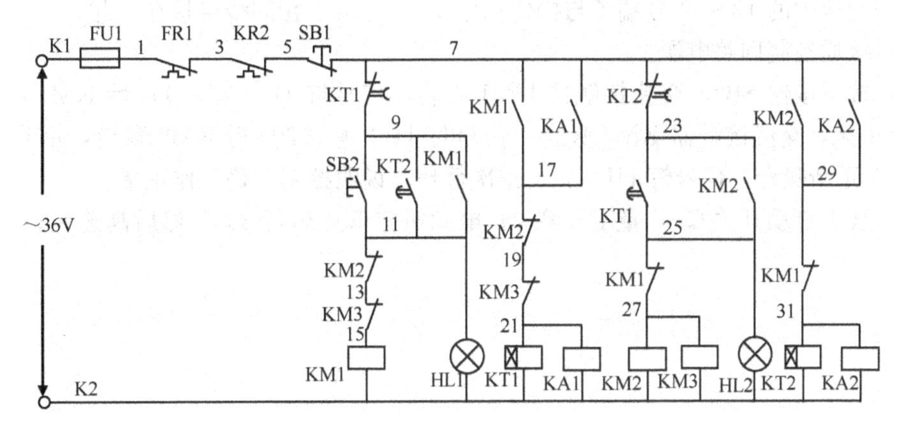

图 7.11　双速异步电动机低速、高速自动循环控制线路

对控制电路(图 7.11)分析如下：

合上开关 QS，电路的低速启动过程如下。

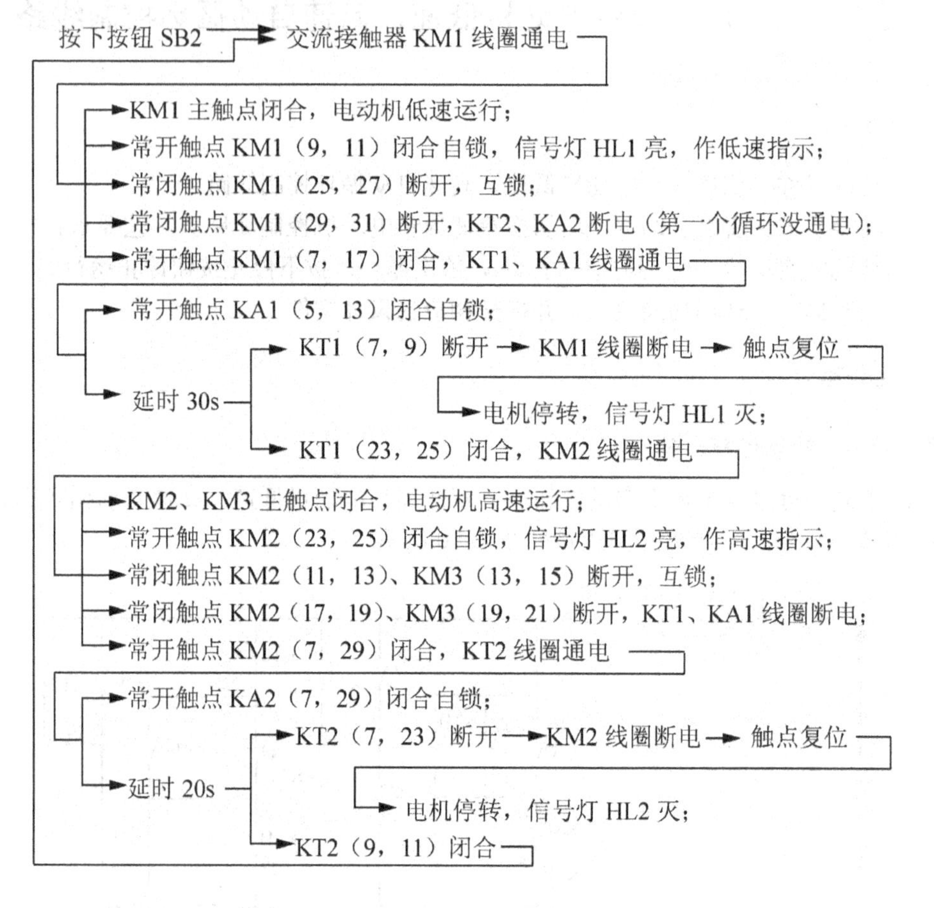

7.2.2.2 安装接线

与图 7.11 对应的控制板接线图如图 7.12 所示，操作箱接线图如图 7.13 所示。

7.2.2.3 调试

将控制板中的 12～17 号端子与操作箱中 1～6 号端子相同线号接在一起。

(1) 接通控制回路电源。

(2) 按下按钮 SB2，交流接触器 KM1 吸合，信号灯 HL1 亮；30s 后 KM1 释放，信号灯 HL1 灭，交流接触器 KM2 吸合，信号灯 HL2 亮；20s 后 KM2 释放，信号灯 HL2 灭，KM1 重新吸合，信号灯 HL1 亮，依次循环。说明控制电路工作正常。

(3) 合上自动开关 QS，重复步骤 2，电动机应低速运行 30s，然后高速运行 20s，依次循环。

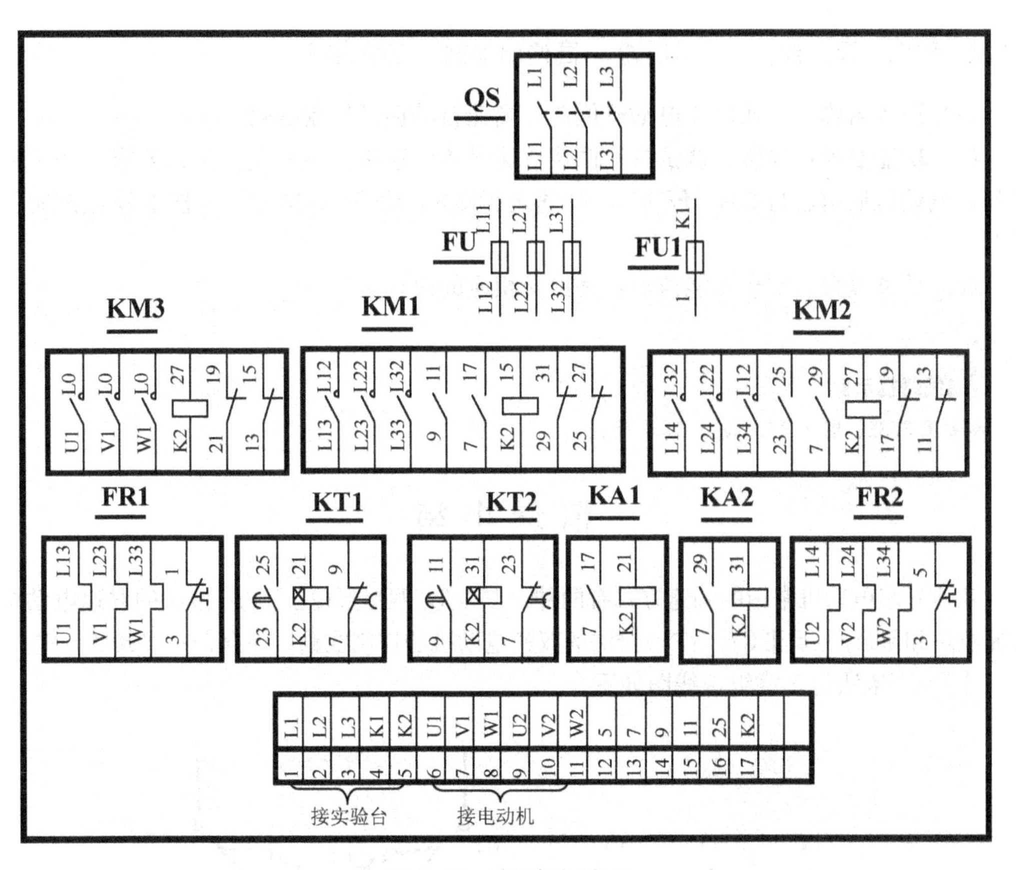

图 7.12　控制板接线图

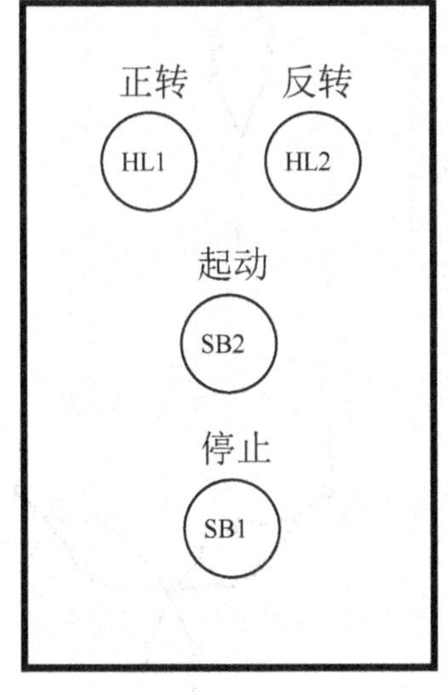

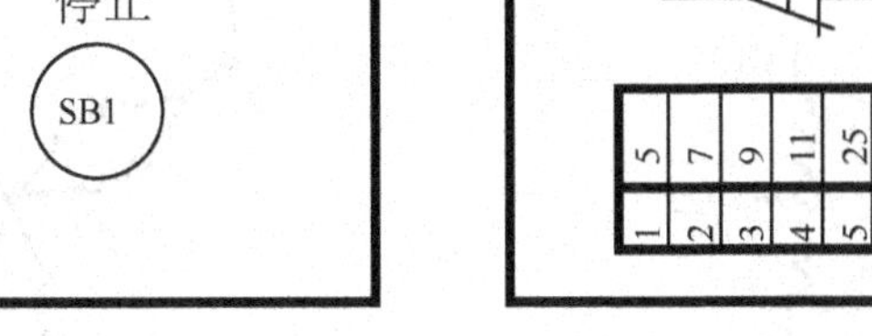

（a）元器件布置图　　（b）接线图

图 7.13　操作箱接线图

7.2.3 实训　双速异步电动机低速、高速自动循环控制线路

(1) 任务名称：双速异步电动机低速、高速自动循环控制线路。

(2) 功能要求：安装、调试自动循环双速异步电动机控制线路。工艺要求：按下启动按钮，电动机低速运行 30s，停 10s，高速运行 20s，停 5s 依次循环。按下停止按钮停止运行。

(3) 任务提交：现场功能演示，并提交相应的设计文件。

【线路提示】

参考图 3.32、图 3.33 或图 3.34 设计。

情景小结

双速异步电动机常用的调速方式有两种：三角形/双星形(△/丫丫)接法的双速电动机的控制线路和星形/双星形(丫/丫丫)接法的双速电动机的控制线路。还存在一些其他方式。

△/丫丫接法定子绕组接线图如下。

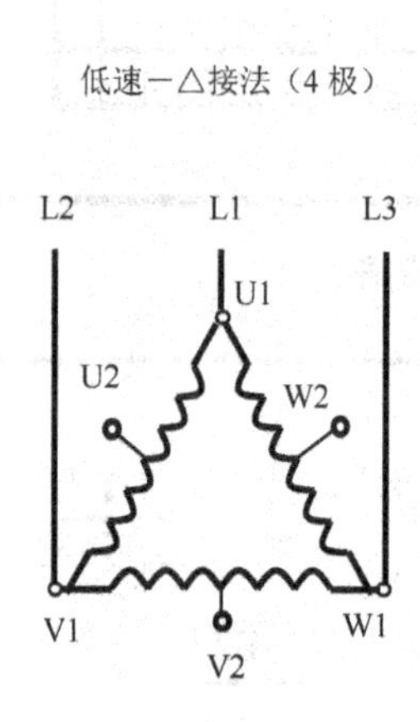

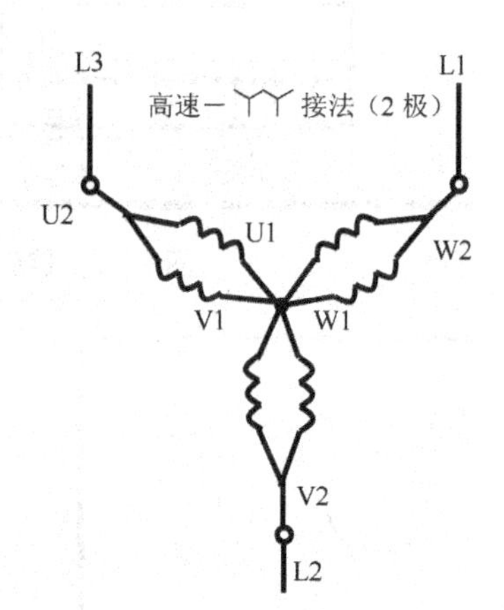

丫/丫丫接法定子绕组接线图如下。

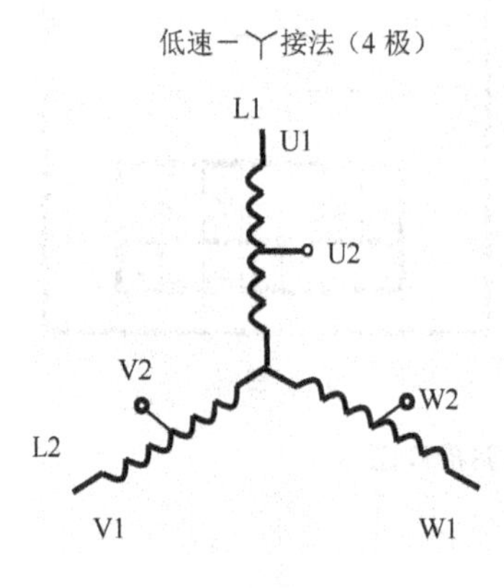

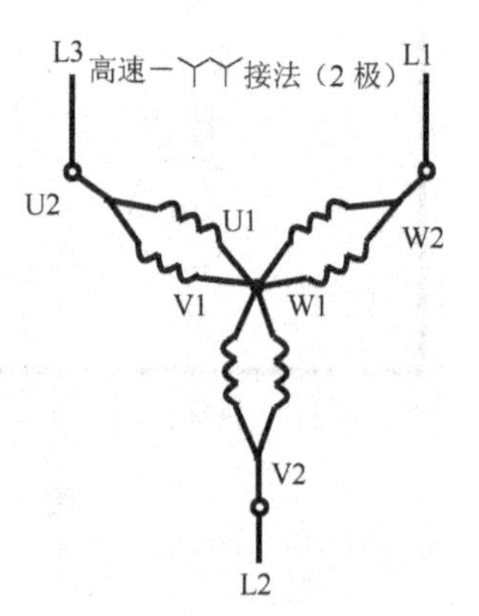

△/丫丫接法和丫/丫丫接法的双速电动机对外电路的要求完全相同，都是低速时 U1、

V1、W1 接三相电源，U2、V2、W2 悬空不接；高速时 U1、V1、W1 短接，U2、V2、W2 接三相电源。如下图所示。

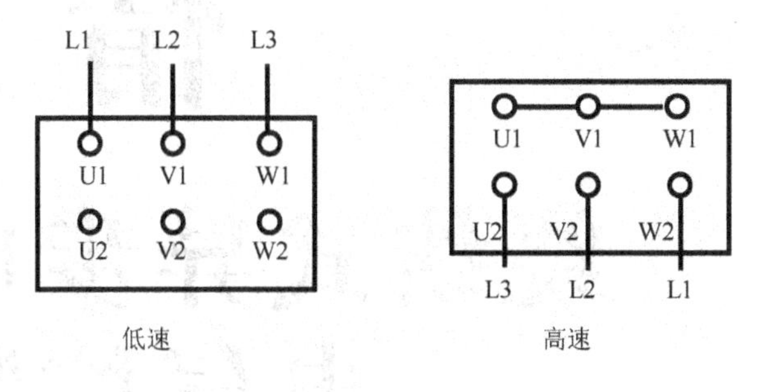

情 景 练 习

1. 鼠笼式异步电动机能否接成双速电动机？
2. 双速电动机有哪几个接线端？高速和低速如何连接？
3. 双速电动机能否低速长期运行？
4. 双速电动机属于哪种调速方式？

情景8

绕线式异步电动机电气控制线路

情景描述

绕线式异步电动机是异步电动机的一类。异步电动机按转子绕组形式，分为绕线式和鼠笼式。

鼠笼式异步电动机转子绕组不外接，而绕线式异步电动机转子绕组通过集电环外接电抗来达到减小启动电流、提高启动转矩的目的。在要求启动转矩高的场合，如起重机、卷扬机、行车等，绕线式异步电动机被广泛采用。

绕线式异步电动机的启动设备有启动变阻器、频敏变阻器、凸轮控制器等。

名人名言

涓滴之水终可以磨损大石，不是由于它力量强大，而是由于昼夜不舍的滴坠。

——贝多芬

任务8.1　时间继电器控制串电阻启动控制线路

8.1.1　任务书

(1) 任务名称：时间继电器控制绕线式异步电动机串电阻启动控制线路。

(2) 功能要求：安装、调试时间继电器控制绕线式异步电动机串电阻启动控制线路，有3级电阻，依次切除。

(3) 任务提交：现场功能演示，并提交相应的设计文件。

8.1.2　任务指导

8.1.2.1　绕线式异步电动机简介

绕线式异步电动机的转子绕组是一个与定子绕组具有相同极数的三相对称绕组。转子绕组一般都接成星形，绕组的末端接在一起，绕组的首端分别接到转轴上的三个与转轴绝缘的集电环上，再通过安装在定子端盖上的电刷装置与外电路相连。

绕线式异步电动机在启动时通常采用转子串电阻启动，或者是采用频敏变阻器启动。绕线式异步电动机启动电流小，且启动扭矩大，并能在一定范围内调节速度，适合启动时间较长和启动较频繁的场合。

绕线式异步电动机转子串电阻启动时，在绕线式异步电动机的转子回路中串入合适的三相对称电阻。如果正确选取电阻器的电阻值，可以使转子回路最大转矩产生在电动机启动瞬间，从而缩短启动时间，达到减小启动电流、增大启动转矩的目的。随着电动机转速的升高，可变电阻逐级减小。启动完毕后，可变电阻减小到零，转子绕组被直接短接，电动机便在额定状态下运行。这种启动方法的优点是不仅能够减少启动电流，而且能使启动转矩保持较大范围，故在需要重载启动的设备如桥式起重机、卷扬机、龙门吊车等场合被广泛采用。其缺点是所需的启动设备较多，一部分能量消耗在启动电阻，而且启动级数较少。

频敏变阻器是一种阻抗值随频率明显变化(敏感于频率)、静止的无触点电磁元件，它实质上是一个铁心损耗非常大的三相电抗器。在电动机转子回路串接频敏变阻器启动时，将频敏变阻器串接在转子绕组中，由于频敏变阻器的等值阻抗随转子电流频率减小而减小，从而达到自动变阻的目的，因此只需要用一级频敏变阻器就可以平稳地把电动机启动起来。串接频敏变阻器启动的不足之处：由于有电感存在，使功率因数较低，启动转矩并不很大。因此当绕线式异步电动机在轻载启动时，采用频敏变阻器法启动优点较明显，如重载启动，一般采用串电阻启动。

8.1.2.2　转子回路串电阻启动控制电路

按钮切换转子回路串电阻启动控制电路如图8.1所示。

图8.1中采用了3级电阻，电阻的数量可以根据需要增加和减少。工作过程：按下启动按钮SB2，交流接触器KM吸合，转子回路串全部电阻启动，启动后，依次按下按钮SB3、SB4、SB5，将电阻$R1$、$R2$、$R3$切除，启动过程结束，信号灯HL亮。

该控制线路在工作过程中，两个已经失去作用的接触器KM1和KM2处于吸合状态，

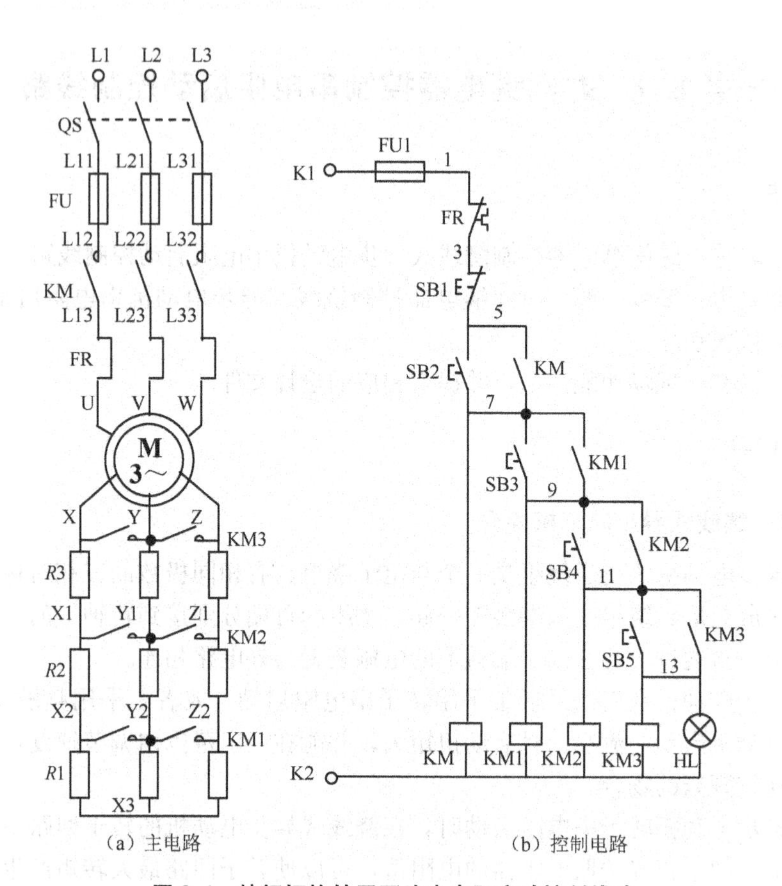

图 8.1　按钮切换转子回路串电阻启动控制线路

不仅浪费一定的能源，也减少了接触器的使用寿命。通常，将不起作用的器件切除，使其处于不通电的状态。修改后的控制电路如图 8.2 所示。

按钮切换虽然简单，但操作麻烦，且切换时间不宜精确控制，采用得不多。通常都采用时间继电器或电流继电器自动切换。

采用时间继电器自动切换的主电路不变，参考控制电路如图 8.3 所示。

图 8.3 所示的电路由时间继电器 KT1、KT2、KT3 控制三段电阻的切除，其工作过程如下。

合上开关 QS，接通控制电路电源，按下启动按钮 SB2，交流接触器 KM 线圈通电并自锁，KM 主触点闭合，电动机转子带全部电阻启动；常开辅助触点 KM(5，15)闭合，时间继电器 KT1 线圈通电，常开触点 KT1(15，19)延时闭合，KM1 线圈通电并自锁，KM1 主触点闭合，切除电阻 $R1$；常开辅助触点 KM1(15，21)闭合，KT2 线圈通电，常开触点 KT2(15，23)延时闭合，KM2 线圈通电并自锁，KM2 主触点闭合，切除电阻 $R2$；常开辅助触点 KM2(15，25)闭合，KT3 线圈通电，常开触点 KT3(15，27)延时闭合，KM3 线圈通电并自锁，KM3 主触点闭合，切除电阻 $R3$；常闭辅助触点 KM3(15，17)断开，使 KT1、KT2、KT3、KM1、KM2 线圈失电，电动机进入正常运行状态，所有电阻被短接。正常工作时，只有 KM1、KM4 两接触器通电。

采用转子回路串电阻启动，在启动过程中，电阻分级切除会造成电流和转矩的突变，产生机械冲击。

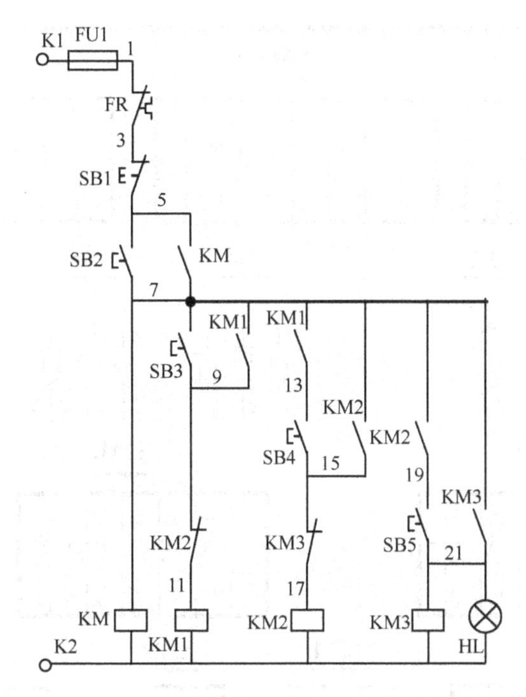

图 8.2　绕线式电动机串电阻启动控制线路

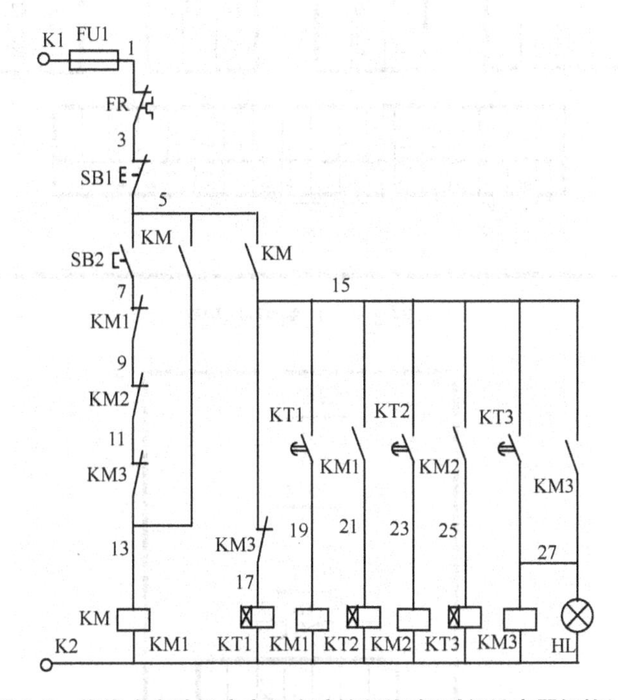

图 8.3　绕线式电动机串电阻启动控制线路(时间继电器切换)

8.1.2.3　安装接线

图 8.3 所示的电路控制板接线图如图 8.4 所示，操作箱接线图如图 8.5 所示。

图 8.4 中，由于实验用的绕线式电动机功率很小，电阻的功率不大，我们将电阻安装

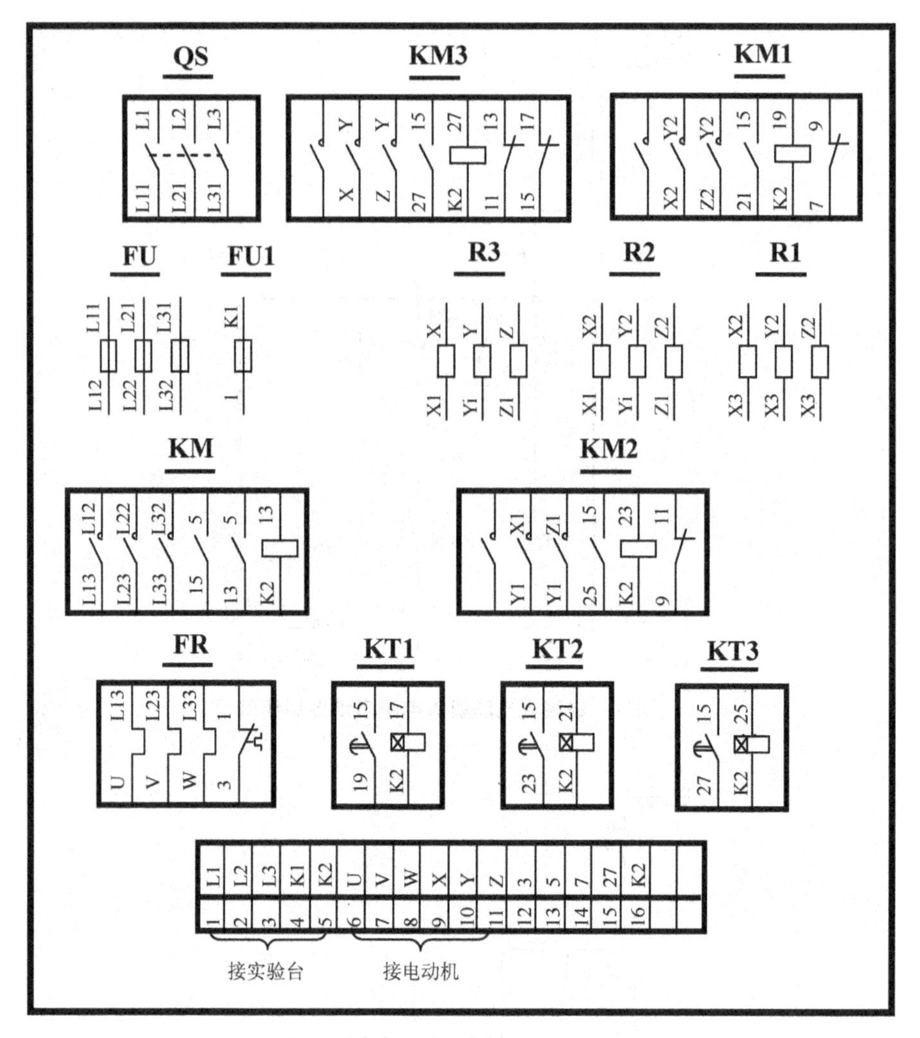

图 8.4　控制板接线图

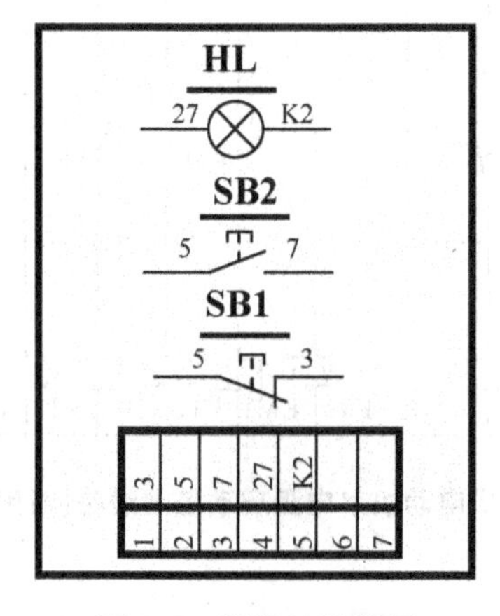

图 8.5　操作箱接线图

在控制板中。实际用的电动机功率一般较大，电阻功率也较大，电阻体积也较大，通常都有专门的电阻箱。

应当注意，在低压电器中用到的电阻，不是在电子线路中用到的 1/8～2W 的小电阻，通常从几十瓦到几十千瓦，甚至更大。电阻的具体功率和阻值要根据电动机的功率详细计算，请查阅详细资料。

8.1.2.4　调试

将控制板中的 12～16 号端子与操作箱中 1～5 号端子相同线号接在一起。

(1) 接通控制回路电源。

(2) 按下启动按钮 SB2，交流接触器 KM 吸合，经一定时间后，交流接触器 KM1、KM2、KM3 依次吸合，信号灯 HL 亮。KM3 吸合后，KT1、KT2、KT3、KM1、KM2 释放，只有 KM1、KM4 两接触器吸合，信号灯 HL 亮。

(3) 按下停止按钮 SB1，KM1、KM4 释放，信号灯 HL 灭。说明控制电路工作正常。

(4) 合上开关 QS，接入三相电源，重复步骤 2 和步骤 3。

实验中，可以将时间继电器的延时时间调到最大值，观察电阻切除前后电动机速度的变化。

8.1.3　实训　时间继电器控制串电阻启动控制线路

(1) 任务名称：时间继电器控制绕线式异步电动机串电阻启动控制线路。

(2) 功能要求：安装、调试时间继电器控制绕线式异步电动机串电阻启动控制线路，有 2 级电阻，依次切除。

要求控制线路不能与图 8.3 相同，自行设计控制线路。

(3) 任务提交：现场功能演示，并提交相应的设计文件。

任务 8.2　电流继电器控制串电阻启动控制线路

8.2.1　任务书

(1) 任务名称：电流继电器控制绕线式异步电动机串电阻启动控制线路。

(2) 功能要求：安装、调试电流继电器控制绕线式异步电动机串电阻启动控制线路，有 3 级电阻，依次切除。

(3) 任务提交：现场功能演示，并提交相应的设计文件。

8.2.2　任务指导

8.2.2.1　控制电路分析

电流继电器控制绕线式异步电动机串电阻启动控制线路如图 8.6 所示。图 8.6 中 $R1$、$R2$、$R3$ 为转子外接电阻；KI1、KI2、KI3 为电流继电器，其线圈串联在电动机转子回路中。三个电流继电器的动作电流相同，但释放电流不同，KI1 释放电流最大，KI2 次之，KI3 释放电流最小。KA 为中间继电器。

电动机启动过程如下：合上开关 QS，按下启动按钮 SB2，交流接触器 KM 线圈通电并自锁，中间继电器 KA 线圈通电动作，电动机全压启动。

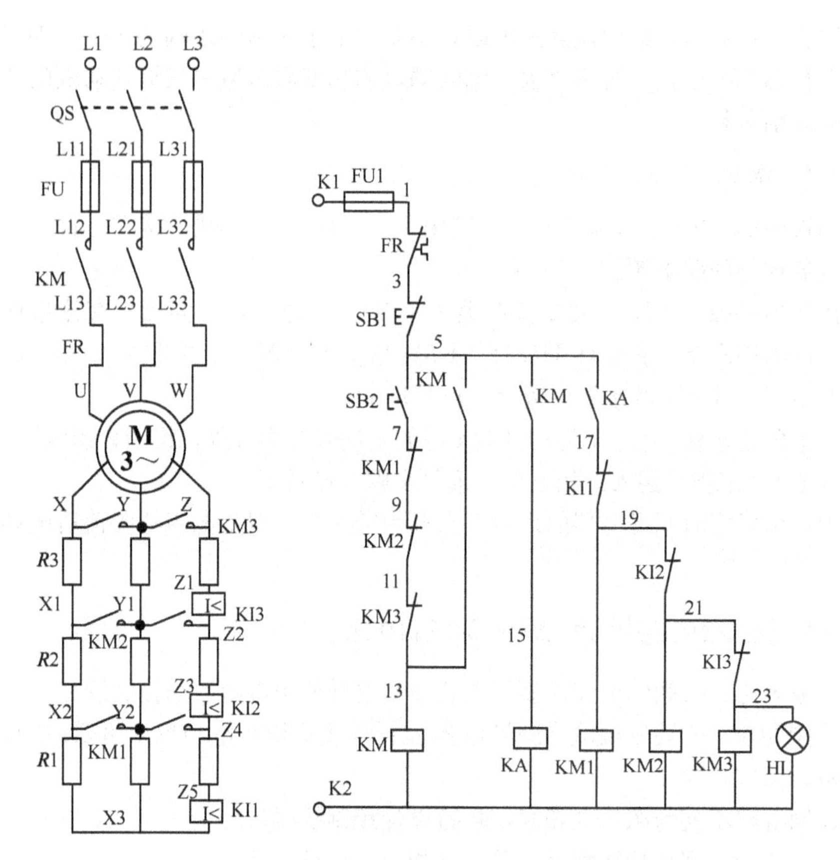

图 8.6 电流继电器控制绕线式电动机串电阻启动控制线路

刚启动时，启动电流很大，三个电流继电器全部动作，控制电路中，KI1、KI2、KI3 的常闭触点断开，KM1、KM2、KM3 不通电，电动机转子回路串入所有电阻；随着电动机转速上升，转子电流减少，电流继电器 KI1 最先释放，其常闭触点 KI1(17，19)闭合，KM1 线圈通电，KM1 的主触点闭合，短接电阻 $R1$；电动机电流再减少时，电流继电器 KI2 释放，其常闭触点 KI2(19，21)闭合，KM2 线圈通电，KM2 的主触点闭合，短接电阻 $R2$；当电动机电流再减少时，最后一个电流继电器 KI3 释放，其常闭触点 KI3(21，23)闭合，KM3 线圈通电，KM3 的主触点闭合，短接电阻 $R3$。启动完毕，转子回路所串电阻全部切除，电动机进入正常运行。

KA 看起来好像是多余的，但 KA 的动作滞后于 KM 的动作，尽管时间较短，也能保证刚启动时，转子回路串入全部电阻。

8.2.2.2 安装接线

控制板接线图如图 8.7 所示，操作箱接线图如图 8.8 所示。

8.2.2.3 调试

将控制板中的 12～16 号端子与操作箱中 1～5 号端子相同线号接在一起。

(1) 接通控制回路电源。

(2) 按下启动按钮 SB2，交流接触器 KM 吸合，经一定时间后，交流接触器 KM1、KM2、KM3 依次吸合，信号灯 HL 亮。

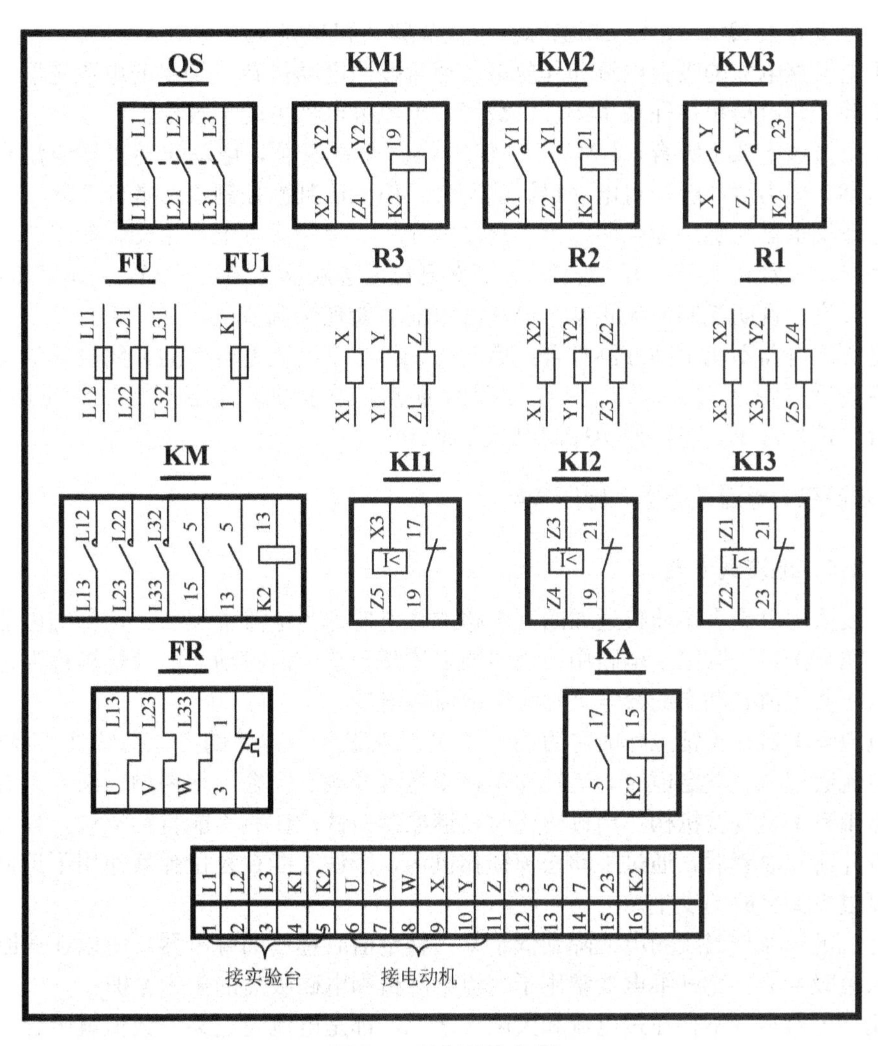

图 8.7　控制板接线图

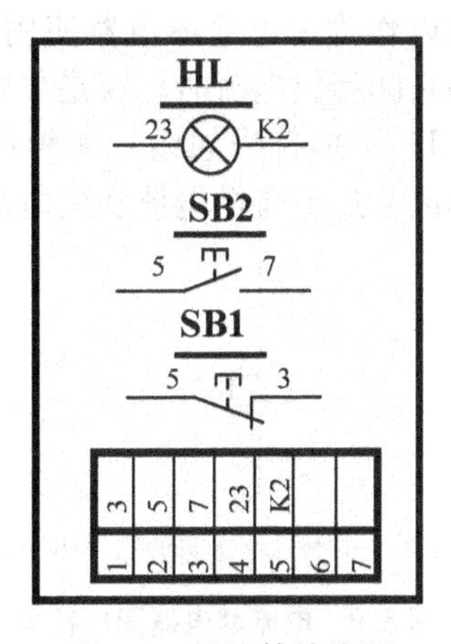

图 8.8　操作箱接线图

(3) 按下停止按钮 SB1，所有交流接触器释放，信号灯 HL 灭。说明控制电路工作正常。

(4) 合上开关QS，接入三相电源，重复步骤2和步骤3。

由于电流继电器的吸合电流和释放电流通常按照电动机转子绕组的电流选取，并现场调节。实验中，电动机往往功率小、负载轻，电流继电器可能不吸合。

如果电流继电器不吸合，KM1、KM2、KM3全部吸合，电动机转子绕组没有串接电阻直接启动，因为负载轻，对电动机影响不大，但无法判断控制电路是否正常。

若电流继电器能够手动强制吸合，启动前先将3个电流继电器手动强制吸合。启动后通过手动复位装置将KT1、KT2、KT3依次复位，接触器KM1、KM2、KM3依次吸合，信号灯HL亮，说明控制电流正常，电流继电器只能现场调节。

若电流继电器不能手动强制吸合，启动前先将3个电流继电器的常闭触点的接线断开一端。启动后再将KT1、KT2、KT3的常闭触点依次接通，接触器KM1、KM2、KM3依次吸合，信号灯HL亮，说明控制电流正常。

8.2.3 知识包 电流继电器和电压继电器

8.2.3.1 电流继电器

根据线圈中电流大小而接通或断开电路的继电器称为电流继电器。这种继电器线圈的导线粗、匝数少，串联在主电路中。当线圈电流高于整定值时动作的继电器称为过电流继电器，低于整定值时动作的继电器称为欠电流继电器。

过电流继电器在正常工作时电磁吸力不足以克服反力弹簧的力，衔铁处于释放状态；当线圈电流超过某一整定值时，衔铁动作，于是常开触点闭合，常闭触点断开。有的过电流继电器带有手动复位机构。当过电流时，继电器衔铁动作后不能自动复位，只有当操作人员检查并排除故障后，通过手动松掉锁扣机构，衔铁才能在复位弹簧作用下返回，从而避免重复过电流事故的发生。

欠电流继电器是当线圈电流降到低于某一整定值时释放的继电器，所以在线圈电流正常时衔铁是吸合的，这种继电器常用于直流电动机和电磁吸盘的失磁保护。

电流继电器本身不存在过电流和欠电流之说，都是电流超过某一数值就吸合，电流低于某一数值就释放，吸合和释放我们都可以称为“动作”。同一个电流继电器，我们既可以作为过电流继电器使用，也可以作为欠电流继电器使用。当我们使用它的吸合电流时，就是过电流继电器；当我们使用它的释放电流时，就是欠电流继电器，

电流继电器的文字符号为KI，图形符号如图8.9所示，有很多图样将电流继电器的线圈画成中间继电器的线圈，不区分过电流继电器和欠电流继电器。

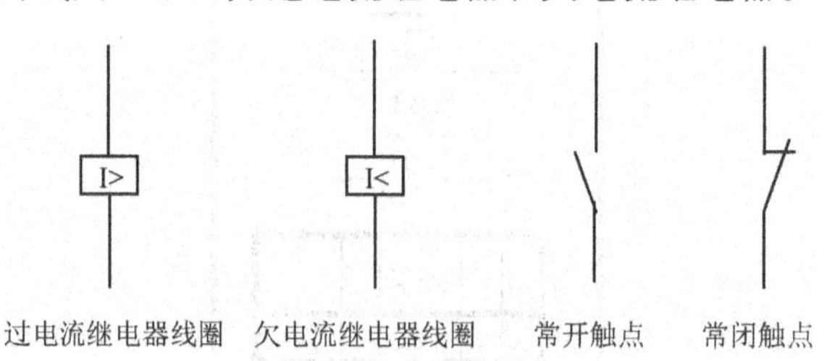

图8.9 电流继电器图形符号

电流继电器的主要技术参数：动作电流(吸合电流)、返回电流(释放电流)和返回系数。

动作电流是指继电器能够产生吸合动作的最小电流。在正常使用时，给定的电流必须略大于吸合电流，这样继电器才能稳定地工作。

返回电流是指继电器产生释放动作的最大电流。当继电器吸合状态的电流减小到一定程度时，继电器就会恢复到未通电的释放状态。这时的电流远远小于吸合电流。

返回系数：返回电流和动作电流的比值称为返回系数，这个系数小于1。

电流继电器在电路中作过电流保护和欠电流保护。

电流继电器的动作值与释放值可通过调整释放弹簧的方法来整定。旋紧弹簧，反作用力增大，动作电流和释放电流都被提高；反之旋松弹簧，反作用力减小，动作电流和释放电流都降低。

电流继电器有交流和直流之分，常用的交直流继电器有JL12、JL14、JL15、DL-30等系列，部分电流继电器的外形如图8.10所示。

图8.10　电流继电器外形

以JL14系列电流继电器为例，说明其型号含义和主要参数。JL14系列电流继电器用于直流电动机和交流绕线式电动机作过载保护用，适用于交流380V以下及直流440V以下的电路，它的型号的含义如下。

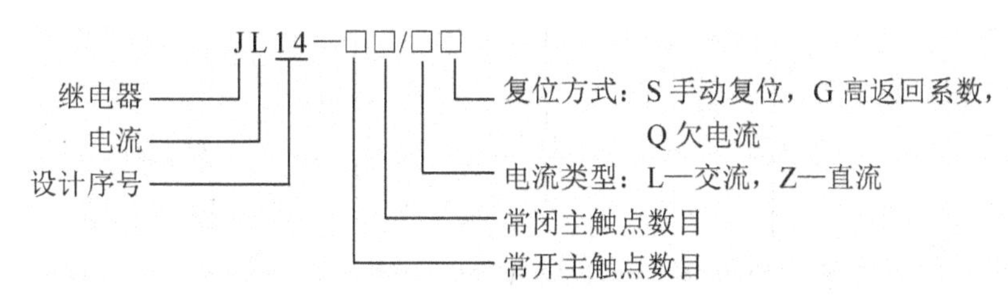

表8-1所列为JL14系列交直流电流继电器的技术参数。

表8-1　JL14系列交直流电流继电器技术参数

电流种类	型　号	吸引线圈额定电流/A	吸合电流调整范围	触点组合形式	用　途
直流	JL14—□□Z	1，1.5，2.5，5，10，15，25，40，60，100，156，200，600，1200，1500	70%～300%线圈额定电流 I_e	3常开，3常闭 2常开，1常闭 1常开，2常闭 1常开，1常闭	在控制电路中作过电流或欠电流保护用
	JL14—□□ZS				
	JL14—□□ZQ		30%～65%I_e或释放电流在10%～20%I_e		
交流	JL14—□□J		110%～400%I_e	2常开，2常闭 1常开，1常闭	
	JL14—□□JS				
	JL14—□□JG			1常开，1常闭	

在选用过电流继电器时，对于小容量直流电动机和绕线式异步电动机，继电器线圈的额定电流按电动机长期工作的额定电流选择；对于启动频繁的电动机，继电器线圈的额定电流应选大一些。

8.2.3.2　电压继电器

根据线圈两端电压大小而接通或断开电路的继电器称为电压继电器。这种继电器线圈的导线细、匝数多，并联在电路中。电压继电器有过电压继电器和欠电压(或零压)继电器之分。

一般来说，过电压继电器在电压为1.1～1.15倍额定电压以上时动作，对电路进行过电压保护；欠电压继电器在电压为0.4～0.7倍额定电压时动作，对电路进行欠电压保护；零压继电器在电压降为0.05～0.25倍额定电压时动作，对电路进行零压保护。

过电压继电器在正常工作时电磁吸力不足以克服反作用弹簧的力，衔铁处于释放状态；当线圈电压超过某一整定值时，衔铁动作，常开触点闭合，常闭触点断开。欠电压继电器是当线圈电压降到低于某一整定值时释放的继电器，所以在线圈电压正常时衔铁是吸合的，欠电压时释放，触点复位。

与电流继电器一样，通常电压继电器本身不存在过电压和欠电压之说，都是电压超过某一数值就吸合，电压低于某一数值就释放，吸合和释放我们都可以称为“动作”。同一个电压继电器，我们既可以作为过电压继电器使用，也可以作为欠电压继电器使用。当我们使用它的吸合电压时，就是过电压继电器；当我们使用它的释放电压时，就是欠电压继电器。

电压继电器的文字符号为KA，与中间继电器相同。图形符号如图8.11所示。有很多图样将电压继电器的线圈画成中间继电器的线圈，不区分过电压继电器和欠电压继电器。

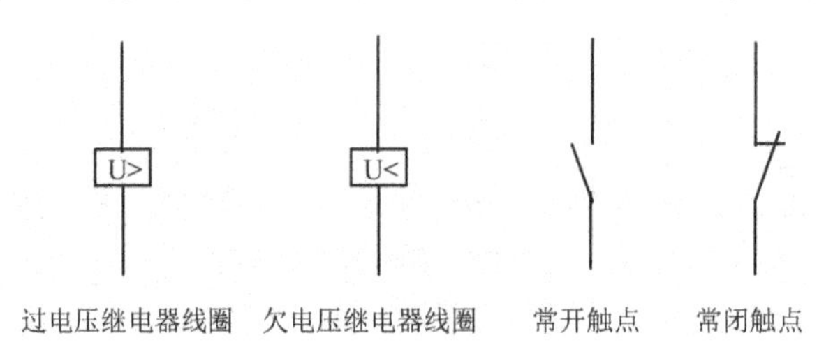

图8.11　电压继电器图形符号

电压继电器的主要技术参数：动作电压(吸合电压)、返回电压(释放电压)和返回系数。

动作电压是指继电器能够产生吸合动作的最小电压。在正常使用时，给定的电压必须略大于吸合电压，这样继电器才能稳定地工作。

返回电压是指继电器产生释放动作的最大电压。当继电器吸合状态的电压减小到一定程度时，继电器就会恢复到未通电的释放状态。这时的电压远远小于吸合电压。

返回系数：返回电压和动作电压的比值称为返回系数，这个系数小于1。

电压继电器在电路中作为过电压保护和欠电压保护使用。

电压继电器有交流和直流之分，常用的电压继电器有JT3、JT4系列通用继电器，DY-20、DY-30、LY-9等系列电压继电器，部分电压继电器的外形如图8.12所示。

JT4、JT3系列通用继电器可作电压继电器使用。通用继电器型号的含义如下。

图 8.12　电压继电器外形

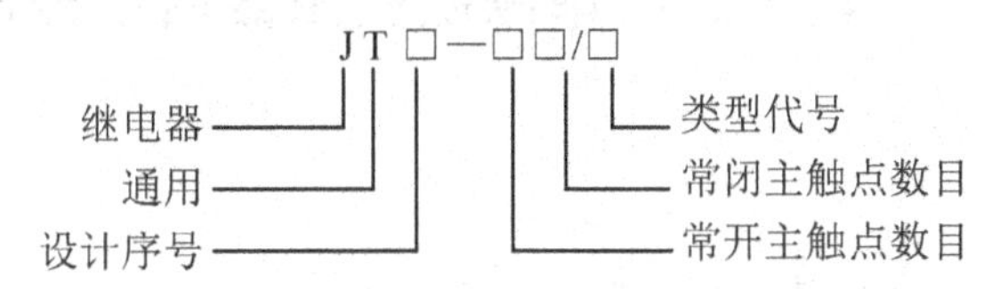

JT3 系列直流电磁继电器是比较典型的通用继电器，它可以用作电压继电器、欠电流继电器、时间继电器和中间继电器。

JT3 系列继电器的基本技术参数见表 8-2。

表 8-2　JT3 系列继电器基本技术参数

型　号	动作电压或动作电流	延时/s		动作误差	触点数目	吸引线圈电压或电流	消耗功率/W	固有动作时间/s	触点额定电流/A
		线圈断电	线圈短接						
JT3—□□型电压(或中间)继电器	吸引电压在额定电压的30%～50%间，释放电压在额定电压的7%～20%间			±10%	2常开、2常闭或1常开、1常闭	DC:12V、24V、48V、110V、220V、440V	约16	约0.2	10
JT3—□□/1 型时间继电器	大于额定电压的75%保证延时	0.3～0.9	0.3～1.5						
JT3—□□/3 型时间继电器	大于额定电压的75%保证延时	0.8～3	1～3.5						
JT3—□□/5 型时间继电器	大于额定电压的75%保证延时	2.5～5	3～5.5						
JT3—□□L 型欠电流继电器	吸引电流在额定电流的30%～65%，释放电流在额定电流的10%～20%				2对或3对	DC:1.5A、2.5A、5A、10A、25A、50A、100A、150A、300A、600A			

虽然 JT3 系列继电器具有结构简单、工作可靠、调节方便、使用寿命长(500 万～1000 万次)和价格便宜等优点，但用作时间继电器却存在着只能获得释放延时和延时准确度较低的缺点。而且用于交流电路中还要有整流器件配合。因此，只是在对延时准确度要求不高的场合，才使用这种时间继电器。通常 JT3、JT4 通用继电器作为电压继电器使用。

8.2.4 实训 电流继电器控制串电阻启动控制线路

(1) 任务名称：电流继电器控制绕线式异步电动机串电阻启动控制线路。

(2) 功能要求：安装、调试电流继电器控制绕线式异步电动机串电阻启动控制线路，有2级电阻，依次切除，电动机能正反转运行。

(3) 任务提交：现场功能演示，并提交相应的设计文件。

任务8.3 转子回路串频敏变阻器启动控制电路

8.3.1 任务书

(1) 任务名称：转子回路串频敏变阻器启动控制电路。

(2) 功能要求：安装、调试绕线式异步电动机转子回路串频敏变阻器启动控制电路。

(3) 任务提交：现场功能演示，并提交相应的设计文件。

8.3.2 任务指导

8.3.2.1 频敏变阻器简介

频敏变阻器是一种由铸铁片或钢板叠成铁心，外面再套上绕组的三相电抗器。频敏变阻器接在转子绕组的电路中，其绕组电抗和铁心损耗决定的等效阻抗随着转子电流的频率而变化。

频敏变阻器是一种静止的无触点电磁器件，利用它对频率的敏感而自动变阻。频敏变阻器实质上是一个铁损很大的三相电抗器，其结构类似于没有二次绕组的三相变压器，其外形如图8.13所示。

图8.13 频敏变阻器外形

由于感抗为$2\pi fL$(L为自感系数)，可见频敏变阻器的阻抗是与频率成正比的。当绕线式电动机刚开始启动时，电动机转速很低，故转子频率f_z很大(接近定子旋转磁场的频率f_1)，铁心中的损耗很大，即等值电阻R_m很大，故限制了启动电流，增大了启动转矩。随着转速n的增加，转子电流频率下降($f_z=sf_1$，s是转差率)，R_m减小，使启动电流及转矩保持一定数值。频敏变阻器实际上利用转子频率f_z的平滑变化达到使转子回路总电阻平滑减小的目的。启动结束后，转子绕组短接，把频敏变阻器从电路中切除。由于频敏变阻器的等值电阻R_m和电抗X_m随转子电流频率而变，反应灵敏，故称为频敏变阻器。

频敏变阻器通常有不同的抽头，电动机接上变阻器启动后，若启动电流过大(大于2.5倍)，启动太快，可设法增加圈数，其效果是使启动电流减小，启动力矩同时减小；若启动电流过小(小于2倍)，启动力矩不够，启动太慢，可设法减少圈数，其效果是使启动电流增大，启动力矩同时增大。

绕线式电动机串频敏变阻器启动的优点是结构较简单、成本较低、维护方便、平滑启动。缺点是电感存在，功率因数较低，启动转矩并不很大，适于绕线式异步电动机轻载启动。

8.3.2.2　控制线路

单向运行的绕线式异步电动机控制线路的主电路如图8.14所示。采用按钮手动切换的控制线路如图8.15所示，采用时间继电器自动切换的参考控制线路如图8.16所示。

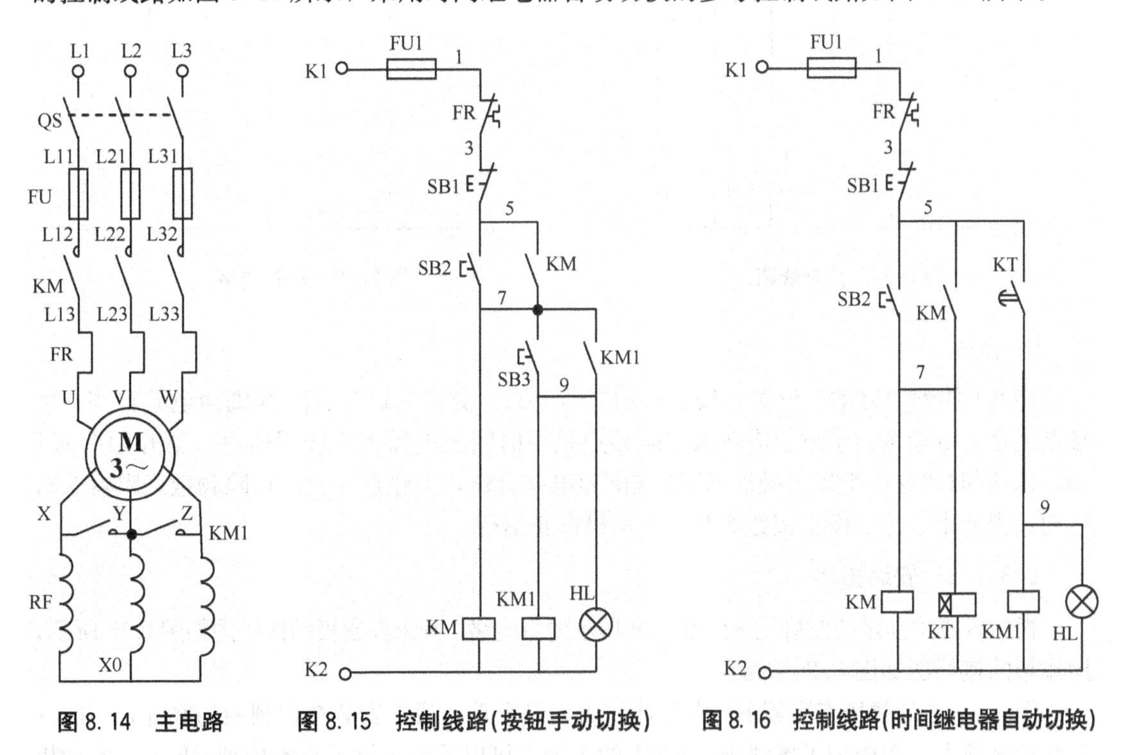

图8.14　主电路　　图8.15　控制线路(按钮手动切换)　　图8.16　控制线路(时间继电器自动切换)

图8.17所示是控制线路的另一种形式，其功能与图8.16相同，差别是运行中时间继电器KT不吸合。

图8.18是既能手动切换，又能自动切换的控制线路。图8.18中增加了自动转换开关SA，将SA拨到“自动”时，按钮SB3不起作用，图8.18的功能与图8.16的功能相同；将SA拨到“手动”时，时间继电器KT不起作用，图8.18的功能与图8.15的功能相同。

图8.18的工作过程如下。

1. 手动

将SA拨到“手动”位置，按下启动按钮SB2，交流接触器KM线圈通电并自锁，主触点闭合，电动机转子绕组串频敏变阻器启动，速度稳定后，按下按钮SB3，交流接触器KM1线圈通电并自锁，主触点闭合，切除频敏变阻器RF，启动过程结束。按下停止按钮SB1，电动机停止运行。

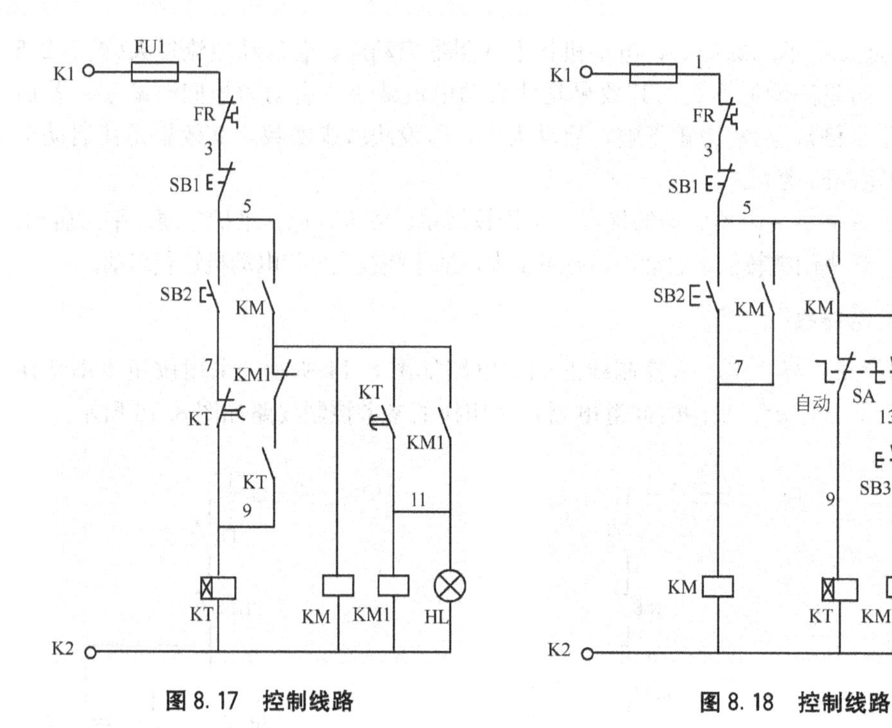

图 8.17　控制线路　　　　图 8.18　控制线路

2. 自动

将 SA 拨到“自动”位置，按下启动按钮 SB2，交流接触器 KM 线圈通电并自锁，主触点闭合，电动机转子绕组串频敏变阻器启动，时间继电器 KT 线圈通电，常开触点 KT (9，13)延时闭合，交流接触器 KM1 线圈通电并自锁，主触点闭合，切除频敏变阻器 RF，启动过程结束。按下停止按钮 SB1，电动机停止运行。

8.3.2.3　安装接线

根据图 8.18 所示的控制线路和图 8.14 所示的主线路，画出控制板的接线图如图 8.19 所示，操作箱的接线图如图 8.20 所示。

图 8.19 中的频敏变阻器 RF 由于体积大，且很重，通常安装在控制柜的底部，不能安装在控制板上，图中加了虚线框。KM1 的主触点可以不经过端子直接接到 RF 上，电动机的转子绕组也不经过端子直接接到 RF 上。

8.3.2.4　调试

将控制板中的 9～16 号端子与操作箱中 1～8 号端子相同线号接在一起。

(1) 接通控制回路电源。

(2) 将 SA 拨到“手动”位置。

(3) 按下启动按钮 SB2，交流接触器 KM 吸合。

(4) 按下运行按钮 SB3，交流接触器 KM1 吸合，信号灯 HL 亮。

(5) 按下停止按钮 SB1，交流接触器 KM、KM1 释放，信号灯 HL 灭。

(6) 将 SA 拨到“自动”位置。

(7) 按下启动按钮 SB2，交流接触器 KM 吸合，交流接触器 KM1 延时吸合，信号灯 HL 亮。

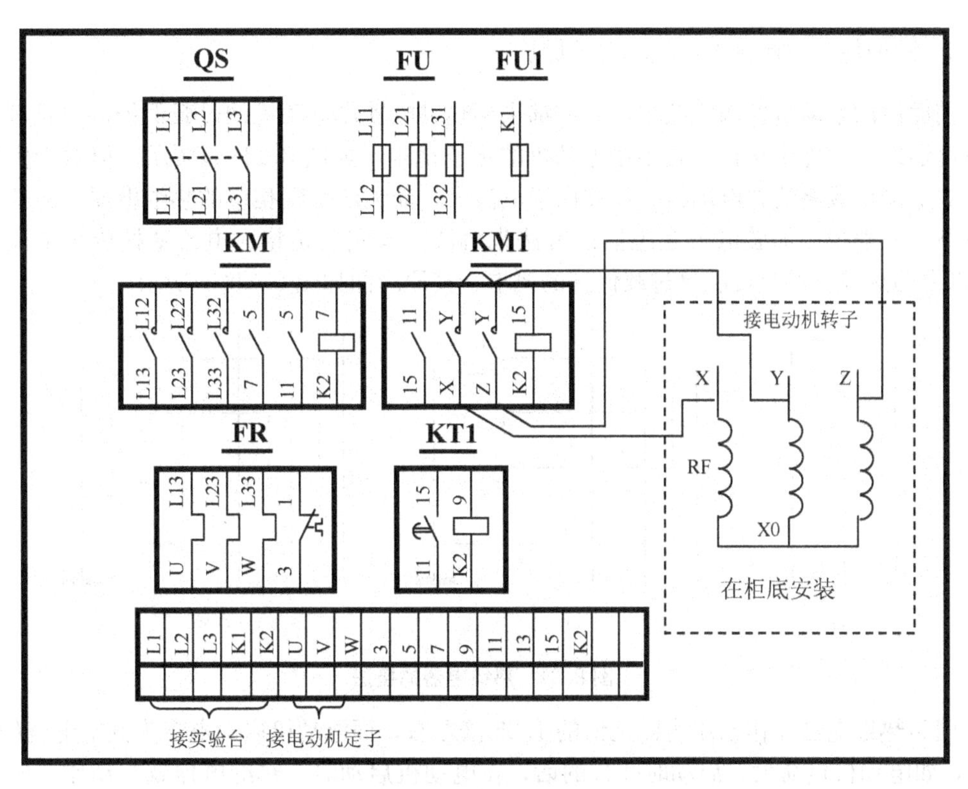

图 8.19　控制板接线图

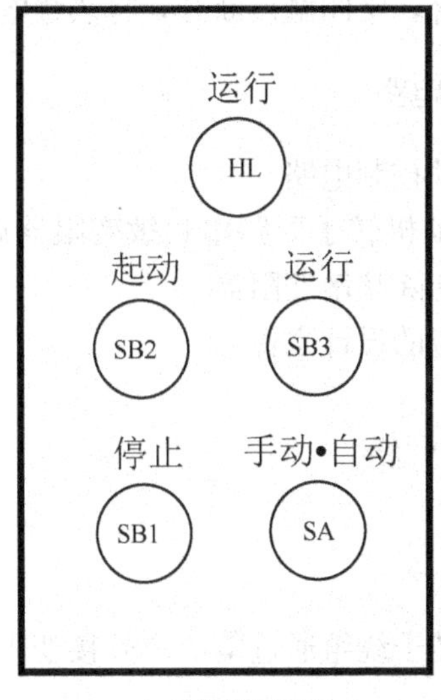

(a) 元器件布置图

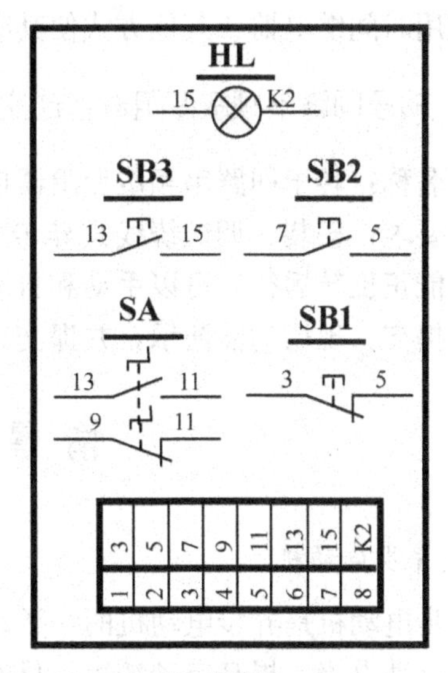

(b) 接线图

图 8.20　操作箱接线图

(8) 按下停止按钮 SB1，交流接触器 KM、KM1 释放，信号灯 HL 灭。

说明控制电路工作正常。

(9) 合上开关 QS，接入三相电源，重复步骤(2)～(8)，看电动机运行是否正常，转向是否正常。

8.3.3 知识包　大容量电动机的过载保护

前面讲的电动机控制线路中，我们都采用热继电器作电动机的过载保护，并且都是将热继电器的热元件串接在电路中接电动机的定子绕组，如图 8.21(a)所示。但对于大功率鼠笼式电动机或绕线式电动机，往往由于电流大，而无法购到相应的热继电器。在这样的情况下，一般采用加装电流互感器的方法来解决。其实质是将大电流变换成小电流，用 5A 以内的热继电器足可满足过载保护的要求，其原理图如图 8.21(b)所示。

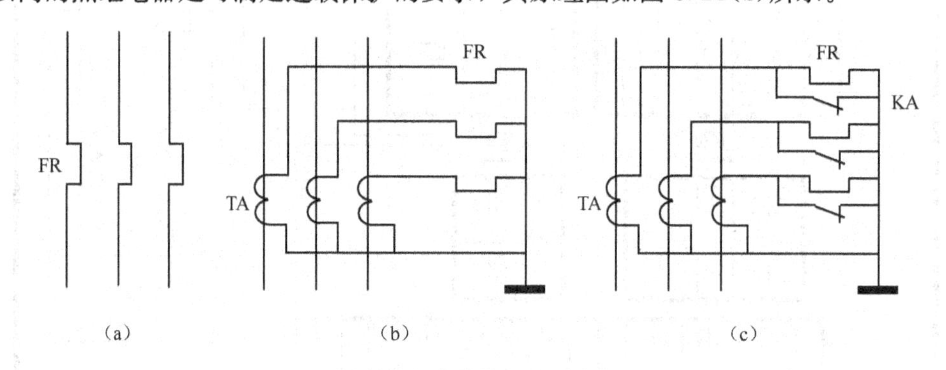

图 8.21　热继电器的接法

因为热继电器动作电流为额定值的 1.25 倍左右，而电动机启动电流为额定电流的 4～7 倍，如电动机负荷大、启动时间长的话，在电动机启动时，热继电器就会动作，所以在启动中使用中间继电器 KA 将它短接掉，如图 8.21(c)所示。KA 的线圈在控制线路中，启动完成后使用时间继电器或其他方式使其吸合，常闭触点断开，将热继电器投入使用。

8.3.4 实训　转子回路串频敏变阻器启动控制电路

(1) 任务名称：转子回路串频敏变阻器启动控制电路。

(2) 功能要求：安装、调试绕线式异步电动机转子回路串频敏变阻器启动控制电路。要求：电动机能正反转运行，可以手动和自动切除频敏变阻器。

(3) 任务提交：现场功能演示，并提交相应的设计文件。

情景小结

1. 绕线式异步电动机

绕线式异步电动机是异步电动机的一类。转子绕组通过集电环外接变阻器或频敏变阻器来达到减小启动电流、提高启动转矩的目的。

绕线式异步电动机转子串电阻启动时，在转子回路中串入合适的三相对称电阻，随着电动机转速的升高，可变电阻逐级减小。启动完毕后，可变电阻减小到零，转子绕组被直接短接。

绕线式异步电动机转子串电阻启动可以手动切换、时间继电器自动切换、电流继电器自动切换。

在电动机转子回路串接频敏变阻器启动时，将频敏变阻器串接在转子绕组中，启动后

再将其手动或自动切除。

2. 电流继电器

电流继电器线圈的导线粗、匝数少，串联在主电路中，作电路的过电流或欠电流保护。分为过电流继电器和欠电流继电器，其文字符号为KI，图形符号如下。

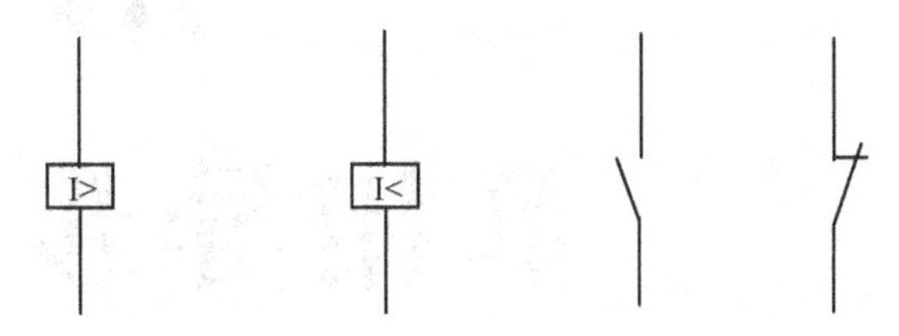

电流继电器的主要技术参数：动作电流(吸合电流)、返回电流(释放电流)和返回系数。

3. 电压继电器

电压继电器导线细、匝数多，并联在电路中，作电路的过电压或欠电压保护。有过电压继电器和欠电压(或零压)继电器之分。

电压继电器的文字符号为KA，图形符号如下。

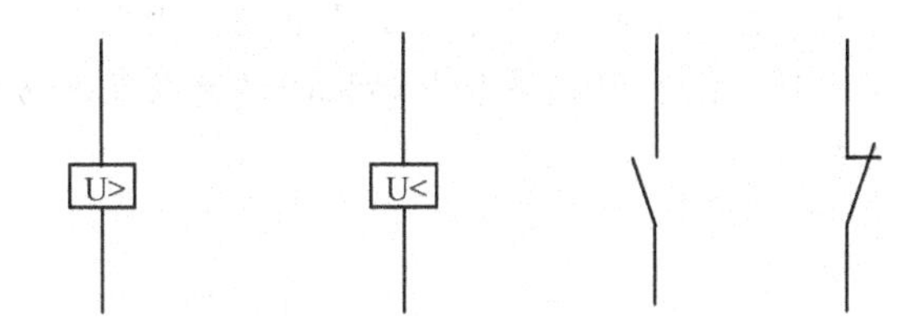

电压继电器的主要技术参数：动作电压(吸合电压)、返回电压(释放电压)和返回系数。

4. 频敏变阻器

频敏变阻器是一种铁损很大的三相电抗器，其等值阻抗随转子回流频率而变，串接在绕线式电动机转子回路用于启动，启动后将其切除。

情景练习

1. 三相绕线式异步电动机的启动方式有哪几种?

2. 转子串电阻启动的目的是什么?

3. 什么叫频敏变阻器?其有何特点?

4. 通常说过电流继电器在过电流时动作，欠电流继电器在欠电流时动作。这两个动作指的是吸合还是释放?

5. 若电路的电压正常，过电压继电器是否吸合?欠电压继电器是否吸合?

情景9

单相异步电动机电气控制线路

情景描述

通过单相异步电动机电气控制电路的学习，了解单相异步电动机的类型及结构，掌握单相异步电动机的启动及运行方法和单相异步电动机的调速及反转方法，能对单相异步电动机的电气故障进行分析与诊断。

名人名言

无论是美女的歌声，还是鬣狗的狂吠，无论是鳄鱼的眼泪，还是恶狼的嚎叫，都不会使我动摇。

——恰普曼

任务 9.1　单相异步电动机的启动与反转

9.1.1　任务书

(1) 任务名称：单相异步电动机的启动与反转。

(2) 功能要求：启动电容运行单相异步电动机，并使其正反转运行。

(3) 任务提交：现场功能演示，并提交相应的设计文件。

9.1.2　任务指导

9.1.2.1　简介

单相电容运转异步电动机是单相电动机的一种，有启动绕组和工作绕组，通常引出 3 根或 4 根线，引出 3 根线的如图 9.1 所示。

电容运转电动机需要启动绕组串接电容器 C 才能启动与运行，如图 9.2 所示。

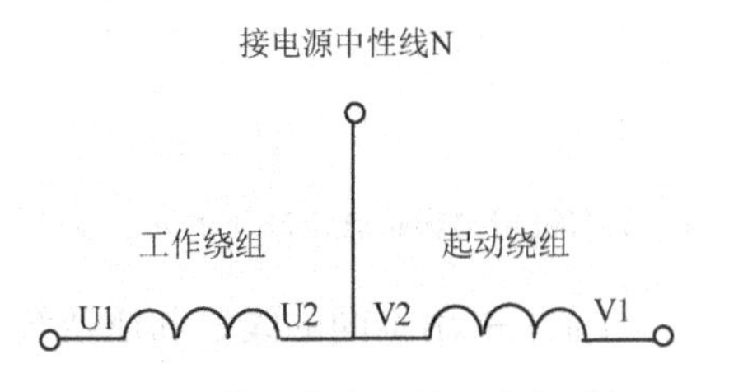

图 9.1　单相电容运转异步电动机

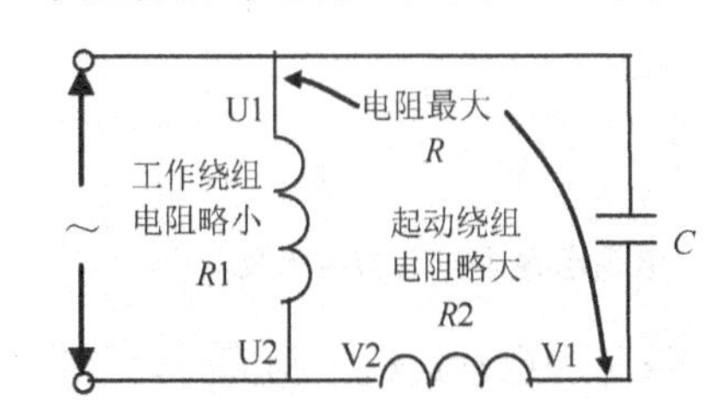

图 9.2　单相电容运转电动机

小功率的电动机可能没有接线盒，应首先判断是启动绕组，还是工作绕组。

用万用表的电阻挡依次测量两根线之间的电阻值，记住最大值的两根线及电阻值 R，这两根线应接启动电容，剩下的一根线为工作绕组和启动绕组的公共端，接电源中性线；再测公共端与另外两根线之间的电阻值，电阻值略小为 $R1$，是工作绕组，接电源相线；电阻值略大的为 $R2$，是启动绕组，且 $R1+R2=R$。工作绕组一般导线粗、匝数少，电阻小；启动绕组一般导线细、匝数多，电阻大。

单相异步电动机的转向与旋转磁场的转向相同，因此要使单相异步电动机反转就必须改变旋转磁场的转向。

当工作绕组和启动绕组相同时，即 $R1=R2=R/2$，不分启动绕组和工作绕组，电动机正反转运行的方法是把电容器从一组绕组中改接到另一组绕组中，从而改变旋转磁场和转子的转向，其接线图如图 9.3 所示。

洗衣机电动机就是一个典型的例子。洗衣机电动机是驱动家用洗衣机的动力源。洗衣机主要有滚筒式、绊式和波轮式 3 种。目前，我国的洗衣机大部分是波轮式，洗衣桶立轴，底部波轮高速转动带动衣服和水流在洗涤桶内旋转，由此使桶内的水形成螺旋涡流，并带动衣物转动，上下翻滚，使衣服与水流和桶壁摩擦及拧搅的摩擦，在洗涤剂的作用下使衣服污垢(对洗衣机用电动机的主要要求是出力大，启动好，耗电少，温升低，噪声少，绝缘性能好，成本低等)脱落。

洗衣机的洗涤桶在工作时要求电动机在定时器的控制下正反交替运转。由于其电动机一般均为电容运转单相异步电动机，故一般采用将电容器从一组绕组中改接到另一组绕组中的方法来实现正反转。因为洗衣机在正反转工作时情况完全一样，所以两相绕组可轮流充当主副相绕组，因而在设计时，主副相绕组应具有相同的线径、匝数、节距及绕组分布形式。

图 9.4 为洗衣机电动机与定时器的接线图，当主触点 K 与 a 接触时，流进绕组 I 的电流超前于绕组 II 的电流某一角度。假如这时电动机按顺时针方向旋转，那么当 K 切换到 b 点时，流进绕组 II 的电流超前绕组 I 的电流一个电角度，电动机便逆时针旋转。

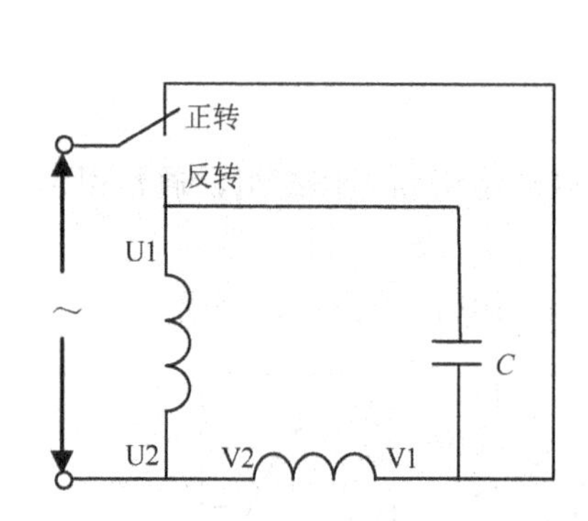

图 9.3　单相电容运转电动机正反转

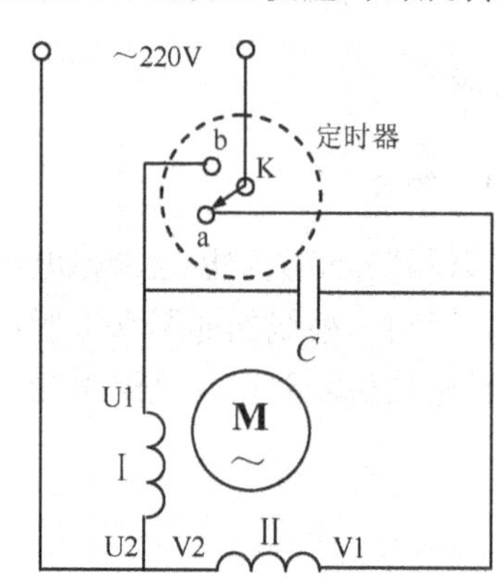

图 9.4　洗衣机用电容运转电动机的正、反转控制

工作绕组和启动绕组不相同时，工作绕组和启动绕组采用不同的线径和匝数绕制，若只引出 3 根线，不能正反转运行。

洗衣机脱水用电动机就是这种电容运转式电动机，它的原理和结构同一般单相电容运转电动机相同。由于脱水时一般不需要正反转，只要求单方向运转，故脱水用电动机工作绕组直接接电源，启动绕组和移相电容串联后再接入电源。

工作绕组和启动绕组不同的单相电动机，把工作绕组(或启动绕组)的首端和末端与电源的接线对调，就改变了旋转磁场的方向，从而使电动机反转，正反转运行接线如图 9.5 所示。

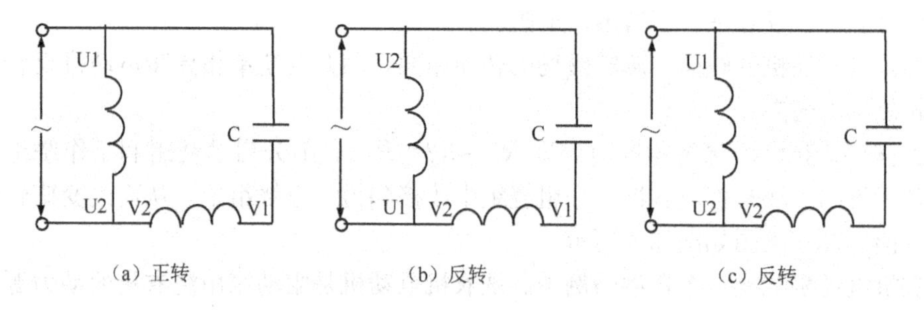

图 9.5　单相电容运转电动机正反转

9.1.2.2　工作绕组和启动绕组相同的电动机正反转启动与运行

工作绕组和启动绕组相同的电动机正反转启动与运行可以用转换开关或倒顺开关直接控制，也可以用交流接触器控制，当电流小于 5A 时，还可以用中间继电器替代交流接触

器使用。

(1) 用万用表确定启动绕组与工作绕组的公共端。

(2) 按原理图(图9.6)接线，因为线路简单，不画接线图，读者可以自行画出接线图。

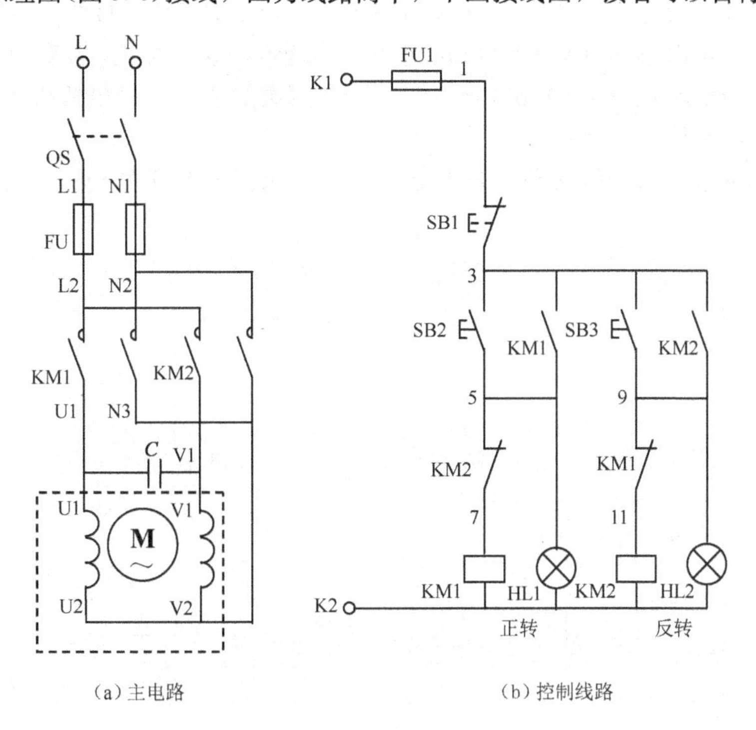

(a) 主电路　　(b) 控制线路

图 9.6　启动电容运行单相电动机正反转控制线路

为了安全，控制电源仍采用安全电压，在实际中，直接使用220V市电，通常接熔断器FU前的L1、N1，或接熔断器后的L2、N2。

(3) 接通控制电路电源。

(4) 按下正转启动按钮SB2，接触器KM1吸合，信号灯HL1亮。

(5) 按下停止按钮SB1，接触器KM1断开，信号灯HL1灭。

(6) 按下反转启动按钮SB3，接触器KM2吸合，信号灯HL2亮。

(7) 按下停止按钮SB1，接触器KM2断开，信号灯HL2灭。

这说明控制电路工作正常。

(8) 合上开关QS，送入单相电源。

(9) 重复步骤3～7，看电动机运行是否正常。

讨论：

(1) 将电源中性线与相线换接(可在QS后将L1、N1换接)。

(2) 在正转或者反转时，按图9.7所示串入3块电流表，可以大致判断I_1和I_2的相位差。

由电工学理论可知，复电流$\dot{I}_1+\dot{I}_2=\dot{I}_3$，若$\dot{I}_1$和$\dot{I}_2$同相，则$I_1+I_2=I_3$；若$\dot{I}_1$和$\dot{I}_2$相差90°，则$\sqrt{I_1^{\ 2}+I_2^{\ 2}}=I_3$。

I_1+I_2约接近I_3，说明$\dot{I}_1$和$\dot{I}_2$的相位差越小，$\sqrt{I_1^{\ 2}+I_2^{\ 2}}$约接近$I_3$，说明$\dot{I}_1$和$\dot{I}_2$的相位差越接近90°。

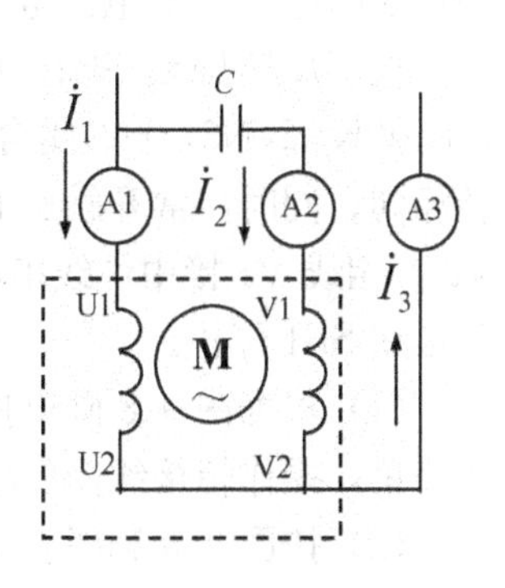

图 9.7　测电流

(3) 增加和减小电容 C，重测 3 个电流，判断电容 C 的选取是否正确。

9.1.2.3 工作绕组和启动绕组不相同的电动机正反转启动与运行

工作绕组和启动绕组不相同，一般有接线盒，可以根据接线盒接线。没有接线盒的应该引出 4 根线，可以用万用表确定启动绕组和工作绕组。电动机正反转启动与运行可以用万能转换开关或倒顺开关直接控制，也可以用交流接触器控制，当电流小于 5A 时，还可以用中间继电器替代交流接触器。

使用中间继电器的控制线路原理图如图 9.8 所示。合上开关 QS，线路的工作过程如下。

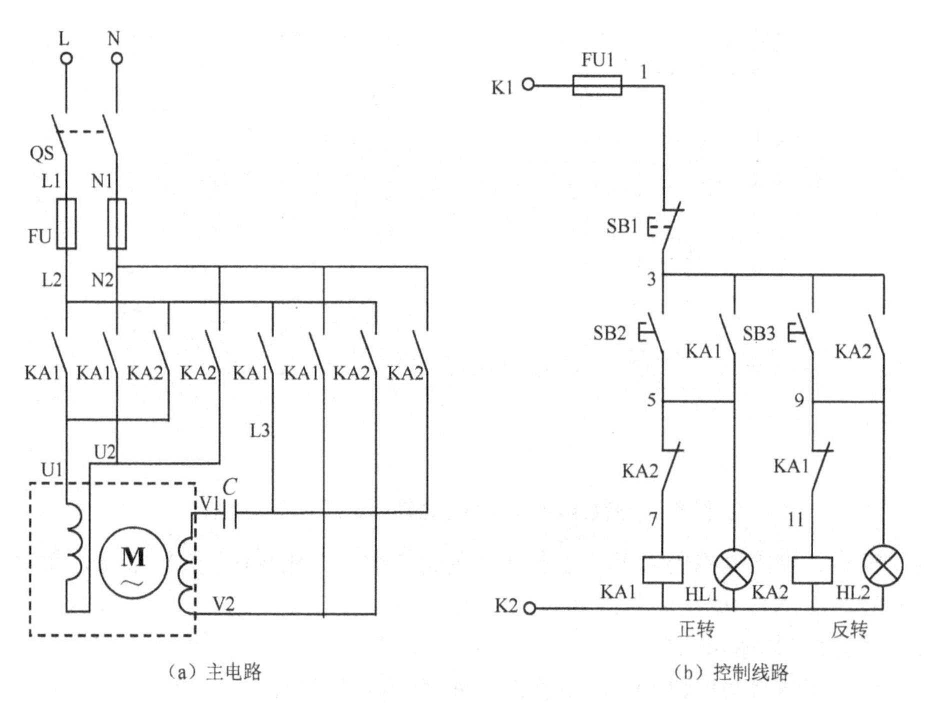

图 9.8 启动电容运行单相电动机正反转控制线路(使用中间继电器)

按下正转按钮 SB2，中间继电器 KA1 线圈通电并自锁，KA1 常开触点 KA1(L2，U1)和 KA1(N2，U2)闭合，将电动机的工作绕组按 U1 接相线 U2 接中性线通电；同时，常开触点 KA1(L2，L3)和 KA1(N2，V2)闭合，将电动机的启动绕组按 V1 接相线 V2 接中性线串电容 C 通电。电动机正转，信号灯 HL1 亮。按下按钮 SB1 停止。

按下反转按钮 SB3，中间继电器 KA2 线圈通电并自锁，KA2 常开触点 KA2(L2，U1)和 KA2(N2，U2)闭合，将电动机的工作绕组按 U1 接相线 U2 接中性线通电，这与正转相同；同时，常开触点 KA2(L2，V2)和 KA2(N2，L3)闭合，将电动机的启动绕组按 V2 接相线 V1 接中性线串电容 C 通电，这与正转不同。电动机反转，信号灯 HL2 亮。按下按钮 SB1 停止。

(1) 根据图 9.8 画出控制板接线图如图 9.9 所示。操作箱接线图如图 9.10 所示，线路简单，操作箱接线图省略了元器件布置图。

(2) 按图 9.9 和图 9.10 安装、接线。

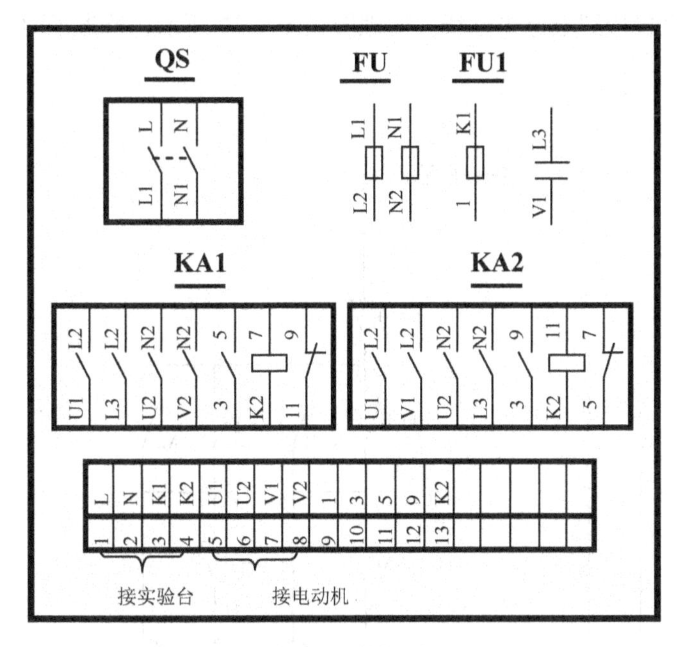

图 9.9　控制板接线图

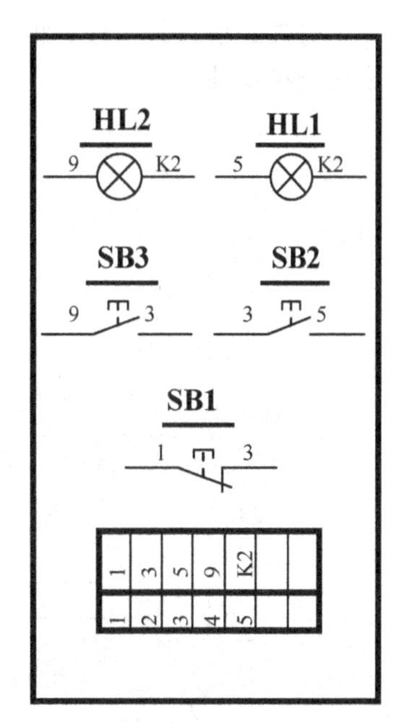

图 9.10　操作箱接线图

(3) 调试：与 9.1.2.2 基本相同，只是将 KM1、KM2 的吸合与释放改为 KA1、KA2 的吸合与释放。

图 9.8 所示的主电路使用了 KA1、KA2，使用了 4 个触点，由于交流接触器通常只有 3 个主触点(大容量例外)，若使用交流接触器，当电动机的额定电流小于 5A 时，可用辅助触点替代；当电动机的额定电流大于 5A 时，应使用 4 个交流接触器，原理图如图 9.11 所示。

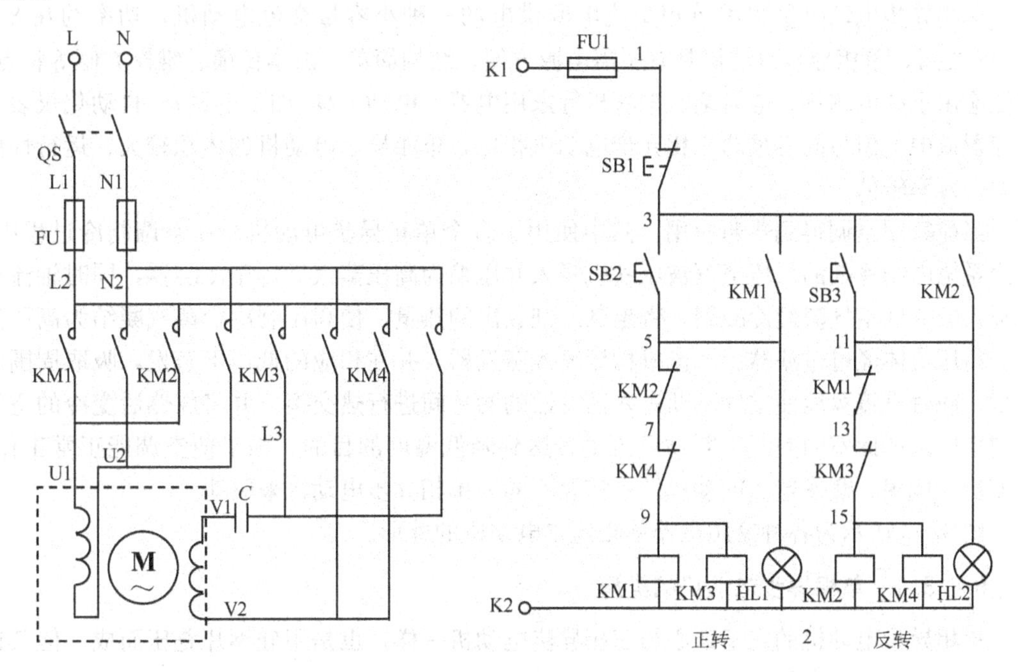

图 9.11　启动电容运行单相电动机正反转控制线路(使用交流接触器)

另外，也可将工作绕组的U2直接接到电源中性线，原理图如图9.12所示，节省了两个交流接触器。

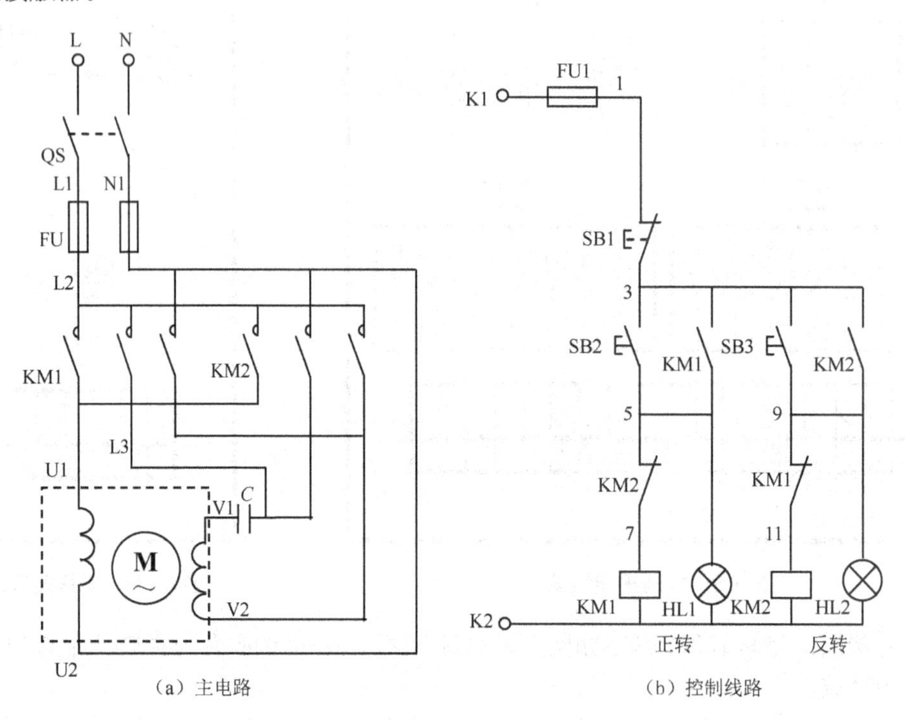

图9.12　启动电容运行单相电动机正反转控制线路(直接接电源中性线)

9.1.3　知识包　单相异步电动机

单相异步电动机是利用单相交流电源供电的一种小容量交流电动机，功率约在8～750W之间。单相异步电动机具有所需电源方便、结构简单、成本低廉、维修方便等特点，广泛应用于如电冰箱、电风扇、洗衣机等家用电器、电动工具(如手电钻)、自动化仪表及医疗器械中。但与同容量的三相异步电动机相比，单相异步电动机的体积较大、运行性能较差、效率较低。

当前家用空调得到普遍应用，其中使用了多个单相异步电动机。在空调制冷过程中，制冷系统内制冷剂的低压蒸汽被压缩机吸入并压缩为高压蒸汽后排至冷凝器，同时轴流风扇吸入的室外空气流经冷凝器，带走制冷剂放出的热量，使高压制冷剂蒸汽凝结为高压液体。高压液体经过过滤器、节流机构后喷入蒸发器，并在相应的低压下蒸发，吸取周围的热量，同时贯流风扇使空气不断进入蒸发器的肋片间进行热交换，并将放热后变冷的空气送向室内。如此室内空气不断循环流动，达到降低温度的目的。为了使空调能正常工作，压缩机、风扇、蒸发器、电动风门等需要不同的单相异步电动机来驱动。

图9.13所示为各种家用电器单相异步电动机的外形。

9.1.3.1　单相异步电动机的类型

单相异步电动机的定子铁心与三相异步电动机一样，也是用硅钢片叠压而成，但其铁心的槽内仅安放两套绕组，根据启动特性及运行性能不同等特点，而有不同的布置；单相

洗衣机脱水电机

全自动洗衣机电机

转页扇电机

台扇电机

图 9.13　各种单相异步电动机

异步电动机的转子与普通的三相异步电动机的转子一样，也采用笼型结构。

单相单绕组异步电动机不能自行启动，要使单相异步电动机像三相异步电动机那样能够自行启动，就必须在启动时建立一个旋转磁场。单相异步电动机有两个定子绕组，一个是主绕组(或称工作绕组)，用以产生主磁场；另一个是辅助绕组(或称启动绕组)，用来与主绕组共同作用，产生合成的旋转磁场，使电动机得到启动转矩。

单相异步电动机的类型很多，一般可分成以下几种。

(1) 单相电阻分相启动异步电动机。

(2) 单相电容分相启动异步电动机。

(3) 单相电容运转异步电动机。

(4) 单相电容启动与运转异步电动机。

(5) 单相罩极式异步电动机。

1. 单相电阻分相启动异步电动机

单相电阻分相异步电动机的优点是，一般启动绕组并不外串电阻，只不过在设计启动绕组时，使其匝数多、导线截面积小，电阻就大了，因而运行时可靠性高。与单相电容分相异步电动机相比，电阻分相单相异步电动机结构简单，价格低廉，使用方便，主要用于小型机床、鼓风机、医疗器械中，电冰箱压缩机一般都采用单相电阻分相异步电动机。

单相电阻分相异步电动机的定子铁心上嵌放有两套绕组，即运行绕组和启动绕组，如图 9.14 所示。设计时启动绕组的匝数较少，导线截面取得较小，与运行绕组相比，其电抗小而电阻大。

启动绕组和运行绕组并联接电源时，启动绕组电流与运行绕组电流便不同相，超前一个电角度，从而产生椭圆旋转磁动势，使电动机能够自行启动。启动绕组只在启动过程中接入电路，一般按短时工作设计，这时启动绕组回路串有离心开关 S，当转速上升到接近稳定转速时，离心开关自动断开，将辅助绕组从电源上切除，以保护辅助绕组和减少损耗，由主绕组维持运行。

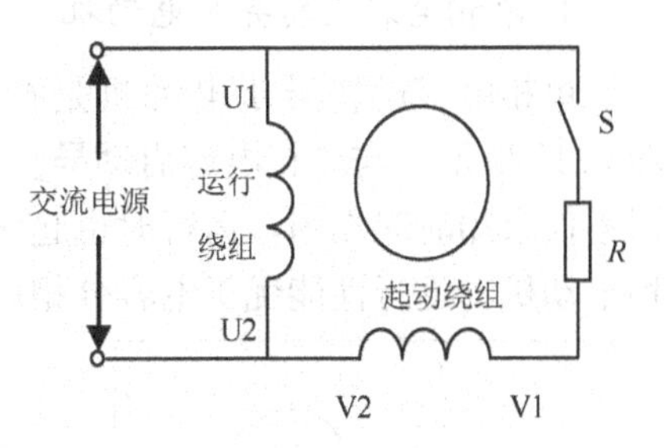

图 9.14　单相电阻启动电动机

另外，还常采用检测电流的方法来切除辅助绕组。在主绕组中串联一个电流继电器 KI 的线圈，KI 的常开触点串联在辅助绕组中，如图 9.15 所示。启动时的大电流通过线圈使其触点动作将辅助绕组接入电源，启动后主绕组电流下降，当转速升到某一数值，主绕组中电流下降到某一数值后，电流继电器触点复位，将辅助绕组自动断开，剩下主绕组进

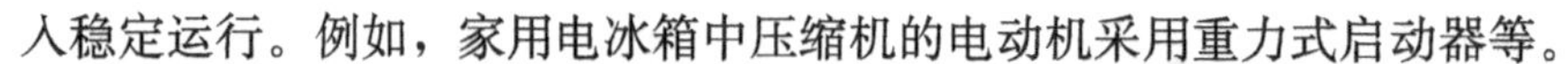

入稳定运行。例如，家用电冰箱中压缩机的电动机采用重力式启动器等。

为了增加启动时流过运行绕组和启动绕组之间电流的相位差(希望为 90°电角度)，通常可在启动绕组回路中串联电阻 R 或增加启动绕组本身的电阻(启动绕组用细导线绕制)。由于这种分相方法，启动时两相电流的相位差较小，小于 90°，所以启动时电动机的气隙中建立的是椭圆形旋转磁场，因此单相电阻启动电动机的启动转矩较小。

2. 单相电容分相启动异步电动机

单相电容分相启动异步电动机是在启动绕组回路中串一电容器，使启动绕组中的电流超前于电压，从而与主绕组之间产生较大的相位差，启动性能和运行性能均优于单相电阻分相电动机。

图 9.16 是单相电容启动电动机的原理图，启动绕组串联一个电容器 C 和一个启动开关 S，再与运行绕组并联单相电源。如果电容器的容量大小选择合适，则可以在启动时使辅助绕组通过的电流在时间相位上超前主绕组通过的电流 90°，这样在启动时就可以得到一个较接近圆形的旋转磁场，从而有较大的启动转矩。

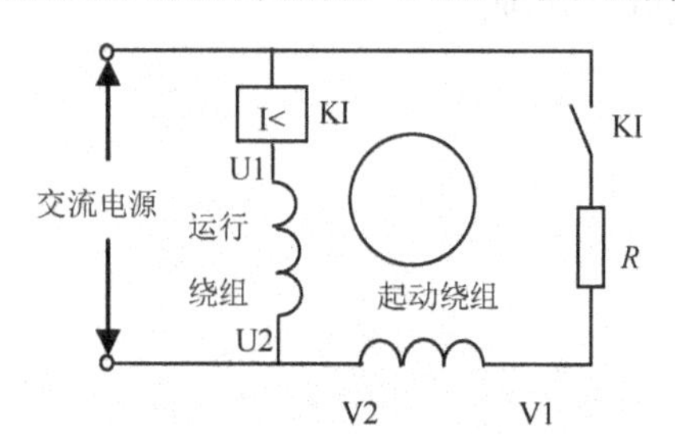

图 9.15　单相电阻启动电动机(串联电流继电器)

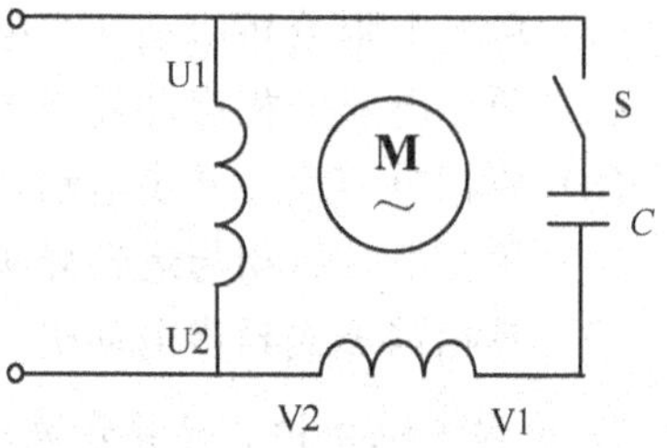

图 9.16　单相电容分相启动电动机

启动绕组是按短时运行方式设计的，如果长期通过电流，则会因过热而烧坏。因此，启动过程中，当电动机的转速达到同步转速的 75%～85%时，由离心开关 S 把启动绕组从电源断开，电动机便作为单绕组异步电动机运行。

单相电容启动异步电动机有较大的启动转矩，但启动电流也较大，适用于各种满载启动的机械，如小型空气压缩机，在部分电冰箱压缩机中也使用。

3. 单相电容运转异步电动机

单相电容运转异步电动机是指启动绕组及电容始终参与工作的电动机，其电路如图 9.17 所示。与单相电容启动异步电动机相比，仅将启动开关去掉，使启动绕组和电容器不仅启动时起作用，运行时也起作用，这样可以提高电动机的功率因数和效率，所以这种电动机的运行性能优于电容分相启动电动机。

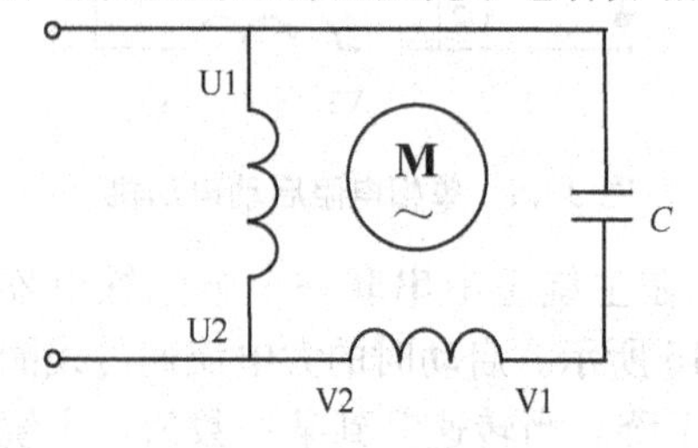

图 9.17　单相电容运转异步电动机

单相异步电容运转电动机启动绕组所串电容器 C 的电容量，主要根据运行性能要求而确定，比根据启动性能要求而确定的电容量要小。为此，这种电动机的启动性能不如电容启动电动机好。电容运转电动机不需要启动开关，所以结构比较简单，价格比较便宜，使用维护方便，只要任意改变启动绕组(或运行绕组)首端和末端与电源的接线，即可改变旋转磁场的转向，

从而实现电动机的反转。电容运转单相异步电动机常用于吊扇、台扇、洗衣机、复印机、吸尘器、通风机等。

4. 单相电容启动与运转异步电动机

如果单相异步电动机，既要有较大的启动转矩，又要有好的运行性能，则可以采用两个电容器并联后再与辅助绕组串联，这种电动机称为单相电容启动与运转异步电动机(或称单相双值电容电动机)，如图 9.18 所示，其中电容器 $C1$ 容量较大，$C2$ 为运行电容器，容量较小，$C1$ 和 $C2$ 共同作为启动时的电容器，S 为离心开关。

启动时，S 闭合，两个电容器同时作用，电容量为两者之和，电动机有良好的启动性能。当电动机转速上升到一定程度，达到 75%～85%同步转速时，离心开关 S 自动断开，切除电容器 $C1$，电容器 $C2$ 与启动绕组参与运行，确保良好的运行性能。由此可见，单相电容启动与运转异步电动机虽然结构复杂，成本较高，维护工作量稍大，但其启动转矩大，启动电流小，功率因数和效率较高，适用于空调机、水泵、小型空压机和电冰箱等。

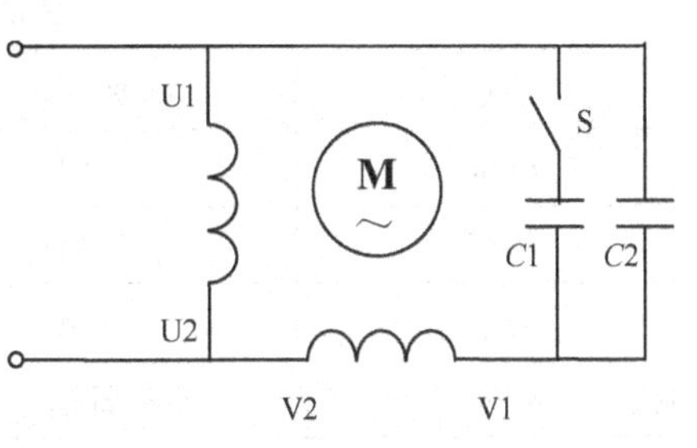

图 9.18　单相电容启动及运转异步电动机

5. 单相罩极式异步电动机

单相罩极式异步电动机的转子仍为鼠笼式，定子铁心部分通常由 0.5mm 厚的硅钢片叠压而成，按磁极形式的不同可分为凸极式和隐极式两种，其中凸极式结构最为常见，下面以凸极式为例介绍单相凸极式罩极异步电动机，如图 9.19 所示，为一台单相凸极式罩极异步电动机的结构原理图。定子每个磁极上套有集中绕组，作为运行绕组，极面的一边约 1/3 处开有小槽，经小槽放置一个闭合的铜环，称为短路环，把磁极的小部分罩在环中，所以称为罩极电动机。

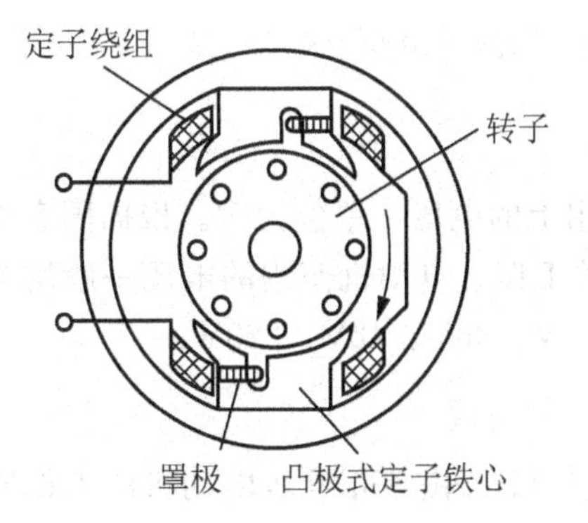

图 9.19　单相凸极式罩极异步电动机结构图

当罩极式电动机的定子单相绕组中通过单相交流电流时，将产生一个脉振磁场，其磁通的一部分通过磁极的未罩部分，另一部分磁通穿过短路环通过磁极的罩住部分。由于短路环的作用，当穿过短路环中的磁通发生变化时，短路环中必然产生感应电动势和电流。根据楞次定律，该电流的作用总是阻碍磁通的变化，这就使穿过短路环部分的磁通滞后于通过磁极未罩住部分的磁通，造成磁场的中心线发生移动，于是在电动机内部就产生了一个移动的磁场，将其看成椭圆度很大的旋转磁场，因此电动机就产生一定的启动转矩而旋转起来。

因为磁场的中心线总是从磁极的未罩部分转向磁极的被罩部分，所以罩极式电动机转子的转向总是从磁极的未罩部分转向磁极的被罩部分，即转向不能改变。

单相罩极式异步电动机启动转矩较小，启动性能和运行性能较差，只能空载或轻载启动。这种电动机的优点是结构简单、制造方便、价格低廉、维护方便，适用于小型鼓风机、250mm以下台式风扇和电唱机等。

9.1.3.2 单相异步电动机的主要指标

单相异步电动机的主要指标都在电动机的铭牌中，表9-1为DO2-6314型单相异步电动机的铭牌，铭牌中的各项内容含义如下。

表9-1 单相异步电动机的铭牌

单相电容运行异步电动机			
型号	DO2-6314	电流	0.94A
电压	220V	转速	1400r/min
频率	50Hz	工作方式	连续
功率	90W	标准号	
编号×××××××	出厂日期 ××××		××× ×电机厂

1. 型号

型号指电动机的产品代号、规格代号和使用环境等，如DO2－6314电动机型号的含义如下。

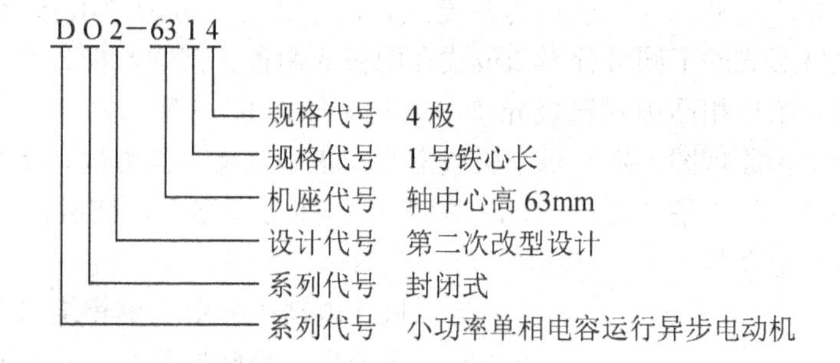

2. 电压

电压是指电动机在额定状态下运行时加在定子绕组上的电压，单位为V。根据国家规定，电源电压在±5%范围内变动时，电动机应能正常工作。电动机使用的电压一般均为标准电压，我国单相异步电动机的标准电压有12V、24V、36V、42V、220V。

3. 频率

频率是指加在电动机上的交流电源的频率，单位为Hz。由单相异步电动机的工作原理知，电动机的转速与交流电源的频率有关，频率高，电动机转速高，因此电动机应接在规定频率的交流电源上使用。

4. 功率

功率是指单相异步电动机轴上输出的机械功率，单位为W。铭牌上标出的功率是指电动机在额定电压、额定频率和额定转速下运行时输出的功率，即额定功率。

我国常用的单相异步电动机的标准额定功率为6W、10W、16W、25W、40W、60W、

90W、120W、180W、250W、370W、550W及750W。

5. 电流

在额定电压、额定功率和额定转速下运行的电动机，流过定子绕组的电流值，称为额定电流，单位为A。电动机在长期运行时的电流不允许超过该电流值。

6. 转速

电动机在额定状态下运行时的转速，单位为r/min。每台电动机在额定运行时的实际转速与铭牌规定的额定转速有一定的偏差。

7. 工作方式

工作方式是指电动机的工作是连续式还是间断式的。连续运行的电动机可以间断工作，但间断运行的电动机不能连续工作，否则会烧损电动机。

9.1.4　实训　单相异步电动机的启动与正反转运行

(1) 任务名称：单相异步电动机的启动与正反转运行。

(2) 功能要求：启动电容运行单相异步电动机，并使其正反转运行。要求参考图9.12所示的线路，正反转运行切换工作绕组。

(3) 任务提交：现场功能演示，并提交相应的设计文件。

任务9.2　单相异步电动机的调速

9.2.1　任务书

(1) 任务名称：用调压器调节单相异步电动机的转速。

(2) 功能要求：以发电机为负载，用调压器调节单相异步电动机的转速，并将发电机的电压用电压表显示。

(3) 任务提交：现场功能演示，并提交相应的设计文件。

9.2.2　任务指导

单相异步电动机的调速可用通过加在电动机上的电压来调节，通过自耦调压器调速的线路图如图9.20所示。图中的启动绕组串电容C直接接交流220V电压，而工作绕组接自耦变压器T，发电机G与电动机M同轴相连(也可用其他方式)，作为电动机的负载。发电机的输出电压通过电压表显示。这样，电压表指示电压的高低，直接反映电动机的转速。

按图9.20所示接线，将自耦调压器T手柄调到中间位置，开关SA拨到接通位置，单相电动机应旋转，电压表有指示；旋动调压器的手柄，改变调压器的输出电压，电动机转速相应改变，电压表的读数也相应改变。

在实际应用中，不管是单相电动机还是三相电动机，转轴都带负载旋转，转轴的另一端可以安装测速发电机。测速发电机分为三相交流测速发电机、单相交流测速发电机和直流测速发电机。测速发电机的输出电压可以用作反馈信号构成闭环控制，也可以直接指示

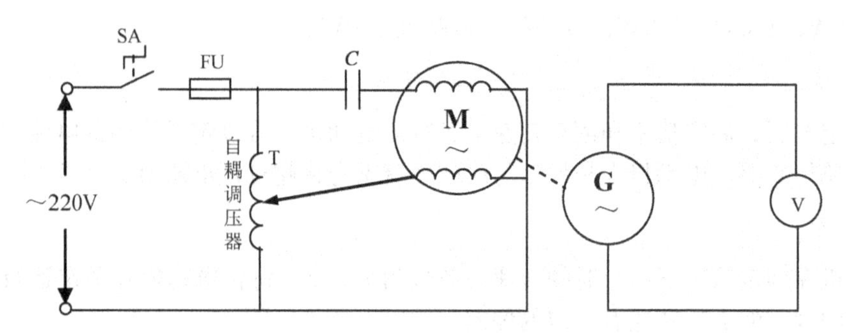

图 9.20　单相异步电动机调速线路图

电动机的转速或者其他工艺参数。

如果测速发电机的输出电压超过电压表量程，则可以用电位器降压，如图 9.21 所示。此外，还可以将电压表的刻度盘稍加改进，用电压表直接指示电动机转速、某一部位的转速及线速度等工艺参数，如图 9.22 所示。

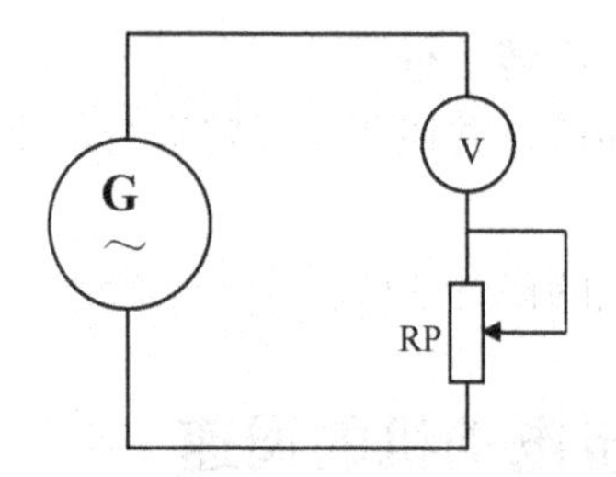

图 9.21　用电位器改变电压表量程

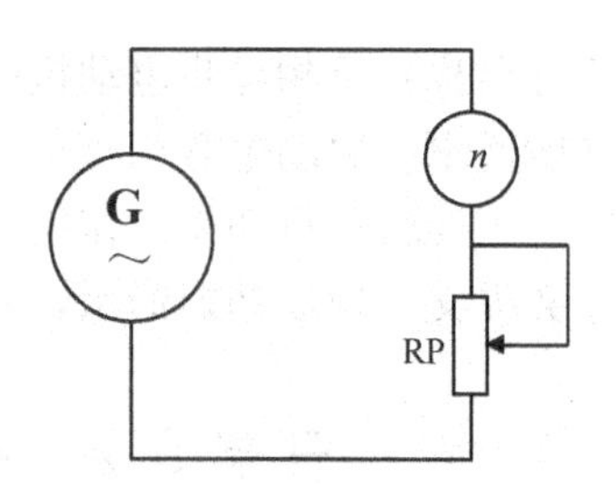

图 9.22　用电压表指示转速

例如，当工作电动机达到额定转速时，测速发电机的输出电压在 110V 左右，可以选用 50V、75V 或 100V 电压表(单相交流测速发电机用交流电压表，直流测速发电机用直流电压表，三相测速发电机需要整流后用直流电压表)。100V 电压表的刻度盘如图 9.23 所示，若电动机的额定转速为 1450r/min，可以将电压表刻度盘的数字用刀片刮掉，改成满量程为 1500r/min 的转速表，如图 9.24 所示。

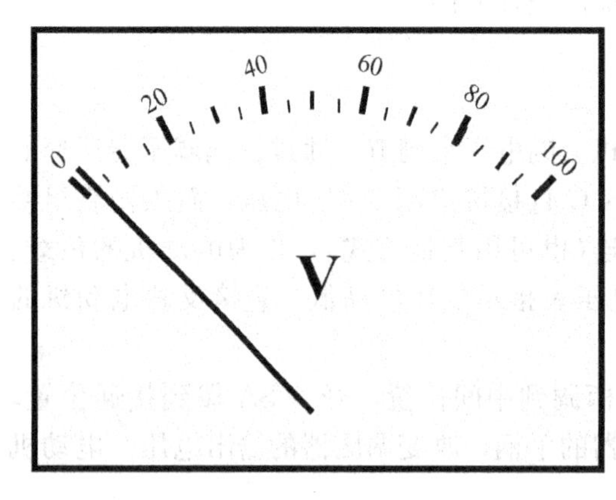

图 9.23　100V 电压表刻度盘

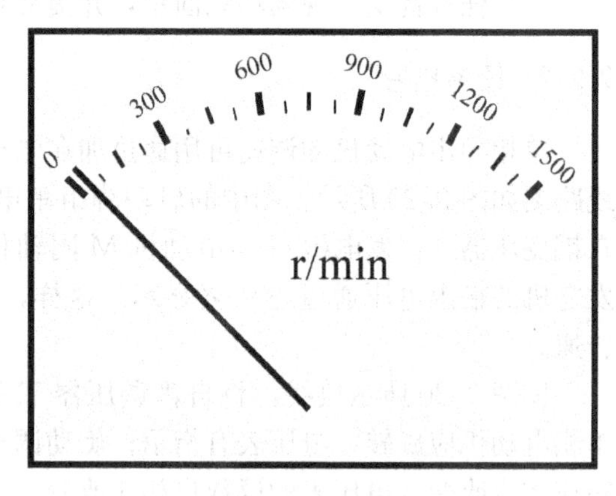

图 9.24　自制转速表

在现场可以用手持转速表测出电动机的实际转速，然后调节电位器 RP 使自制转速表指示在所测转速上，这样 100V 电压表就是一个转速表。

若某一主要工作部件的转速为几十转每分，要显示该部件的转速，可以将电压表刻度盘改成满量程为 100r/min 的转速表，如图 9.25 所示。

此外，还可以改成线速表，用来指示印染设备的布速、造纸设备的纸速、拔丝设备的线速等，如图 9.26 所示。

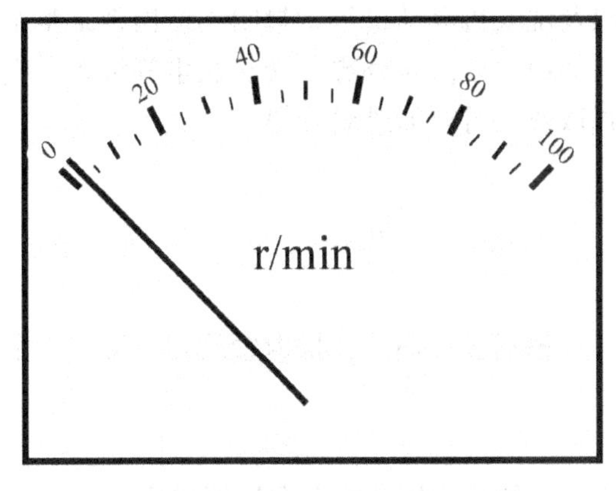

图 9.25　自制转速表

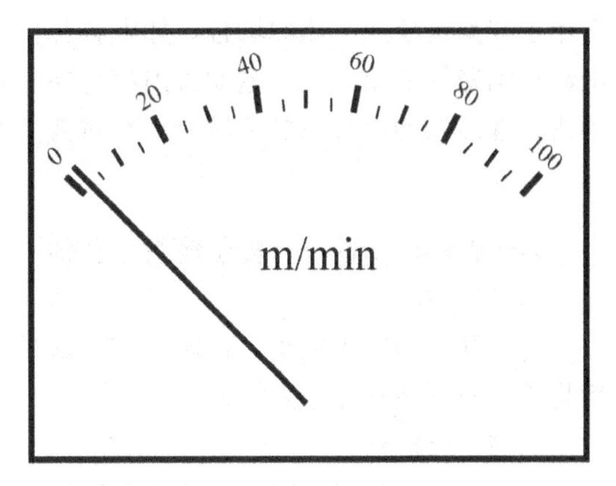

图 9.26　自制线速表

9.2.3　知识包　单相异步电动机的结构与调速方法

9.2.3.1　单相异步电动机的结构

在单相交流电源下工作的电动机称为单相电动机。按其工作原理、结构和转速等的不同可分为三大类，即单相异步电动机、单相同步电动机和单相串励电动机。

单相异步电动机是接单相交流电源运行的异步电动机，其结构简单、成本低廉，只需单相电源，在工业及家用电器中得到广泛应用。

与三相异步电动机相同，单相异步电动机也有定子和转子两大部分。

1. 定子

定子包括定子铁心、定子绕组、机座与端盖。

1）定子铁心

定子铁心大多用 0.35mm 硅钢片冲槽后叠压而成，片与片之间涂有绝缘漆，槽形一般为半闭口槽，槽内则用来嵌放定子绕组，定子铁心的作用是作为磁通的通路。

2）定子绕组

单相异步电动机定子绕组一般都采用两相绕组的形式，即定子上有两相绕组，在空间互差 90°电角度，一相为主绕组，又称为运行绕组；另一相为副绕组，又称启动绕组。两相绕组的槽数和绕组匝数可以相同，也可以不同，视不同种类的电动机而定。定子绕组的作用是通入交流电，在定、转子及气隙中形成旋转磁场。

单相异步电动机中常用的定子绕组形式主要有单层同心式绕组、单层链式绕组、正弦绕组，这类绕组均属分布绕组。而单相罩极式电动机的定子绕组则多采用集中绕组。

定子绕组一般均由高强度聚酯漆包线事先在绕线模上绕好后，再嵌放在定子铁心槽内，并需进行浸漆、烘干等绝缘处理。

3）机座与端盖

机座一般由铸铁、铸铝或钢板制成，其作用是固定定子铁心，并借助两端端盖与转子连成一个整体，使转轴上输出机械能。单相异步电动机机座通常有开启式、防护式和封闭式等几种。开启式结构和防护式结构的定子铁心和绕组外露，由周围空气直接通风冷却，多用于与整机装成一体的场合，如电容运行台扇及洗衣机电动机等。封闭式结构则是整个电动机均采用密闭方式，电动机内部与外界完全隔绝，以防止外界水滴、灰尘等浸入，电动机内部散发的热量由机座散出，有时为了加强散热，可再加风扇冷却。

2. 转子

转子包括转子铁心、转子绕组、转轴。

1）转子铁心

转子铁心与定子铁心一样用 0.35mm 硅钢片冲槽后叠压而成，槽内置放转子绕组，最后将铁心及绕组整体压入转轴。

2）转子绕组

单相异步电动机的转子绕组均采用笼型结构，一般均用铝或铝合金压铸而成。

3）转轴

用碳钢或合金钢加工而成，轴上压装转子铁心，两端压上轴承，常用的有滚动轴承和含油滑动轴承。

9.2.3.2 单相异步电动机的调速

单相异步电动机的调速有改变电源频率(变频调速)、改变电源电压(调压调速)和改变绕组的磁极对数(变极调速)等多种方法。目前，使用最普遍的是改变电源电压调速。

改变电源电压调速有两个特点：一是电源电压只能从额定电压往低调，因此电动机的转速也只能是从额定转速往低调；二是因为异步电动机的电磁转矩与电源电压的平方成正比，因此电压降低时，电动机的转矩和转速都下降，所以这种调速方法只适用于转矩随转速下降而下降的负载(称为通风机负载)，如电风扇、鼓风机等。

常用的改变电源电压调速又分为串电抗器调速、自耦变压器调速、串电容器调速、绕组抽头法调速、晶闸管调速、PTC 元件调速等多种。

1. 串电抗器调速

将电抗器与电动机定子绕组串联，通电时，由于在电抗器上产生电压降，故施加到电动机定子绕组上的电压低于电源电压，从而达到降压调速的目的。因此用串电抗器调速时，电动机的转速只能由额定转速往低调。图 9.27(a)所示为单相罩极式电动机串电抗器调速电路原理图，而图 9.27(b)所示为单相电容电动机带有信号灯的电路原理图。

这种调速方法线路简单，操作方便。缺点是电压降低后，电动机的输出转矩和功率明显降低，因此只适用于转矩及功率都允许随转速降低而降低的场合。目前，其主要用于吊扇及台扇上。

2. 自耦变压器调速

加在单相异步电动机上电压的调节可通过自耦变压器来实现，如图 9.28 所示。图 9.28(a)所示电路在调速时使整台电动机降压运行，因此在低速挡时启动性能较差。

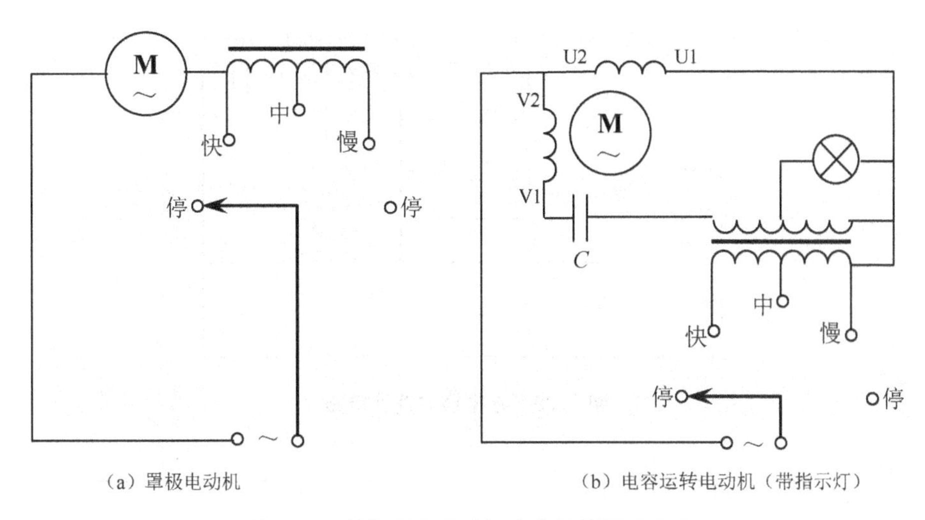

（a）罩极电动机　　（b）电容运转电动机（带指示灯）

图 9.27　单相异步电动机串电抗器调速电路

图 9.28(b)所示电路在调速时仅使工作绕组降压运行，所以它的低速挡启动性能较好，但接线较复杂。

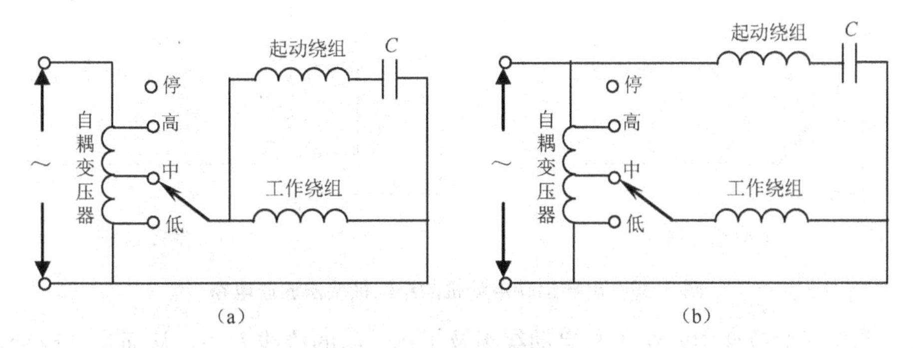

（a）　　（b）

图 9.28　自耦变压器的调速电路

3. 串电容器调速

将不同容量的电容器串入单相异步电动机电路中，可调节电动机的转速，图 9.29 所示为具有 3 挡速度的串电容器调速风扇电路。图 9.29 中电阻 $R1$ 及 $R2$ 为泄放电阻，在断电时将电容器中的电能泄放掉。

由于电容器容抗与电容量成反比，故电容量越大，容抗就越小，相应的电压降也小，电动机转速就高；反之，电容量越小，容抗就越大，相应的电压降也越小，电动机转速就低。

因为电容器具有两端电压不能突变的特点，所以在电动机启动瞬间，调速电容器两端电压为零，即电动机上的电压为电源电压。因此，电动机启动性能好。当正常运行时，电容器上无功率损耗，故效率较高。

4. 绕组抽头法调速

在单相异步电动机定子铁心上再嵌放一个中间绕组(又称调速绕组)，如图 9.30 所示。此时电动机定子铁心槽中嵌有工作绕组 U1、U2，启动绕组 V1、V2 和中间绕组 D1、D2。

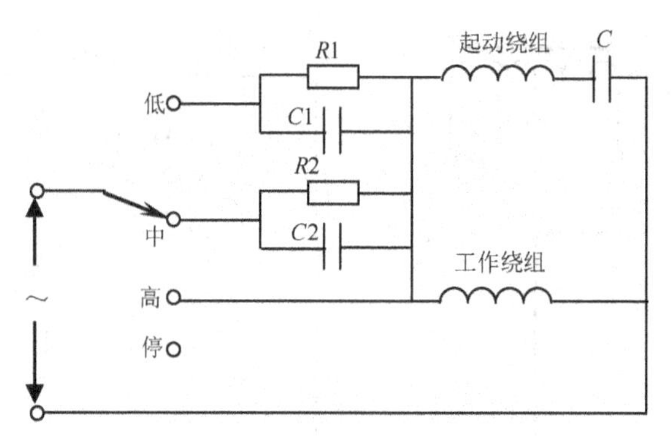

图 9.29 串电容器调速电路

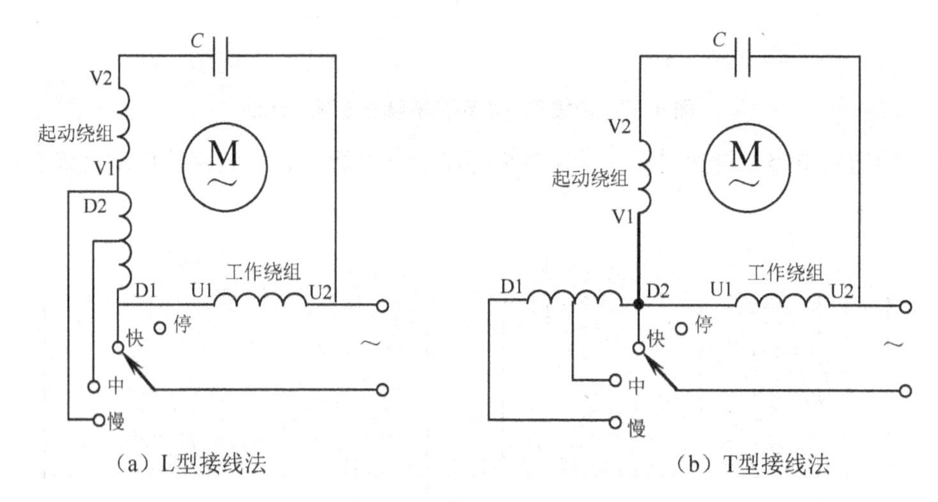

图 9.30 电容运转电动机的绕组抽头法调速电路

通过调速开关改变中间绕组与启动绕组及工作绕组的接线方法，从而达到改变电动机内部气隙磁场的大小，达到调节电动机转速的目的。这种调速方法通常有 L 形接法和 T 形接法两种，其中 L 形接法调速时在低速挡中间绕组只与工作绕组串联，启动绕组直接加电源电压，因此低速挡时启动性能较好，目前使用较多。T 形接法低速挡启动性能较差，且流过中间绕组的电流较大。

与串电抗器调速比较，用绕组内部抽头调速不需电抗器，故材料省、耗电少，缺点是绕组嵌线和接线比较复杂，电动机与调速开关的接线较多。

5. PTC 元件调速

在需要有微风挡的电风扇中，常采用 PTC 元件调速电路。所谓微风，是指电扇转速在 500r/min 以下送出的风，如果采用一般的调速方法，电扇电动机在这样低的转速下往往难以启动，较为简单的方法就是利用 PTC 元件的特性来解决这一问题。

PTC 为正温度系数的热敏电阻，PTC 热敏电阻既可作为温度敏感元件，又可在电子线路中起限流、保护作用。PTC 突变型热敏电阻主要用于温度开关，PTC 缓变型热敏电阻主要用于在较宽的温度范围内进行温度补偿或温度测量。

图 9.31 所示为 PTC 突变型热敏电阻的工作特性，当温度 t 较低时，PTC 元件本身的电阻值很小，当高于一定温度后(图 9.31 中 A 点以上)，即呈高阻状态，这种特性正好满

足微风挡的调速要求。

图 9.32 所示为风扇微风挡的 PTC 元件调速电路，在电扇启动过程中，电流流过 PTC 元件，电流的热效应使 PTC 元件温度逐步升高，当达到 *A* 点温度时，PTC 元件的电阻值迅速增大，使电扇电动机上的电压迅速下降，进入微风挡运行。

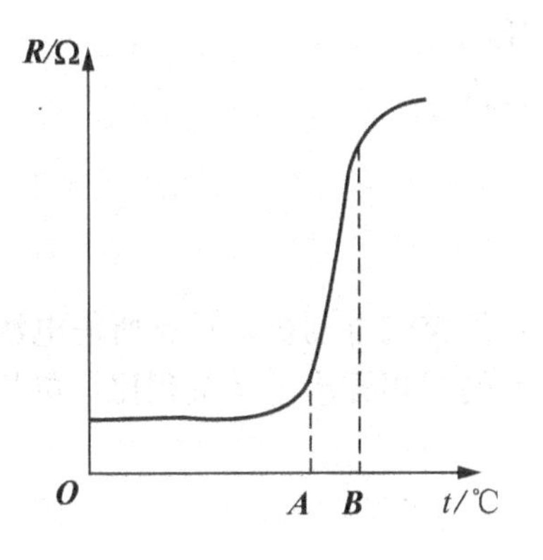

图 9.31　PTC 元件工作特性

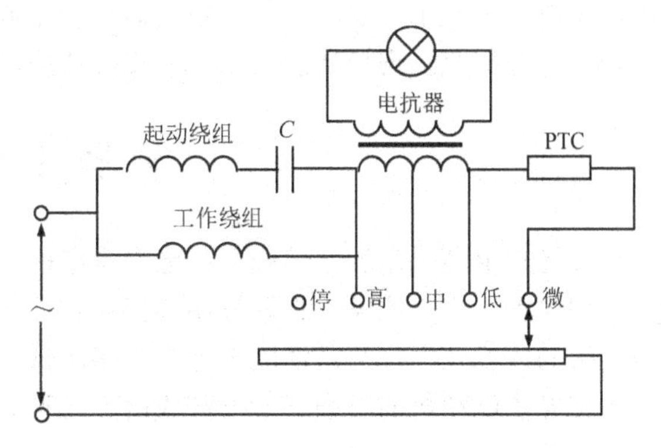

图 9.32　风扇微风档 PTC 元件调速电路

6. 晶闸管调压调速

前面介绍的各种调压调速电路都是有级调速，目前采用晶闸管调压的无级调速已越来越多，如图 9.33 所示。整个电路只用了双向晶闸管 V1、双向二极管 V2、带电源开关 S 的电位器 *RP*、电阻 *R* 和电容 *C* 共 5 个元件，电路结构简单，调速效果好。吊扇定时调速器就采用这种电路。

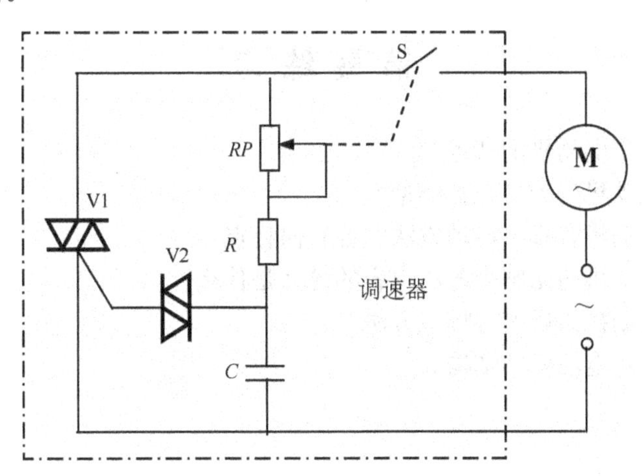

图 9.33　吊扇晶闸管调压调速电路

当机械式电源定时开关 S 处于闭合状态时，220V 交流电流通过电阻器 *R* 和电位器 *RP* 向电容器 *C* 充电，当 *C* 两端充电电压达到 V2 的转折电压时，V2 导通，触发双向晶闸管 V1 使其导通，使电动机 M 通电运转；当交流电压过零反向时，V1 自行关断，C 又开始反向充电，并重复上述过程。

可见，在交流电压每一周期内，V1 在正、负半周均对称导通一次。调节电位器 *RP*，即可充电时间，改变 V1 导通角的大小，相应地加在电动机 M 两端的平均电压也随之变化，故实现了无级调速目的，缺点是会产生一些电磁干扰。

9.2.4 实训 用调压器调节单相异步电动机的转速

(1) 任务名称：用调压器调节单相异步电动机的转速。

(2) 功能要求：以发电机为负载，用调压器调节单相异步电动机的转速，并将发电机的电压用电压表显示。要求工作绕组和启动绕组同时调压。

(3) 任务提交：现场功能演示，并提交相应的设计文件。

情景小结

单相异步电动机是利用单相交流电源供电的一种小容量交流电动机，具有所需电源方便、结构简单、成本低廉、维修方便等特点，但与同容量的三相异步电动机相比，单相异步电动机的体积较大、运行性能较差、效率较低。

单相异步电动机的类型一般可分成以下几种。

(1) 单相电阻分相启动异步电动机。

(2) 单相电容分相启动异步电动机。

(3) 单相电容运转异步电动机。

(4) 单相电容启动与运转异步电动机。

(5) 单相罩极式异步电动机。

单相异步电动机的调速有改变电源频率(变频调速)、改变电源电压(调压调速)和改变绕组的磁极对数(变极调速)等多种方法。目前使用最普遍的是改变电源电压调速。

情景练习

1. 简述单相异步电动机的特点。
2. 单相异步电动机分为哪几种类型?
3. 单相异步电动机有哪些启动方法? 各有何特点?
4. 单相异步电动机的铭牌中各项内容的含义是什么?
5. 单相异步电动机的调速有哪些方法?
6. 简述单相异步电动机的结构。

情景10

典型机床电气控制线路

情景描述

通过对典型机床电气控制线路的学习，了解各种典型机床的结构与运动情况及拖动特点，掌握典型机床的电气控制原理分析方法及调试技能，能对典型机床常见的电气故障进行分析与诊断，能排除各种常见机床的电气故障。

名人名言

向着某一天终于要达到的那个终极目标迈步还不够，还要把每一步骤看成目标，使它作为步骤而起作用。

——歌德

任务 10.1　CA6140 型普通车床的电气控制

10.1.1　任务书

（1）任务名称：CA6140 型普通车床的电气控制。

（2）功能要求：安装、调试 CA6140 型普通车床的电气控制，能对 CA6140 型普通车床常见的电气故障进行分析与诊断。

（3）任务提交：现场功能演示，并提交相应的设计文件。

10.1.2　任务指导

10.1.2.1　CA6140 型普通车床简述

CA6140 型车床是普通车床的一种，加工范围较广，但自动化程度低，适于小批量生产及修配车间使用。

1. CA6140 型普通车床的主要结构及运动形式

CA6140 型普通车床主要由床身、主轴变速箱、挂轮箱、进给箱、溜板箱、溜板与方刀架、尾架、光杠和丝杆等部分组成，如图 10.1 所示。

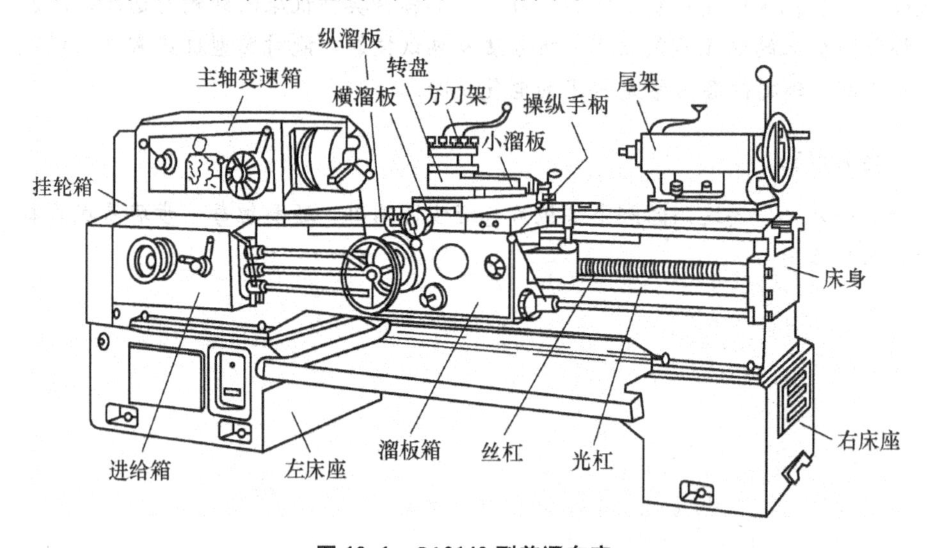

图 10.1　CA6140 型普通车床

车床的主运动为工件的旋转运动，它是由主轴通过卡盘或顶尖带动工件旋转的，承担车削加工时的主要切削功率。车削加工时，应根据被加工工件材料、刀具种类、工件尺寸、工艺要求等来选择不同的切削速度。这就要求主轴能在相当大的范围内调速。CA6140 型普通车床的主运动可使主轴获得 24 级正转转速(10～1400r/min)和 12 级反转转速(14～1580r/min)。车削加工时，一般不要求反转，但在加工螺纹时，为避免乱扣，要反转退刀，再纵向进刀继续加工，这就要求主轴可以正、反转，但主轴的正、反转靠机械装置完成。

车床的进给运动是溜板带动刀架的纵向或横向直线运动，其运动方式有手动和机动两

种。加工螺纹时，工件的旋转速度与刀具的进给速度应有严格的比例关系。为此，车床溜板箱与主轴箱之间通过齿轮传动来连接，而主运动与进给运动由一台电动机拖动。

车床的辅助运动有刀架的快速移动，尾架的移动及工件的夹紧与放松等。

2. CA6140 型普通车床的控制要求

根据车床的运动情况和工艺要求，车床对电气控制提出如下要求。

(1) 主拖动电动机一般选用三相鼠笼式异步电动机，为满足调速要求，采用机械变速。

(2) 为车削螺纹，主轴要求正、反转。一般车床主轴正、反转由拖动电动机正、反转来实现；当主拖动电动机容量较大时，主轴的正、反转则靠摩擦离合器来实现，电动机只做单向旋转。

(3) 一般中、小型车床的主轴电动机均采用直接启动。当电动机容量较大时，常用Y－△减压启动。停车时为实现快速停车，一般采用机械或电气制动。

(4) 车削加工时，刀具与工件温度高，需用切削液进行冷却。为此，设有一台冷却泵电动机，拖动冷却泵输出切削液，且与主轴电动机有着联锁关系，即冷却泵电动机应在主轴电动机启动后方可选择启动与否；当主轴电动机停止时，冷却泵电动机便立即停止。

(5) 为实现溜板箱的快速移动，由单独的快速移动电动机拖动，采用点动控制。

(6) 电路应具有必要的保护环节和安全可靠的照明和信号指示。

10.1.2.2　CA6140 型普通车床电气控制分析

图 10.2 所示为 CA6140 型普通车床的电气控制线路的主电路和控制电路。

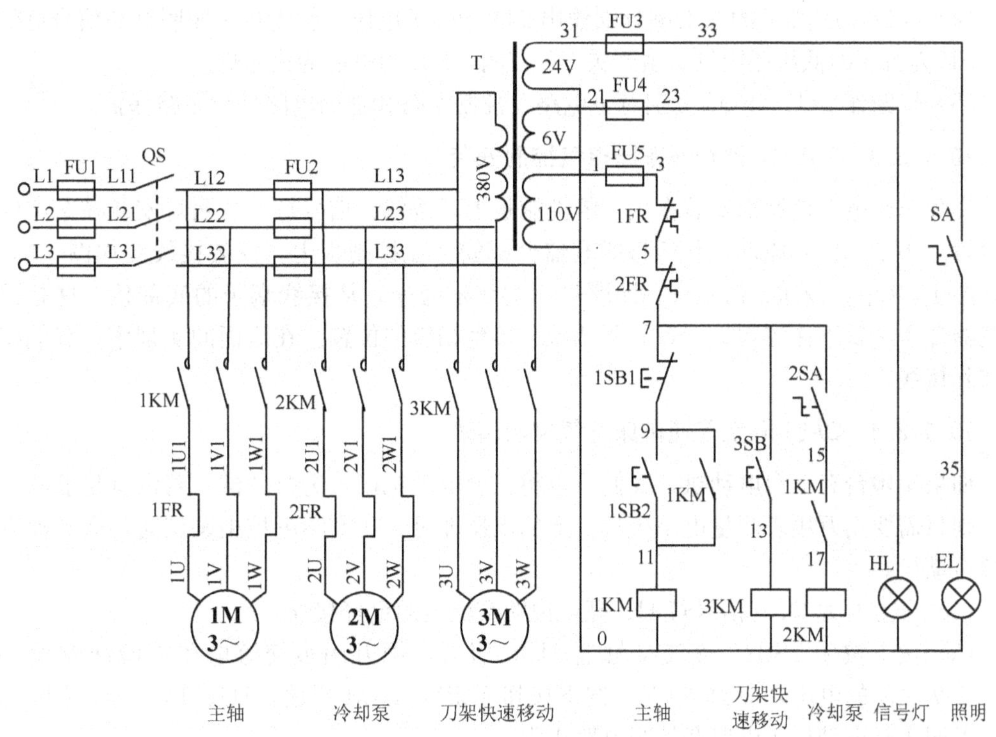

图 10.2　CA6140 型普通车床的电气控制线路

1. 主电路分析

主电路共有三台电动机。1M 为主轴电动机，带动主轴旋转和刀架做进给运动；2M 为冷却泵电动机；3M 为刀架快速移动电动机。

三相交流电源通过转换开关 QS 引入，主轴电动机 1M 由接触器 1KM 控制启动和停止，热继电器 1FR 为主轴电动机 1M 的过载保护。冷却泵电动机 2M 由接触器 2KM 控制启动和停止，热继电器 2FR 为冷却泵电动机 2M 的过载保护。接触器 3KM 用于控制刀架快速移动电动机 3M 的启动和停止，因快速移动电动机 3M 是短期工作，故可不设过载保护。

2. 控制电路分析

控制变压器 T 二次侧输出 110V 电压作为控制回路的电源。

(1) 主轴电动机 1M 的控制。按下启动按钮 1SB2，接触器 1KM 的线圈获电吸合并自锁，1KM 主触点闭合，主轴电动机 1M 启动。按下停止按钮 1SB1，电动机 1M 停转。

(2) 冷却泵电动机 2M 的控制。只能在接触器 1KM 获电吸合，主轴电动机 1M 启动后，合上开关 2SA，使接触器 2KM 线圈获电吸合，冷却泵电动机 2M 才能启动。

(3) 刀架快速移动电动机的控制。刀架快速移动电动机 3M 的启动是由安装在进给操纵手柄顶端的按钮 3SB 来控制的，它与交流接触器 3KM 组成点动控制环节。将操纵手柄扳到所需的方向，按下按钮 3SB，接触器 3KM 获电吸合，电动机 3M 获电启动，刀架就向指定方向快速移动。

热继电器 1FR 和 2FR 任何一个过载，全部电动机停转。

(4) 控制变压器 T 的二次侧分别输出 24V 和 6V 电压，作为机床照明灯和信号灯的电源。EL 为机床的低压照明灯，由开关 SA 控制；HL 为电源的信号灯。

(5) 熔断器 FU1～FU5 分别对主电路、控制电路和辅助电路进行短路保护。

10.1.2.3 CA6140 型普通车床电气控制安装

实际车床电气控制都安装在狭窄的控制板上，按钮、信号灯、照明灯安装在车床的相关位置。为了掌握其原理，我们将所有器件都安装在控制板上，安装接线图如图 10.3 所示。图 10.3 中，按钮、信号灯、照明灯用虚线框起来，从接线端子的底部接，这是因为这些器件本来就不在控制板上，需要从端子接到相应的位置。在后面的实训中，我们将了解实际接线。

10.1.2.4 CA6140 型普通车床电气控制调试

如果实验台有三台电动机，我们可以将三台电动机接入进行调试。若没有足够的电动机，则只需要用万用表测量电动机端子上的电压即可。在实际电控柜调试时，通常没有必要接电动机。

(1) 合上开关 QS，信号灯 HL 亮，说明交流电源已经接通。

(2) 按下按钮 1SB2，交流接触器 1KM 吸合，用万用表交流电压挡两两测量 1U、1V、1W 之间的电压，应为 380V；按下按钮 1SB1，1KM 释放，1U、1V、1W 之间无电压。说明主轴电动机主电路和控制电路正常。

(3) 接通开关 2SA，接触器不吸合；按下按钮 1SB2，交流接触器 1KM 吸合后再接通

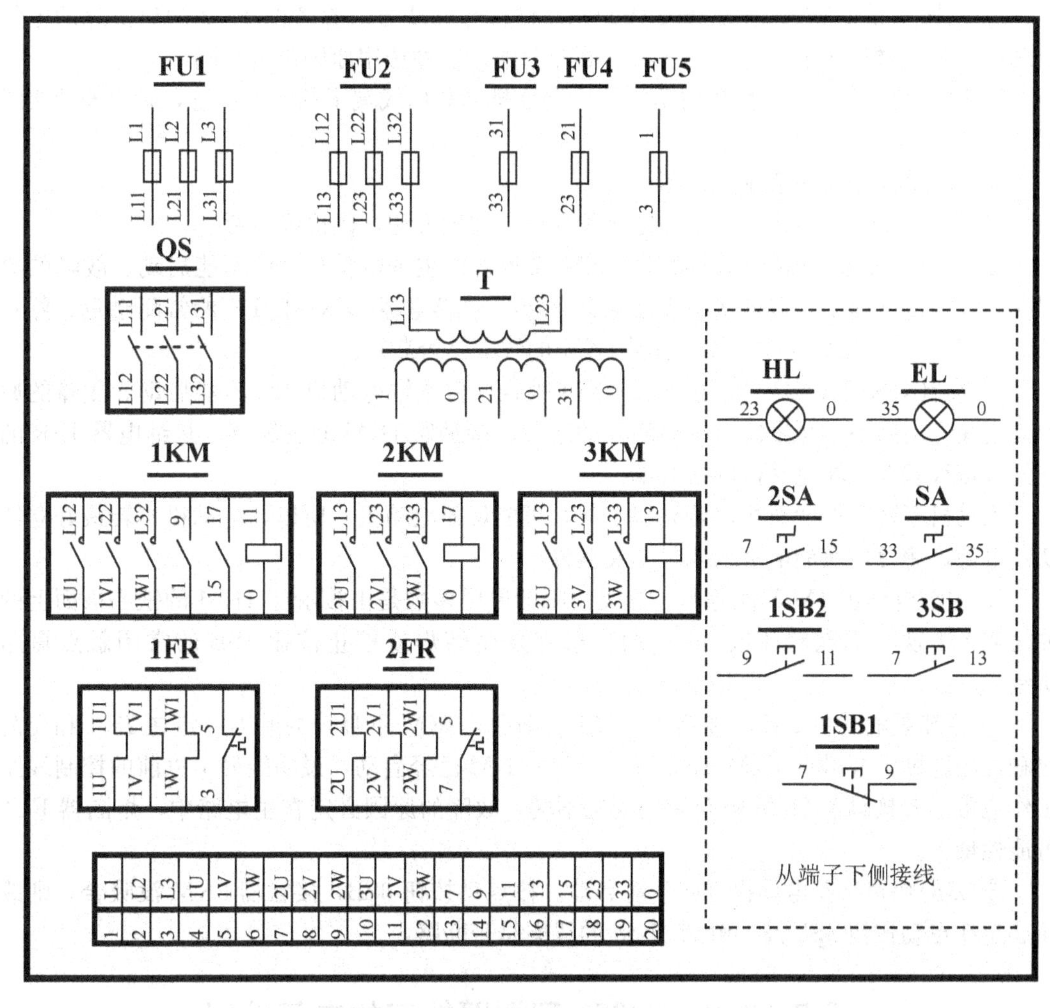

图 10.3　接线图

开关 2SA，接触器 2KM 吸合，用万用表交流电压挡两两测量 2U、2V、2W 之间的电压，应为 380V；断开开关 2SA，2KM 释放，2U、2V、2W 之间无电压。说明冷却泵电动机主电路和控制电路正常。

（4）按住按钮 3SB，交流接触器 3KM 吸合，用万用表交流电压挡两两测量 3U、3V、3W 之间的电压，应为 380V；松开按钮 3SB，3KM 释放，3U、3V、3W 之间无电压。说明刀架快速移动电动机主电路和控制电路正常。

（5）接通开关 SA，照明灯 EL(可用信号灯代替)亮，说明照明电路工作正常。

10.1.3　实训　CA6140 型普通车床常见故障检修

（1）任务名称：CA6140 型普通车床常见故障检修。

（2）要求：

① 面对实际的 CA6140 型普通车床，在指导教师的指导下，了解车床的结构；并按动相关按钮、开关，观看主轴电动机的旋转与反转、冷却泵电动机的工作情况、刀架快速移动情况和照明。

② 根据实际 CA6140 型普通车床的元器件标号和线号，参考图 10.2 画出实际的电气原理图，列出材料明细表，看一下与前面介绍的元器件选用原则是否相同。

③ 根据实际 CA6140 型普通车床的元器件排列和出线端子的实际位置，画出安装接线图。

④ 指导教师设置故障进行检修。

以下是 CA6140 型普通车床常见故障分析与处理方法，供检修参考。

① 按启动按钮 1SB2 后，接触器 1KM 没吸合，主轴电动机 1M 不能启动。故障的原因必定在控制电路中，可依次检查熔断器 FU5、热继电器 1FR 和 2FR 的常闭触点、停止按钮 1SB1、启动按钮 1SB2 和接触器 1KM 的线圈是否断路。

② 按启动按钮 1SB2 后，接触器 1KM 吸合，但主轴电动机 1M 不能启动。故障的原因必定在主电路中，可依次检查熔断器的熔芯、接触器 1KM 的主触点、热继电器 1FR 的热元件接线端及三相电动机的接线端。

电动机不转有可能缺相，若只缺一相，可能烧毁电动机。所以，电动机不转最好立即切断电源，用万用表的电阻挡测量相关器件。

③ 主轴电动机 1M 不能停车。这类故障的原因多数是由接触器 1KM 的铁心极面上的油污使上下铁心不能释放或 1KM 的主触点发生熔焊或停止按钮 1SB 的常闭触点短路所致。

④ 冷却泵电动机 2M 不能启动。1M 启动后，2KM 不吸合的原因一定在 2SA 和交流接触器的辅助常开触点 1KM(15，17)，因为 1KM 已经启动，说明线号 7 以前的控制线路工作正常。若接触器 2KM 吸合后电动机不转，故障的原因必定在主电路中，熔断器 FU2 可能性最大。

⑤ 刀架快速移动电动机 3M 不能启动。按点动按钮 3SB，接触器 3KM 没吸合，则故障必定在点动按钮 3SB 及接触器 3KM 的线圈是否断路。

任务 10.2　Z3050 型摇臂钻床的电气控制

10.2.1　任务书

(1) 任务名称：Z3050 型摇臂钻床的电气控制。

(2) 功能要求：熟悉 Z3050 型摇臂钻床的电气控制，能对 Z3050 型摇臂钻床常见的电气故障进行分析与诊断。

(3) 任务提交：现场功能演示，并提交相应的实训报告。

10.2.2　任务指导

10.2.2.1　Z3050 型摇臂钻床简述

钻床是一种用途广泛的机床，可进行钻孔、扩孔、铰孔、攻螺纹及修刮端面等多种形式的加工。按钻床的结构形式可分为立式钻床、卧式钻床、台式钻床和摇臂钻床等。在各类钻床中，摇臂钻床操作方便、灵活，适用范围广，具有典型性，特别适用于单件或批量生产带有多孔大型零件的孔加工，是一般机械加工常见的机床。

Z3050 型摇臂钻床是一种常见的立式钻床，具有两套液压控制系统：一个是操纵机构液压系统，安装在主轴箱内，用以实现主轴正反转、停车制动、空挡、预选及变速；另一个是夹紧机构液压系统，安装在摇臂背后的电器盒下部，用以夹紧或松开主轴箱、摇臂及立柱。

Z3050 型摇臂钻床型号含义如下。

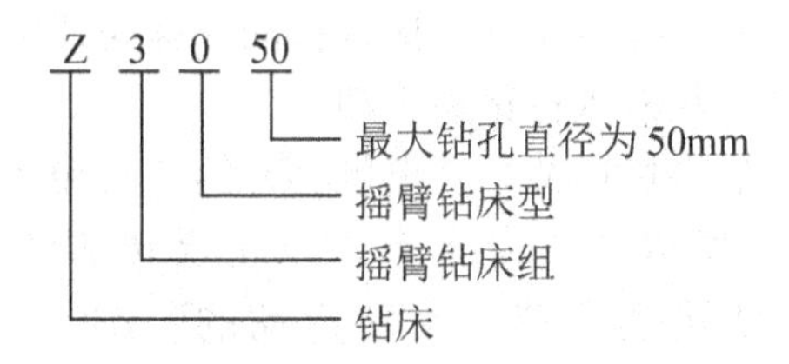

Z3050 型摇臂钻床的主要结构及运动形式如下。

摇臂钻床主要由底座、内立柱、外立柱、摇臂、主轴箱、主轴、工作台等组成。Z3050 型摇臂钻床外形如图 10.4 所示。内立柱固定在底座上，在它外面套着空心的外立柱，外立柱可绕着内立柱回转一周，摇臂一端的套筒部分与外立柱滑动配合，借助于丝杆，摇臂可沿着外立柱上下移动，但两者不能做相对转动，所以摇臂将与外立柱一起相对内立柱回转。

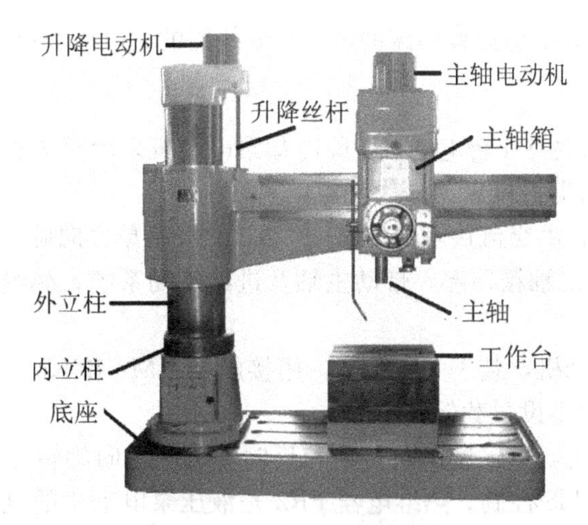

图 10.4　Z3050 型摇臂钻床

主轴箱是一个复合部件，具有主轴及主轴旋转部件和主轴进给的全部变速和操纵机构。主轴箱可沿着摇臂上的水平导轨径向移动。当进行加工时，可利用特殊的夹紧机构将外立柱紧固在内立柱上，摇臂紧固在外立柱上，主轴箱紧固在摇臂导轨上，然后进行钻削加工。

根据工件高度的不同，摇臂借助于丝杆可以带动主轴箱沿外立柱上下升降，在升降之前，应自动将摇臂与外立柱松开，然后再进行升降，当升降到所需的位置时，摇臂能自动夹紧在外立柱上。

Z3050 型摇臂钻床的控制要求如下。

整台钻床由 4 台异步电动机(分别是主轴电动机、摇臂升降电动机、液压泵电动机和冷却泵电动机)驱动，主轴的旋转运动及轴向进给运动由主轴电动机驱动，分别经主轴传

动机构和进给传动机构来实现主轴的旋转和进给，旋转速度和旋转方向则由机械传动部分实现，电动机不需变速。钻床的控制要求如下。

(1) 4台异步电动机的容量均较小，故采用直接启动方式。

(2) 主轴的正反转要求采用机械方法实现，主轴电动机只做单向旋转。

(3) 摇臂升降电动机和液压泵电动机均要求实现正反转。

(4) 摇臂的移动严格按照“摇臂松开→摇臂移动→移动到位摇臂夹紧”的程序动作。

(5) 钻削加工时需提供冷却液进行钻头冷却。

(6) 电路中应具有必要的保护环节，并提供必要的照明和信号指示。

钻床有时用来攻螺纹，所以要求主轴有可以正反转的摩擦离合器来实现正反转，Z3050型摇臂钻床是靠机械转换实现正反转运动的。Z3050型摇臂钻床有以下几种运动。

① 主运动：主轴带动钻头的旋转运动。

② 进给运动：钻头的上下移动。

③ 辅助运动：主轴箱沿摇臂水平移动，摇臂沿外立柱上下移动和摇臂与外立柱一起相对于内立柱回转运动。

10.2.2.2 Z3050型摇臂钻床电气控制分析

图10.5所示为Z3050型摇臂钻床的电气控制线路的主电路和控制电路。

1. 主电路分析

Z3050型摇臂钻床共有4台电动机，除冷却泵电动机采用开关直接启动外，其余3台异步电动机均采用接触器直接启动。

M1：主轴电动机，由交流接触器KM1控制，只要求单方向旋转，主轴的正反转由机械手柄操作。M1装在主轴箱顶部，带动主轴及进给传动系统，热继电器FR是过载保护元器件。

M2：摇臂升降电动机，装于立柱顶部，用接触器KM2和KM3控制正反转。因为该电动机短时间工作，故不设过载保护电器。

M3：液压泵电动机，可以做正向转动和反向转动。正向旋转和反向旋转的启动与停止由接触器KM4和KM5控制。热继电器FR2是液压泵电动机的过载保护器件。该电动机的主要作用是供给夹紧装置压力油、实现摇臂和立柱的夹紧与松开。

M4：冷却泵电动机，功率很小，由开关直接启动和停止。

2. 控制电路分析

1) 主轴电动机M1的控制

按下启动按钮SB2，则接触器KM1吸合并自锁，使主电动机M1启动运行，同时信号灯HL3亮。按下停止按钮SB1，则接触器KM1释放，使主电动机M1停止旋转，同时信号灯HL3熄灭。

2) 摇臂升降控制

(1) 摇臂上升：Z3050型摇臂钻床摇臂的升降由M2拖动，SB3和SB4分别为摇臂升、降的点动按钮，由SB3、SB4和KM2、KM3组成具有双重互锁的M2正反转点动控制电路。

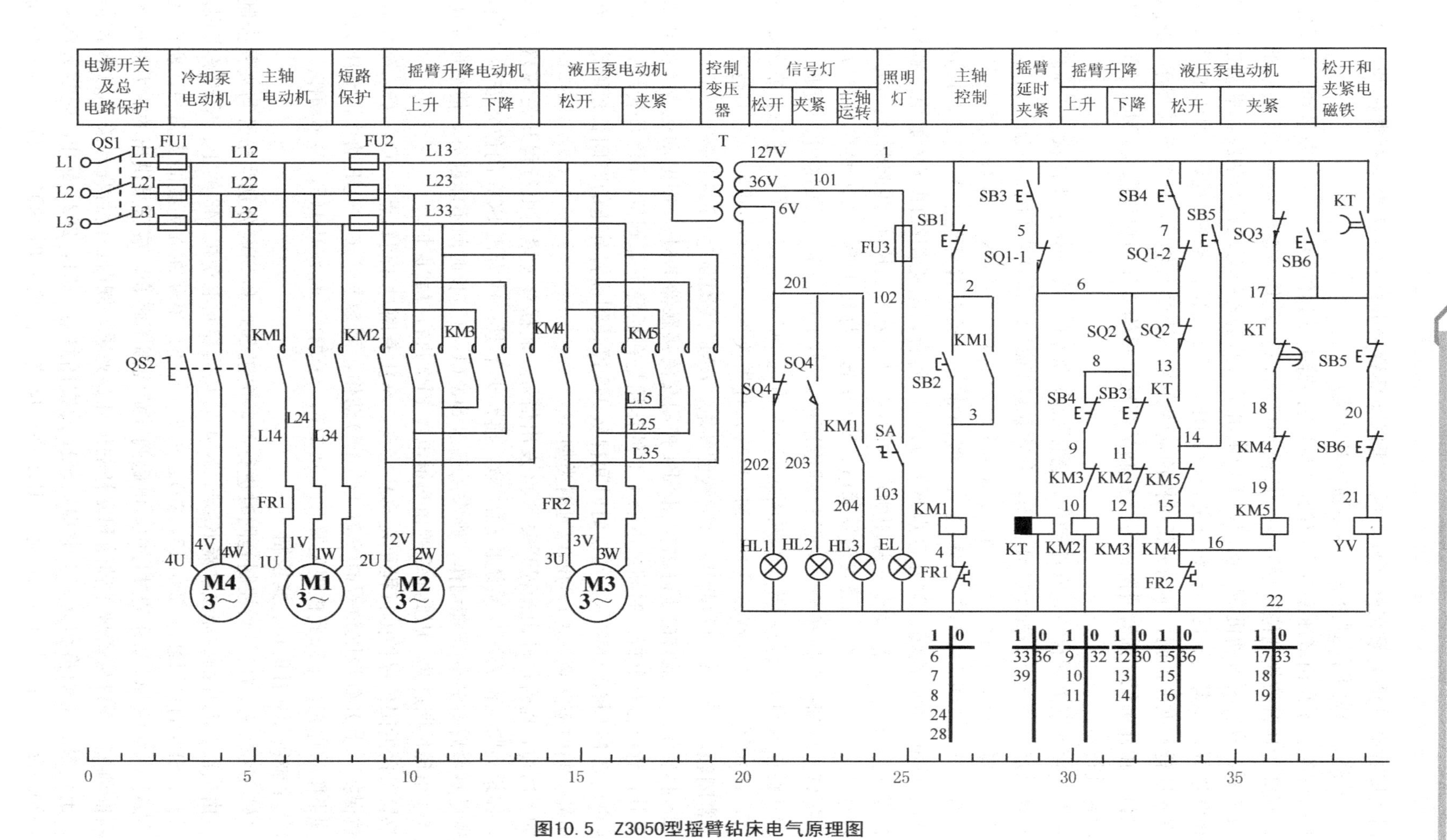

图10.5　Z3050型摇臂钻床电气原理图

因为摇臂平时是夹紧在外立柱上的，所以在摇臂升降之前，先要把摇臂松开，再由M2驱动升降；摇臂升降到位后，再重新将其夹紧。

摇臂的松、紧是由液压系统完成的，SQ3为摇臂夹紧到位行程开关，夹紧到位时SQ3动作；SQ2为摇臂放松到位行程开关，放松到位时SQ2动作。在电磁阀YV线圈通电吸合的条件下，液压泵电动机M3正转，正向供出压力油进入摇臂的松开油腔，推动松开机构使摇臂松开，摇臂松开后，行程开关SQ2动作、SQ3复位；若M3反转，则反向供出压力油进入摇臂的夹紧油腔，推动夹紧机构使摇臂夹紧，摇臂夹紧后，行程开关SQ3动作、SQ2复位。由此可见，摇臂升降的电气控制是与松紧机构液压与机械系统(M3与YV)的控制配合进行的。

平常摇臂处于夹紧状态，SQ3动作，常闭触点SQ3(1，17)处于断开状态；SQ2不动作，常开触点SQ2(6，8)处于断开状态；常闭触点SQ2(6，13)处于闭合状态。

按住摇臂上升按钮SB3→常闭触点SB3(8，11)断开，切断KM3线圈支路；SB3的常开触点SB3(1，5)闭合→时间继电器KT线圈通电→瞬动常开触点KT(13，14)闭合，KM4线圈通电，M3正转；常开触点KT(1，17)闭合，电磁阀线圈YV通电，摇臂松开→行程开关SQ2、SQ3动作→常闭触点SQ2(6，13)断开，KM4线圈断电，M3停转；常开触点SQ2(6，8)闭合，KM2线圈通电，M2正转，摇臂上升；常闭触点SQ3(1，17)复位→摇臂上升到位后松开SB3→KM2线圈断电，M2停转；KT线圈断电→延时1～3s后，常开触点KT(1，17)断开，电磁阀线圈YV通过SQ3(1，17)→仍然通电；常闭触点KT(17，18)闭合，KM5线圈通电，M3反转，摇臂夹紧→摇臂夹紧后，压下行程开关SQ3，常闭触点SQ3(1，17)断开，YV线圈断电；KM5线圈断电，M3停转。

(2) 摇臂下降：摇臂的下降由按钮SB4控制交流接触器KM3，使电动机M2反转来实现，其过程可自行分析。时间继电器KT的作用是在摇臂下降到位、M2停转后，延时1～3s再启动M3将摇臂夹紧，其延时时间视从M2停转到摇臂静止的时间长短而定。在进行电路分析时应注意，KT为断电延时类型。

如上所述，摇臂松开由行程开关SQ2发出信号，而摇臂夹紧后由行程开关SQ3发出信号。如果夹紧机构的液压系统出现故障，摇臂夹不紧；或者因SQ3的位置安装不当，在摇臂已夹紧后SQ3仍不能动作，则常闭触点SQ3(1，17)长时间不能断开，使液压泵电动机M3出现长期过载，因此M3须由热继电器FR2进行过载保护。

摇臂升降的限位保护由行程开关SQ1实现，SQ1有两对常闭触点：SQ1-1(5，6)实现上限位保护，上升到极限位置时SQ1-1(5，6)动作，而SQ1-2(6，7)不动作；SQ1-2(6，7)实现下限位保护，下降到极限位置时SQ1-2(6，7)动作，而SQ1-1(5，6)不动作。

3) 主轴箱和立柱的松、紧控制

主轴箱和立柱的松、紧控制是同时进行的，按钮SB5和SB6分别为松开与夹紧控制按钮，由它们点动控制交流接触器KM4、KM5，从而控制电动机M3的正、反转来实现。由于SB5、SB6的常闭触点SB5(17，20)、SB6(20，21)串联在YV线圈支路中，所以在操作SB5、SB6使M3动作的过程中，电磁阀YV线圈不吸合，液压泵供出的压力油进入主轴箱推动松、紧机构实现主轴箱和立柱的松开、夹紧。同时，由行程开关SQ4控制信号灯发出信号：主轴箱和立柱夹紧时，SQ4的常闭触点(201，202)断开，而常开触点(201，203)闭合，信号灯HL1灭，HL2亮；反之，在松开时SQ4复位，HL1亮而

HL2 灭。

10.2.2.3　Z3050 型摇臂钻床的操作控制

面对实际的 Z3050 型摇臂钻床，在指导教师的指导下，了解钻床的结构，特别注意各行程开关的位置及作用；并按动相关按钮、开关，观看主轴电动机的旋转、摇臂升降控制、主轴箱和立柱的松、紧控制。

练习钻孔操作，进一步熟悉电气控制原理。

10.2.3　实训　Z3050 型摇臂钻床常见故障检修

（1）任务名称：Z3050 型摇臂钻床常见故障检修。

（2）要求：

① 根据实际 Z3050 型摇臂钻床的元器件标号和线号，参考图 10.5 画出实际的电气原理图，列出材料明细表，看一下与前面介绍的器件选用原则是否相同。

② 根据实际 Z3050 型摇臂钻床的元器件排列和出线端子的实际位置，画出安装接线图。

③ 指导教师设置故障进行检修。

以下是 Z3050 型摇臂钻床常见故障分析与处理方法，供检修时参考。

电气控制线路在运行中会发生各种故障，造成停机或事故而影响生产。因而，学会分析电气控制线路，找出发生故障的原因，掌握迅速排除故障的方法是非常必要的。

一般工业用设备由机械、电气两大部分组成，因而，其故障也发生在这两部分，尤其是电气部分，如电机绕组与电器线圈的烧毁、电器元器件的绝缘击穿与短路等。然而，大多数电气控制线路故障是由于电器元器件调整不当、动作失灵或零件损坏引起的。为此，应加强电气控制线路的维护与检修，及时排除故障，确保其安全运行。Z3050 型摇臂钻床常见故障分析与处理方法如下。

（1）摇臂不能上升(或下降)。

故障分析如下。

① 行程开关 SQ2 不动作，SQ2 的常开触点(6，8)不闭合，SQ2 安装位置移动或损坏。

② 接触器 KM2 线圈不吸合，摇臂升降电动机 M2 不转动。

③ 系统发生故障(如液压泵卡死、不转，油路堵塞等)，使摇臂不能完全松开，压不上 SQ2。

④ 安装或大修后，相序接反，按 SB3 摇臂上升按钮，液压泵电动机反转，使摇臂夹紧，压不上 SQ2，摇臂也就不能上升或下降。

故障排除方法如下。

① 检查行程开关 SQ2 触点、安装位置或损坏情况，并予以修复。

② 检查接触器 KM2 或摇臂升降电动机 M2，并予以修复。

③ 检查系统故障原因、位置移动或损坏，并予以修复。

④ 检查相序，并予以修复。

（2）摇臂上升(下降)到预定位置后摇臂不能夹紧。

故障分析如下。

① 行程开关 SQ3 安装位置不准确或紧固螺钉松动，使 SQ3 行程开关过早动作。

② 活塞杆通过弹簧片压不上 SQ3，其触点 SQ3(1，17)未断开，使 KM5、YV 不断电释放。

③ 接触器 KM5、电磁铁 YV 不动作，电动机 M3 不反转 。

故障排除方法如下。

① 调整 SQ3 的动作行程，并紧固好定位螺钉。

② 调整活塞杆、弹簧片的位置。

③ 检查接触器 KM3、电磁铁 YV 的线路是否正常及电动机 M3 是否完好，并予以修复。

(3) 立柱、主轴箱不能夹紧(或松开) 。

故障分析如下。

① 按钮接线脱落、接触器 KM4 或 KM5 接触不良。

② 油路堵塞，使接触器 KM4 或 KM5 不能吸合。

故障排除方法如下。

① 检查按钮 SB5、SB6 和接触器 KM4、KM5 是否良好，并予以修复或更换。

② 检查油路堵塞情况，并予以修复。

(4) 按 SB6 按钮，立柱、主轴箱能夹紧，但放开按钮后，立柱、主轴箱却松开。

故障分析如下。

① 菱形块或承压块的角度方向错位，或者距离不适合。

② 菱形块立不起来，因为夹紧力调得太大或夹紧液压系统压力不够所致。

故障排除方法如下。

① 调整菱形块或承压块的角度与距离。

② 调整夹紧力或液压系统压力。

(5) 摇臂上升或下降行程开关失灵。

故障分析如下。

① 行程开关触点不能因开关而闭合或接触不良，线路断开后，信号不能传递。

② 行程开关损坏、不动作或触点粘连，使线路始终呈接通状态(此情况下，当摇臂上升或下降到极限位置后，摇臂升降电动机发生堵转，发热严重，会导致电动机绝缘损坏)。

故障排除方法如下。

检查行程开关接触情况，并予以修复或更换。

(6) 主轴电动机刚启动运转，熔断器就熔断。

故障分析如下。

① 机械机构卡住或钻头被铁屑卡住。

② 负荷太重或进给量太大，使电动机发生堵转造成主轴电动机电流剧增，热继电器来不及动作。

③ 电动机故障或损坏。

故障排除方法如下。

① 检查卡住原因，并予以修复。

② 退出主轴，根据空载情况找出原因，并予以调整与处理。

③ 检查电动机故障原因，并予以修复或更换。

任务 10.3　M7130 型平面磨床的电气控制

10.3.1　任务书

（1）任务名称：M7130 型平面磨床的电气控制。

（2）功能要求：了解 M7130 型平面磨床的结构与运动情况及拖动特点，掌握 M7130 型平面磨床的电气控制原理的分析方法及调试技能，能对 M7130 型平面磨床常见的电气故障进行分析与诊断。

（3）任务提交：现场功能演示，并提交相应的实训报告。

10.3.2　任务指导

10.3.2.1　M7130 型平面磨床简述

磨床是利用砂轮的周边或端面对工件表面进行高精度加工的一种精密机床。磨床的种类很多，可分为平面磨床、外圆磨床、内圆磨床、无心磨床和一些专用磨床，其中平面磨床应用最为普通。平面磨床又分为立轴矩台平面磨床、卧轴矩台平面磨床、立轴圆台平面磨床和卧轴圆台平面磨床。现以 M7130 型卧轴矩台平面磨床为例对其电气控制进行分析。

平面磨床主要由床身、工作台、电磁吸盘、立柱、砂轮箱(又称磨头)与滑座组成，如图 10.6 所示。

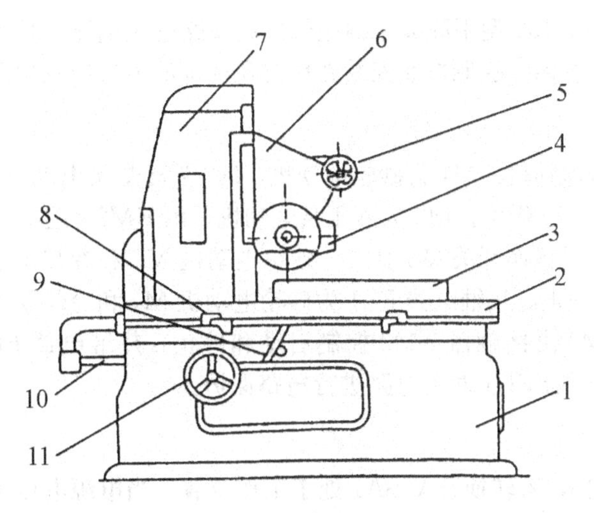

图 10.6　平面磨床主要结构

1—床身；2—工作台；3—电磁吸盘；4—砂轮箱；5—砂轮箱横向移动手轮；6—滑座；7—立柱；
8—工作台换向撞块；9—工作台往复运动换向手柄；10—活塞杆；11—砂轮箱垂直进刀手轮

在床身中装有液压传动装置，工作台通过活塞杆由液压传动做往复运动，床身导轨由自动润滑装置进行润滑。工作台表面有 T 形槽，用以固定电磁吸盘，再由电磁吸盘来吸持加工工件。工作台行程长度可通过装在工作台正面槽中撞块的位置来改变，换向撞块是通过碰撞工作台往复运动换向手柄以改变油路来实现工作台往复运动的。

在床身上固定有立柱，沿立柱的导轨上装有滑座，砂轮箱能沿其水平导轨移动。砂轮

轴由装入式电动机直接拖动，滑座内部往往也装有液压传动机构。

滑座可在立柱导轨上做上下移动，并可由垂直进刀手轮操作。砂轮箱的水平轴向移动可由横向移动手轮操作，也可以由液压传动做连续或间接移动，前者用于调节运动或修整砂轮，后者用于进给运动。

矩形工作台平面磨床的主运动是砂轮的旋转运动。进给运动有垂直进给(即滑座在立柱上的上下运动)、横向进给(即砂轮箱在滑座上的水平运动)和纵向进给(即工作台沿床身的往复运动)。工作台每完成一次往复运动，砂轮箱做一次间断性的横向进给；当加工完整个平面后，砂轮箱做一次间断性的垂直进给。

根据磨床的运动特点及工艺要求，M7130型平面磨床对电力拖动及控制有如下要求。

(1) 砂轮的旋转运动一般不要求调速，由一台三相异步电动机拖动即可，且只要求单向旋转。容量较大时，可采用丫－△减压启动。

(2) 为保证加工精度，使其运行平稳，保证工作台往复运动换向时惯性小、无冲击，故采用液压传动实现工作台往复运动和砂轮箱横向进给。

(3) 为适应小工件加工需要，同时也为工件在磨削过程中能自由伸缩，采用电磁吸盘来吸持工件。电磁吸盘应有去磁控制。

(4) 为减小工件在磨削加工时的热变形及冲走磨屑，以保证精度，需使用切削液。

(5) 保护环节应包括短路保护、电动机过载保护、电磁吸盘欠电流和过电压保护等。

(6) 必要的信号指示及照明。

10.3.2.2 M7130型平面磨床电气控制分析

图10.7所示为M7130型平面磨床的电气控制线路的主电路和控制电路。其电气设备安装在床身后部的壁盒内，控制按钮安装在床身左前部的电气操纵盒上。

1. 主电路分析

主电路共有三台电动机。M1为砂轮电动机，M2为冷却泵电动机，都由KM1的主触点控制，再经插销向M2供电。M3为液压泵电动机，由KM2的主触点控制。

三相交流电源通过转换开关QS引入，砂轮电动机M1和冷却泵电动机M2均由接触器KM1控制启动和停止，热继电器FR1为砂轮电动机M1和冷却泵电动机M2的过载保护。液压泵电动机M3由接触器KM2控制启动和停止，热继电器FR2为液压泵电动机M3的过载保护。熔断器FU1对主电路进行短路保护。

2. 控制电路分析

合上电源开关QS，若转换开关SA1处于工作位置，当电源电压正常时，欠电流继电器触点KI(3，4)闭合；若SA1处于去磁位置，则SA1(3，4)闭合，便可进行操作。

1) 砂轮电动机M1的控制

启动过程：按下按钮SB1，常开触点SB1(4，5)闭合→交流接触器KM1线圈通电并自锁→电动机M1启动。停止过程：按下按钮SB2，常闭触点SB2(5，6)断开→KM1线圈断电→M1停止旋转。

2) 冷却泵电动机M2的控制

M2由于通过插座X1与KM1主触点相连，因此M2与砂轮电动机M1的连锁控制，都由SB1和SB2操作。若运行中M1或M2过载，热继电器触点FR1(1，2)动作，FR1起

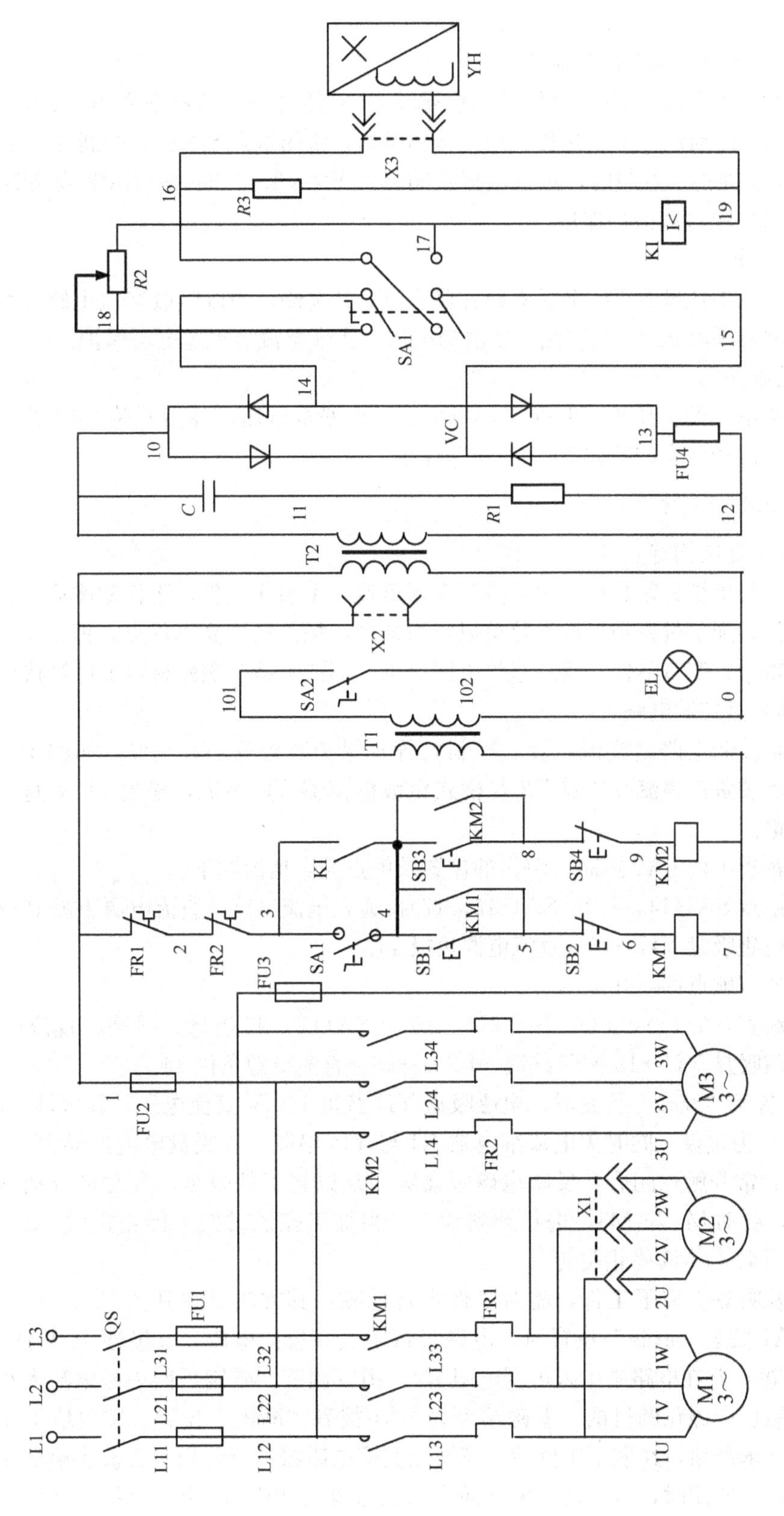

图10.7　M7130型平面磨床电气控制原理图

过载保护作用。

3）液压泵电动机 M3 的控制

启动过程：按下按钮 SB3，常开触点 SB3(4，8)闭合→交流接触器 KM2 线圈通电并自锁→电动机 M3 启动；停止过程：按下按钮 SB4，常闭触点 SB4(8，9)断开→KM2 线圈断电→M3 停止旋转。过载时，热继电器常闭触点 FR2(2，3)断开→KM2 线圈断电→M3 停止旋转，FR2 起过载保护作用。

4）其他保护

在整流装置中还设有 *RC* 串联支路并联在 T2 二次侧，用以吸收交流电路产生过电压和直流侧电路通断时在 T2 二次侧产生浪涌电压，实现整流装置过电压保护。

5）照明电路

照明电路由照明变压器 T1 将 380V 降为 36V 安全电压，并由开关 SA2 控制照明灯 EL。在 T1 一次侧装有熔断器 FU3 作短路保护。

3. 电磁吸盘控制电路

1）电磁吸盘结构特点

电磁吸盘与机械夹紧装置相比，具有夹紧迅速，不损伤工件，工作效率高，能同时吸持多个小工件，加工过程中工件发热可以自由伸延，加工精度高等优点。但也有夹紧方面不如机械夹得紧，调节不便，需用直流电源供电，不能吸持非磁性材料工件等缺点。

2）电磁吸盘控制电路

电磁吸盘控制电路由整流装置、控制装置及保护装置等部分组成，如图 10.7 所示。电磁吸盘整流装置由整流变压器 T2 与桥式全波整流器 VC 组成，输出 110V 直流电压对电磁吸盘供电。

电磁吸盘集中由 SA1 控制。SA1 的位置及触点闭合情况如下。

充磁：触点 SA1(14，16)、SA1(15，17)接通，电流通路：直流电源正极 15→17→KI 线圈→19→电磁吸盘 YH→16→直流电源负极 14。

断电：所有触点都断开。

退磁：触点 SA1(14，18)、SA1(15，16)、SA1(3，4)接通，通路：直流电源正极 15→16→电磁吸盘 YH→19→KI 线圈→R2－－→18→直流电源负极 14。

当 SA1 置于“充磁”位置时，电磁吸盘 YH 获得 110 V 直流电压，其极性 19 号线为正极，16 号线为负极，同时欠电流继电器 KI 与 YH 串联。若吸盘电流足够大，则 KI 动作，KI(3，4)常开触点闭合，反映电磁吸盘吸力足以将工件吸牢，这时可分别操作按钮 SB1 与 SB3，启动 M1 与 M3，进行磨削加工。当加工完成时按下停止按钮 SB2 与 SB4，电动机 M1、M2 与 M3 停止旋转。

为便于从吸盘上取下工件，需对工件进行退磁，其方法是将开关 SA1 扳至“退磁”位置。当 SA1 扳至“退磁”位置时，电磁吸盘中通入反向电流，其极性 16 号线为正极，19 号线为负极，并在电路中串入可变电阻 *R*2，用以调节、限制反向去磁电流大小，达到既退磁又不致反向磁化的目的。退磁结束将 SA1 拨到“断电”位置，即可取下工件。若工件对去磁要求严格，在取下工件后，还要用交流去磁器进行处理。交流去磁器是平面磨床的一个附件，使用时，将交流去磁器插头插在床身的插座 X2 上，再将工件放在去磁器上适当地来回移动即可去磁。

3）电磁吸盘的欠电流保护

为了防止平面磨床在磨削过程中出现断电事故或吸盘电流减小，致使电磁吸盘失去吸力或吸力减小，造成工件飞出，引起工件损坏或人身事故，故在电磁吸盘线圈电路中串入欠电流继电器 KI。只有当直流电压符合要求，吸盘具有足够吸力时，KI 才能吸合，KI(3，4)触点接通，为启动电动机做准备；否则不能开动磨床进行加工。若已在磨削加工中，则 KI 因电流过小而释放，触点 KI(3，4)断开，使得 KM1、KM2 线圈断电，M1 停止，避免事故发生。

4）电磁吸盘线圈 YH 的过电压保护

电磁吸盘线圈匝数多、电感大，通电工作时存储大量磁场能量。当线圈断电时在线圈两端将产生高电压，可使线圈绝缘及其他电气设备损坏。为此，该机床在线圈两端并联了电阻 $R3$ 作为放电电阻。

5）电磁吸盘的短路保护

在整流变压器 T2 的二次侧或整流装置输出端装有熔断器 FU4 作短路保护。

10.3.2.3 M7130 型平面磨床的操作控制

面对实际的 M7130 型平面磨床，在指导教师的指导下，了解 M7130 型平面磨床的结构，并按动相关按钮、开关，观看各电动机的旋转情况和电磁吸盘的充磁与退磁。

通过实际的磨削加工，进一步了解电气控制原理。

10.3.3 实训 M7130 型平面磨床常见故障检修

(1) 任务名称：M7130 型平面磨床常见故障检修。

(2) 要求：

① 根据实际 M7130 型平面磨床的元器件标号和线号，参考图 10.7 画出实际的电气原理图，列出材料明细表，比较一下与前面介绍的器件选用原则是否相同。

② 根据实际 Z3050 型摇臂钻床的元器件排列和出线端子的实际位置，画出安装接线图。

③ 指导教师设置故障进行检修。

以下是 M7130 型平面磨床常见故障分析与处理方法，供检修时参考。

① 主轴电动机不能启动。

首先检查 SA1 是否处于退磁位置(电动机单独启动时)，然后分别检查 KI 和 SA1(3，4)触点的接通情况。

② 电磁吸盘无吸力。

首先检查电源熔断器 FU1、FU2 及变压器 T2 整流输入端熔断器 FU4 的熔体是否熔断；再检查接插器 X3 的接触是否良好，其方法是用万用表直流电压挡测量 X2 的两触点电压是否正常。

如上述检查均未发现故障，则可检查电磁吸盘 YH 线圈的两个出线头，看是否是由于电磁吸盘 YH 密封不好，受加削液的浸蚀而使绝缘损坏，造成两个出线头间短路或出线头本身断路。当线头间形成短路时，若不及时检修，就有可能烧毁整流器 VC 和整流变压器 T2，这一点应在日常维护时引起注意。

③ 电磁吸盘吸力不足。

原因之一是交流电源电压较低，使整流后的直流电压相应下降所致。检查时可用万用表直流电压挡测量整流器 VC 的输出端电压值，应不低于 110 V(空载时直流输出电压为 130～140 V)。若电源电压不足，则应调整交流电源电压。另外，接插器 X3 的插头、插座间的接触不良也会造成吸力不足。

吸力不足的原因之二是整流电路的故障。电路中整流器 VC 是由四个桥臂组成的，若整流器是由硅二极管组成的，那么每臂就是一只硅二极管。如果有一个硅二极管或连接导线断路，就会造成某臂开路，这时直流输出电压将下降一半左右，从而使流过电磁吸盘的电流相应减小，引起吸力降低。检修时可测量直流输出电压有效值是否有下降一半的现象。用手触摸四个整流臂的温度也可判断是否有一臂断路，断路的一臂及与它相对的另一臂由于没有电流流过，温度要比其余两臂低。

④ 电磁吸盘退磁效果差。

电磁吸盘退磁效果差主要是因为退磁电压不符合要求；退磁电阻 $R2$ 损坏或线路断开；退磁时间长短掌握不当等。

任务 10.4　X62W 型万能铣床的电气控制

10.4.1　任务书

(1) 任务名称：X62W 型万能铣床的电气控制。

(2) 功能要求：了解 X62W 型万能铣床的结构与运动情况及拖动特点，掌握 X62W 型万能铣床的电气控制原理分析方法及调试技能，能对 X62W 型万能铣床常见的电气故障进行分析与诊断。

(3) 任务提交：现场功能演示，并提交相应的实训报告。

10.4.2　任务指导

10.4.2.1　X62W 型万能铣床简述

X62W 型卧式万能铣床具有主轴转速高、调速范围宽、操作方便、工作台能自动循环加工等特点。铣床的加工范围较广，运动形式较多，其结构也较复杂。X62W 型卧式万能铣床在加工时是主轴先启动，当铣刀旋转后才允许工作台的进给运动，当铣刀离开工作表面后，才允许铣刀停止工作。这就涉及电动机顺序启动控制的问题。

X62W 万能铣床型号含义如下。

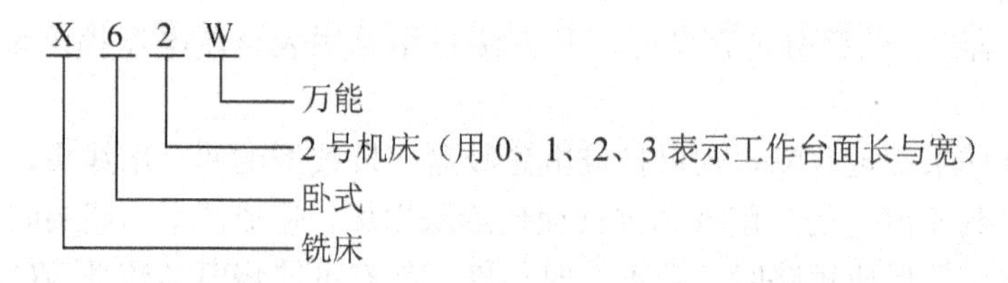

X62W 型卧式万能铣床的结构如图 10.8 所示。主要由底座、床身、悬梁、刀杆支架、工作台、溜板和升降台等部分组成。

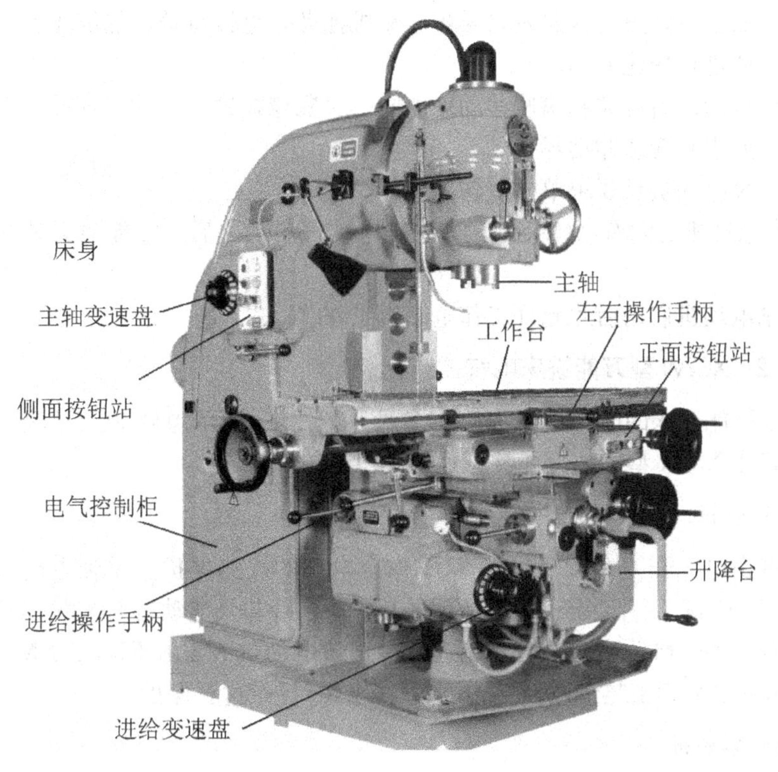

图 10.8　X62W 型卧式万能铣床

床身固定于底座上，用于安装和支承铣床的各部件，在床身内还装有主轴部件、主传动装置、变速操纵机构等。床身顶部的导轨上装有悬梁，悬梁上装有刀杆支架。铣刀则装在刀杆上，刀杆的一端装在主轴上，另一端装在刀杆支架上。刀杆支架可以在悬梁上水平移动，悬梁又可以在床身顶部的水平导轨上水平移动，因此可以适应各种不同长度的刀杆。

在床身的前面有垂直导轨，升降台沿其上下移动；在升降台上面的水平导轨上，装有可在平行于主轴轴线方向移动(横向移动)的溜板，在溜板上部转动部分的导轨上可做垂直于主轴轴线方向的移动(纵向移动)。这样，工作台上的工件就可以在 6 个方向(上、下、左、右、前、后)进给。

为了快速调整工件与刀具之间的相对位置，可以改变传动比，使工作台在 6 个方向上做快速移动。此外，由于转动部分相对于溜板可绕垂直轴线左、右转一个角度(通常为 45°)，因此可以加工螺旋槽。工作台上还可以安装圆工作台以扩大铣削能力。

由上可知，X62W 型万能铣床的运动方式有以下三种。

主运动：主轴带动刀杆和铣刀的旋转运动。

进给运动：工作台带动工件在水平的纵、横及垂直方向六个方向上的运动。

辅助运动：工作台在六个方向上的快速运动。

X62W 型万能铣床的控制要求如下。

铣床的主运动和进给运动各由一台电动机拖动，这样铣床的电力拖动系统由 3 台电动机所组成：主轴电动机、进给电动机和冷却泵电动机。

铣床对电力拖动及其控制要求如下。

（1）铣床的主运动由一台鼠笼式异步电动机拖动，直接启动，能够正反转，并设有电气制动环节，能进行变速冲动。

（2）工作台的进给运动和快速移动均由同一台鼠笼式异步电动机拖动，直接启动，能够正反转，也要求有变速冲动环节。

（3）冷却泵电动机只要求单向旋转。

（4）3台电动机之间有联锁控制，即主轴电动机启动之后，才能对另外两台电动机进行控制。

（5）主轴电动机启动后才允许工作电动机工作。

10.4.2.2 X62W型万能铣床电气控制分析

X62W型万能铣床的电气控制线路有多种，图10.9所示电路为经过改进的电路，为X62W型卧式和X53K型立式万能铣床通用。

1. 主电路分析

三相电源由电源开关QS1引入，FU1作全电路的短路保护。主轴电动机M1的运行由接触器KM1控制，由换相开关SA3预选其转向。冷却泵电动机M3由QS2控制其单向旋转，但必须在M1启动运行之后才能运行。进给电动机M2由KM3、KM4实现正反转控制。3台电动机分别由热继电器FR1、FR2、FR3提供过载保护。

2. 控制电路分析

由控制变压器T1提供110V工作电压，FU4提供变压器次级电路的短路保护。该电路的主轴制动、工作台常速进给和快速进给分别由控制电磁离合器YC1、YC2、YC3实现，电磁离合器需要的直流工作电压由整流变压器T2降压后经桥式整流器VC提供，FU2、FU3分别提供交直流侧的短路保护。

1）主轴电动机M1的控制

主轴电动机M1由交流接触器KM1控制，为操作方便，在机床的w不同位置各安装了一套启动和停止按钮：SB2和SB6装在床身上，SB1和SB5装在升降台上。对M1的控制包括：主轴的启动、停止制动、变速冲动和换刀制动。

（1）主轴电动机的启动。

首先根据顺铣或逆铣的工艺要求，用组合开关SA3预先确定M1的转向。按下按钮SB1或SB2→KM1线圈通电并自锁→M1启动运行，同时常开辅助触点KM1(7，13)闭合，为KM3、KM4线圈接通做好准备。

（2）主轴电动机的停止与制动。

按下按钮SB5或SB6，其常闭触点SB5(3，5)或SB6(1，3)断开→KM1线圈断电，M1停车→常开触点SB5(105，107)或SB6(105，107)闭合，制动电磁离合器YC1线圈通电→M1制动。

制动离合器YC1装在主轴传动系统与M1转轴相连的第1根传动轴上，当YC1通电吸合时，将摩擦片压紧，对M1进行制动。停转时，应按住SB5或SB6直至主轴停转才能松开，一般主轴的制动时间不超过0.5s。

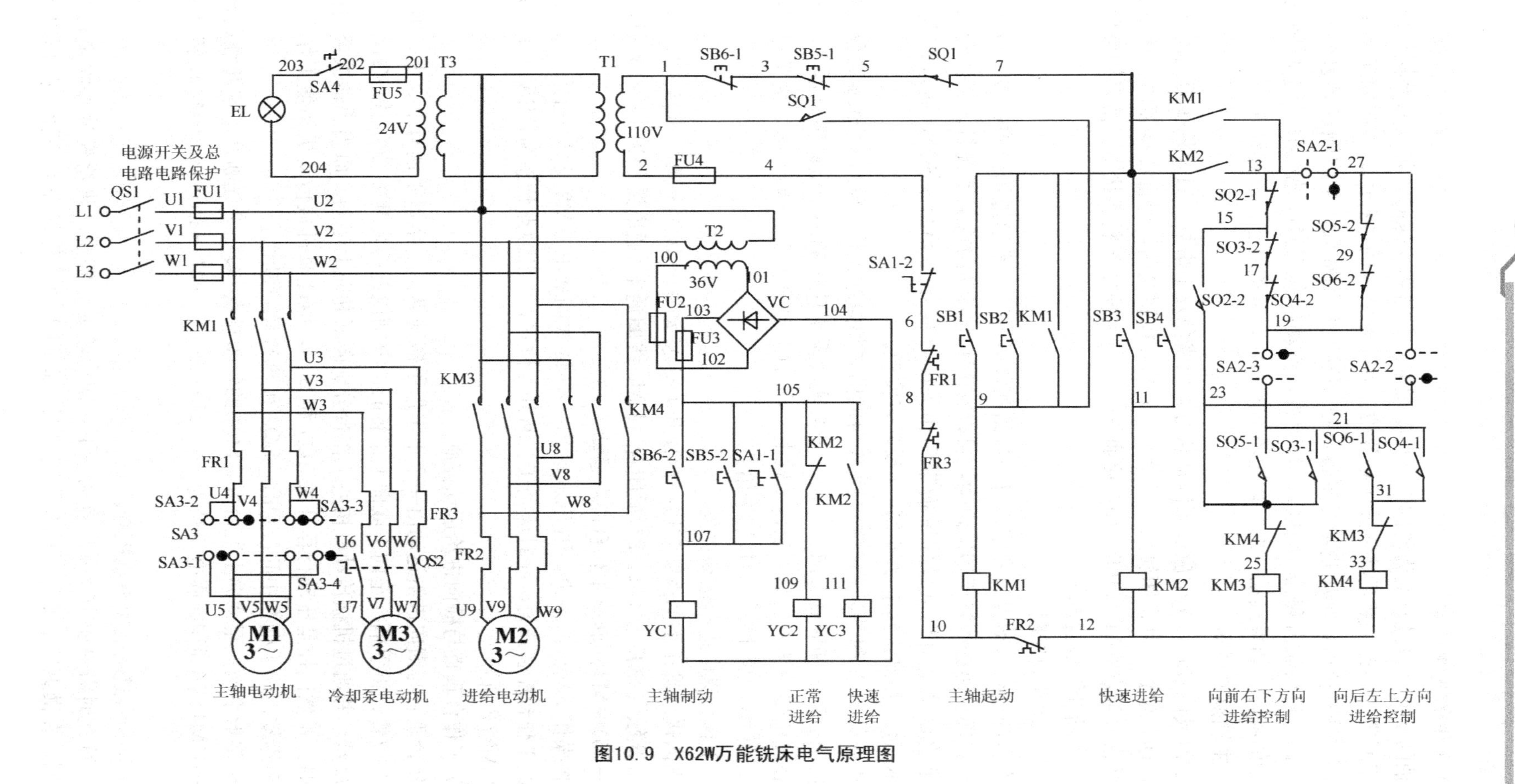

图10.9　X62W万能铣床电气原理图

(3) 主轴的变速冲动。

主轴的变速是通过改变齿轮的传动比实现的。在需要变速时，将变速手柄拉出，转动变速盘至所需的转速，然后将变速手柄复位。在手柄复位的过程中，在瞬间压动了行程开关 SQ1，手柄复位后，SQ1 也随之复位。在 SQ1 动作的瞬间，常闭触点 SQ1(5，7)先断开其他支路，然后常开触点 SQ1(1，9)闭合，点动控制 KM1，使 M1 产生瞬间的冲动，利于齿轮的啮合；如果点动一次，齿轮还不能啮合，可重复进行上述动作。

(4) 主轴换刀制动。

在上刀或换刀时，主轴应处于制动状态，以避免发生事故。只要将换刀制动开关 SA1 拨至“接通”位置，其常闭触点 SA1-2(4，6)断开控制电路，保证在换刀时机床没有任何动作；其常开触点 SA1-1(105，107)接通 YC1，使主轴处于制动状态。换刀结束后，要使 SA1 扳回“断开”位置。

2) 进给运动的控制

工作台的进给运动分为常速(工作)进给和快速进给，常速进给必须在 M1 启动运行后才能进行，而快速进给属于辅助运动，可以在 M1 不启动的情况下进行。工作台在 6 个方向上的进给运动是由机械操作手柄带动相关的行程开关 SQ3～SQ6，通过控制接触器 KM3、KM4 来控制进给电动机 M2 正反转来实现。

行程开关 SQ5 和 SQ6 分别控制工作台的向右和向左运动，SQ3 和 SQ4 则分别控制工作台的向前、向下和向后、向上运动。进给拖动系统使用的两个电磁离合器 YC2 和 YC3 都安装在进给传动链中的第 4 根传动轴上。当 YC2 吸合而 YC3 断开时，为常速进给；当 YC3 吸合而 YC2 断开时，为快速进给。

(1) 工作台纵向进给运动控制。

将纵向进给操作手柄扳向右边→行程开关 SQ5 动作→其常闭触点 SQ5-2(27，29)先断开，常开触点 SQ5-1(21，23)后闭合→KM3 线圈通电(通电路径为 13→15→17→19→21→23→25)→M2 正转→工作台向右运动。

若将操作手柄扳向左边，则 SQ6 动作→KM4 线圈通电→M2 反转→工作台向左运动。SA2 为圆工作台控制开关，此时应处于“断开”位置，3 组触点状态为，SA2-1、SA2-3 接通，SA2-2 断开。

(2) 工作台垂直与横向进给运动控制。

工作台垂直与横向进给运动由一个十字形手柄操纵，十字形手柄有上、下、前、后和中间 5 个位置，将手柄扳至向下或向上位置时，分别压动行程开关 SQ3 或 SQ4，控制 M2 正转或反转，并通过机械传动机构使工作台分别向下和向上运动。而当手柄扳至向前或向后位置时，虽然同样是压动行程开关 SQ3 和 SQ4，但此时机械传动机构使工作台分别向前和向后运动。当手柄在中间位置时，SQ3 和 SQ4 均不动作。

将十字形手柄扳至“向上”位置，SQ4 的常闭触点 SQ4-2 先断开，常开触点 SQ4-1 后闭合→KM4 线圈通电(通电路径为 13→27→29→19→21→31→33)→M2 反转→工作台向上运动。

(3) 工作台进给变速冲动控制。

进给变速时需要使 M2 瞬间点动一下，使齿轮易于啮合。进给变速冲动由行程开关 SQ2 控制，在操纵进给变速手柄和变速盘时，瞬间压动了行程开关 SQ2，在 SQ2 通电的

瞬间，其常闭触点 SQ2－1(13，15)先断开而常开触点 SQ2－2(15，23)后闭合，使 KM3 线圈通电(通电路径为 13→27→29→19→17→15→23→25)，M2 正向点动。由 KM3 的通电路径可见，只有在进给操作手柄均处于零位(即 SQ3～SQ6 均不动作)时，才能进行进给变速冲动。

(4) 工作台快速进给控制。

工作台在 6 个方向上的快速进给，是在按常速进给的操作方法操纵进给控制手柄的同时，按下快速进给按钮开关 SB3 或 SB4(两地控制)，使 KM2 线圈通电，其常闭触点 KM2(105，109)切断 YC2 线圈支路，常开触点 KM2(105，111)接通 YC3 线圈支路，使机械传动机构改变传动比，实现快速进给。由于与 KM1 的常开触点 KM1(7，13)并联了 KM2 的一个常开触点 KM2(7，13)，所以在 M1 不启动的情况下也可以进行快速进给。

3) 圆工作台进给控制

将控制开关 SA2 扳至“接通”的位置，此时 SA2－2 接通而 SA2－1、SA2－3 断开。在主轴电动机 M1 启动的同时，KM3 线圈通电(通电路径为 13→15→17→19→29→27→23→25)，使 M2 正转，带动圆工作台旋转运动(圆工作台只需要单向旋转)。由 KM3 线圈的通电路径可见，只要扳动工作台进给操作的任何一个手柄，SQ3～SQ6 中一个行程开关的常闭触点断开，都会切断 KM3 线圈支路，使圆工作台停止运动，这就实现了工作台进给和圆工作台运动的联锁关系。

4) 照明电路

照明灯 EL 由照明变压器 T3 提供 24V 的工作电压，SA4 为灯开关，FU5 提供短路保护。

10.4.2.3 X62W 型万能铣床的操作控制

在指导教师的指导下，了解 X62W 型万能铣床的结构，并按动相关按钮、开关，观察各电动机及相关部件的工作情况。

在指导教师的指导下通过实际加工操作，进一步了解电气控制原理。

10.4.3 知识包　电磁离合器简介

铣床工作的快速进给与常速进给都是通过电磁离合器实现的。

电磁离合器又称电磁联轴节，是利用表面摩擦和电磁感应原理在两个旋转运动的物体间传递力矩的执行电器。电磁离合器便于远距离控制，控制能量小，动作迅速、可靠，结构简单，因此广泛用于机床的自身控制，铣床上采用的是摩擦式电磁离合器。

摩擦式电磁离合器按摩擦片数量可以分为单片式与多片式两种，机床上普遍采用多片式电磁离合器。图 10.10 为多片摩擦式电磁离合器结构示意图。

电磁离合器工作原理如下。

当线圈通电后产生磁场，将摩擦片吸向铁心，衔铁也被吸住，紧紧压住各摩擦片。于是，依靠主动摩擦片与从动摩擦片之间的摩擦力使从动齿轮随主动轴转动，实现力矩的传递。当电磁离合器线圈电压达到额定值的 85%～105%时，离合器就能可靠地工作。当线圈断电时，装在内外摩擦片之间的圆柱弹簧使衔铁和摩擦片复原，离合器便失去传递力矩的作用。

多片摩擦式电磁离合器具有传递力矩大、体积小、容易安装等优点。多片摩擦式电磁

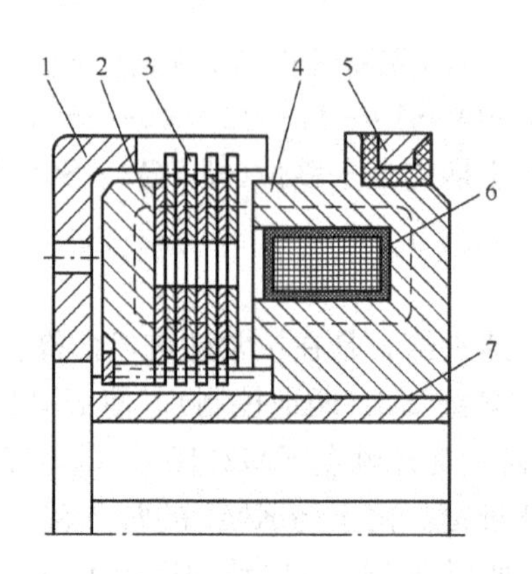

图 10.10　多片摩擦式电磁离合器

1—外连接件；2—衔铁；3—摩擦片组；4—磁轭；
5—集电环；6—励磁线圈；7—传动轴套

离合器摩擦片的数量在 2～12 片时，随着片数的增加，传递力矩也增加，但片数大于 12 片后，由于磁路气隙增大等原因，所传递的力矩会减小。因此，多片摩擦式电磁离合器摩擦片的数量在 2～12 片较为合适。

10.4.4　实训　X62W 型万能铣床常见故障检修

（1）任务名称：X62W 型万能铣床常见故障检修。

（2）要求：

① 根据实际 X62W 型万能铣床的元器件标号和线号，参考图 10.9 画出实际的电气原理图，列出材料明细表，比较一下与前面介绍的器件选用原则是否相同。

② 根据实际 X62W 型万能铣床的元器件排列和出线端子的实际位置，画出安装接线图。

③ 指导教师设置故障进行检修。

以下是 X62W 型万能铣床的常见故障分析与处理方法，供检修时参考。

由于万能铣床的机械操纵与电气控制配合十分密切，因此调试与维修时，不仅要熟悉电气原理，还要对机床的操作与机械结构，特别是机电配合有足够的了解。

① 主轴停车时没有制动作用。

故障分析如下。

a. 电磁离合器 YC1 不工作，工作台能正常进给和快速进给。

b. 电磁离合器 YC1 不工作，且工作台无正常进给和快速进给。

故障排除方法如下。

a. 检查电磁离合器 YC1，如 YC1 线圈有无断线、接点有无接触不良等。此外还应检查控制按钮 SB5 和 SB6。

b. 重点是检查整流器中的 4 个整流二极管是否损坏或整流电路有无断线。

② 主轴换刀时无制动。

故障分析如下。

转换开关 SA1 经常被扳动，其位置发生变动或损坏，导致接触不良或断路。

故障排除方法如下。

调整转换开关的位置或予以更换。

③ 工作台各个方向都不能进给。

故障分析如下。

a. 电动机 M2 不能启动，电动机接线脱落或电动机绕组断线。

b. 接触器 KM1 不吸合。

c. 接触器 KM1 主触点接触不良或脱落。

d. 经常扳动操作手柄，开关受到冲击，行程开关 SQ3、SQ4、SQ5、SQ6 位置发生变动或损坏。

e. 变速冲动开关 SQ2-1 在复位时，不能闭合接通或接触不良。

故障排除方法如下。

a. 检查电动机 M2 是否完好，并予以修复。

b. 检查接触器 KM1、控制变压器一、二次绕组，电源电压是否正常，熔断器是否熔断，并予以修复。

c. 检查接触器主触点，并予以修复。

d. 调整行程开关的位置或予以更换。

e. 调整变速冲动开关 SQ2-1 的位置，检查触点情况，并予以修复或更换。

④ 主轴电动机不能启动。

故障分析如下。

a. 电源不足、熔断器熔断、热继电器触点接触不良。

b. 启动按钮损坏、接线松脱、接触不良或线圈断路。

c. 变速冲动开关 SQ1 的触点接触不良，开关位置移动或撞坏。

d. 因为 M1 的容量较大，导致接触器 KM1 的主触点、SA3 的触点被熔化或接触不良。

故障排除方法如下。

a. 检查三相电源、熔断器、热继电器的触点的接触情况，并给予相应的处理和更换。

b. 更换按钮，紧固接线，检查与修复线圈。

c. 检查冲动开关 SQ1 的触点，调整开关位置，并予以修复或更换。

d. 检查接触器 KM1 和相应开关 SA3，并予以调整或更换。

⑤ 工作台能向前、向后、向上、向下进给，但不能向左、向右进给。

故障分析如下。

a. 行程开关 SQ5、SQ6 经常被压合，使开关位移、触点接触不良、开关机构卡住及线路断开。

b. 行程开关 SQ5-2、SQ6-2 被压开，使进给接触器 KM3、KM4 的通电回路均被断开。

故障排除方法如下。

a. 检查与调整 SQ5 或 SQ6，并予以修复或更改。

b. 检查 SQ5-2 或 SQ6-2，并予以修复或更换。

⑥ 工作台不能快速移动。

故障分析如下。

a. 电磁离合器 YC3 由于冲击力大，操作频繁，经常造成铜制衬垫磨损严重，产生毛

刺，划伤线圈绝缘层，引起匝间短路，烧毁线圈。

b. 线圈受振动，接线松脱。

c. 控制回路电源故障或 KM2 线圈断路、短路烧毁。

d. 按钮 SB3 或 SB4 接线松动、脱落。

故障排除方法如下。

a. 如果铜制衬垫磨损，则更换电磁离合器 YC3；重新绕制线圈，并予以更换。

b. 紧固线圈接线。

c. 检查控制回路电源及 KM2 线圈情况，并予以修复或更换。

d. 检查按钮 SB3 或 SB4 接线，并予以紧固。

情景小结

CA6140 型车床是普通车床的一种，加工范围较广，但自动化程度低，适于小批量生产及修配车间使用。车床的主运动为工件的旋转运动，它是由主轴通过卡盘或顶尖带动工件旋转的，承担车削加工时的主要切削功率。车削加工时，应根据被加工工件材料、刀具种类、工件尺寸、工艺要求等来选择不同的切削速度。

Z3050 型摇臂钻床是一种常见的立式钻床，具有两套液压控制系统：一个是操纵机构液压系统，安装在主轴箱内，用以实现主轴正反、停车制动、空挡、预选及变速；另一个是夹紧机构液压系统，安装在摇臂背后的电器盒下部，用以夹紧松开主轴箱、摇臂及立柱。电气控制线路在运行中会发生各种故障，造成停机或事故而影响生产。因而，学会分析电气控制线路，找出发生故障的原因及掌握迅速排除故障的方法是非常必要的。

平面磨床主要由床身、工作台、电磁吸盘、立柱、砂轮箱(又称磨头)与滑座组成，在床身中装有液压传动装置，工作台通过活塞杆由液压传动做往复运动，床身导轨由自动润滑装置进行润滑。工作台表面有 T 形槽，用以固定电磁吸盘，再由电磁吸盘来吸持加工工件。工作台行程长度可通过装在工作台正面槽中撞块的位置来改变，换向撞块是通过碰撞工作台往复运动换向手柄以改变油路来实现工作台往复运动的。

X62W 型卧式万能铣床具有主轴转速高、调速范围宽、操作方便、工作台能自动循环加工等特点，铣床的加工范围较广，运动形式较多，其结构也较复杂。X62W 型卧式万能铣床在加工时，主轴先启动，当铣刀旋转后才允许工作台的进给运动；当铣刀离开工作表面后，才允许铣刀停止工作。这就涉及电动机顺序启动控制问题。铣床的主运动和进给运动各由一台电动机拖动，这样铣床的电力拖动系统由 3 台电动机所组成：主轴电动机、进给电动机和冷却泵电动机。由于万能铣床的机械操纵与电气控制配合十分密切，因此调试与维修时，不仅要熟悉电气原理，还要对机床的操作与机械结构，特别是机电配合有足够的了解。

情景练习

1. CA6140 型车床主轴电动机 1M 只用一个交流接触器 1KM 控制，主轴能否反转？如何反转？

2. CA6140 车床冷却泵电动机为什么在主轴电动机启动后才能启动？

3. 解释Z3050型钻床的含义。

4. Z3050型摇臂钻床摇臂不能上升的原因有哪些?

5. 磨床中的电磁吸盘起什么作用?

6. 铣床在变速时，为什么要进行冲动控制?

7. X62W型万能铣床具有哪些联锁和保护? 为何要有这些联锁与保护?

8. X62W型万能铣床工作台运动控制有什么特点? 在电气与机械上是如何实现工作台运动控制的?

9. 简述X62W型万能铣床圆工作台电气控制的工作原理。

10. 分析铣床工作台能向前、向后、向上、向下进给，但不能向左、向右进给的故障。

情景11

电控柜的设计与组装

情景描述

了解电气控制柜的设计知识与实际组装调试，对于正确分析电气图样、设备安装调试、设备维修等都非常重要。通过电控柜设计与组装综合实训，了解电控柜设计的基本思路，熟悉各种电动机控制的基本电路，掌握各种元器件选用的基本规则，学会较大型设备调试的基本方法。

名人名言

贵有恒，何必三更起五更眠。最无益，只怕一日曝十日寒。

——毛泽东

11.1 任务要求

设计、安装、调试某设备的电气控制柜。

假设某设备对于电气方面的要求如下。

(1) 用交流电动机传动，电动机的额定电压为AC380V(线电压)，额定频率为50Hz，额定转速为1 450r/min左右。按从车头到车尾排列，各电动机的功率及控制要求如下。

① 1号电动机，额定功率1.1kW，单向旋转，直接启动。有一个启动按钮和一个停止按钮。

② 2号电动机，额定功率1.5kW，单向旋转，直接启动。既可以点动运行，又可以长期运行，有一个点动按钮、一个启动按钮和一个停止按钮。

③ 3号电动机，额定功率2.2kW，单向旋转，直接启动。有一个启动按钮和3个停止按钮，其中2个停止按钮安装在机械上。

④ 4号电动机，额定功率10kW，单向旋转，直接启动。有一个启动按钮和一个停止按钮，按下启动按钮，电动机运行60s，停30s，自动循环，按下停止按钮停止。

⑤ 5号电动机和6号电动机，额定功率都是3kW，单向旋转，直接启动。各有一个启动按钮和一个停止按钮，5号电动机启动后，才能启动6号电动机；6号电动机停止后，才能停止5号电动机。即5号电动机必须先开后停。

⑥ 7号电动机和8号电动机，额定功率都是4kW，单向旋转，直接启动。按下启动按钮，7号电动机立即启动，8号电动机延时20s自动运行；按下停止按钮，8号电动机立即停止，7号电动机延时10s自动停止。

⑦ 9号电动机，额定功率11kW，正反转运行，直接启动，按钮及交流接触器双重联锁，有一个正转启动按钮、一个反转启动按钮和一个停止按钮。

⑧ 10号电动机，额定功率7.5kW，正反转自动循环运行，直接启动，按下启动按钮，电动机正转30s、反转20s，然后从正转开始重新循环，按下停止按钮停止。

⑨ 11号电动机，额定功率5.5kW，直接启动，按下启动按钮，电动机带动机械装置从底部向上运动，碰到顶部行程开关11QS2后再向下运动，碰到底部行程开关11SQ1后再向上运动，如此往返。不管何时按下停止按钮，都必须使机械装置运行到底部再停止。

⑩ 12号电动机，额定功率15kW，Y—△减压启动，手动切换。

⑪ 13号电动机，额定功率30kW，Y—△减压启动，时间继电器自动切换。

⑫ 14号电动机，额定功率55kW，自耦变压器减压启动，时间继电器自动切换。

⑬ 15号电动机，4/2极双速电动机额定功率15/18.5kW，既可以高速运行，也可以低速运行。

⑭ 16号电动机，4/2极双速电动机额定功率4.5/5.5kW，带动工件做水平往返运动，从左到右有4个行程开关，分别为16SQ1、16SQ2、16SQ3和16SQ4。工件的起始位置为压下左边第一个行程开关16SQ1，按下启动按钮，工件以低速向右运行；碰到第二个行程开关16SQ2后工件变为高速运行；碰到第三个行程开关16SQ3后工件又变为低速运行；碰到最右边行程开关16SQ4后工件反向，以低速向左运行；碰到行程开关16SQ3后工件变为高速运行；碰到行程开关16SQ2后工件又变为低速运行；碰到行程开关16SQ1后工

件停止，工作过程结束，等待重新启动。

（2）车头和车尾各有一个信号铃，作为开车联系用。

（3）车尾有一个联系信号按钮，作为开车联系用。由于操纵台安装在车头位置，操纵台上有联系信号按钮，故车头不需要另装联系信号按钮。

（4）各电动机的工作状态有信号灯指示。

（5）有一个控制电源开关和控制电源信号灯。

（6）有 4 个 24V 照明灯，功率各 60W。

（7）控制电路采用 220V 交流市电供电。

11.2 电气原理图设计

电气原理图包括主电路图、控制电路图和所有附属电路图，还包括所用元器件明细表。电气原理图是最主要的图样，是设备生产、安装、调试、维修的依据。

根据以前学过的知识和任务要求，绘制出电气原理图，如图 11.1～图 11.6 所示。单独列出材料明细表见表 11－1。材料明细表应该是电气原理图的一部分，当用大幅面图纸绘图时，材料明细表通常放在原理图右下侧标题栏的上方。

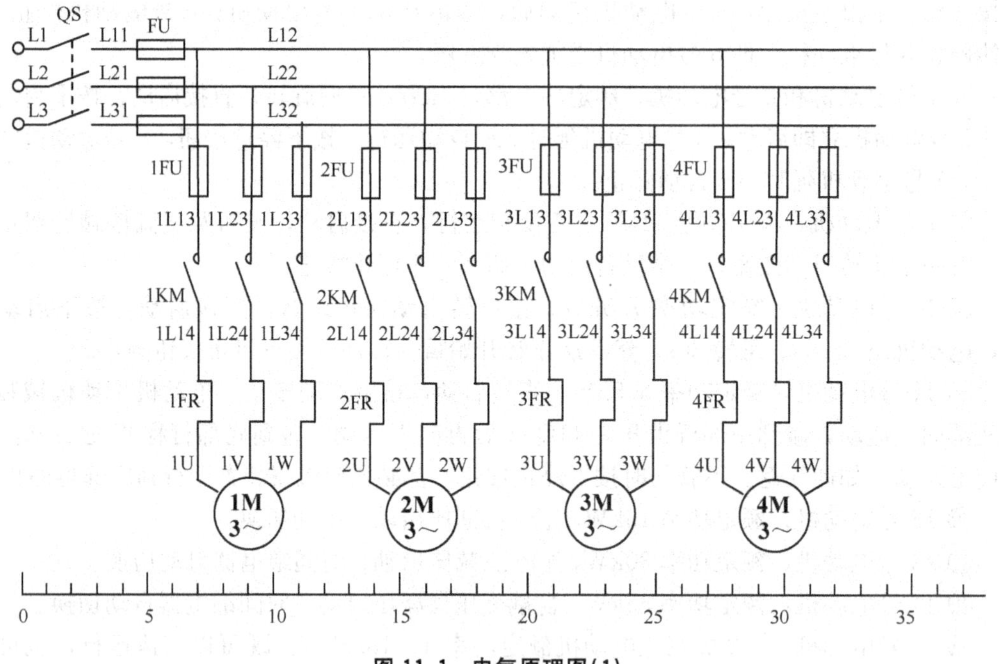

图 11.1　电气原理图(1)

从电气原理图可以看出：1 号电动机到 10 号电动机和 12 号电动机到 15 号电动机的控制线路与前面介绍的相同；11 号电动机就是前面介绍的小车自动往返控制线路，底部行程开关为 11SQ1，顶部行程开关为 11SQ2；16 号电动机比较复杂，行程开关较多，在双速电动机的基础上又增加了正反转控制和行程开关控制。

从图 11.3 所示主电路图可见，双速电动机 16M 用了 5 个交流接触器控制：16KM1 吸合，电动机低速正转；16KM4 吸合，电动机低速反转；16KM2、16KM3 吸合，电动机高

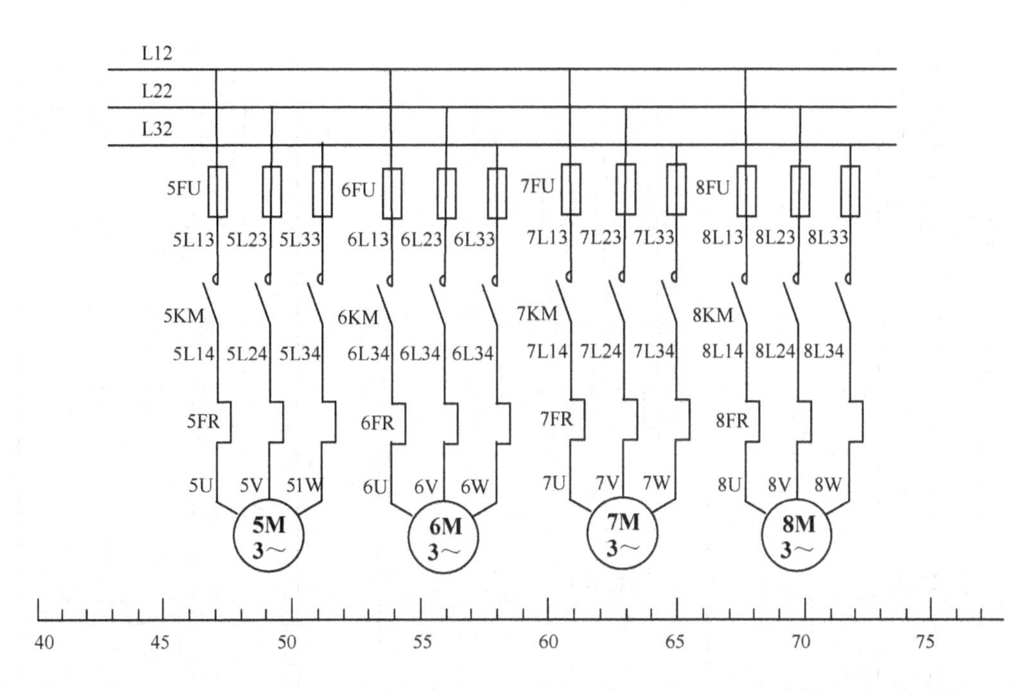
L12
L22
L32
5FU
6FU
7FU
8FU
5L13 5L23 5L33
6L13 6L23 6L33
7L13 7L23 7L33
8L13 8L23 8L33
5KM
6KM
7KM
8KM
5L14 5L24 5L34
6L34 6L34 6L34
7L14 7L24 7L34
8L14 8L24 8L34
5FR
6FR
7FR
8FR
5U 5V 51W
6U 6V 6W
7U 7V 7W
8U 8V 8W
5M 3～
6M 3～
7M 3～
8M 3～
40 45 50 55 60 65 70 75

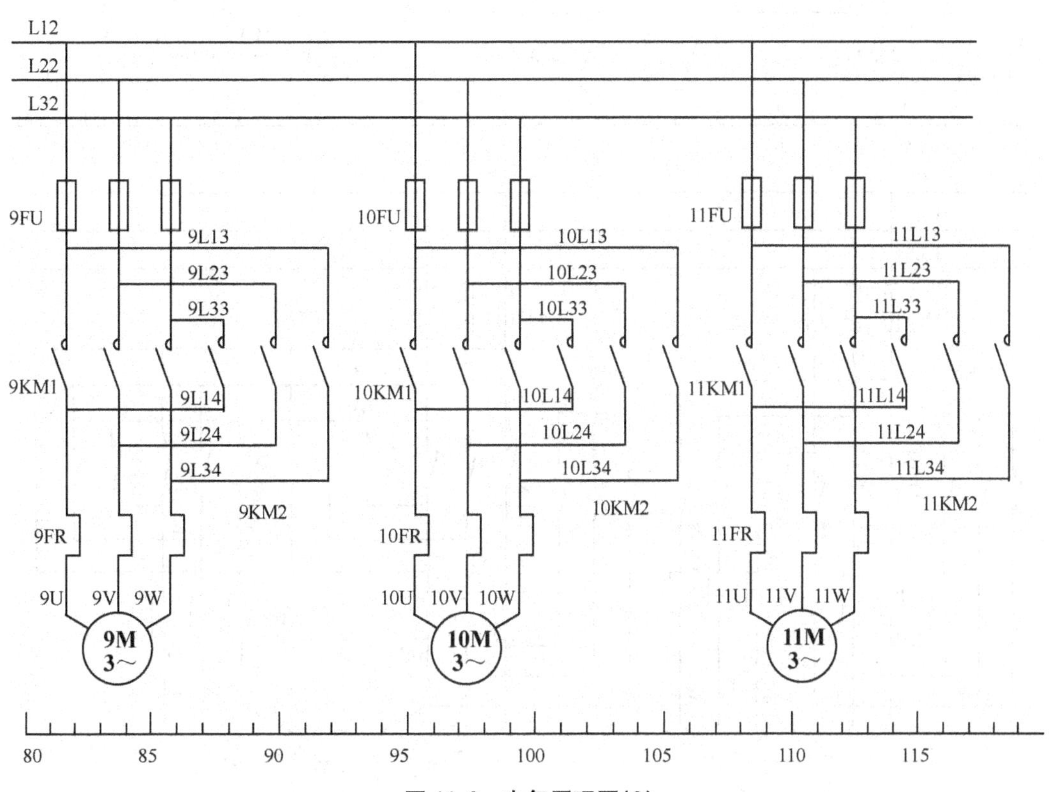
L12
L22
L32
9FU
10FU
11FU
9L13
9L23
9L33
10L13
10L23
10L33
11L13
11L23
11L33
9KM1
10KM1
11KM1
9L14
9L24
9L34
10L14
10L24
10L34
11L14
11L24
11L34
9KM2
10KM2
11KM2
9FR
10FR
11FR
9U 9V 9W
10U 10V 10W
11U 11V 11W
9M 3～
10M 3～
11M 3～
80 85 90 95 100 105 110 115

图 11.2　电气原理图(2)

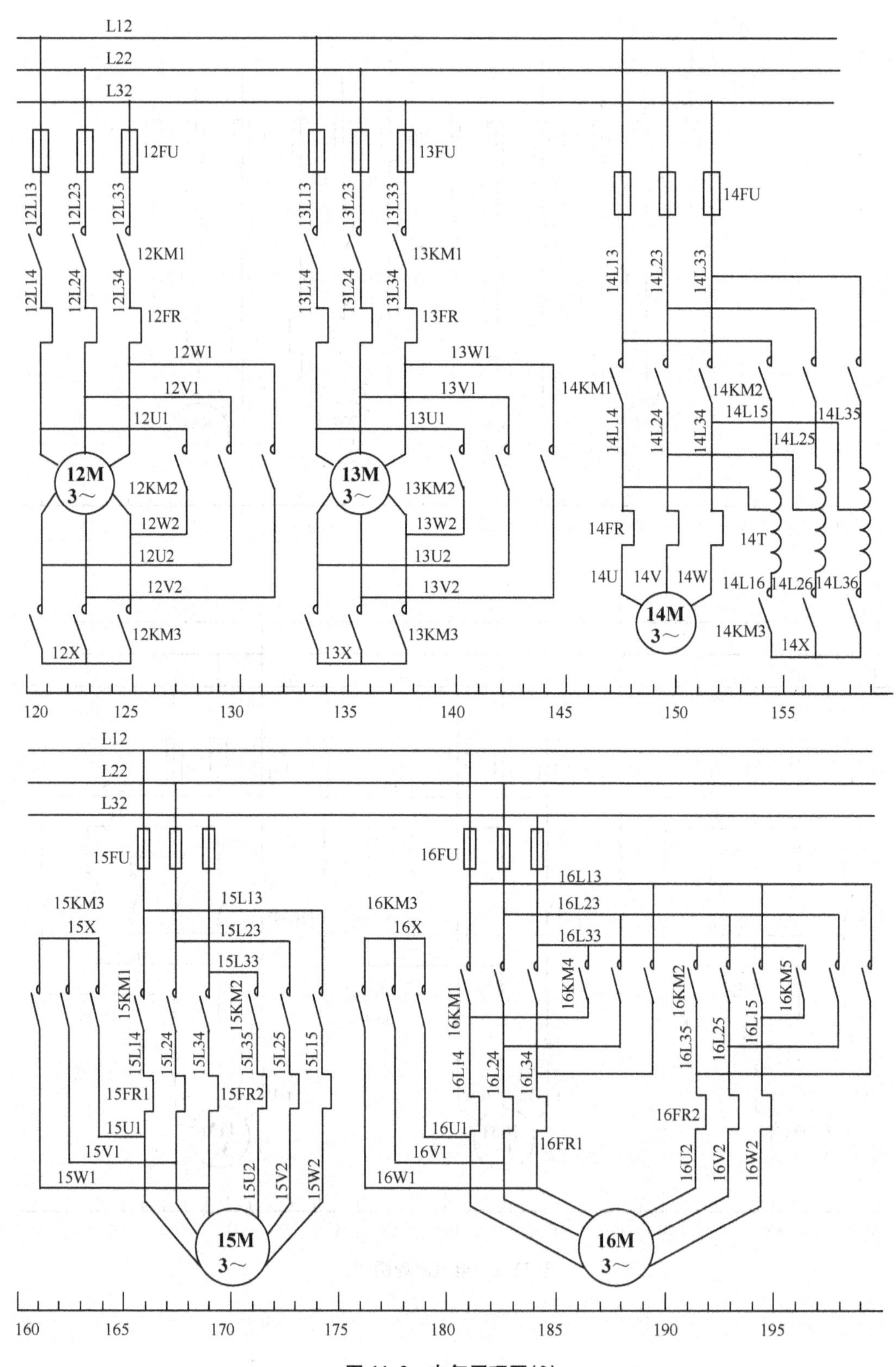

L12
L22
L32
12FU
13FU
14FU
12KM1
13KM1
12FR
13FR
12M
13M
14M
15M
16M
12KM2
13KM2
12KM3
13KM3
12X
13X
14KM1
14KM2
14KM3
14T
14FR
14X
15FU
16FU
15KM3
15X
16KM3
16X
15FR1
15FR2
16FR1
16FR2
16KM4
16KM5

图 11.3 电气原理图(3)

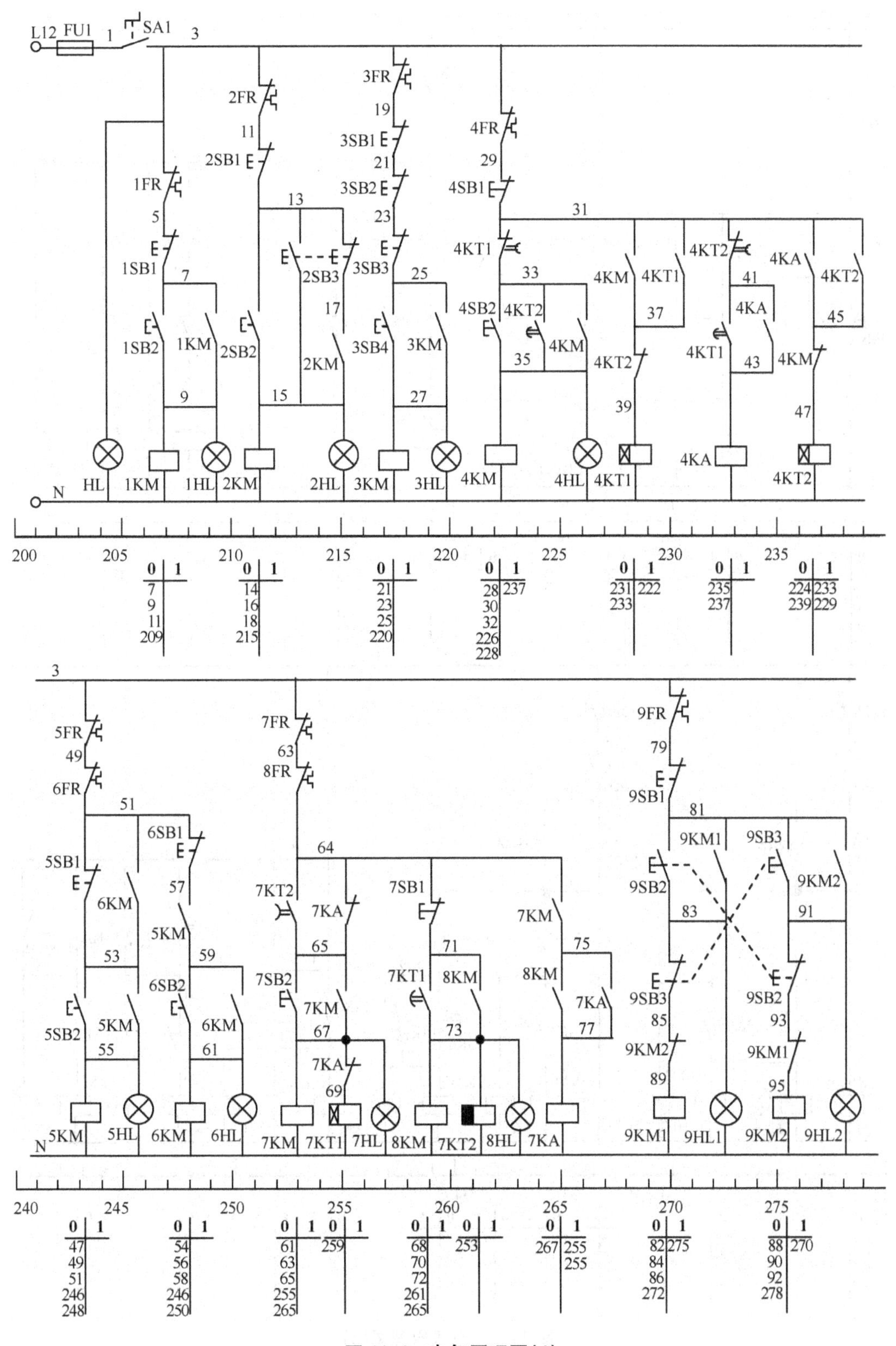

图 11.4　电气原理图(4)

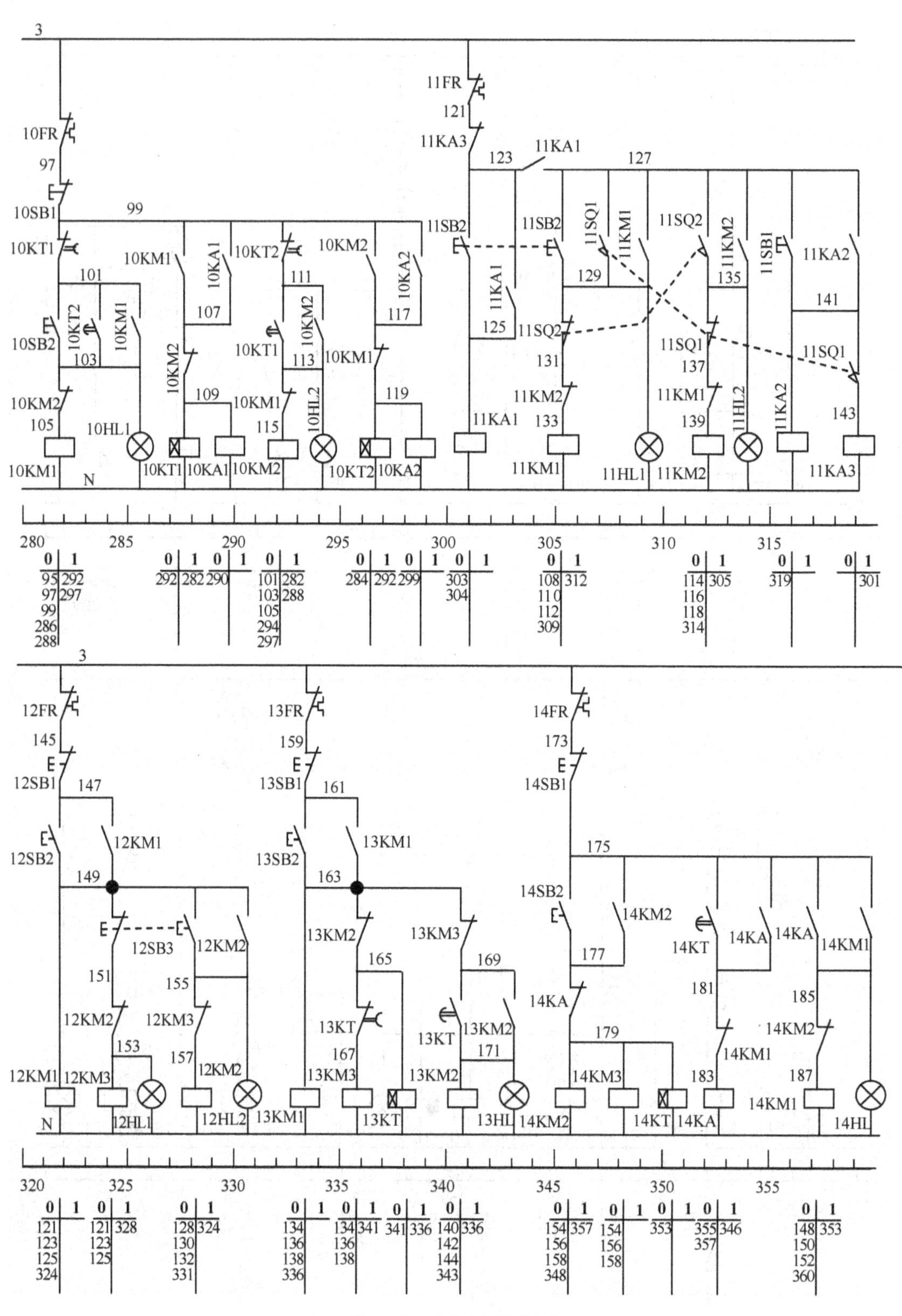
3
10FR
97
10SB1
99
10KT1
101
10SB2
10KT2
103
10KM1
10KM2
105
10HL1
N
107
10KA1
109
10KT2
111
10KM2
113
10KT1
115
10HL2
10KM1
117
10KA2
119
10KA1
10KM2
11FR
121
11KA3
123
11KA1
127
11SB2
125
11SQ2
129
131
11KM2
133
11KM1
11SQ1
11HL1
11SQ2
135
137
139
11HL2
11SB1
11KA2
141
143
11KA3
280
285
290
295
300
305
310
315
12FR
145
12SB1
147
12SB2
12KM1
149
12SB3
151
12KM2
12KM3
153
155
157
12HL1
12HL2
13FR
159
13SB1
161
13SB2
13KM1
163
13KM2
165
13KT
167
13KM3
169
171
13HL
14FR
173
14SB1
175
14SB2
14KM2
177
14KA
179
14KM3
14KT
181
14KM1
183
185
187
14HL
320
325
330
335
340
345
350
355

图 11.5 电气原理图(5)

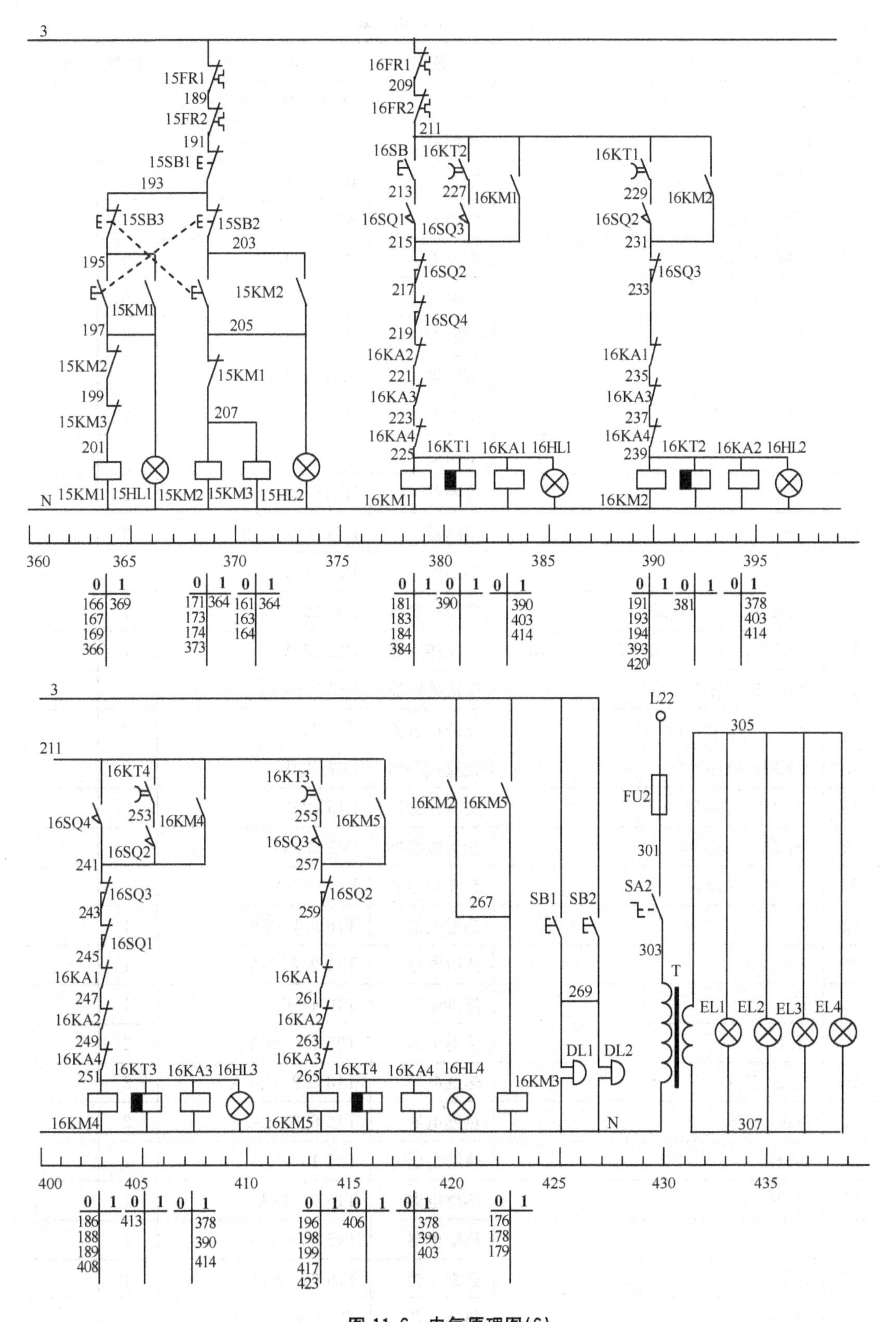

0	1
166	369
167	
169	
366	

0	1	0	1
171	364	161	364
173		163	
174		164	
373			

0	1	0	1	0	1
181		390			390
183					403
184					414
384					

0	1	0	1	0	1
191		381			378
193					403
194					414
393					
420					

0	1	0	1	0	1
186		413			378
188					390
189					414
408					

0	1	0	1	0	1
196		406			378
198					390
199					403
417					
423					

0	1
176	
178	
179	

图 11.6　电气原理图(6)

表 11-1　材料明细表

序号	代　　号	名称	型　　号	数量	备注
1	QS	自动开关	DZ10—600/330 500A	1	
2	FU	熔断器	RTO—600/500	3	
3	1FU	熔断器	RL1—15/6	3	
4	2FU、3FU、FU1	熔断器	RL1—15/10	7	
5	4FU、9FU	熔断器	RL1—60/50	6	
6	5FU、6FU	熔断器	RL1—15/15	6	
7	7FU、8FU	熔断器	RL1—60/20	6	
8	10FU	熔断器	RL1—60/40	3	
9	11FU、16FU	熔断器	RL1—60/30	6	
10	12FU、15FU	熔断器	RL1—100/80	6	
11	13FU	熔断器	RL1—200/150	3	
12	14FU	熔断器	RTO—400/300	3	
13	FU2	熔断器	RL1—15/2	1	
14	1KM～3KM、5KM～8KM	交流接触器	B9 220V	7	
15	11KM1、11KM2、16KM1～16KM5	交流接触器	B12 220V	7	
16	10KM1、10KM2	交流接触器	B16 220V	2	
17	4KM、9KM1、9KM2	交流接触器	B25 220V	3	
18	12KM1～12KM3	交流接触器	B37 220V	3	
19	15KM1～15KM3	交流接触器	B45 220V	3	
20	13KM1～13KM3	交流接触器	B65 220V	3	
21	14KM1～14KM3	交流接触器	B170 220V	3	
22	1FR	热继电器	T16 2.1～3A	1	
23	2FR	热继电器	T16 2.7～4A	1	
24	3FR	热继电器	T16 4～6A	1	
25	4FR、9FR	热继电器	T25 18～25A	2	
26	5FR、6FR	热继电器	T16 5.2～7.5A	2	
27	7FR、8FR	热继电器	T16 6.3～9A	2	
28	10FR	热继电器	T25 13～19A	1	
29	11FR	热继电器	T16 9～13A	1	
30	12FR	热继电器	T45 25～35A	1	
31	13FR	热继电器	T75 60～80A	1	
32	14FR	热继电器	T170 90～130A	1	

续表

序号	代　　号	名称	型　　号	数量	备注
33	15FR1	热继电器	T45 25～35A	1	
34	15FR2	热继电器	T45 30～45A	1	
35	16FR1	热继电器	T16 7.5～11A	1	
36	16FR2	热继电器	T16 9～13A	1	
37	4KA、7KA、10KA1、10KA2、11KA1～11KA3、16KA1～16KA4	中间继电器	JZ7－44 220V	11	
38	4KT1、4KT2、7KT1、10KT1、10KT2、13KT、14KT	时间继电器	JS20－60 220V	7	
39	7KT2	时间继电器	JS20－60D 220V	1	
40	16KT1～16KT4	时间继电器	JS20－5D 220V	4	
41	SA1、SA2	按钮	LAY3－11X 黑	2	
42	1SB1～7SB1、9SB1～15SB1	按钮	LAY3－11 红	14	
43	SB1、1SB2、2SB2、3SB4、16SB、4SB2～7SB2、9SB2、10SB2、12SB2～15SB2	按钮	LAY3－11 绿	15	
44	11SB2	按钮	LAY3－22 绿	1	
45	2SB3、9SB3、12SB3、15SB3	按钮	LAY3－11 黄	4	
46	HL	信号灯	XD13－220V 红	1	
47	1HL～8HL、9HL1～12HL1、13HL、14HL、15HL1、16HL1	信号灯	XD13－220V 绿	16	
48	9HL2～12HL2、15HL2、16HL2	信号灯	XD13－220V 橙	6	
49	16HL3	信号灯	XD13－220V 黄	1	
50	16HL4	信号灯	XD13－220V 白	1	
51	14T	自耦变压器	按 55kW 电动机启动设计	1	
52	T	变压器	BK300 220V/24V	1	
53	SB2、3SB2、3SB3	按钮		3	用户自备
54	DL1、DL2	电铃		2	用户自备
55	EL1～EL4	照明灯		4	用户自备
	11SQ1、11SQ2、16SQ1～16SQ4	行程开关		6	用户自备

速正转；16KM5、16KM3 吸合，电动机高速反转。除了 16KM2、16KM3 和 16KM5、16KM3 必须同时吸合外，其他交流接触器均不能同时吸合，必须有电气互锁。

根据要求，各接触器的动作如下：工件的起始位置为压下左边第一个行程开关 16SQ1，按下启动按钮，16KM1 吸合；碰到 16SQ2 后 16KM1 释放，16KM2、16KM3 吸合；碰到 16SQ3 后，16KM2、16KM3 释放，16KM1 吸合；碰到 16SQ4 后，16KM1 释

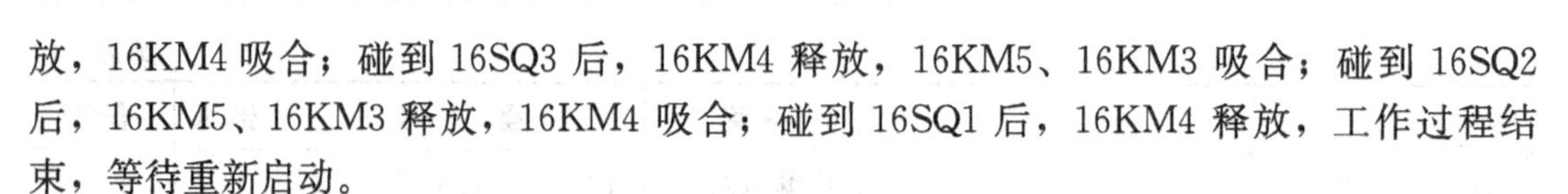

放，16KM4吸合；碰到16SQ3后，16KM4释放，16KM5、16KM3吸合；碰到16SQ2后，16KM5、16KM3释放，16KM4吸合；碰到16SQ1后，16KM4释放，工作过程结束，等待重新启动。

对16号电动机控制线路分析如下。

在行程开关16SQ1的常开触点16SQ1(213，215)闭合的前提下，按下启动按钮16SB，交流接触器16KM1、中间继电器16KA1、时间继电器16KT1同时吸合并自锁，16KM1的主触点闭合，电动机低速正转启动，工件慢速右行；时间继电器的常开触点16KT1(211，229)闭合，为16KM2线圈通电做准备；中间继电器的常闭触点16KA1(233，235)、16KA1(245，247)、16KA1(259，261)断开，使交流接触器16KM2、16KM4、16KM5不能吸合，避免造成电源短路；工件慢速右行后，行程开关16SQ1触点复位。

当工件碰到行程开关16SQ2后，行程开关的常闭触点16SQ2(215，217)首先断开，16KM1、16KA1、16KT1线圈失电释放，16KM1的主触点使电动机断电，但16KT1的常开触点16KT1(211，229)仍然处于闭合状态；然后常开触点16SQ2(229，231)闭合，交流接触器16KM2、中间继电器16KA2、时间继电器16KT2同时吸合并自锁，16KM2的常开辅助触点(3，267)闭合，16KM3线圈通电吸合，16KM2和16KM3的主触点闭合，电动机高速正转启动，工件快速右行；时间继电器的常开触点16KT2(211，227)闭合，为16KM1线圈通电做准备；中间继电器的常闭触点16KA2(219，221)、16KA2(247，249)、16KA2(261，263)断开，使交流接触器16KM1、16KM4、16KM5不能吸合，避免造成电源短路；16KM2和16KM3吸合后，时间继电器的常开触点16KT1(211，229)复位，行程开关16SQ2触点复位。

当工件右行碰到行程开关16SQ3、16SQ4及电动机反转工件左行的工作过程与上述类似，读者可以自行分析，不再赘述。

信号灯16HL1～16HL4分别作工件慢速右行、快速右行、慢速左行、快速左行指示。

当工件左行碰到行程开关16SQ1后，16KM4、16KA3、16KT3释放，工作过程结束，等待重新启动。

该控制线路在调试、故障或突然停电时，工件可能不处于起始位置，需要手动或靠机械装置将工件恢复到起始位置。在工件压下16SQ4时突然停电，恢复供电后会自动启动，接续原来的流程。

若工件较大，手动或靠机械装置将工件恢复到起始位置比较困难，并且不希望在突然停电，恢复供电后自动启动，可以增加中间继电器16KA5和复位按钮16SB1，修改后的控制线路如图11.7所示。在图11.7中，新添的元器件标号用斜体标出，区别原来的元器件标号，新添的回路没有加回路标号，原来的回路标号和元器件标号与图11.6完全相同。

由图11.7可见，在调试、故障修复或突然停电恢复供电时，按住复位按钮16SB1，交流接触器16KM4线圈通电吸合，主触点闭合，电动机慢速反转，工件左行，压下行程开关16SQ1时，16KM4释放，电动机停止旋转。

如果工件复位时间较长，手按按钮16SB1时间较长，则操作不方便，此时还可以再加中间继电器16KA6(标号用黑体标注)用于复位按钮的自锁，其控制线路如图11.8所示。

该装置的16个电动机除了少数电动机之间有电气联锁关系外，大部分都相互独立，可以根据实训条件和实训时间任意选择电动机和附属功能进行实训。

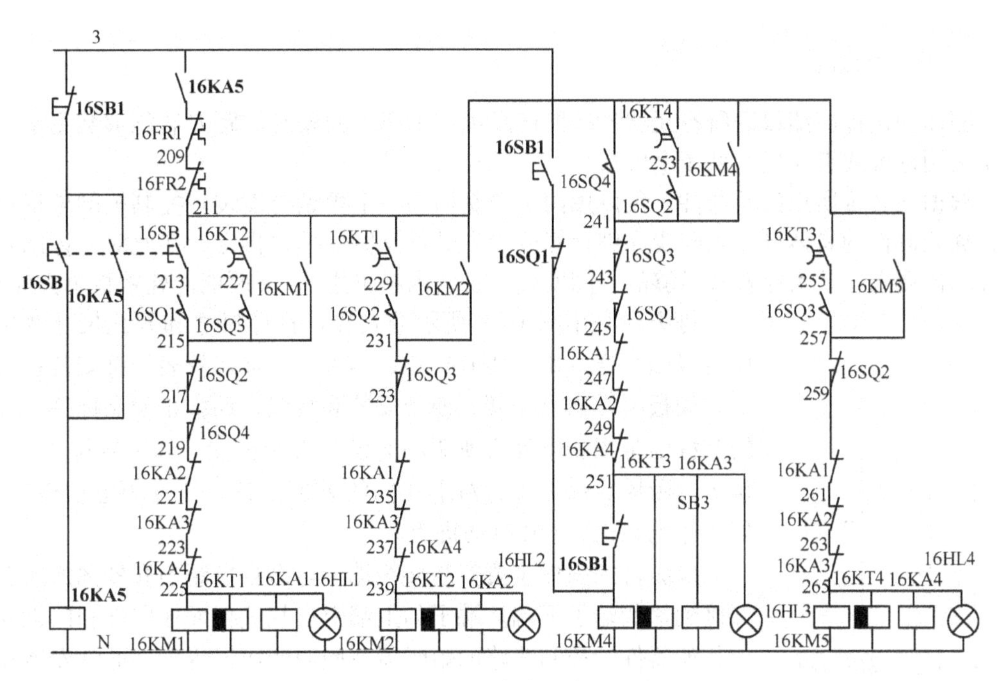

图 11.7　双速电动机控制线路

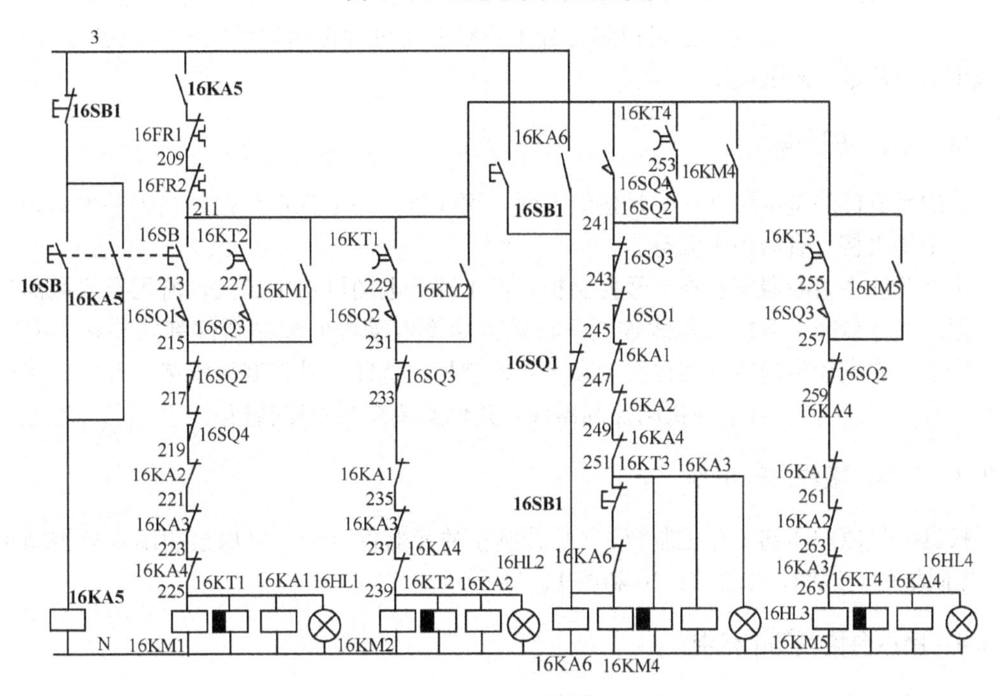

图 11.8　双速电动机控制线路

11.3　安装接线图的设计

安装接线图是电控柜生产单位接线的依据，也供电控柜使用单位安装接线和维修参考。

11.3.1 柜体的设计

柜体的设计应能保证所有元器件按照产品说明书要求的安装间距安装能够装得下，并尽量采用标准或者通用的低压电屏尺寸。

根据该装置所用的元器件，可以用两个控制柜和一个操纵台安装，控制柜的外形尺寸应根据元器件的具体尺寸和配线详细计算或者先进行元器件排列再定，在此对柜体的具体尺寸不做要求，认为能够有足够的空间安装。安装内板采用 3mm 厚的冷轧铁板单面安装。

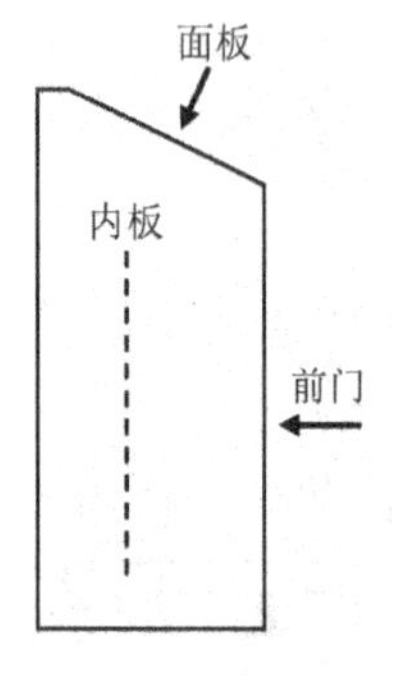

图 11.9 操纵台侧面示意图

操纵台采用图 11.9 所示的式样，具体尺寸和开孔尺寸及位置应有详细图样画出。所有按钮、信号灯、显示仪表等都安装在面板上，面板可以向上翻开，便于安装和接线。面板正面贴标牌，标牌的名称通常根据电动机所驱动的设备功能标注，如 1 号排风、2 号排风、吸风、烘干等。对于我们的虚拟设备，暂且用电动机标注，如 1 号电动机、2 号电动机等。

操纵台的内板主要安装接线端子，来自控制柜和外部的所有线都接到这些端子下端。端子的上端引出软线接面板器件和内板安装的其他器件。控制线路的熔断器、照明变压器等器件通常安装在操纵台的内板上，可以减少各柜之间的连线。当控制柜的器件太多时，还可以将部分小功率电动机的控制器件安装在操纵台内板上，以减少柜体数量、降低成本。

11.3.2 元器件的分配

分配元器件的基本原则：一是接线方便，用线省；二是各柜元器件疏密基本均匀，不要有的柜子太挤，有的柜子太空。

主开关和主熔断器安装在 1 号控制柜，由于部分电动机功率较大，所用导线截面积较大，因此为尽量减少各柜间粗线连接，将较大功率电动机的控制器件都安装在 1 号控制柜，较小功率电动机的控制器件安装在 2 号控制柜。这样 1 号控制柜安装主开关、主熔断器和 4 号、12 号～16 号电动机的控制器件，其他安装在 2 号控制柜。

11.3.3 控制柜接线图的绘制

根据电气原理图和 1 号控制柜、2 号控制柜的元器件分配，可以绘制出 1 号控制柜和 2 号控制柜的接线图，如图 11.10 和图 11.11 所示。

11.3.4 操纵台接线图的绘制

操纵台接线图分为操纵台面板元器件布置图、操纵台面板元器件接线图和操纵台内板接线图。面板元器件布置图主要用于安装面板元器件和标牌，面板元器件接线图供接线用，内板接线图供安装内板元器件并接线用。

图 11.9 所示操纵台面板元器件布置图与面板元器件接线图元器件位置应上下颠倒，左右不变，这是因为掀开面板接线时，下排的元器件就成了上排了。

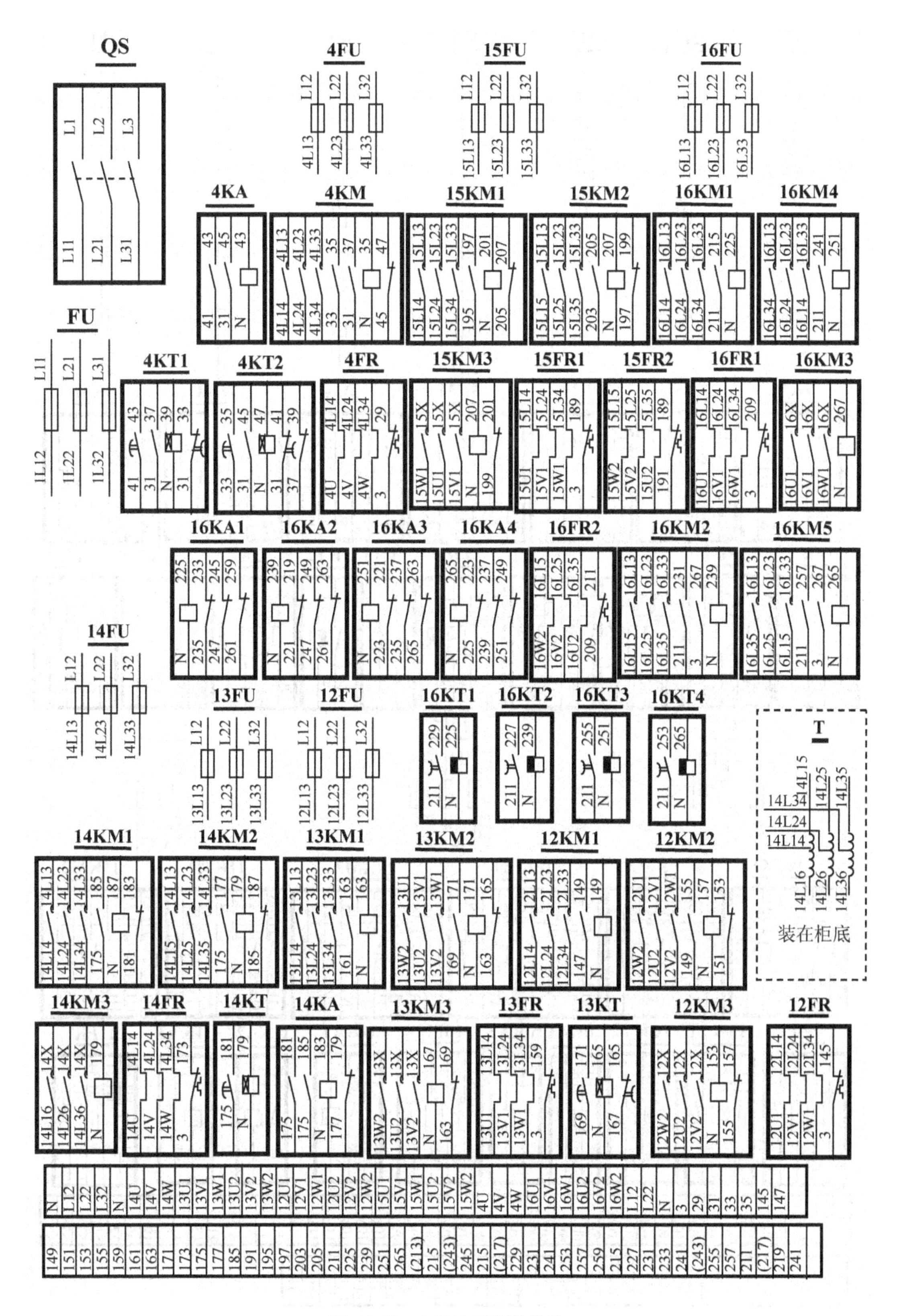

图 11.10　1号控制柜接线图

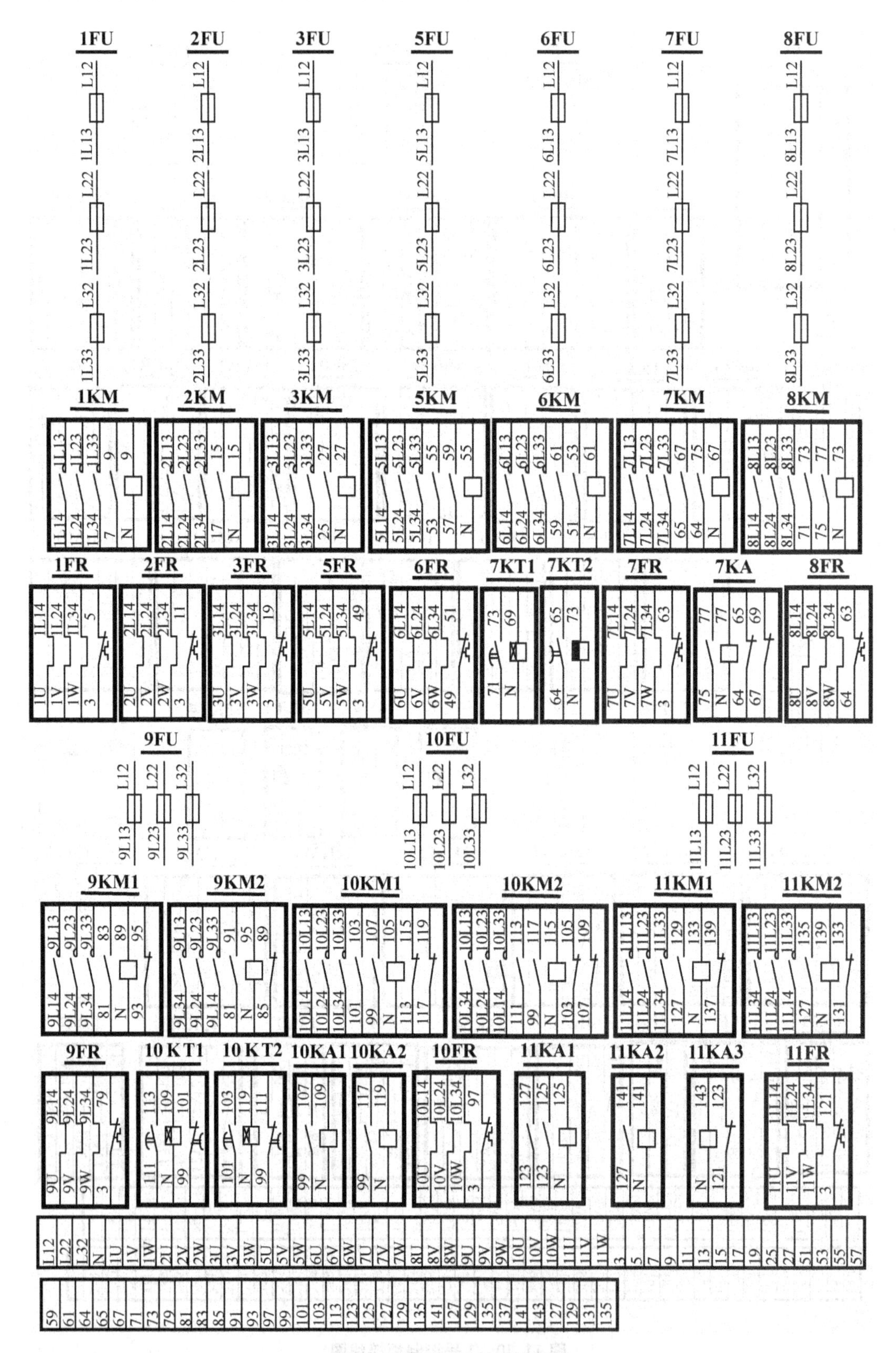

图 11.11　2 号控制柜接线图

根据所用的按钮和信号灯可以绘制出操纵台面板元器件布置图，如图 11.12 所示。元器件的排列主要考虑操作方便和美观，按钮与其对应的信号灯尽量上下对齐，便于观察。操纵台面板元器件接线图如图 11.13 所示。可以看到，与图 11.12 相比，各元器件左右位置没有变化，而上下位置颠倒了。

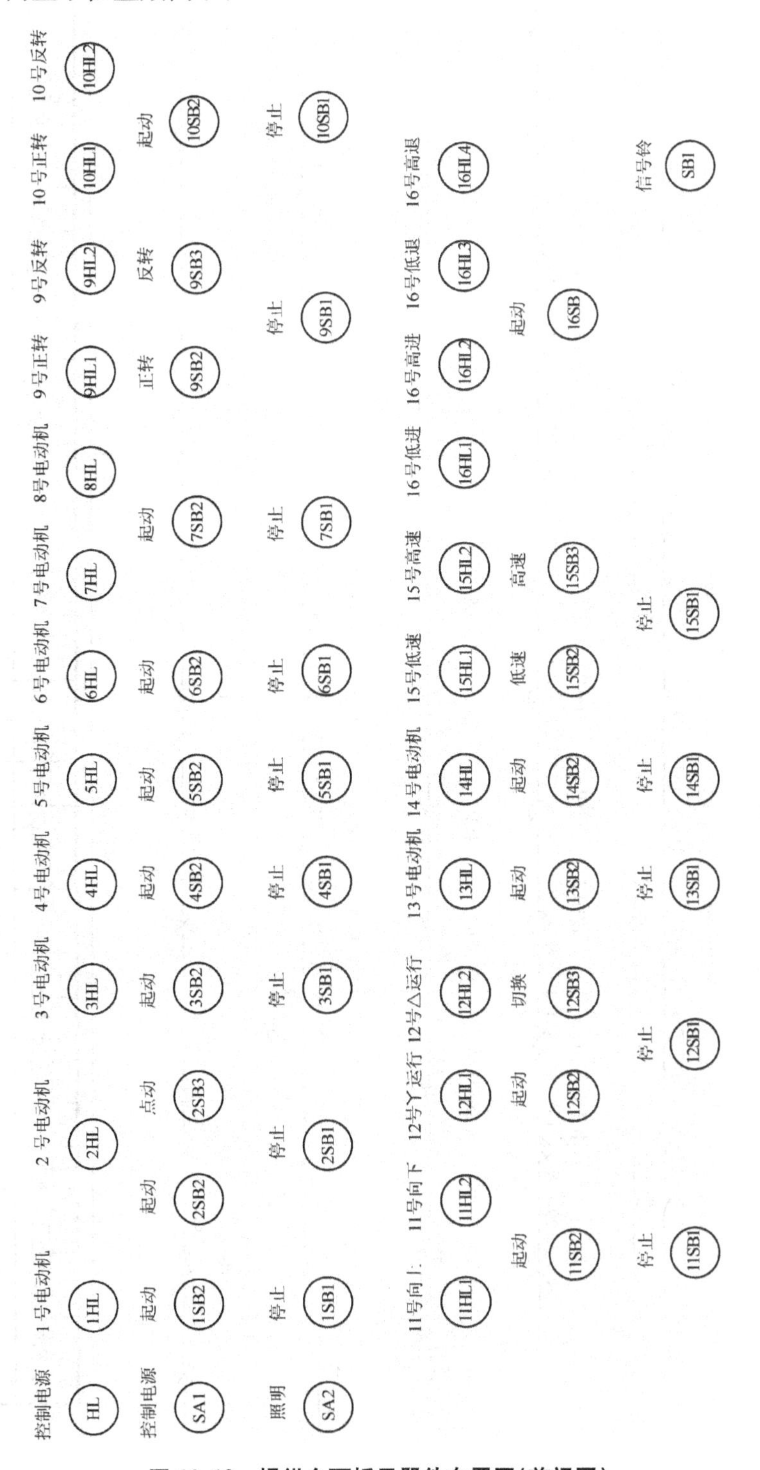

图 11.12　操纵台面板元器件布置图(前视图)

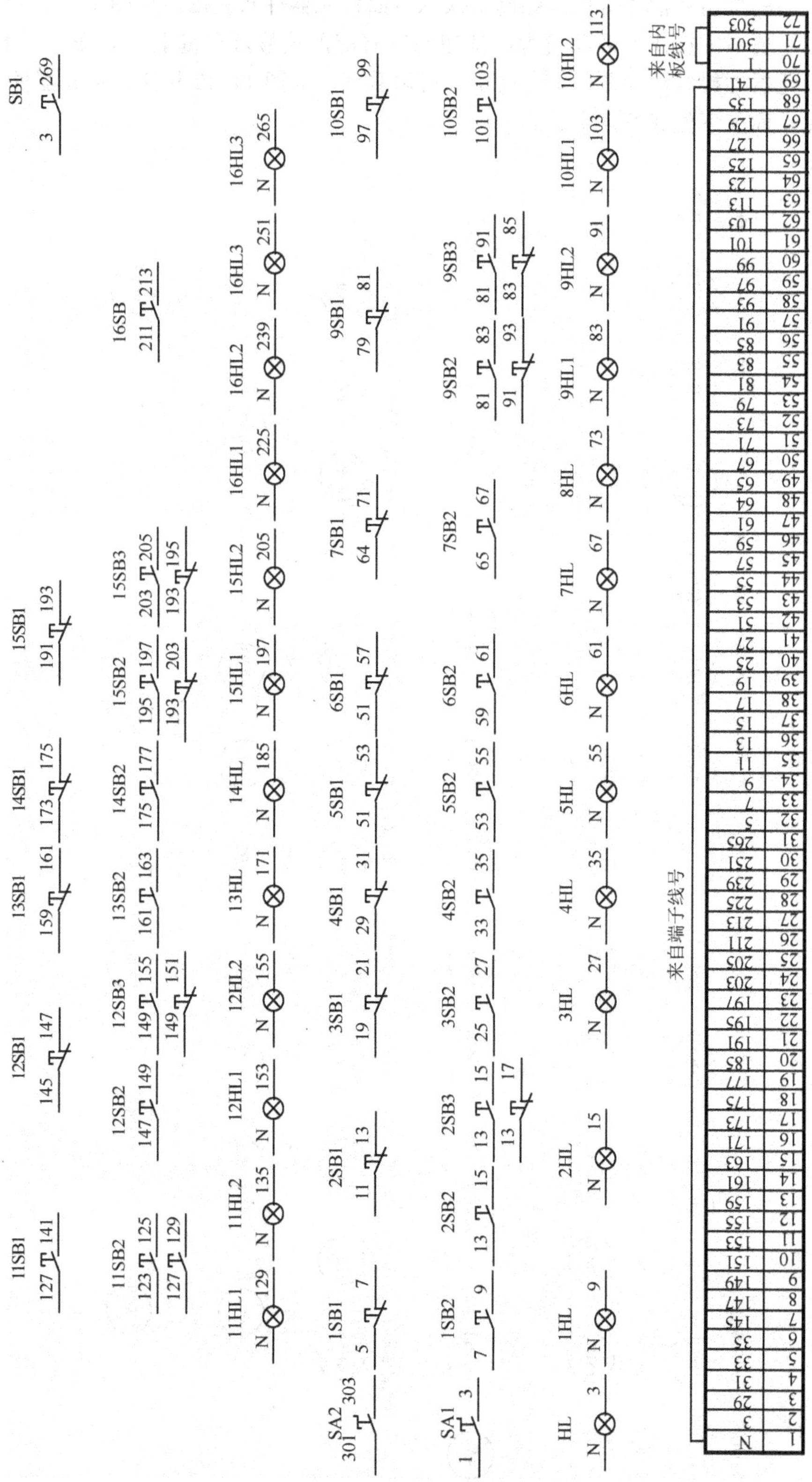

11SB1 127 141　12SB1 145 147　13SB1 159 161　14SB1 173 175　15SB1 191 193　SB1 3 269

11SB2 123 125 / 127 129　12SB2 147 149　12SB3 149 155 / 149 151　13SB2 161 163　14SB2 175 177　15SB2 195 197 / 193 203　15SB3 203 205 / 193 195　16SB 211 213

11HL1 N 129　11HL2 N 135　12HL1 N 153　12HL2 N 155　13HL N 171　14HL N 185　15HL1 N 197　15HL2 N 205　16HL1 N 225　16HL2 N 239　16HL3 N 251　16HL3 N 265

SA2 301 303　1SB1 5 7　2SB1 11 13　3SB1 19 21　4SB1 29 31　5SB1 51 53　6SB1 51 57　7SB1 64 71　9SB1 79 81　10SB1 97 99

SA1 1 3　1SB2 7 9　2SB2 13 15　2SB3 13 15 / 13 17　3SB2 25 27　4SB2 33 35　5SB2 53 55　6SB2 59 61　7SB2 65 67　9SB2 81 83 / 91 93　9SB3 81 91 / 83 85　10SB2 101 103

HL N 3　1HL N 9　2HL N 15　3HL N 27　4HL N 35　5HL N 55　6HL N 61　7HL N 67　8HL N 73　9HL1 N 83　9HL2 N 91　10HL1 N 103　10HL2 N 113

来自端子线号　　来自内板线号

1	2	3	4	5	6	7	8	9	10	11	12	13	14	15	16	17	18
N	3	29	31	33	35	145	147	149	151	153	155	159	161	163	171	173	175

19	20	21	22	23	24	25	26	27	28	29	30	31	32	33	34	35	36
177	185	191	195	197	203	205	211	213	225	239	251	265	5	7	9	11	13

37	38	39	40	41	42	43	44	45	46	47	48	49	50	51	52	53	54
15	17	19	25	27	51	53	55	57	59	61	64	65	67	71	73	79	81

55	56	57	58	59	60	61	62	63	64	65	66	67	68	69	70	71	72
83	85	91	93	97	99	101	103	113	123	125	127	129	135	141	1	301	303

图11.13　操纵台面板元器件接线图（后视图）

操纵台内板接线图的绘制方法与控制柜接线图的绘制方法相同，如图 11.14 所示。由于照明变压器功率不太大，安装在内板上。若功率较大的话，可以装在操纵台的底部。

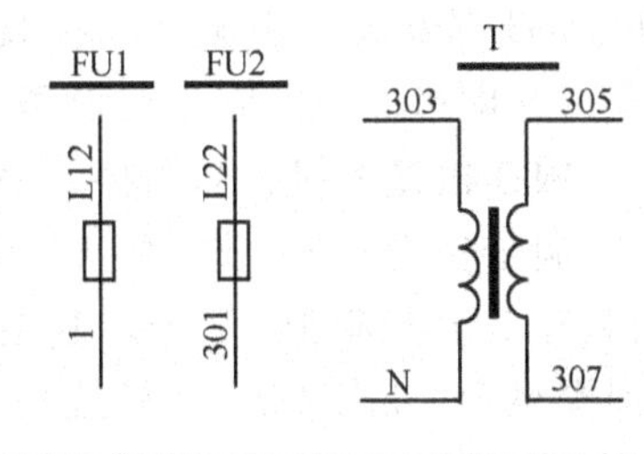

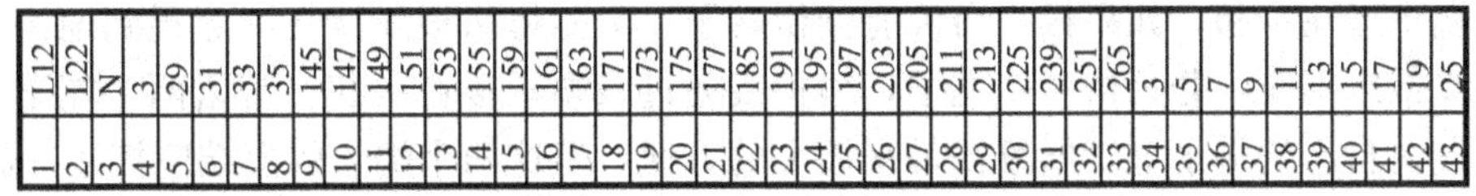

L12	L22	N	3	29	31	33	35	145	147	149
1	2	3	4	5	6	7	8	9	10	11

151	153	155	159	161	163	171	173	175	177	185
12	13	14	15	16	17	18	19	20	21	22

191	195	197	203	205	211	213	225	239	251	265
23	24	25	26	27	28	29	30	31	32	33

3	5	7	9	11	13	15	17	19	25
34	35	36	37	38	39	40	41	42	43

27	51	53	55	57	59	61	64	65	67	71	73
44	45	46	47	48	49	50	51	52	53	54	55

79	81	83	85	91	93	97	99	101	103	113	123
56	57	58	59	60	61	62	63	64	65	66	67

125	127	129	135	141	21	23	23	25	305	307
68	69	70	71	72	73	74	75	76	77	78

305	307	305	307	305	307	3	269	N	269	N	
79	80	81	82	83	84	85	86	87	88	89	

图 11.14　操纵台柜内接线图

11.3.5　接线端子

1. 端子线号的确定

控制柜和操纵台的下方都有大量的接线端子，下端子的基本原则在 3.1.3.2 节中已经进行了详细介绍。为加深认识，对该装置的接线端子再次做详细介绍。

从头开始，主开关 QS 输入端接交流电源 L1、L2、L3，本应下到端子，但有大功率电动机，所用导线太粗，直接接 QS，不留端子。电源中性线 N 与相线一起进 1 号控制柜，给 N 线留了一个接线端子。也可以将 N 线接在预留的铜接线柱上，便于有些单位在控制柜将中性线与大地相接，但这样就不能用漏电保护。

QS 的输出端 L11、L21、L31 接主熔断器 FU，QS 和 FU 都装在 1 号控制柜，L11、L21、L31 不需要下端子。FU 的输出端 L12、L22、L32 除了接本控制柜的熔断器外，还要接 2 号控制柜的熔断器，所以 1 号控制柜和 2 号控制柜都应有 L12、L22、L32 接线端子。端子的大小及导线的截面积根据各柜的用电量确定。L12、L22 还需要接操纵台的 FU1、FU2，操纵台应有 L12、L22 端子。

电源中性线 N 接各交流接触器、中间继电器、时间继电器的线圈和信号灯等，这样器件分装在 3 个柜子里，3 个柜子都应有 N 接线端子。

各电动机接线端(即带 U、V、W 的线号)都需要下端子，主电路其他线号均在本柜连接，不需要下端子。

再看控制线路：熔断器 FU1 的输入端前面已经说过必须下端子；输出端 1 接按钮 SA1，FU1 安装在操纵台的内板上，SA1 安装在操纵台的面板上，将 1 号线从内板直接引到面板上就行了，端子上不需要；3 号线接了大量的器件，这些器件分装在 3 个柜子上，3 个柜子都有 3 号线端子；5 号线一端接 1FR，一端接 1SB1，1FR 安装在 2 号控制柜，1SB1 安装在操纵台，2 号控制柜和操纵台都应有 5 号线端子。

此处再举几个与外接线有关的例子：21 号线一端接 3SB1，安装在操纵台面板，另一端接 3SB2，安装在机械上，需要在操纵台外接，21 号在操纵台下端子；23 号线一端接 3SB2，另一端接 3SB3，3SB2 和 3SB3 都安装在机械上，看似与各柜均无关系，端子上都没有 23 号线端子，在机械上接在一起即可。但实际进行设备安装的人员都知道，3SB2 的两根线不可能一根在操纵台接，一根在机械上接，而是将 21 号和 23 号两根线都送到操纵台，所以操纵台应给 23 号线留出端子位置；25 号线接 3 个器件，3SB3 安装在机械上，3SB4 安装在操纵台上，3KM 安装在 2 号控制柜，2 号控制柜和操纵台都有 25 号线端子；3SB3 的 23 和 25 两根线也都送到操纵台，3SB2 的 23 号线与 3SB3 的 23 号线在操纵台通过预留端子接在一起，如果操纵台没有预留端子，只能将两根线接在一起扔到地沟里，给将来维修带来不便，若只留一个端子，两根线通过该端子接在一起；若留两个端子，两根线分别接在自己的端子上，给维修带来极大的方便，但这两个端子的上端应接在一起。

11 号电动机的行程开关 11SQ1 和 11SQ2 有关的线号在操纵台和 2 号控制柜，但 2 号控制柜的线号多，我们确定 11SQ1 和 11SQ2 在 2 号控制柜接线(两组线都送到 2 号控制柜)，各线号是否下端子的确定原则与 21、23、25 号线相同。

16 号电动机的行程开关 16SQ1～16SQ4 有关的线号在操纵台和 1 号控制柜，但 1 号控制柜的线号多，我们确定 16SQ1～16SQ4 在 1 号控制柜接线(四组线都送到 1 号控制柜)，各线号是否下端子的确定原则与 21、23、25 号线相同。

按照上述方法逐一确定每个线号应该在哪个柜子下端子，就会得到图 11.10、图 11.11 和图 11.14 所示的端子图。

2. 接线端子的排列

接线端子的排列主要考虑用户接线方便，且每一接线端子最多接两根线，外接线较多的线号应多留端子，最好是从各处送到控制柜和操纵台的各组电缆单独接，互不交叉，这样用户接线和维修会非常方便。

图 11.10(端子中带括号的线号来自操纵台或者仅需在端子接线的线号，与该控制柜内器件无关)、图 11.11 和图 11.14 所示接线端子(操纵台的接线端子加了序号，控制柜的接线端子没有加序号，最好加上序号，接线方便)的外部接线示意图如图 11.15、图 11.16 和图 11.17 所示。从这 3 个接线图可见，一个端子只接外来电缆的一根线，各组电缆没有交叉接线。读者可自行总结端子排列的规律。

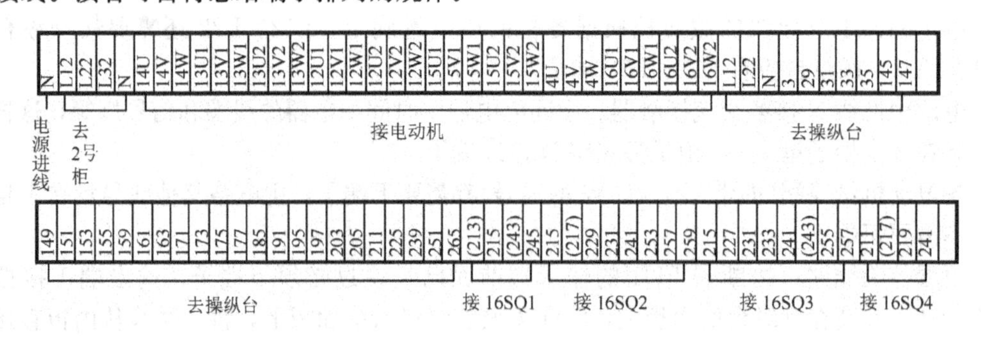

图 11.15　1 号控制柜端子接线示意图

各电动机端子是按照端子大小排列的，差距不大时按顺序排列，也可以全部按照顺序排列，但大端子中间夹着小端子不美观。

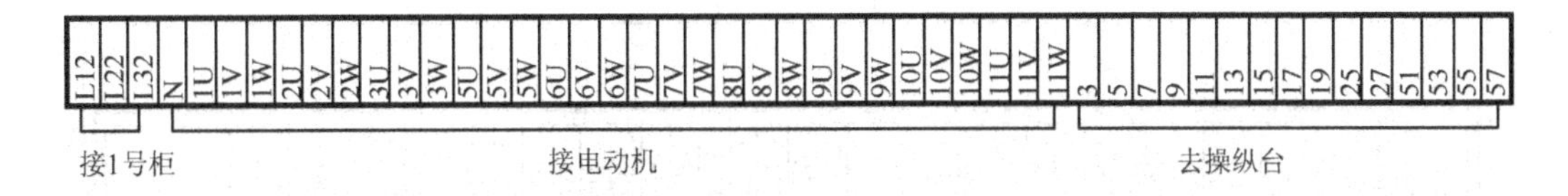

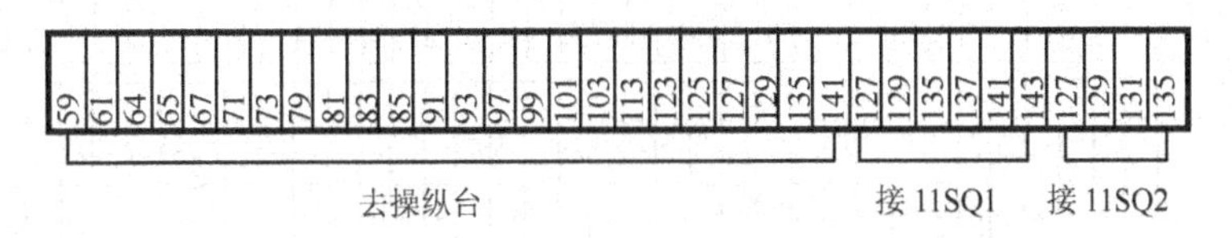

图 11.16　2 号控制柜端子接线示意图

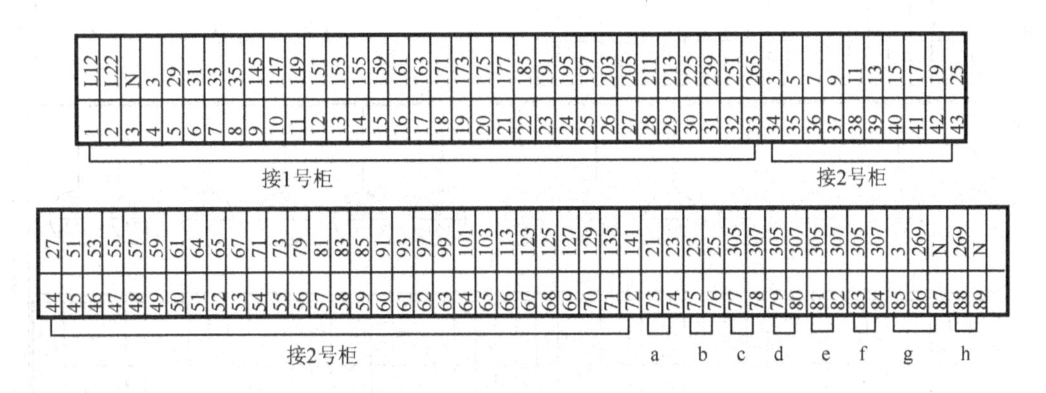

图 11.17　操纵台端子接线示意图

a—接 3SB2；b—接 3SB3；c—接 EL1；d—接 EL2；

e—接 EL3；f—接 EL4；g—接 DL2、SB2；h—接 DL1

11.4　外部接线图的设计

外部接线图供电控柜用户安装接线用，也供电控柜生产单位设备调试时柜间连线参考。

外部接线图一般画在大幅面的图纸上，也可以画在较小幅面的多张图纸上。通常使用双坐标，标出每组外接线的起始和终止位置。再加上接线表，说明导线的数量和参考型号，作为安装时放线参考。

本情景所述设备的外部接线图如图 11.18～图 11.20 所示。

从图 11.18 中可以看出，用户需要放 34 组线，序号分别为 1～34。在外部接线图中，序号写在圆圈的上半部，圆圈的下半部标注线的去向坐标，数字为横坐标，字母为纵坐标。除了电源进线 1 外，其他序号均在外部接线图出现两次，其中一个标注的坐标就是另一个出现的位置。例如，在图 11.18 中，坐标 3G 处有序号 6，6 的下方标注是 13B，13B 就是另一个 6 出现的位置，可以从图 11.19 中 13B 处找到，该处 6 的下方标注正是起始点 3G，该组线连接第二个电机，从图 11.20 可见，需要 3 根 2.5mm^2 的软铜线，线号分别为 2U、2V、2W。

外部接线图所画的 34 组线如下。

(1) 序号 1：电源进线，共 4 根，通常用 3+1 芯(3 根粗线加 1 根细线)电缆，设备所

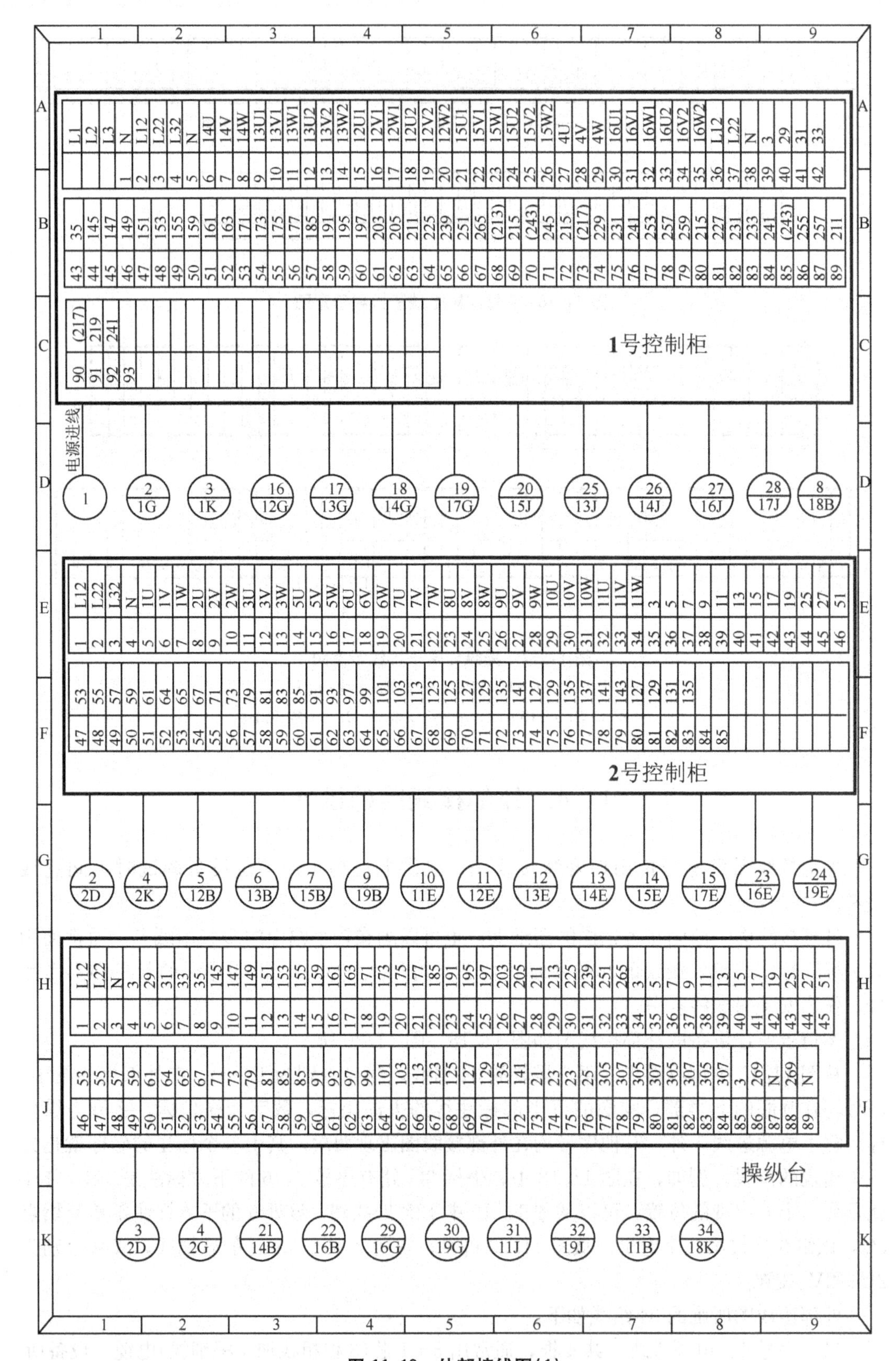

图 11.18 外部接线图(1)

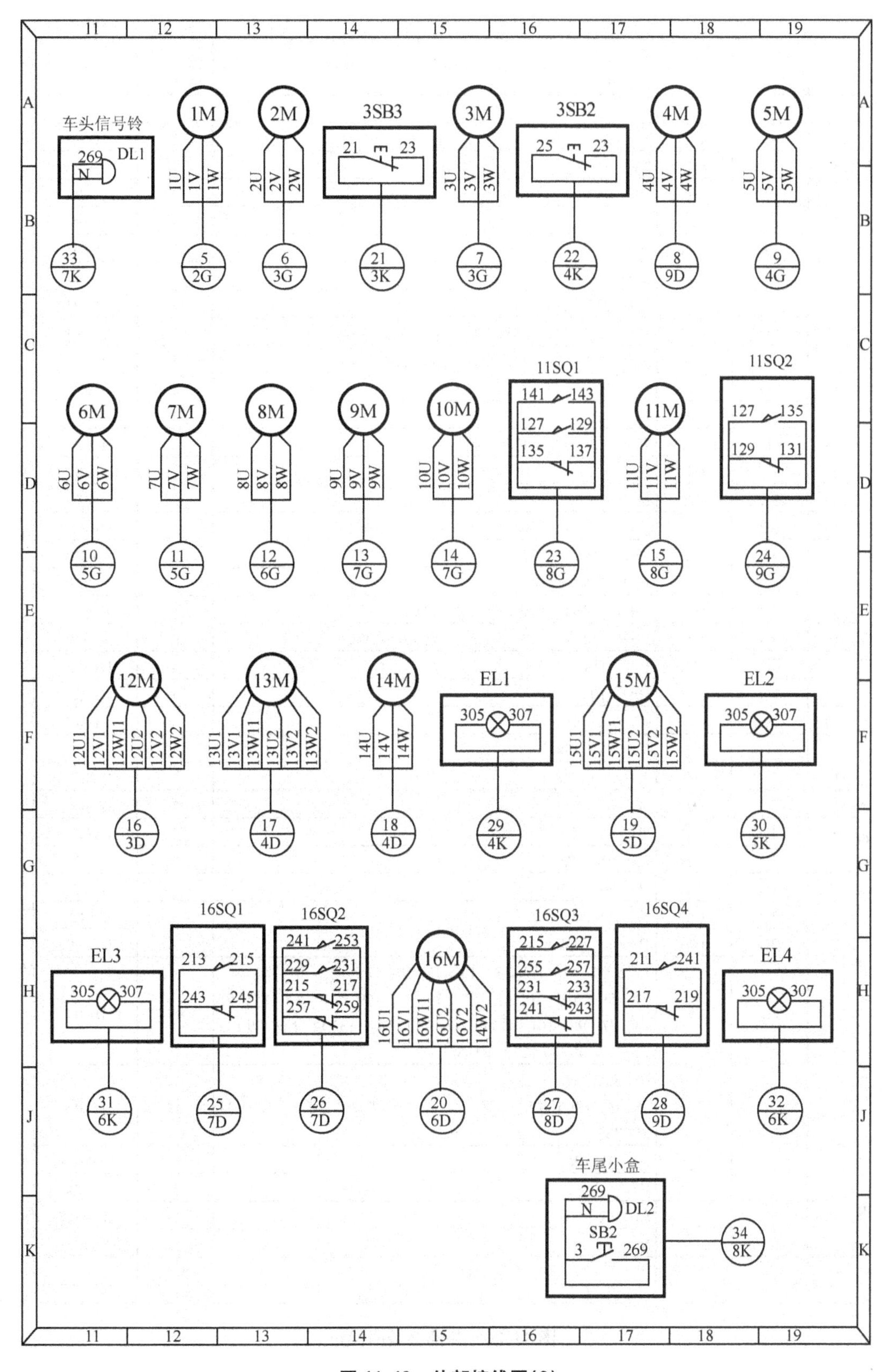

图 11.19　外部接线图(2)

21 22 23 24 25 26 27 28 29

序号	起	止	线号	数量	导线
34	8K	18K	3 269 N	3	BVR1
33	7K	11B	269 N	2	BVR1
32	6K	19J	305 307	2	BVR1
31	6K	11J	305 307	2	BVR1
30	5K	19G	305 307	2	BVR1
29	4K	16G	305 307	2	BVR1
28	9D	17J	211 217 219 241	4	BVR1
27	8D	16J	215 227 231 233 241 243 255 257	8	BVR1
26	7D	14J	215 217 229 231 241 253 257 259	8	BVR1
25	7D	13J	213 215 243 245	4	BVR1
24	9G	19E	127 129 131 135	4	BVR1
23	8G	16E	127 129 135 137 141 143	6	BVR1
22	4K	16B	23 25	2	BVR1
21	3K	14B	21 23	2	BVR1
20	6D	15J	16U1 16V1 16W1 16U2 16V2 16W2	6	BVR2.5
19	5D	17G	15U1 15V1 15W1 15U2 15V2 15W2	6	BVR10
18	4D	14G	14U 14V 14W	3	BVR35
17	4D	13G	13U1 13V1 13W1 13U2 13V2 13W2	6	BVR16
16	3D	12G	12U1 12V1 12W1 12U2 12V2 12W2	6	BVR10
15	8G	17E	11U 11V 11W	3	BVR2.5
14	7G	15E	10U 10V 10W	3	BVR4
13	7G	14E	9U 9V 9W	3	BVR6
12	6G	13E	8U 8V 8W	3	BVR2.5
11	5G	12E	7U 7V 7W	3	BVR2.5
10	5G	11E	6U 6V 6W	3	BVR2.5
9	4G	19B	5U 5V 5W	3	BVR2.5
8	9D	18B	4U 4V 4W	3	BVR4
7	3G	15B	3U 3V 3W	3	BVR2.5
6	3G	13B	2U 2V 2W	3	BVR2.5
5	2G	12B	1U 1V 1W	3	BVR2.5
4	2G	2K	3 5 7 9 11 13 15 17 19 25 27 51 53 55 57 59 61 64 65 67 71 73 79 81 83 85 91 93 97 99 101 103 113 123 125 127 129 135 141 127 129 135 137 141 143 127 129 131 135	49	BVR1
3	2D	1K	L12 L22 N 3 29 31 33 35 145 147 149 151 153 155 159 161 163 171 173 175 177 185 191 195 197 203 205 211 225 239 251 265	32	BVR1
2	2D	1G	U1 V1 W1	3	BVR25
			N	1	BVR4
1	1D	1D	L1 L2 L3	3	BVR185
			N	1	BVR25

21 22 23 24 25 26 27 28 29

图 11.20 外部接线图(3)

用16个电动机总功率约177kW，总额定电流超过350A，再加上附属用电，电源进线建议用185mm²的铜线。用户可以根据实际负载轻重和周围环境适当增减。

（2）序号2：1号控制柜与2号控制柜之间的连线，共4根，通常用3＋1芯电缆。2号控制柜电动机总功率约43kW，总额定电流约86A，通风散热条件较好时可以选用25mm²的铜线，通风散热条件较差时用35mm²的铜线。

（3）序号3：1号控制柜与操纵台之间的连线，共32根，通常用1mm²多芯电缆，并留出几根备用线。

（4）序号4：2号控制柜与操纵台之间的连线，共44根，通常用1mm²多芯电缆，并留出几根备用线。

（5）序号5～20：接各交流电动机，各3根，导线截面积取决于电动机功率。

（6）序号21、22：接3号电动机的外部停车按钮，各两根，1mm²软铜线。

（7）序号23、24：接11号电动机的两个行程开关，1mm²软铜线。

（8）序号25～28：接16号电动机的4个行程开关，1mm²软铜线。

（9）序号29～32：接4个安全电压照明等，各两根，1mm²软铜线。

（10）序号33：接车头电铃，共两根，1mm²软铜线。

（11）序号34：接车尾电铃、联系信号按钮，共3根，1mm²软铜线。

11.5　安装接线

根据图11.10～图11.14安装接线，也可以根据电气原理图连接。由于有较多大功率器件，故主电路的配线规格应满足要求。主电路的配线可以在接线图中标明，当接线图没标时，可以根据电动机功率确定，特别是应注意公共导线的截面积要符合要求。

由于图11.10和图11.11中没有标明配线规格，故两个控制柜的参考配线如图11.21和图11.22所示。由于三相对称，故只标出一相，同一电动机熔断器之后用同一规格的线，不必再标。

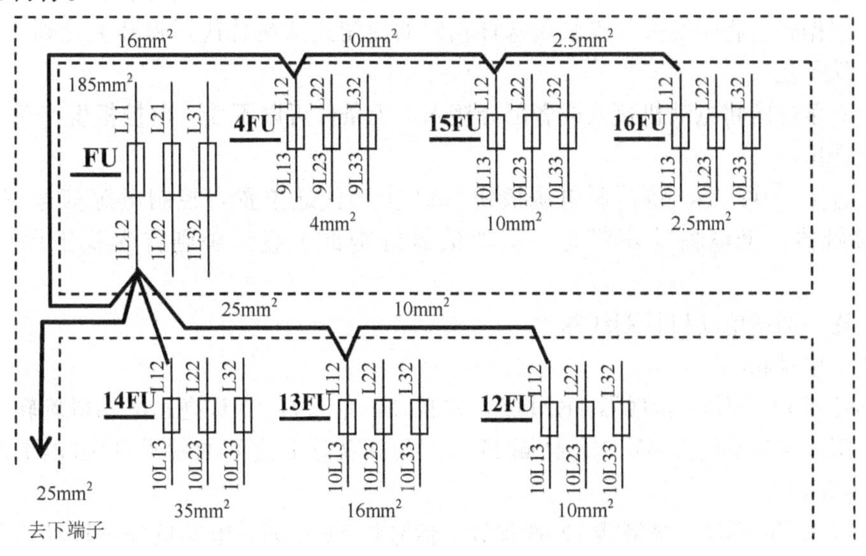

图11.21　1号控制柜主线配线示意图

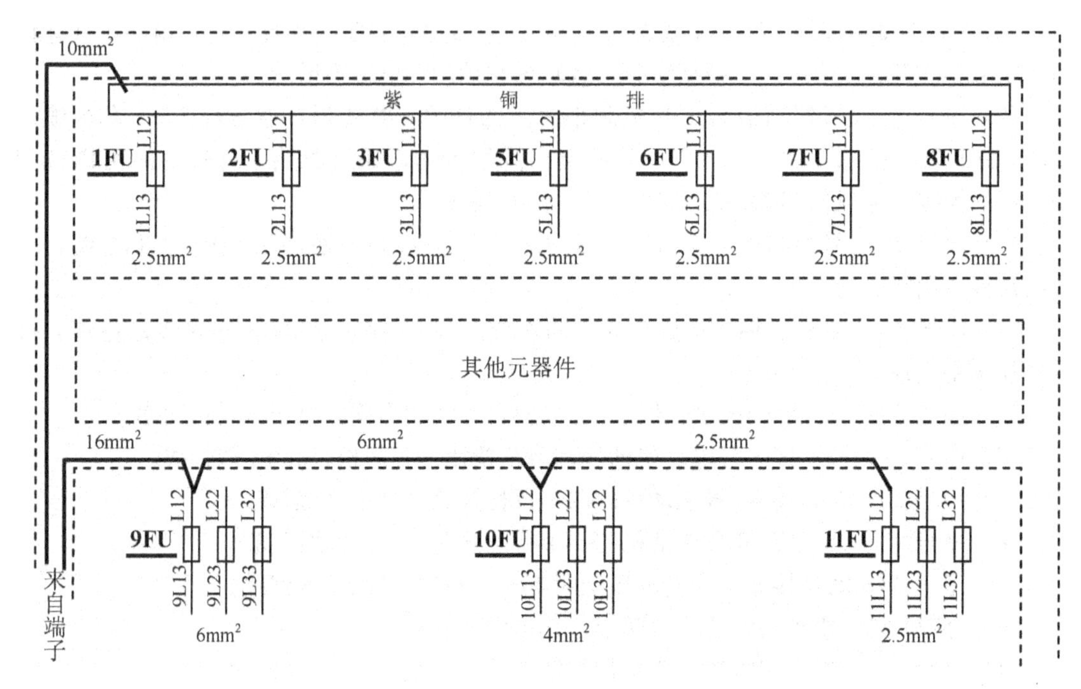

图 11.22 2 号控制柜主线配线示意图

学校实训室不一定配备大功率器件和大截面积的导线，可以根据条件用小功率器件和细导线进行实训。但切记这只是实训，真正的控制柜必须按要求选用器件和导线。

当完整线路设计好后，可以根据条件安装和调试，或者分段安装和调试。

11.6 调　　试

(1) 按图 11.20 中柜间连线的线号进行柜间连线。

(2) 将操纵台的 21 和 25(接外部停车按钮)短接或者接入一个常闭按钮。

(3) 根据各行程位开关触点数量选择相应的旋钮式按钮替代行程开关接到 1 号柜和 2 号柜的下端子上。

(4) 有条件的将电动机接入或者部分接入，无条件可以不接，电控柜生产单位通常不接电动机调试。

(5) 合上开关 QS，将控制电源按钮 SA1 拨到接通位置，控制电源信号灯 HL 亮，但所有接触器、继电器均不吸合，其他信号灯全部不亮。否则首先找出原因，排除故障。

(6) 逐一调试电动机控制线路。

① 1 号电动机。

a. 按下按钮 1SB2，接触器 1KM 吸合并自锁，信号灯 1HL 亮，电动机旋转。不接电动机时，用万用表交流 500V 电压挡测 1U、1V、1W 彼此之间的端子电压(以下简称端子电压)应为 380V。

b. 按下按钮 1SB1，接触器 1KM 释放，信号灯 1HL 灭，电动机停止转动。不接电动机时，用万用表测 1U、1V、1W 彼此之间的端子电压应为 0。

② 2 号电动机。

a. 按下按钮 2SB2，接触器 2KM 吸合并自锁，信号灯 2HL 亮，电动机旋转，不接电动机时用万用表测 2U、2V、2W 端子电压为 380V。

b. 按下按钮 2SB1，接触器 2KM 释放，信号灯 2HL 灭，电动机停止转动，不接电动机时 2U、2V、2W 端子电压为 0。

c. 按住按钮 2SB3，接触器 2KM 吸合，信号灯 2HL 亮，电动机旋转，松开按钮 2SB3，信号灯 2HL 灭，电动机停止转动。不接电动机时只看信号灯亮、灭即可。

③ 3 号电动机。

a. 按下按钮 3SB4，接触器 3KM 吸合并自锁，信号灯 3HL 亮，电动机旋转，不接电动机时用万用表测 3U、3V、3W 端子电压为 380V。

b. 按下按钮 3SB1，接触器 3KM 释放，信号灯 3HL 灭，电动机停止转动，不接电动机时 3U、3V、3W 端子电压为 0。

c. 重新启动后，断开操纵台 21、25 短接线(注意有电!)(接按钮时按下按钮)，接触器 3KM 释放，信号灯 3HL 灭，说明外部停车正常。

④ 4 号电动机。

a. 将时间继电器 4KT1、4KT2 调整到较短时间，以减少调试时间。

b. 按下按钮 4SB2，接触器 4KM 吸合并自锁，信号灯 4HL 亮，电动机旋转，不接电动机时用万用表测 3U、3V、3W 端子电压为 380V。过一段时间后，接触器 4KM 释放，信号灯 4HL 灭，电动机停止转动，不接电动机时 4U、4V、4W 端子电压为 0，再过一段时间后，4KM 自动吸合，信号灯 4HL 亮，依次重复。

c. 在任何时间按下按钮 4SB1，循环过程停止。

d. 将时间继电器 4KT1 调整为 60s，4KT2 调整为 30s。

⑤ 5 号电动机和 6 号电动机。

a. 按下按钮 6SB2，交流接触器 6KM 不吸合，信号灯 6HL 不亮。

b. 按下按钮 5SB2，交流接触器 5KM 吸合，信号灯 5HL 亮，电动机 5M 旋转，不接电动机时用万用表测 5U、5V、5W 端子电压为 380V。

c. 按下按钮 6SB2，交流接触器 6KM 吸合，信号灯 6HL 亮，电动机 6M 旋转，不接电动机时用万用表测 6U、6V、6W 端子电压为 380V。

d. 按下按钮 5SB1，交流接触器 5KM 不释放，信号灯 5HL 继续亮，电动机 5M 继续旋转。

e. 按下按钮 6SB1，交流接触器 6KM 释放，信号灯 6HL 灭，电动机 6M 停止旋转，不接电动机时 6U、6V、6W 端子电压为 0V。

f. 按下按钮 5SB1，交流接触器 5KM 释放，信号灯 5HL 灭，电动机 5M 停止旋转，不接电动机时 5U、5V、5W 端子电压为 0V。

⑥ 7 号电动机和 8 号电动机。

a. 将时间继电器 7KT1、7KT2 调整到较短时间，以减少调试时间。

b. 按下按钮 7SB2，交流接触器 7KM 吸合，信号灯 7HL 亮，电动机 7M 旋转；延时后交流接触器 8KM 吸合，信号灯 8HL 亮，电动机 8M 旋转。不接电动机时用万用表测 7U、7V、7W 端子电压为 380V，8U、8V、8W 端子电压为 380V。

c. 按下按钮 7SB1，交流接触器 8KM 立即释放，信号灯 8HL 灭，电动机 8M 停止旋转；延时后，交流接触器 7KM 释放，信号灯 7HL 灭，电动机 7M 停止旋转。不接电动机时用万用表测 7U、7V、7W 端子电压为 0V，8U、8V、8W 端子电压为 0V。

d. 将时间继电器 7KT1 调整为 20s，7KT2 调整为 10s。

⑦ 9 号电动机。

a. 按下正转启动按钮 9SB2，接触器 9KM1 吸合，信号灯 9HL1 亮，电动机正转(不管顺时针旋转还是逆时针旋转，我们都认为是正转，具体转向应根据设备要求调整，下同)。

b. 按下停止按钮 9SB1，接触器 9KM1 释放，信号灯 9HL1 灭，电动机停转。

c. 按下反转启动按钮 9SB3，接触器 9KM2 吸合，信号灯 HL2 亮，电动机反转。

d. 按下停止按钮 9SB1，接触器 9KM2 释放，信号灯 HL2 灭，电动机停转。

e. 重新按下 9SB2，接触器 9KM1 吸合，信号灯 9HL1 亮，电动机正转。按下按钮 9SB3，9KM1 释放，9HL1 灭，9KM2 吸合，HL2 亮，电动机快速制动后反转。再按下按钮 9SB2，9KM2 释放，9HL2 灭，9KM1 吸合，HL1 亮，电动机快速制动后正转。任何时候按下 9SB1，接触器释放，信号灯灭，电动机停转。

f. 不接电动机时，在 9KM1 吸合后用万用表测 9U、9V、9W 端子电压为 380V。在 9KM2 吸合后用万用表测 9U、9V、9W 端子电压也为 380V。

取下 U 相熔断器的熔芯，在 9KM1 吸合后用万用表测 9U、9V 端子电压为 0V，9U、9W 端子电压为 0V，9V、9W 端子电压为 380V。或者用测电笔测试，9U 无电，9V 和 9W 有电；在 9KM2 吸合后用万用表测 9U、9V 端子电压为 380V，9U、9W 端子电压为 0V，9V、9W 端子电压为 0V。或者用测电笔测试，9W 无电，9U 和 9V 有电。

旋紧 U 相熔断器的熔芯，取下 V 相熔断器的熔芯，在 9KM1 吸合后用万用表测 9U、9V 端子电压为 0V，9V、9W 端子电压 0V，9U、9W 端子电压为 380V。或者用测电笔测试，9V 无电，9U 和 9W 均有电。在 9KM2 吸合后测试情况完全相同。

这说明 9KM2 吸合与 9KM1 吸合相比，V 相没变，而 U 相和 W 相已交换，可以判断主电路接线正确，电动机能够反转。

旋紧 V 相熔断器的熔芯后，重新正转或反转启动一次，用万用表测 9U、9V、9W 端子电压为 380V，以判断熔芯接触是否良好。

⑧ 10 号电动机。

a. 将时间继电器 10KT1、10KT2 调整到较短时间，以减少调试时间。

b. 按下启动按钮 10SB2，交流接触器 10KM1 吸合，信号灯 10HL1 亮，电动机正转；延时后 10KM1 释放，10HL1 灭，交流接触器 10KM2 吸合，信号灯 HL2 亮，电动机快速制动后反转；再延时后 10KM2 释放，10HL2 灭，10KM1 重新吸合，10HL1 亮，电动机快速制动后正转，依次循环。

c. 不接电动机时，万用表测 10U、10V、10W 端子电压或者用测电笔测试 10U、10V、10W 端子是否有电，方法同 9 号电动机调试。

d. 将时间继电器 10KT1 调整为 30s，10KT2 调整为 20s。

⑨ 11 号电动机。

用旋钮式按钮替代限位开关进行模拟调试，前面已经将其接入 2 号控制柜端子。将替代 11SQ1 的按钮命名为 11SA1，替代 11SQ2 的按钮命名为 11SA2。

a. 按下启动按钮 11SB2，交流接触器 11KM1 吸合，信号灯 11HL1 亮，电动机正转(不接电动机时，万用表测 11U、11V、11W 端子电压为 380V，或者用测电笔测试 11U、11V、11W 端子均有电)，此时认为机械装置正在上行。

b. 旋动模拟行程开关 11SQ2 的按钮 11SA2，意味着机械装置上行碰到行程开关 11SQ2，交流接触器 11KM1 释放，信号灯 11HL1 灭。接着，交流接触器 11KM2 吸合，信号灯 11HL2 亮，电动机快速制动后反转(不接电动机时用与 9 号电动机相同的方法判断是否反转)，我们认为机械装置正在下行。电动机反转(不接电动机时，11HL2 亮)后再将 11SA2 旋回原位，这是因为在实际工作过程中，只要机械装置不反向运行，会一直碰着行程开关，行程开关不会复位。当电动机反转后，机械装置离开行程开关，行程开关自动复位。

c. 旋动模拟行程开关 11SQ1 的按钮 11SA1，意味着机械装置下行碰到行程开关 11SQ1，交流接触器 11KM2 释放，信号灯 11HL2 灭。接着，交流接触器 11KM1 吸合，信号灯 11HL1 亮，电动机快速制动后反向(正转)，此时认为机械装置正在上行。待电动机正转后再将 11SA1 旋回原位。

若再重复旋动 11SA2 和 11SA1，则重复上述过程，意味着机械装置上下往返运动，循环过程工作正常。

d. 11KM1 吸合时，按下停止按钮 11SB1，11KM1 继续吸合，11HL1 继续亮，说明机械装置继续上行。重复步骤 b，11KM2 吸合后再旋动模拟行程开关 11SQ1 的按钮 11SA1，11KM2 释放，HL2 灭，电动机停转，但 11KM1 不再吸合，11HL1 不亮，电动机不转，机械装置停止上行，这说明机械装置上行时停止工作正常。

e. 重新启动后，在循环到 KM2 吸合时，按下停止按钮 11SB1，11KM2 继续吸合，11HL2 继续亮，旋动模拟行程开关 11SQ1 的按钮 11SA1，11KM2 释放，HL2 灭，电动机停转，但 11KM1 不再吸合，11HL1 不亮，电动机不转，这说明机械装置下行时停止工作正常。

f. 重新启动后，在循环到旋动按钮 11SA2 时，同时按下按钮 11SB1，循环继续进行，但在旋按钮 11SA1 后，循环停止，这说明在机械装置压下行程开关 11SQ2 时停止符合要求。

以上说明 11 号电动机工作正常。

⑩ 12 号电动机。

a. 按下启动按钮 12SB2，交流接触器 12KM1、12KM3 吸合，信号灯 12HL1 亮，电动机按Y形接法运行，转速较低。

b. 按下切换按钮 12SB3，交流接触器 12KM3 释放，12HL1 灭，同时，12KM2 吸合，信号灯 12HL2 亮，电动机按△接法运行，转速较高。

c. 按下按钮 12SB1，交流接触器释放，信号灯灭。

d. 不接电动机时，按下 12SB2，在 12KM1 和 12KM3 吸合、12HL1 亮后，用万用表测 12U1、12V1、12W1 端子电压为 380V，12U2、12V2、12W2 端子电压为 0V，再用万用表测 12U2、12V2、12W2 彼此之间的电阻为 0Ω。或者用测电笔测 12U1、12V1、12W1 端子有电，12U2、12V2、12W2 端子无电。

切换后，12U1、12V1、12W1 端子电压为 380V，12U2、12V2、12W2 端子电压也为

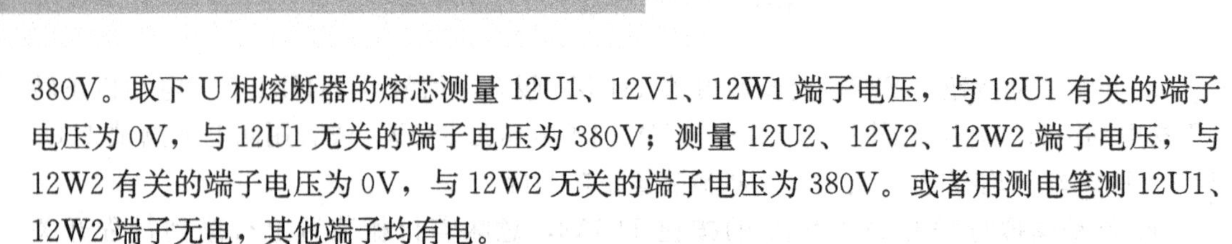

380V。取下U相熔断器的熔芯测量12U1、12V1、12W1端子电压，与12U1有关的端子电压为0V，与12U1无关的端子电压为380V；测量12U2、12V2、12W2端子电压，与12W2有关的端子电压为0V，与12W2无关的端子电压为380V。或者用测电笔测12U1、12W2端子无电，其他端子均有电。

旋紧U相熔断器的熔芯，取下V相熔断器的熔芯，测量12U1、12V1、12W1端子电压，与12V1有关的端子电压为0V，与12V1无关的端子电压为380V；测量12U2、12V2、12W2端子电压，与12U2有关的端子电压为0V，与12U2无关的端子电压为380V。或者用测电笔测12V1、12U2端子无电，其他端子均有电。

旋紧V相熔断器的熔芯后，重新启动一次，用万用表测12U1、12V1、12W1端子电压为380V，以判断熔芯接触是否良好。

这说明主电路没有问题。

⑪ 13号电动机。

a. 按下启动按钮13SB2，交流接触器13KM1、13KM3吸合，电动机按Y形接法启动，延时后，13KM3释放，交流接触器13KM2吸合，信号灯13HL亮，电动机按△接法运行。

b. 按下按钮13SB1，交流接触器释放，信号灯灭，电动机停转。

c. 不接电动机时，用与12号电动机调试步骤4相同的方法判断主电路接线是否正确。

时间继电器13KT的延时时间应该在设备安装后现场调节，速度稳定后立即切换，因为速度稳定的时间与电动机的负载轻重有关。

⑫ 14号电动机。

a. 按下启动按钮14SB2，交流接触器14KM2、14KM3吸合，电动机经自耦变压器减压启动，延时后，14KM2、14KM3释放，交流接触器14KM1吸合，信号灯14HL亮，电动机全压运行，注意切换前后转向应一致。

b. 按下按钮14SB1，14KM1释放，信号灯14HL灭，电动机停转。

c. 不接电动机时，切换前，用万用表测14U、14V、14W端子电压与变压器的抽头电压相同；切换后，14U、14V、14W端子电压为380V。还应目测或停止后用万用表的电阻挡测量相关各线，以确保切换前后没有换相。

时间继电器14KT的延时时间应该在设备安装后现场调节，速度稳定后立即切换。

⑬ 15号电动机。

a. 按下低速启动按钮15SB2，交流接触器15KM1吸合，信号灯15HL1亮，电动机低速启动运行。

b. 按下停止按钮15SB1，15KM1释放，15HL1灭，电动机停转。

c. 按下高速启动按钮15SB3，交流接触器15KM2、15KM3吸合，信号灯15HL2亮，电动机高速启动运行，注意观察高速与低速转向是否一致，不一致时调换电动机接线，使其一致。

d. 按下停止按钮16SB1，16KM2、16KM3释放，16HL2灭，电动机停转。

e. 再按下低速启动按钮16SB2，16KM1吸合，16HL1亮，电动机低速启动运行；按下高速启动按钮16SB3，16KM1释放，16HL1灭，然后16KM2、16KM3吸合，16HL2亮；再按下低速启动按钮16SB2，16KM2、16KM3释放，16HL2灭，然后16KM1吸合，

16HL1亮；按下停止按钮16SB1停止。

f. 不接电动机时，在低速运行后，用万用表测15U1、15V1、15W1端子电压为380V，15U2、15V2、15W2端子电压为0。或者用测电笔测15U1、15V1、15W1端子有电，15U2、15V2、15W2端子无电。

高速运行后15U1、15V1、15W1端子电压为0，15U2、15V2、15W2端子电压为380V。或者用测电笔测15U1、15V1、15W1端子无电，15U2、15V2、15W2端子有电。

⑭ 16号电动机。

用旋钮式按钮替代行程开关进行模拟调试，前面已经将其接入1号控制柜端子，并确保旋钮式按钮的常开、常闭与行程开关的常开、常闭触点一致。用16SA1～16SA4分别替代16SQ1～16SQ4。将4个时间继电器调到1s左右。

a. 按下启动按钮16SB，交流接触器均不吸合，信号灯均不亮，电动机不转，否则，查出原因，特别注意检查16SA1～16SA4的触点是否与16SQ1～16SQ4一致。

b. 旋动模拟行程开关16SQ1的按钮16SA1，意味着工件在起始位置碰到行程开关16SQ1，按下启动按钮16SB，交流接触器16KM1、中间继电器16KA1、时间继电器16KT1吸合，信号灯16HL1亮，电动机慢速正转，此时认为工件正在慢速右行。电动机运行后将16SA1旋回原位，意味着工件右行行程开关16SQ1自动复位。

c. 旋动模拟行程开关16SQ2的按钮16SA2，意味着工件右行碰到行程开关16SQ2，16KM1、16KA1、16KT1释放，16HL1灭。接着，交流接触器16KM2、16KM3，中间继电器16KA2，时间继电器16KT2吸合，信号灯16HL2亮，电动机快速正转(若反向调换电动机16U2、16V2、16W2任意两根线)，此时认为工件快速右行。电动机快速右行后再将16SA2旋回原位，意味着工件右行行程开关16SQ2复位。

d. 旋动模拟行程开关16SQ3的按钮16SA3，意味着工件右行碰到行程开关16SQ3，116KM2、16KM3、16KA2、16KT2释放，16HL2灭。接着，16KM1、16KA1、16KT1吸合，16HL1亮，电动机慢速正转，此时认为工件又在慢速右行，然后将16SA3旋回原位，意味着工件右行行程开关16SQ3复位。

e. 旋动模拟行程开关16SQ4的按钮16SA4，意味着工件右行到最右边碰到行程开关16SQ4，16KM1、16KA1、16KT1释放，16HL1灭。接着，交流接触器16KM4、中间继电器16KA3、时间继电器16KT3吸合，信号灯16HL3亮，电动机慢速反转(若没有反向，与16KM1相比，16KM4没有换相，应调整16KM4主触点接线)，此时认为工件正在慢速左行，然后将16SA4旋回原位，意味着工件左行行程开关16SQ4复位。

f. 旋动模拟行程开关16SQ3的按钮16SA3，意味着工件左行碰到行程开关16SQ3，16KM4、16KA3、16KT3释放，16HL3灭。接着，交流接触器16KM5、16KM3，中间继电器16KA4，时间继电器16KT4吸合，信号灯16HL4亮，电动机快速反转(若转向不对，与16KM2相比，16KM5没有换相，应调整16KM5主触点接线)，此时认为工件快速左行。然后再将16SA3旋回原位，意味着工件左行行程开关16SQ3复位。

g. 旋动模拟行程开关16SQ2的按钮16SA2，意味着工件左行碰到行程开关16SQ2，16KM5、16KM3、16KA4、16KT4释放，16HL4灭。接着，16KM4、16KA3、16KT3吸合，16HL3亮，电动机慢速反转，此时认为工件又在慢速左行，然后将16SA2旋回原位，意味着工件右行，行程开关16SQ2复位。

h. 旋动模拟行程开关 16SQ1 的按钮 16SA1，意味着工件位置起始碰到行程开关 16SQ1，16KM4、16KA3、16KT3 释放，16HL3 灭，电动机停转，过程结束，等待重新按下启动按钮 16SB。

以上说明 16 号电动机工作正常。

由于该控制线路复杂，故最好接电动机调试，若无双速电动机调试，则可以根据前面介绍的取下熔断器熔芯的方式仔细判断 16KM1 和 16KM4 是否换相，16KM2 和 16KM5 是否换相。

以上调试均没有调试热继电器。启动与停止正常，至少说明没有将热继电器的常闭触点接成常开触点。但常闭触点是否正确还不能完全判断。在启动后可以用螺钉旋具断开热继电器常闭触点的任意一端(注意有电!)，若能自动停止，且不能重新启动，则说明热继电器常闭触点接线没有问题。重新接好后应再启动一次，以防压着导线的绝缘层。

(7) 按住按钮 SB1，用万用表测试操纵台端子 269 与 N 之间的电压为 AC220V，说明联系信号按钮接线正确。

(8) 接通照明按钮 SA2，用万用表测试操纵台端子 305 与 307 之间的电压为 AC24V，说明安全电压照明接线正确。

(9) 按电动机的额定电流调整热继电器。

调试过程全部结束，拆掉柜间连线、短接线和接在端子上的外接器件。

拆线时应顺便将螺钉重新旋紧，并将所有器件、端子没有接线的螺钉旋紧。

根据接线图和原理图仔细核对控制柜、操纵台的内、外标牌是否与图纸一致，各导线的线号是否清晰，排列整齐，行线是否美观。检查修正后，配齐设计图样，实训任务完成，若是正式产品即可包装出厂。

情景小结

本情景以虚拟设备(实际设备电动机数量可能还多，但不可能有这么多种类的电动机，图样设计可能更简单)为例，详细说明了电气图样的画法，主要为读者介绍了电气图纸的设计思路，为正确识图、电气设备安装和维修打下基础。

一套完整的图样包括电气原理图、安装接线图和外部接线图，本情景都做了详细介绍。若把本情景所画的电气原理图、安装接线图和外部接线图画在标准幅面的图样上，再加上标题栏，就是一套标准的电气设备图样，应提供给用户。但很多单位并不提供如此详细的图样，经常仅提供电气原理图。用户在安装前最好自己根据电气原理图绘制出外部接线图，至少列出图 11.20 所示的接线表。

电气原理图包括主电路图、控制电路图、所有附属电路图、所用元器件明细表。电气原理图是最主要的图样，生产单位必须向设备用户提供完整的电气原理图。

为了识图方便，较复杂的电气原理图一般标有识图坐标。

安装接线图是电控柜生产单位接线的依据，通常按照元器件实际安装的位置画出，一般一个控制柜画一张图样。但当前门装有信号灯、电表等指示器件时，前门可单独画出安装接线图。

每个控制柜的下方都有大量的接线端子，端子的排列和数量应满足用户的要求。对于需要多次外引的线号，应留出多个接线端子。用户在安装电控柜时，若发现接线端子不够用(经常出现端子不够用的情况)，应自己加装接线端子，再通过端子接线，最好不要将相同线号的线全部接在一起放在地沟中。否则，一旦出现故障，查线非常困难。

外部接线图供电控柜用户安装接线用，电控柜生产单位应该提供给用户。